◎中國近代建築史料匯編編委會 編

中國近代建築史料匯編（第三辑）

——上海市行號路圖録（第二册）

同濟大學出版社

老牌酵母製劑 BIOZYGEN

胃腸病特效藥
脚氣病治療劑

寶青春

多吃無妨　無往不利

寶青春本能開胃助化。所以儘可多吃。決無妨碍。非比其他藥品之有劑量也。

寶青春是家常補品。宜老宜幼。宜男宜女。原料純素。所以對於齋戒茹素。亦屬相宜。

開胃

吾人終日勞作。耗精費力。以及生理上之代謝作用。時時促成衰老。全賴食物營養以調劑。然食物之能營養體素。必經胃部之消化。寶青春最大效用。即是開胃助化。

通便

大便通暢有序。則胃腸與血液清潔。不但疾病減少。並且有益健康。寶青春功能整理胃腸。常服則通便潤腸。合於生理。

朝晨

晨間用早點。倘在牛奶咖啡之內。調以寶青春補粉一食匙。營養更加豐富。並可整理胃腸。清除宿食。滋味鮮美。兒童喜服。

中午

午餐之前。取服寶青春五六片。胃口大開。飯量倍增。有益胃納與消化。日久體重便增。

午後

午後長日如年。大抵須進食點心。兒童散學歸家。亦必索食物品。如以寶青春補粉沖作飲料。佐以餅餌。味美甘香。有益衛生。凡新家庭以及善攝生者。值得提倡也。

宵夜

終日辛勤。力疲神倦。有賴黃昏時候之休養。而都市生活。晚間睡眠極遲。所以通行宵夜食品。然在睡前飽食。殊不合宜。最好改用寶青春茶點。則夜眠安適。晨興爽快。而無噯氣停食等患。

上海新亞藥廠製造

藥房均售

序

本書編輯之計劃蓋就上海全市之分區爲之目屬稿之際因適應事實之需要而定其次序之先後以公共租界屬之第一編而以法租界及華界分屬之第二第三編亦既於第一編拙序中揭櫫之矣迨第一編出版問世滬之工商界亟稱其内容之翔實調查測繪之正確以爲有助於其業務之發展者甚大以是紛紛敦促第二編之早日出書其意殷厚滋可感也實則當本書第一編發行之初本公司卽着手第二編之纂輯其間未嘗稍間徒以本書内容之搜集迥異於普通之出版物凡其一圖一路之繪製必先之以實地之調查繼之以縝密之校勘以至其中里弄商號之位置皆不容有一絲之或爽屈指本編自開始編製以至付印歷十一閱月之久始獲蕆事其手續之繁賾概可想見然以較之第一編之曠日持久則猶此勝於彼耳溯自滬市劇變歐陸多事紙墨之價激漲數倍國中出版界慴於成本之加重十九裹足而本書獨於此時與社會人士相見雖耗以巨額之成本曾不顧恤蓋本公司發行本書之宗旨原期爲全滬工商業策進之一助此本編之所以亟亟繼第一編以問世而絕不有所猶豫焉抑本公司之編纂本編自問差已克盡其愚者之千慮然其失正多是則不能不望於讀者諸君惠而匡正之自餘則詳載於凡例不復贅云

中華民國二十九年八月葛福田序於福利營業公司經理室

中法大藥房

總發行所
上海北京路八五一號

製藥廠
上海大西路一七九〇號

電話
九二三三一　九二三三二
九二三三三　轉接各部
電報掛號●五六七三

本藥房創立迄今，垂五十年，除運售各國原料藥材醫療器械衛生用具外，並積極提倡國藥，研究仿製，先後發行自製靈效藥品化粧香品五百餘種，行銷全國及南洋各埠，卓著聲譽，茲例舉其最著者如下：

- 艾羅補腦汁　寧神安腦　益智補身
- 艾羅療肺藥　清肺祛痰　平喘止咳
- 羅威乳白魚肝油　美味無腥
- 羅威麥精魚肝油　補肺強身
- 象牌麥精魚肝油　益肺肥體
- 雙獅牌牛肉汁　大補氣血　強健筋骨
- 雙獅牌童鷄汁　開胃補體　調理最宜
- 九造真正血　補血生精　調和百骸
- 紅血輪　純血色素　不含鐵質
- 九一四內服新藥　肅清血毒
- 九一四外用藥膏　普治瘡癬
- 九一四白濁新藥　清淋止痛
- 龍虎人丹　辟瘟防疫　人人必備
- 救星復活水　祛痧救疫　起死回生
- 象牌救急時疫水　救治痧疫　神效無比
- 雙獅牌殺蚊香　殺蚊靈速　點燃耐久
- 雙獅牌薄荷錠　頭痛牙痛　塗搽立愈

- 雙獅牌花露水　清膚辟穢　退痱止癢
- 羅威沙而　癬疥瘡傷　洗之立效
- 雙獅牌防疫臭水　殺菌消毒　滅除蚊蠅
- 中國寶丹　內服鼻吸　急救痧疫
- 中法菓子露　清涼解渴　消暑佳品
- 羅威水菓鹽　化痰清血　降火利便
- 羅威匹靈　傷風發熱　一服即靈
- 古力晶眼藥水　退赤消腫　效驗如神
- 滅痛藥片　不含毒質　定痛如神
- 胃寧藥片　化食定痛　和胃整腸
- 孩兒面　粉質雪花　細膩芳郁
- 精裝孩兒面　軟性雪花　美容潤膚
- 象牌牙膏　潔齒固齒　防治蛀齒
- 發髮藥水　滋養髮根　禿髮重生
- 家庭藥庫　良藥齊備　小病自療
- 旅行藥庫　藥械廿種　取攜便利
- 嬰孩快樂片　化積消食　祛痰退熱

上海市行號路圖錄第二編(第二特區)總目錄

圖	東至	西至	南至	北至	頁數
第二十四圖	東至貝勒路	西至顧家衖	南至望志路及陶爾斐司路	北至麥賽而蒂羅路	九四—九五
第二十五圖	東至貝勒路	西至白爾部路	南至麥賽而蒂羅路	北至福煦路	九八—九九
第二十六圖	東至白爾部路及呂班路	西至貝禘鏖路	南至顧家衖	北至福煦路	一〇二—一〇三
第二十七圖	東至華龍路	西至馬斯南路	南至環龍路及陶爾斐司路南	北至霞飛路	一〇六—一〇七
第二十八圖	東至薩坡賽路	西至法國公園	南至辣斐德路	北至望志路及陶爾斐司路	一一〇—一一一
第二十九圖	東至薩坡賽路	西至呂班路	南至康悌路	北至辣斐德路	一一四—一一五
第三十圖	東至薩坡賽路口	西至馬斯南路	南至徐家匯路	北至康悌路及薛華立路	一一八—一一九
第三十一圖	東至徐家匯路	西至金神父路	南至徐家匯路	北至賈西義路	一二二—一二三
第三十二圖	東至馬斯南路	西至金神父路	南至賈西義路	北至樹本路	一二六—一二七
第三十三圖	東至呂班路	西至金神父路	南至樹本路及薛華立路	北至勞神父路口	一三〇—一三一
第三十四圖	東至呂班路	西至金神父路	南至勞神父路口	北至辣斐德路	一三四—一三五
第三十五圖	東至法國公園	西至金神父路	南至辣斐德路	北至環龍路	一三八—一三九
第三十六圖	東至貝禘鏖路	西至聖母院路	南至霞飛路	北至蒲石路	一四二—一四三
第三十七圖	東至貝禘鏖路	西至聖母院路	南至蒲石路	北至福煦路	一四六—一四七
第三十八圖	東至聖母院路	西至亞爾培路	南至蒲石路	北至福煦路	一五〇—一五一
第三十九圖	東至聖母院路	西至亞爾培路	南至霞飛路	北至蒲石路	一五四—一五五
第四十圖	東至金神父路	西至邁爾西愛路	南至辣斐德路	北至霞飛路	一五八—一五九
第四十一圖	東至金神父路	西至亞爾培路	南至西愛咸斯路	北至辣斐德路	一六二—一六三
第四十二圖	東至金神父路	西至亞爾培路	南至福履理路	北至西愛咸斯路	一六六—一六七
第四十三圖	東至金神父路	西至亞爾培路	南至徐家匯路	北至福履理路	一七〇—一七一
第四十四圖	東至亞爾培路	西至拉都路	南至徐家匯路	北至亞爾培路五五〇衖及拉都路三八三衖	一七四—一七五
第四十五圖	東至亞爾培路	西至拉都路	南至亞爾培路五五〇衖及拉都路三八三衖	北至辣斐德路	一七八—一七九
第四十六圖	東至邁爾西愛路	西至拉都路	南至辣斐德路	北至霞飛路	一八二—一八三
第四十七圖	東至亞爾培路	西至杜美路	南至霞飛路	北至蒲石路	一八六—一八七
第四十八圖	東至亞爾培路	西至勞爾東路西	南至蒲石路	北至福煦路	一九〇—一九一
第四十九圖	東至勞爾東路	西至古拔路	南至蒲石路	北至福煦路	一九四—一九五
第五十圖	東至古拔路	西至善鐘路及海格路	南至蒲石路	北至福煦路	一九八—一九九
第五十一圖	東至杜美路	西至善鐘路	南至霞飛路	北至蒲石路	二〇二—二〇三
第五十二圖	東至拉都路	西至臺拉斯脫路及比國大使館	南至雷米路	北至霞飛路	二〇六—二〇七

					頁數
第五十三圖	東至畢勛路	西至寶建路	南至畢勛路及恩理和路	北至霞飛路	二一〇—二一一
第五十四圖	東至拉都路	西至祁齊路	南至西愛咸斯路	北至雷米路及畢勛路	二一四—二一五
第五十五圖	東至拉都路	西至祁齊路	南至福履理路	北至西愛咸斯路	二一八—二一九
第五十六圖	東至拉都路	西至祁齊路	南至徐家匯路	北至福履理路	二二二—二二三
第五十七圖	東至祁齊路	西至巨福路	南至徐家匯路	北至西愛咸斯路	二二六—二二七
第五十八圖	東至祁齊路	西至巨福路	南至西愛咸斯路	北至辣斐德路及霞飛路	二三〇—二三一
第五十九圖	東至善鐘路及寶建路	西至古神父路	南至辣斐德路及白賽仲路	北至趙主教路	二三四—二三五
第六十圖	東至善鐘路	西至麥琪路	南至趙主教路	北至海格路	二三八—二三九
笫六十一圖	東至麥琪路	西至海格路福開森路口	南至巨潑來斯路	北至海格路	二四二—二四三
第六十二圖	東至麥琪路	西至福開森路	南至白賽仲路	北至巨潑來斯路	二四六—二四七
第六十三圖	東至麥琪路	西至福開森路	南至霞飛路居爾典路口	北至白賽仲路	二五〇—二五一
第六十四圖	東至巨福路	西至高恩路	南至西愛咸斯路	北至霞飛路	二五四—二五五
第六十五圖	東至巨福路	西至高恩路	南至徐家匯路	北至西愛咸斯路	二五八—二五九
第六十六圖	東至高恩路	西至愛棠路	南至徐家匯路	北至福履理路及台司德朗路	二六二—二六三
第六十七圖	東至高恩路	西至汶林路	南至福履理路	北至麥尼尼路	二六六—二六七
第六十八圖	東至高恩路	西至汶林路	南至麥尼尼路	北至居爾典路福開森路口	二七〇—二七一
第六十九圖	東至汶林路	西至愛棠路	南至麥尼尼路	北至勞利育路及福開森路	二七四—二七五
第七十圖	東至白賽仲路	西至雷上達路	南至勞利育路及福開森路	北至高逖愛路	二七八—二七九
第七十一圖	東至福開森路	西至雷上達路	南至白賽仲路及高逖愛路	北至海格路	二八二—二八三
第七十二圖	東至雷上達路	西至海格路	南至勞利育路	北至海格路	二八六—二八七
第七十三圖	東至畲上達路及愛棠路	西至海格路	南至麥尼尼路	北至勞利育路	二九〇—二九一
第七十四圖	東至汶林路	西至海格路	南至台司德朗路南	北至麥尼尼路	二九四—二九五
第七十五圖	東至愛棠路口	西至海格路	南至徐家匯路	北至台司德朗路北	二九八—二九九
顧家宅花園全景(法國公園)					六九

凡例

一、本編繼第一編而作其內容包含上海第二特區（法租界）全區之地域編輯體例悉仿第一編可無贅述

二、本編進行編製時所有界內各馬路里弄大樓等等均經派員反覆實地調查測繪成圖計得路圖七十五幅大樓圖六座至華租界毗連之區域因環境關係調查困難僅製一上海市區圖以示其方位之輪廓

三、凡路圖中留有空白處未註字樣者係正在建築中之房屋或房屋雖已築成而尚未訂有門牌者則僅繪一圖形以示大略又有於本編脫稿付印前明係某某行號或某某建築物及至付印以後行號與建築物或有變遷此外在付印前正在建築中之房屋業已落成或未訂門牌之新屋至此業已編訂諸如此類因事實上不及修改惟有暫仍其舊俟再版時改正

四、本編內各路圖所標路名除中文外附以法文以便對照至里弄名稱亦均根據實地調查之所得註明于路圖中惟里弄一類中每有其不同之點按其實際可別為四（一）有里弄名稱並有號數者（二）有里弄名稱而無號數者（三）有里弄號數而無名稱者（四）有里弄名稱及號數俱無者其里弄房屋之門牌係照馬路店面房屋所編列例如弄口最後之店面為200號其弄內之房屋自第一宅起編為202號依此順次而下

五、本編為使閱者易於檢查里弄所在起見特編列里弄索引及弄號索引於簡端所有里弄名稱及號數均以第一字筆劃為類例如「三慶里」「三興坊」可於里弄索引三劃內查得之如欲查585或645弄則可於弄號索引5字及6字內查得之凡兼有名稱及號數之里弄將名稱編入里弄索引內號數編入弄號索引內以便互見例如徐家滙路110弄元福里見於里弄索引內元字下同時於弄號索引內亦載入之

六、本編各里弄索引為求統一起見均以每一路為標準故凡交界處之馬路其里弄原屬於某路者如「藍維靄路泰咸里三八弄」實際上由藍維靄路已無法通入弄內蓋該路為交界處之路是以現在通入之道須由安納金路小弄矣

七、本編內凡里弄號數未經註明者在里弄索引內有如下述情形例如某里弄之左面為50號右面為54號按之工部局慣例該里必為52號然在實際上並無此弄號之標舉以故路圖中亦未註明該里之弄號為52僅於里弄索引內該里一條下列入之（52號）

八、大樓圖以一層爲單位按中西人士對於層次稱呼不同如國人通稱之二樓在西人則謂之一樓本編於中西所稱層次並列之以備參證至於每層之每一房間號數及行號電梯扶梯之位置出入之甬道衛生設備之所在均逐一載明之又該大樓之名稱層數地址亦分別用中西文加以註明俾易檢查有時大樓名稱祇有西文或中文一種者則僅舉其原有之名稱以符實際

九、索引一項除里弄及弄號之外另編有廣告索引路名索引及大樓索引並列於編首其分類均以名稱之第一字筆劃多寡爲序極便檢查

十、本編於各路圖之外另製法租界分版全圖一種註明圖號例如某某行號位於某路之某一段可於此項全圖中一查卽知其屬於某一圖號而某某行號卽可按照其圖號於分圖中查得之

十一、本編各頁除按次編列號數外復於各圖之指北針邊註明圖號該圖號與法租界分版全圖中所載分段之圖號相吻合取便檢查

十二、本編路圖中列入之行號有時一個門牌內設有十餘家行號之多者因限於路圖之篇幅僅就其中較爲顯著者註明之其餘未能一一列入請閱者諒之

十三、本編各路圖均繪有指北針標記惟因各圖縮小程度不一故未能將比例尺一一註明僅於上海市全圖及法租界全圖內載列之閱者欲知比例之標準可於此推見焉

十四、本編內刊有特區交通圖凡於公共汽車有軌及無軌電車分別製成現行之路線俾乘車者知所由循惟停車之站因限於篇幅未能一一繪入僅於停車之交叉點附近合繪一站以示數種車輛經過時均停於此其詳細站位則詳載於分圖中

十五、本編爲便於閱者明瞭寄發郵件處所及自備汽車加油站起見特將界內全區之郵政信筒及加油站分別於各分圖中繪一紅色圓圈標示之旁註郵筒或加油站字樣而加油站一類更用中英文註明其出品之牌號（例如德士古 TEXACO）

十六、本編出版之先雖經一再校勘惟魯魚亥豕仍恐不免而各圖內容亦容有未盡之處深冀閱者不吝指示庶再版時據以修正俾成善本不惟本書之幸而已

編者謹識

上海市行號路圖錄第二編（第二特區）路名索引

二劃

八里橋路	北起愛多亞路	南至皮少耐路

三劃

大沽路	東起法蘭西外灘	西至法華民國路
大沽路	東起巨福路	西至國富門路
大裕興街	東起法蘭西外灘	西至洋行街
小東門路	東起法蘭西外灘	西至法華民國路
小裕興街	東起小東門路	西至大裕興街

四劃

天主堂街	北起愛多亞路	南至法華民國路

五劃

巨籟達路	東起福煦路	西至善鐘路
巨潑來斯路	東起善鐘路	西至海格路
巨福路	北起霞飛路	南至徐家匯路
白賽仲路	東南起霞飛路	西北至海格路
白來尼蒙馬浪路	北起福煦路	南至徐家匯路
白里圖路	北起貝當路	南至徐家匯路
白爾路	東起藍維藹路	北至吳淞江路
白爾部路	北起福煦路	南至霞飛路
古拔路	北起福煦路	南至蒲石路
古神父路	北起趙主教路	西南至居爾典路
甘世東路	北起辣斐德路	南至西愛咸斯路南
平濟利路	北起吳淞江路	南至勞神父路
台司德朗路	東起汶林路	西至海格路
台灣路	東起法蘭西外灘	西至法華民國路
皮少耐路	東起法華民國路	西至格洛克路

六劃

西愛咸斯路	東起金神父路	西至高恩路
西門路	東起白爾路	西至呂班路
自來火行西街	北起愛多亞路	南至寧波路
自來火行東街	北起愛多亞路	南至寧波路
老永安街	北起法大馬路	南至法華民國路
老北門路	北起愛多亞路	南至法華民國路
安納金路	北起喇格納路	南至藍維藹路
吉祥街	北起愛多亞路	南至法華民國路
朱葆三路	北起愛多亞路	南至法大馬路
舟山路	東起法蘭西外灘	西至法華民國路

七劃

呂宋路	北起愛多亞路	南至福煦路
呂班路	北起霞飛路	南至徐家匯路
貝當路	北起霞飛路	南至海格路
貝勒路	北起愛多亞路	南至徐家匯路
貝禘鏖路	北起福煦路	南至霞飛路
杜美路	北起蒲石路	南至霞飛路
杜神父路	東起藍維藹路	西至貝勒路
汶林路	北起霞飛路	南至徐家匯路
亨利路	東起亞爾培路	西至杜美路
李梅路	北起愛多亞路	南至霞飛路
彤雲街	北起南翔街	南至小東門路
吳淞江路	東起維爾蒙路	西至葛羅路

八劃

法蘭西外灘	北起愛多亞路	南至東門路

法華民國路	東起小東門路	西至麋鹿路
法大馬路	東起法蘭西外灘	西至敏體尼蔭路
居爾典路	東南起霞飛路	西北至海格路
祁齊路	北起畢勛路	南至徐家匯路
拉都路	北起霞飛路	南至徐家匯路
亞爾培路	北起福煦路	南至徐家滙路
金神父路	北起霞飛路	南至徐家匯路
典當街	北起愛多亞路	南至法華民國路
京州路	北起福建路	南至小東門路
阿田南路	北起大沽路	西至國富門路
孟神父路	東起麥高包祿路	南至愷自邇路

九劃

姚主教路	北起霞飛路	南至徐家匯路
茄勒路	北起安納金路	南至勞神父路
洋行街	北起舟山路	南至小東門路
南翔街	東起法蘭西外灘	西至法華民國路

十劃

海格路	北起福煦路	南至徐家匯路
徐家匯路	東起藍維藹路	西至海格路
高恩路	北起霞飛路	南至徐家匯路
高乃依路	東起法國公園	西至金神父路
高逖愛路	東北起白賽仲路	西南至居爾典路
格羅希路	東北起杜美路	西至善鐘路
格洛克路	北起愷自邇路	南至喇格納路
馬斯南路	北起霞飛路	南至貫西義路
恩理和路	東南起祁齊路	西至巨福路

十一劃

麥尼尼路	東起高恩路	西至海格路
麥琪路	北起海格路	南至霞飛路
麥陽路	北起蒲石路	南至霞飛路
麥賽而蒂羅路	東起葛羅路	西至華龍路
麥底安路	北起愛多亞路	南至法華民國路
麥高包祿路	北起愛多亞路	南至愛來格路
敏體尼蔭路	北起愛多亞路	南至白爾路
畢勛路	北起霞飛路	南至祁齊路
康悌路	東起藍維藹路	西至呂班路
國富門路	北起西愛咸斯路	南至福履理路
望志路	東起白爾路	西至呂班路
紫來街	北起愛多亞路	南至法華民國路
莫利愛路	東起法國公園	西至金神父路
陶爾斐司路	東起呂班路	西至華龍路

十二劃

勞神父路	東起平濟利路	西至呂班路
勞爾東路	北起巨籟達路	南至霞飛路
勞利育路	東南起福開森路	西至海格路
華格臬路	東起敏體尼蔭路	西至呂宋路
華成路	東起法華民國路	西至敏體尼蔭路
華龍路	北起霞飛路	南至法國公園
甯興街	東起麥底安路	西至敏體尼蔭路
甯波路	東起新橋街	西至敏體尼蔭路
善鐘路	北起海格路	南至霞飛路
菜市路	北起白爾路	南至徐家匯路
普恩濟世路	東起邁爾西愛路東	西至亞爾培路
喇格納路	東起格洛克路	西至白爾路
閔行路	東起洋行街	西至法華民國路
奥禮和路	東起敏體尼蔭路	西至茄勒路

十三劃

愛多亞路	東起法蘭西外灘	西至貝禘鏖路
愛棠路	北起霞飛路	南至貝當路

愛麥虞限路	東起金神父路	西至亞爾培路
愛來格路	東起八里橋路	西至維爾蒙路
雷上達路	北起海格路	南至霞飛路
雷米路	東起甘世東路	西至臺拉斯脫路
賈西義路	東起馬斯南路	西至金神父路
賈爾業愛路	東南起祁齊路	西北至巨福路
新街	北起小東門路	西至大裕興街
新新街	東起新新里	西至金神父路
新橋街	北起愛多亞路	南至法華民國路
新永安街	東起法蘭西外灘	西至天主堂街
新開河	東起法蘭西外灘	西至法華民國路
愷自邇路	東起敏體尼蔭路	西至呂宋路
葛羅路	北起愛多亞路	南至蒲柏路
聖母院路	北起福煦路	南至霞飛路

十四劃

福煦路	東起呂宋路	西至海格路
福履理路	東起金神父路	西至汶林路
福開森路	北起海格路	南至霞飛路
福建路	東起法蘭西外灘	西至法華民國路
臺拉斯脫路	北起畢勛路	南至徐家匯路
蒲石路	東起薩坡賽路	西至海格路
蒲柏路	東起白爾路	西至呂班路
辣斐德路	東起藍維藹路	西至霞飛路
趙主教路	東起善鐘路	西至福開森路
維爾蒙路	北起愛多亞路	南至喇格納路

十五劃

潘馨路	北起霞飛路	南至貝當路
鄭家木橋街	北起愛多亞路	南至法華民國路

十六劃

樹本路	東起馬斯南路	西至金神父路
磨坊街	北起愛多亞路	南至法華民國路
興聖街	北起法大馬路	南至法華民國路

十七劃

霞飛路	東起敏體尼蔭路	西至海格路
環龍路	東起華龍路	西至拉都路西
薩坡賽路	北起福煦路	南至康悌路南
邁爾西愛路	北起福煦路	南至辣斐德路
薛華立路	東起呂班路	西至金神父路
麋鹿路	東起法華民國路	西至敏體尼蔭路
戴勞耐路	東起汶林路	南至台司德朗路

十九劃

藍維藹路	北起白爾路	南至徐家匯路

二十劃

寶建路	北起霞飛路	南至恩理和路

上海市行號路圖錄第二編(第二特區)大樓分圖索引

上海市行號路圖錄第二編(第二特區)里衖坊邨別墅索引

名稱	地址	圖號	頁數
二畝園	福履理路二八八衖	四四	一七四—一七五
二劃			
八仙坊總衖	華格臬路一二九衖	一三	五〇—五一
八仙坊一衖	華格臬路七九衖	一三	五〇—五一
八仙坊二衖	華格臬路九九衖	一三	五〇—五一
丁家衖	雷米路一四一衖	五四	二一四—二一五
丁家衖	雷米路一四二衖	五二	二〇六—二〇七
丁家衖	辣斐德路一三一三A衖	五二	二〇六—二〇七
人和里	巨潑來斯路二〇四衖	六一	二四二—二四三
人傑里	白爾路三一〇衖	一六	六二—六三
又一邨	賈西義路二七四衖	三二	一二六—一二七
又一邨	辣斐德路一三一三A衖	五二	二〇六—二〇七
卜鄰里	法大馬路三八九衖	八	三〇—三一
九如邨	勞神父路三四九衖	二九	一一四—一一五
九思里	蒲石路一三〇衖	二六	一〇二—一〇三
九華里	麥琪路一五五衖	六〇	二三八—二三九
九興里	巨潑來斯路七八衖	六〇	二三八—二三九
三劃			
大吉里	格洛克路	一二	四六—四七
大同坊	磨坊衖	七	二六—二七
大同坊	姚主教路	七三	二九〇—二九一
大同新邨	拉都路二一七衖	四五	一七八—一七九
大安坊	普恩濟世路一八二衖	三八	一五〇—一五一
大安里	霞飛路	一五	五八—五九
大康里	康悌路三六弄	一九	七四—七五
大康里	白爾路二九七弄	一六	六二—六三
大福里	格羅希路九弄	五一	二〇二—二〇三

名稱	地址	圖號	頁數
大福里	麥琪路二四弄	六一	二四二—二四三
大德邨	巨籟達路三一〇弄	三八	一五〇—一五一
大德里	霞飛路一二七〇弄	五一	二〇二—二〇三
大興坊	菜市路二三三弄	一九	七四—七五
大興坊	蒲石路三九二弄	三八	一五〇—一五一
大興坊	西門路	一六	六二—六三
大興里	巨籟達路五八八弄	四八	一九〇—一九一
大陸坊	貝勒路八七二衖	二一	八二—八三
大陸坊	呂班路二八八衖	三三	一三〇—一三一
大生邨	金神父路四一〇衖	四三	一七〇—一七一
大來邨	趙主教路九六衖	六〇	二三八—二三九
大華里	白爾路三七衖	一七	六六—六七
大盛里	陶爾斐司路五四衖	二七	一〇六—一〇七
大明邨	拉都路	四五	一七八—一七九
大華里	蒲柏路	二四	九四—九五
大豐里	巨籟達路三八三弄	三八	一五〇—一五一
三三里	薩坡賽路二九五弄	二二	八六—八七
三三邨	辣斐德路張家衖內	四六	一八二—一八三
三星里	徐家匯路	六五	二五八—二五九
三星里	自來火行東街五五弄	九	三四—三五
三星坊一衖	貝勒路九三〇弄	二一	八二—八三
三星坊二衖	貝勒路九四〇弄	二一	八二—八三
三星坊三衖	貝勒路九五〇弄	二一	八二—八三
三益里	平濟利路	一八	七〇—七一
三益里	巨籟達路三一三弄	三七	一四六—一四七
三友里	貝勒路七九六弄	二二	八六—八七
三多坊	亞爾培路二五〇弄	四七	一八六—一八七
三安里	菜市路四一一弄	二〇	七八—七九
三牲里	巨潑來斯路一〇〇弄	六〇	二三八—二三九
三裕里西衖	辣斐德路二三〇弄	一八	七〇—七一
三裕里東衖	菜市路七〇弄	一八	七〇—七一

名稱	地址	圖號	頁數
三裕里總衖	辣斐德路二一四弄	一八	七〇—七一
三慶里	西門路四三弄	一八	七〇—七一
三慶里	菜市路二八弄	一八	七〇—七一
三讓坊	菜市路一六衖	一八	七〇—七一
三讓坊	西門路九弄	一八	七〇—七一
三瑞里	辣斐德路七三弄	一七	六六—六七
三興坊	杜神父路一七一弄	二〇	七八—七九
三興里	康悌路三八〇弄	二二	八六—八七
三鑫里	愛來格路八三弄	一二	四六—四七
三鑫坊	古拔路八六弄	五〇	一九八—一九九
三鑫坊	拉都路五一〇弄	五六	二二二—二二三
三德里	勞神父路一二七弄	一九	七四—七五
三德里	康悌路四七三弄	三〇	一一八—一一九
三德坊	薩坡賽路三二弄	二四	九四—九五
三德坊	呂班路三九弄	二四	九四—九五
三德坊	甘世東路一七弄	四五	一七八—一七九
小桃園衖	辣斐德路一二一八弄	四六	一八二—一八三
小桃園衖	環龍路	四六	一八二—一八三
小浜灣衖	巨籟達路四一九弄	三八	一五〇—一五一
久和坊	巨籟達路	三八	一五〇—一五一
久安里	平濟利路	一七	六六—六七
久安里	愷自邇路二七四弄	一四	五四—五五
久安邨	蒲石路五二四弄	四八	一九〇—一九一
久成北里	白來尼蒙馬浪路七八八弄	二一	八二—八三
久昌里	台灣路七A弄	四	一四—一五
久興里	法蘭西外灘三九弄	五	一八—一九
久興里	霞飛路一五二弄	一五	五八—五九
上海新邨	霞飛路一四七八弄	六四	二五四—二五五
上海別墅	環龍路四二弄	二七	一〇六—一〇七
上林里	藍維藹路	一九	七四—七五
川雲里	蒲石路四七三弄	四七	一八六—一八七
工業坊	徐家匯路三四五弄	三一	一二二—一二三

四劃

名稱	地址	圖號	頁數
天一邨	趙主教路一六五弄	五九	二三四—二三五
天一坊	望志路	一六	六二—六三
天興里	徐家匯路	二〇	七八—七九
天成里	賈西義路二四八弄	三二	一二六—一二七
天惠坊	華格臬路一二九弄	一三	五〇—五一
天惠坊南衖	蒲石路一〇七弄	二六	一〇二—一〇三
天惠坊北衖	蒲石路一四二弄	二六	一〇二—一〇三
天祥里	杜神父路一四九弄	二〇	七八—七九
天錫里	鄭家木橋街三八弄	八	三〇—三一
天福里	康悌路一四弄	一九	七四—七五
天佑里	海格路一一六七弄	七四	二九四—二九五
天佑坊	藍維藹路	一七	六六—六七
天籟坊	安納金路	一七	六六—六七
日暉里	新新街	三一	一二二—一二三
日新里	新新街	三一	一二二—一二三
中和邨	蒲石路二七六弄	三七	一四六—一四七
中興里	辣斐德路一〇六弄	一七	六六—六七
中華里	鄭家木橋街八五弄	八	三〇—三一
中華里	法大馬路二四六弄	八	三〇—三一
中華里	寧興街六九弄	八	三〇—三一
太和里	福建路一六弄	四	一四—一五
太和里	白爾部路一四弄	二六	一〇二—一〇三
太和里	大沽路一七弄	四	一四—一五
太原坊總衖	愛多亞路四〇一弄	九	三四—三五
太原坊總衖	寧興街二五〇弄	九	三四—三五
太平坊	霞飛路一二六弄	一三	五〇—五一
文安坊	貝勒路一六弄	一四	五四—五五
文安坊	貝勒路七〇七弄	一九	七四—七五
文安坊	高恩路二六一弄	六五	二五八—二五九
文安坊	雷米路一四一弄	五四	二一四—二一五
文安坊	巨籟達路五七四弄	四八	一九〇—一九一

名稱	地址	圖號	頁數
文安巷	菜市路一五九弄	一八	七〇—七一
文安坊	愷自邇路	一四	五四—五五
文元坊	亨利路一三四弄內	四七	一八六—一八七
文元坊	敏體尼蔭路二九二弄	一二	四六—四七
文元坊	愛麥虞限路	四二	一六六—一六七
文元坊一衖	皮少耐路一〇弄	一一	四二—四三
文元坊二衖	皮少耐路二八弄	一一	四二—四三
文元坊三衖	皮少耐路四六弄	一一	四二—四三
文福里	蒲石路四五九弄	四七	一八六—一八七
文邨	金神父路六八弄	四〇	一五八—一五九
文盛里	勞神父路二九弄	一九	七四—七五
文德里	茄勒路一六三弄	一七	六六—六七
文蘭坊總衖	蒲石路一二〇弄	二六	一〇二—一〇三
文賢里	辣斐德路	一八	七〇—七一
仁和里	霞飛路二七一弄	一五	五八—五九
仁元里	白爾路六〇弄	一二	四六—四七
仁安里總衖	葛羅路一二弄	一四	五四—五五
仁安里	普恩濟世路一六二弄	三八	一五〇—一五一
仁安坊	福履理路二一七弄	四四	一七四—一七五
仁吉里總衖	西門路一三八弄	二三	九〇—九一
仁昌里	藍維藹路三〇弄	一七	六六—六七
仁昌里	愷自邇路二一四弄	一四	五四—五五
仁美里東衖	自來火行東街一二四弄	一〇	三八—三九
仁美里	自來火行西街一一二弄	一〇	三八—三九
仁德里	巨籟達路二六〇弄	三八	一五〇—一五一
仁德里	白來尼蒙馬浪路七三二弄	二一	八二—八三
仁德里	茄勒路	一七	六六—六七
仁德坊	康悌路四四一弄	二一	八二—八三
仁德坊	巨潑來斯路一二八弄	六〇	二三八—二三九
仁德坊東衖	汶林路三〇九弄	六六	二六二—二六三
仁德坊西衖	汶林路三二〇弄	六六	二六二—二六三
仁德村	勞爾東路四四弄	四九	一九四—一九五
仁本里	藍維藹路	一七	六六—六七
仁壽里	望志路一三九弄	二三	九〇—九一
仁壽里	菜市路一二五弄	一八	七〇—七一
仁壽里	安納金路一六七弄	一七	六六—六七
仁壽坊	貝禘鏖路一六二弄	三六	一四二—一四三
仁壽坊	霞飛路五八二弄	三六	一四二—一四三
仁壽新邨	貝禘鏖路一四二弄	三六	一四二—一四三
仁善坊	呂班路六四弄	二四	九四—九五
仁興里	勞神父路四八六弄	二二	八六—八七
仁麟里	喇格納路二一一弄	一六	六二—六三
仁樂邨	呂班路一二四弄	二八	一一〇—一一一
仁義里	蒲石路三六六弄	三八	一五〇—一五一
仁華里	薩坡賽路	二五	九八—九九
元吉里	安納金路二九弄	一二	四六—四七
元合坊	亞爾培路二五三弄	三九	一五四—一五五
元昌里	華龍路五六弄	二七	一〇六—一〇七
元福里	徐家匯路一一〇弄	二一	八二—八三
元聲里	皮少耐路九三弄	一二	四六—四七
元慶里	吳淞江路	一五	五八—五九
五福里	呂宋路五〇弄	一四	五四—五五
五福里	徐家匯路四五二弄	四三	一七〇—一七一
五豐坊	康悌路二一五弄	二一	八二—八三
五豐里總衖	勞神父路一一二七弄	一九	七四—七五
五鳳里	霞飛路三九八弄	二五	九八—九九
六合里	喇格納路六八弄	一二	四六—四七
六合坊	康悌路一七弄	二〇	七八—七九
六合新邨	莫利愛路	三五	一三八—一三九
公興里	環龍路五〇二 五〇四弄內	四六	一八二—一八三
公興坊	甘世東路一一二弄	四五	一七八—一七九
公興坊	甘世東路六八弄	四五	一七八—一七九

名稱	地址	圖號	頁數
公羽里	普恩濟世路	三八	一五〇—一五一
公安里	愛多亞路	一四	五四—五五
公記里	徐家匯路	二一	八二—八三
友益里	八里橋路五八弄	九	三四—三五
友寧邨	臺拉斯脫路二九三弄	五六	二二二—二二三
友寧邨	臺拉斯脫路二九七弄	五六	二二二—二二三
友寧邨	臺拉斯脫路三一一弄	五六	二二二—二二三
友寧邨	臺拉斯脫路三〇五弄	五六	二二二—二二三
友華邨	蒲石路六三七弄	五一	二〇二—二〇三
巴黎新邨	呂班路一六九弄	二八	一一〇—一一一
巴里	薩坡賽路	二八	一一〇—一一一
月華坊	霞飛路九八七弄	四六	一八二—一八三
丹桂里	白來尼蒙馬浪路五八五弄	二一	八二—八三
丹鳳里	茄勒路	一七	六六—六七
中和五邨	愛麥虞限路	四二	一六六—一六七

五劃

名稱	地址	圖號	頁數
永存坊	蒲石路六一一弄	五一	二〇二—二〇三
永興坊	古拔路一二一弄	四九	一九四—一九五
永興里	巨籟達路四一九弄	三八	一五〇—一五一
永興里	茄勒路	一七	六六—六七
永利邨	亨利路一〇〇弄	四七	一八六—一八七
永福里	藍維藹路二三〇弄	一九	七四—七五
永安里	華格臬路	一四	五四—五五
永安里	白爾部路二八弄	二六	一〇二—一〇三
永安里	貝勒路四六四弄	二三	九〇—九一
永安別業	拉都路三五七弄	四五	一七八—一七九
永安坊總衖	新永安街一二弄	六	二二—二三
永安里	白爾路二八〇弄	一六	六二—六三
永安里	白爾路二九〇弄	一六	六二—六三
永安里	辣斐德路三二弄	一七	六六—六七
永安里	辣斐德路二三弄	一七	六六—六七
永樂邨	甘世東路二三六弄	四五	一七八—一七九
永樂里	愷自邇路一七五弄	一五	五八—五九
永盛里總衖	甘世東路一五一弄	四五	一七八—一七九
永德里	徐家匯路五五九弄	四三	一七〇—一七一
永德邨	普恩濟世路一一五弄	三八	一五〇—一五一
永慶里	霞飛路八五五弄	四〇	一五八—一五九
永慶里	巨籟達路一〇八弄	三七	一四六—一四七
永慶里	新橋街	九	三四—三五
永慶坊	貝勒路三五〇弄	二四	九四—九五
永慶坊	李梅路三二A弄	一四	五四—五五
永壽坊	霞飛路五八四弄	三六	一四二—一四三
永吉里	聖母院路二二三弄	三六	一四二—一四三
永吉里	望志路二〇二弄	二四	九四—九五
永吉里	望志路二〇五弄	二三	九〇—九一
永裕里	西門路一一三弄	二三	九〇—九一
永裕里	辣斐德路三一八弄	二三	九〇—九一
永裕里	貝勒路五五四弄	二三	九〇—九一
永裕里	貝勒路五三四弄	二三	九〇—九一
永裕里	貝勒路五一四弄	二三	九〇—九一
永裕里	貝勒路四九四弄	二三	九〇—九一
永益里	勞神父路三六六弄	二二	八六—八七
永華坊	菜市路三七二弄	二〇	七八—七九
永華里	麋鹿路三八弄	一一	四二—四三
永昌里	杜神父路六三、六五弄	二〇	七八—七九
永遠里	寗興街二七九弄	九	三四—三五
永清里	愛來格路一二七弄	一二	四六—四七
永源里	愛來格路一二八弄	一三	五〇—五一
永祥里	愛多亞路七五一弄	一四	五四—五五
永宸里	平濟利路九四弄	一六	六二—六三
永康里	平濟利路二五七弄	一七	六六—六七
永康新邨	巨福路	五八	二三〇—二三一

名稱	地址	圖號	頁數
永順邨	環龍路吳家衖內	四六	一八二—一八三
永和坊	環龍路吳家衖內	四六	一八二—一八三
永仁里	福煦路	二六	一〇二—一〇三
平安坊	蒲石路二四五弄	三九	一五四—一五五
平安里	霞飛路七三六弄	三六	一四二—一四三
平江里	藍維藹路一九五弄	一九	七四—七五
平原坊	貝西義路二七四弄	三二	一二六—一二七
平濟里	平濟利路二九一弄	一七	六六—六七
四維村	台司德朗路一九〇弄	七四	二九四—二九五
四維新邨	呂班路一六三弄	二八	一一〇—一一一
四明邨	福煦路九一三弄	四八	一九〇—一九一
四明邨	巨籟達路六二四弄	四八	一九〇—一九一
四明里	霞飛路四二五弄	二五	九八—九九
四成里	巨籟達路五四七弄	三八	一五〇—一五一
四達里	康悌路一一五弄	二〇	七八—七九
四達邨	雷米路一四二弄	五二	二〇六—二〇七
四星坊	環龍路	四六	一八二—一八三
四德里	康悌路	二九	一一四—一一五
四合里	陶爾斐司路	二四	九四—九五
古拔新邨一衖	古拔路一四八弄	五〇	一九八—一九九
古拔新邨二衖	古拔路一五六弄	五〇	一九八—一九九
古拔新邨三衖	古拔路一六四弄	五〇	一九八—一九九
古拔新邨四衖	古拔路一七二弄	五〇	一九八—一九九
古柏公寓	古拔路一九七弄	四九	一九四—一九五
民辱坊	維爾蒙路一〇二弄	一四	五四—五五
民樂里	麥琪路	六〇	二三八—二三九
民國里	法華民國路	八	三〇—三一
民福里	福煦路一〇一三弄	四九	一九四—一九五
民生坊	巨籟達路一二一弄	二六	一〇二—一〇三
玉振里	辣斐德路四一五弄	二二	八六—八七
玉振里	勞神父路四五八弄	二二	八六—八七
生吉里一衖	敏體尼蔭路二一四弄	一二	四六—四七
生吉里二衖	敏體尼蔭路二二四弄	一二	四六—四七

名稱	地址	圖號	頁數
生吉里三衖	敏體尼蔭路二三四弄	一二	四六—四七
生吉里四衖	敏體尼蔭路二四四弄	一二	四六—四七
生源里	辣斐德路五七弄	一七	六六—六七
正元里	貝禘鏖路一〇八弄	三六	一四二—一四三
正安里	維爾蒙路一八八弄	一五	五八—五九
正德里	邁爾西愛路八五弄	三八	一五〇—一五一
巨福新邨	巨潑來斯路三二一弄	六二	二四六—二四七
巨福邨	巨福路三八六弄	六五	二五八—二五九
巨籟邨	巨籟達路	三八	一五〇—一五一
打浦坊	金神父路四五七弄	三一	一二二—一二三
打浦橋衖	徐家匯路四五二弄	四三	一七〇—一七一
由義坊	金神父路四二二弄	四三	一七〇—一七一
由義坊	蒲石路一八六弄	三七	一四六—一四七
由義坊	蒲石路二〇〇弄	三七	一四六—一四七
立賢里	自來火行西街一八九弄	一〇	三八—三九
立賢里	自來火行東街一五二弄	一〇	三八—三九
仙樂邨	普恩濟世路八三弄	三八	一五〇—一五一
世德坊	愷自邇路一二三弄	一三	五〇—五一
台拉新邨	臺拉斯脫路一八八弄	五五	二一八—二一九
台拉別墅	臺拉斯脫路	五五	二一八—二一九
功甫里	徐家匯路六四八弄	四四	一七四—一七五
甘世新邨	甘世東路二四九弄	四五	一七八—一七九
甘邨	甘世東路	四五	一七八—一七九
仝興里	蒲石路三六六弄	三八	一五〇—一五一
中江里	蒲石路	六〇	二三八—二三九

六劃

名稱	地址	圖號	頁數
吉益里總衖	蒲柏路	一六	六二—六三
吉祥里	華格臬路	一四	五四—五五
吉祥里	茄勒路	一七	六六—六七
吉祥里	巨籟達路四一九弄	三八	一五〇—一五一

名稱	地址	圖號	頁數
吉祥里	古拔路八九弄	四九	一九四—一九五
吉祥坊	葛羅路	一四	五四—五五
吉益東里	白爾路三一一弄	一六	六二—六三
吉安里	鄭家木橋街八四弄	八	三〇—三一
吉安里	鄭家木橋街九四弄	八	三〇—三一
吉安里一街	吉祥街八五弄	六	二二—二三
吉安里二街	吉祥街七五弄	六	二二—二三
吉安里三街	吉祥街六五弄	六	二二—二三
吉安里四街	吉祥街五五弄	六	二二—二三
吉如里	法大馬路一八三弄	七	二六—二七
吉利坊	典當街八弄	七	二六—二七
吉信坊	自來火行東街七七弄	九	三四—三五
吉平里	貝勒路三四四弄	二四	九四—九五
安樂坊	麥高包祿路二一八弄	一三	五〇—五一
安樂邨	徐家匯路八一七弄	五六	二二二—二二三
安樂邨	福煦路四二三弄	三七	一四六—一四七
安樂邨	巨籟達路一六四弄	三七	一四六—一四七
安樂邨	拉都路三八三弄	四五	一七八—一七九
安樂邨	雷米路一四一弄	五四	二一四—二一五
安樂邨	拉都路三八八弄	五五	二一八—二一九
安和里	福履理路二四八弄	四四	一七四—一七五
安和邨	雷米路一一六弄	五二	二〇六—二〇七
安和新邨	金神父路一九八弄	四二	一六六—一六七
安吉里	甯興街一〇七弄	八	三〇—三一
安吉坊	勞神父路一一六八 一一七〇弄	一八	七〇—七一
安順里東街	康悌路一四三弄	二〇	七八—七九
安順里東街	杜神父路一四二弄	二〇	七八—七九
安順里西街	康悌路一六九弄	二〇	七八—七九
安越里北一街	康悌路一六四弄	一九	七四—七五
安越里北二街	康悌路一三八弄	一九	七四—七五
安仁里	福煦路一〇〇一弄	四九	一九四—一九五
安納坊	安納金路一七七弄	一七	六六—六七

名稱	地址	圖號	頁數
安臨里	徐家匯路九弄	二〇	七八—七九
安臨里	徐家匯路三弄	二〇	七八—七九
安義里	貝勒路六四一弄	一九	七四—七五
安豐里	巨籟達路三二四弄	三八	一五〇—一五一
安邨	愛棠路	七三	二九〇—二九一
同康里	福煦路四九七弄	三七	一四六—一四七
同康里	敏體尼蔭路三四三弄	一一	四二—四三
同康里	敏體尼蔭路三五三弄	一一	四二—四三
同康里	華成路三八弄	一一	四二—四三
同康里	聖母院路一七弄	三七	一四六—一四七
同德里	福煦路二二三弄	二六	一〇二—一〇三
同德里南街	紫來街三三街	七	二六—二七
同德里北街	紫來街一三街	七	二六—二七
同益里一街	貝勒路三六七街	一六	六二—六三
同益里	貝勒路	一六	六二—六三
同益邨	西愛咸斯路四一六弄	五四	二一四—二一五
同裕坊	辣斐德路一二一八弄	四六	一八二—一八三
同吉坊	平濟利路一一九弄	一六	六二—六三
同吉坊	平濟利路一二七弄	一六	六二—六三
同吉坊	平濟利路一三九弄	一六	六二—六三
同安里	老永安街四一弄	五	一八—一九
同志坊	愛來格路一四〇弄	一三	五〇—五一
同仁里	天主堂街四四弄	六	二二—二三
同樂坊	普恩濟世路一四二弄	三八	一五〇—一五一
同登里	華格臬路二三六弄	一四	五四—五五
同福里	巨籟達路二九九弄	三七	一四六—一四七
同福里	吳淞江路	一五	五八—五九
同興坊	麥琪路三〇一弄	五九	二三四—二三五
同豐里	徐家匯路三七二弄	三一	一二二—一二三
西三合里	馬斯南路二〇七弄	三二	一二六—一二七
西西坊	白來尼蒙馬浪路四六〇弄	二二	八六—八七
西成里	薩坡賽路一九七弄	二三	九〇—九一

名稱	地址	圖號	頁數
西成里	白來尼蒙馬浪路三七八弄	二三	九〇—九一
西成里	白來尼蒙馬浪路三七〇弄	二三	九〇—九一
西成里	西門路一六七弄	二三	九〇—九一
西成里	西門路一七九弄	二三	九〇—九一
西門里	西門路一八四弄	二三	九〇—九一
西門里	白來尼蒙馬浪路二三八弄	二三	九〇—九一
西門里	薩坡賽路一一三弄	二三	九〇—九一
西湖坊總衖	西門路一二三弄	二三	九〇—九一
西林里	貫西義路三一九弄	三一	一二二—一二三
西高第里	自來火行東街一一六弄	一〇	三八—三九
西愛邨	西愛咸斯路二一弄	四二	一六六—一六七
西愛里	西愛咸斯路	四五	一七八—一七九
成裕里東衖	菜市路一一四 一一六弄	一八	七〇—七一
成裕里總衖	辣斐德路二二一弄	一八	七〇—七一
成業里	茄勒路一九七弄	一七	六六—六七
成業里	辣斐德路七八弄	一七	六六—六七
成泰坊	古拔路一三〇弄	五〇	一九八—一九九
光裕里	福履理路二七九弄	四四	一七四—一七五
光裕里	茄勒路一四四弄	一七	六六—六七
光裕坊	康悌路五八〇弄	二九	一一四—一一五
合衆里	甯興街二六六弄	九	三四—三五
光華里	巨籟達路七八六弄	五〇	一九八—一九九
光明邨	環龍路二二〇弄	四〇	一五八—一五九
光益里	白來尼蒙馬浪路	二五	九八—九九
合大里	蒲石路三三二弄	六〇	二三八—二三九
合羣坊	福履理路三一六弄	五五	二一八—二一九
合興里	蒲石路	六〇	二三八—二三九
合忠坊	辣斐德路一八二弄	一八	七〇—七一

名稱	地址	圖號	頁數
合德里	自來火行西街	一〇	三八—三九
全裕里	安納金路一五一弄	一七	六六—六七
全裕里	藍維藹路一七弄	一七	六六—六七
多福里	康悌路八四弄	一九	七四—七五
多福邨	臺拉斯脫路三二一弄	五六	二二二—二二三
守民邨	雷米路一四二弄	五二	二〇六—二〇七
在明坊	蒲石路四六四弄	三八	一五〇—一五一
存厚坊	巨籟達路五六五弄	三八	一五〇—一五一
汝南坊	雷米路一五七弄	五四	二一四—二一五
有德里總衖	白來尼蒙馬浪路六八五弄	二一	八二—八三
有餘里	辣斐德路	一七	六六—六七
竹邨	格洛克路三一弄	一三	五〇—五一
任陞坊	霞飛路一八〇弄	一五	五八—五九
老德行里	敏體尼蔭路一七七弄	一〇	三八—三九
生林里	福履理路二七九弄	四四	一七四—一七五
如意坊	奥禮和路四弄	一二	四六—四七
聿德里	貝勒路三四四弄	二四	九四—九五
仲安里	愛多亞路	一三	五〇—五一
良德里	維爾蒙路一七一弄	一三	五〇—五一
羊尾里	辣斐德路	一七	六六—六七

七劃

名稱	地址	圖號	頁數
志成坊	霞飛路一二五二弄	五一	二〇二—二〇三
志成坊	貫西義路二一〇弄	三二	一二六—一二七
志成里	藍維藹路	一七	六六—六七
志成里	愛來格路一二七弄	一二	四六—四七
志豐里	環龍路八八弄	二七	一〇六—一〇七
志慶坊	海格路一一〇一弄	七四	二九四—二九五
孝友里	貝當路九一八弄	七五	二九八—二九九
孝友里	貝當路九六四弄	七五	二九八—二九九
孝友里	華龍路五一弄	二六	一〇二—一〇三

名稱	地址	圖號	頁數
孝友里一街	海格路一二五五弄	七五	二九八—二九九
孝友里二街	海格路一二三七弄	七五	二九八—二九九
孝友里三街	海格路九六四弄	七五	二九八—二九九
孝友里四街	海格路一二〇三弄	七五	二九八—二九九
良郜	亨利路五六弄	四七	一八六—一八七
良安坊	葛羅路一〇七弄	一五	五八—五九
良善里	平濟利路二二弄	一六	六二—六三
良勤坊	辣斐德路三九八弄	二三	九〇—九一
宏德里	福煦路二一五弄	二六	一〇二—一〇三
宏餘坊	愛多亞路二二三弄	八	三〇—三一
宏餘坊	寧興街七〇弄	八	三〇—三一
汶林郜西街	汶林路二九四弄	六六	二六二—二六三
汶林郜一街	汶林路二九九弄	六六	二六二—二六三
汶林郜二街	汶林路二九七弄	六六	二六二—二六三
汶林郜三街	汶林路二九五弄	六六	二六二—二六三
貝禘坊	貝禘鏖路五七B弄	二六	一〇二—一〇三
貝勒里	貝勒路八九一弄	二〇	七八—七九
貝勒里	貝勒路八九三弄	二〇	七八—七九
貝勒里	貝勒路九〇一弄	二〇	七八—七九
吳興里	白來尼蒙馬浪路一〇一弄	二四	九四—九五
吳興里	貝勒路三一〇弄	二四	九四—九五
吳興里	貝勒路	二四	九四—九五
吳家街	環龍路	四六	一八二—一八三
步高里	亞爾培路五八九弄	四二	一六六—一六七
步高里	福履理路一七〇弄	四二	一六六—一六七
亨利村	亨利路五八弄	四七	一八六—一八七
亨利坊	亨利路四四弄	四七	一八六—一八七
岐齋	霞飛路九八一弄	四六	一八二—一八三
何合坊	西愛咸斯路六一二弄	五八	二三〇—二三一
曲園	福履理路五六弄	四二	一六六—一六七
呂班坊	呂班路一四六弄	二八	一一〇—一一一
呂班坊	呂班路一五四弄	二八	一一〇—一一一

名稱	地址	圖號	頁數
均福里	敏體尼蔭路一二二弄	一三	五〇—五一
均益里	貝勒路	一六	六二—六三
希德里	陶爾斐司路四一弄	二八	一一〇—一一一
杏郜	貝勒路六六三弄	一九	七四—七五
汾晉坊	霞飛路	四六	一八二—一八三
宜夏坊	巨籟達路	三八	一五〇—一五一
延慶里	蒲柏路	一六	六二—六三

八劃

名稱	地址	圖號	頁數
明月坊	麋鹿路四八弄	一一	四二—四三
明月新郜	雷米路一四二弄	五二	二〇六—二〇七
明母坊	福履理路二五八弄	四四	一七四—一七五
明德里	拉都路三五八弄	五五	二一八—二一九
明德里	福煦路六八七弄	三八	一五〇—一五一
明德里	蒲柏路四六三弄	二四	九四—九五
明德里西街	白來尼蒙馬浪路一六四弄	二四	九四—九五
明德里西街	白來尼蒙馬浪路一七四弄	二四	九四—九五
明德里東街	白來尼蒙馬浪路一八一B弄	二四	九四—九五
明德里東街	白來尼蒙馬浪路一七三弄	二四	九四—九五
明德里總街	磨坊街八七弄	七	二六—二七
明德里一街	麥底安路一〇六弄	七	二六—二七
明德里二街	麥底安路九六弄	七	二六—二七
明德郜	金神父路	四三	一七〇—一七一
明霞郜	拉都路一〇〇弄	五二	二〇六—二〇七
明志坊	福履理路二四八弄	四四	一七四—一七五
明慶里	康悌路四〇〇弄	二二	八六—八七
松鶴郜	白賽仲路二九九弄	七一	二八二—二八三
松盛里	拉都路五一四弄	五六	二二二—二二三
松德里	普恩濟世路二〇六弄	三八	一五〇—一五一

名稱	地址	圖號	頁數
松齡里	康悌路五八弄	一九	七四—七五
松廬	勞神父路二六弄	一八	七〇—七一
松邨	蒲柏路三九八弄	一五	五八—五九
松邨	格洛克路四七弄	一三	五〇—五一
松柏里	李梅路六五弄	一四	五四—五五
松柏廬	平濟利路一六二弄	一六	六二—六三
松慶坊	平濟利路二六弄	一八	七〇—七一
松慶里	霞飛路一〇一弄	一三	五〇—五一
松壽里	愷自邇路一二〇弄	一三	五〇—五一
松桂坊	霞飛路	一三	五〇—五一
松韵別墅	辣斐德路	二八	一一〇—一一一
和明邨	巨潑來斯路五三弄	六〇	二三八—二三九
和平邨	西愛咸斯路四八五弄	五五	二一八—二一九
和平里	薛華立路一三七弄	三二	一二六—一二七
和平坊	李梅路一三七弄	一五	五八—五九
和合邨	拉都路三八三弄	四五	一七八—一七九
和合坊總衖	霞飛路五二六弄	二六	一〇二—一〇三
和邨	西愛咸斯路三〇〇弄	五四	二一四—二一五
和樂邨	邁爾西愛路三四弄	三八	一五〇—一五一
和樂坊	拉都路四四四弄	五五	二一八—二一九
和樂里	麥琪路九六弄	六一	二四二—二四三
和興里	善鐘路七〇弄	六〇	二三八—二三九
和興里	善鐘路四二弄	六〇	二三八—二三九
和悅邨	拉都路	四六	一八二—一八三
長安里	安納金路五六弄	一二	四六—四七
長安里	愷自邇路一九三弄	一五	五八—五九
長安里	愷自邇路	一五	五八—五九
長林坊	蒲石路三五〇弄	六〇	二三八—二三九
長興坊	貝勒路六五一弄	一九	七四—七五
長興坊	格洛克路	一三	五〇—五一
長餘坊	辣斐德路一二七〇弄	四六	一八二—一八三
長壽里	拉都路二三九弄	四五	一七八—一七九
長留邨	薛華立路一五五弄	三二	一二六—一二七
長德里	白爾路三四三弄	一六	六二—六三
東升里	新橋街	八	三〇—三一
東申北里	勞神父路	一八	七〇—七一
東升里	辣斐德路	二二	八六—八七
東海坊	賈西義路	三一	一二二—一二三
東新里	麥底安路一一一弄	七	二六—二七
東高第里	自來火行東街九九弄	一〇	三八—三九
東林里	賈西義路二五五弄	三一	一二二—一二三
東南里	大沽路一六弄	四	一四—一五
花園坊	金神父路一二九弄	三四	一三四—一三五
花園邨	呂班路二一四弄	二八	一一〇—一一一
花園邨	呂班路二一〇弄	二八	一一〇—一一一
花園邨	呂班路二〇六弄	二八	一一〇—一一一
花園邨	呂班路二〇二弄	二八	一一〇—一一一
花園邨	呂班路一九八弄	二八	一一〇—一一一
花園衖	藍維藹路一九五弄	一九	七四—七五
花園里	霞飛路五一九弄	二七	一〇六—一〇七
花園別墅	環龍路六八弄	二七	一〇六—一〇七
尚德里	徐家匯路一〇五八弄	六六	二六二—二六三
尚德里	維爾蒙路八二弄	一三	五〇—五一
尚義坊	孟神父路六六弄	一三	五〇—五一
尚義坊	孟神父路二六弄	一三	五〇—五一
尚義坊	孟神父路五四弄	一三	五〇—五一
尚賢坊	霞飛路三五八弄	二五	九八—九九
尚賢坊	拉都路	五二	二〇六—二〇七
協興坊	徐家匯路四五二弄	四三	一七〇—一七一
協盛里	白來尼蒙馬浪路五五八弄	二二	八六—八七
協盛里	勞神父路四四四弄	二二	八六—八七
怡安坊	蒲石路二四五弄	三九	一五四—一五五
怡邨一衖	姚主教路二〇八弄	七四	二九四—二九五
怡邨二衖	姚主教路二一二弄	七四	二九四—二九五
怡邨三衖	姚主教路二一六弄	七四	二九四—二九五

名稱	地址	圖號	頁數
怡怡別墅	勞神父路	二九	一一四—一一五
怡德里	煉斐德路一二九四弄	五二	二〇六—二〇七
怡廬	勞爾東路四二弄	四九	一九四—一九五
金波邨	趙主教路三七二弄	六二	二四六—二四七
金谷邨	愛麥虞限路一八弄	四二	一六六—一六七
金仁里	西愛咸斯路一三六弄	四五	一七八—一七九
金祥里	格洛克路	一二	四六—四七
昌平里	茄勒路三二六弄	一七	六六—六七
昌星里	貝勒路三四四弄	二四	九四—九五
昌興里	茄勒路一二六弄	一七	六六—六七
昌餘里	蒲石路一二〇弄	二六	一〇二—一〇三
承遂里	蒲石路五〇〇弄	四八	一九〇—一九一
承遂里	貝勒路四八二弄	二三	九〇—九一
承志里	磨坊街八〇弄	八	三〇—三一
承志里	磨坊街六二弄	八	三〇—三一
承業里	巨籟達路四二弄	二六	一〇二—一〇三
承慶里	白爾路二二五弄	一六	六二—六三
承慶里	白爾路二三七弄	一六	六二—六三
承德里	奥禮和路一五弄	一二	四六—四七
定一邨	拉都路五五六弄	五六	二二二—二二三
定一邨	拉都路五五八弄	五六	二二二—二二三
定安坊	蒲石路一五〇弄	二六	一〇二—一〇三
受福里	菜市路五三弄	一八	七〇—七一
受福里	菜市路七弄	一八	七〇—七一
芝蘭坊	亞爾培路五六九弄	四二	一六六—一六七
芝蘭坊總弄	愷自邇路一七四弄	一四	五四—五五
拉都邨	華格臬路	一四	五四—五五
拉都邨	福履理路三〇七弄	五六	二二二—二二三
拉都坊	拉都路五〇九弄	四四	一七四—一七五
拉都新邨	拉都路四三八弄	五五	二一八—二一九
來斯別業	巨潑來斯路一八九弄	六二	二四六—二四七
來斯新邨	巨潑來斯路	六一	二四二—二四三
來斯南邨	趙主教路一七五弄	五九	二三四—二三五

名稱	地址	圖號	頁數
來德坊	霞飛路八九九弄	四六	一八二—一八三
采福里	巨籟達路六三五弄	三八	一五〇—一五一
采壽里	巨籟達路五三七弄	三八	一五〇—一五一
幸福坊	呂班路一六〇弄	二八	一一〇—一一一
幸福坊	呂班路一六六弄	二八	一一〇—一一一
居仁里	貝勒路三四四弄	二四	九四—九五
居安里	麥高包祿路一五九弄	一三	五〇—五一
居安里	甯興街一九二弄	九	三四—三五
居安坊	杜神父路	二〇	七八—七九
居爾新邨	居爾典路	七〇	二七八—二七九
雨宜邨	西愛斯咸路三八四B弄	五四	二一四—二一五
秀德坊	巨籟達路七〇一弄	四八	一九〇—一九一
法益里	望志路八四弄	一六	六二—六三
亞爾培坊	亞爾培路	四四	一七四—一七五
亞爾新邨	亞爾培路五六〇弄	四四	一七四—一七五
延壽里	菜市路一七五弄	一八	七〇—七一
秉安里	愛來格路二三弄	一一	四二—四三
昇平里總衖	法大馬路三九六弄	九	三四—三五
京江衖	天主堂街	六	二二—二三
宜邨	白來尼蒙馬浪路	二五	九八—九九
青雲里	勞爾東路	四九	一九四—一九五
宗德坊	環龍路吳家衖內	四六	一八二—一八三
九劃			
恆德里	安納金路一六弄	一二	四六—四七
恆德里	徐家匯路四五二弄	四三	一七〇—一七一
恆德里	白賽仲路三一七弄	七一	二八二—二八三
恆茂里總衖	麥高包祿路七九弄	一三	五〇—五一
恆茂里南衖	敏體尼蔭路八二弄	一三	五〇—五一
恆茂里南衖	麥高包祿路九五弄	一三	五〇—五一
恆茂里北衖	敏體尼蔭路五八弄	一三	五〇—五一
恆茂里北衖	麥高包祿路六九弄	一三	五〇—五一

名稱	地址	圖號	頁數
恆慶里	貝禘鏖路二九弄	二六	一〇二—一〇三
恆慶里總衖	徐家匯路七九弄	二〇	七八—七九
恆慶里三衖	貝勒路九三五弄	二〇	七八—七九
恆慶里四衖	貝勒路九二五弄	二〇	七八—七九
恆慶里五衖	貝勒路九〇九弄	二〇	七八—七九
恆昌里	貝勒路六八五弄	一九	七四—七五
恆昌里	康悌路三一弄	二〇	七八—七九
恆平里	亞爾培路五六九弄	四二	一六六—一六七
恆福里	徐家匯路二〇弄	三〇	一一八—一一九
恆樂里	蒲石路二四五弄	三九	一五四—一五五
恆興里	貝勒路七四三弄	一九	七四—七五
恆愛里	西愛咸斯路二三弄	四二	一六六—一六七
信平里	白爾路一二一弄	一七	六六—六七
信德里	貝勒路四一九弄	一六	六二—六三
信益里一衖	徐家匯路二五七弄	三一	一二二—一二三
信益里二衖	徐家匯路二六六弄	三一	一二二—一二三
信陵邨	菜市路四八二弄	二〇	七八—七九
春芬別墅	高恩路二一〇弄	六七	二六六—二六七
春華里東衖	巨潑來斯路五九弄	六〇	二三八—二三九
春華里西衖	巨潑來斯路六九弄	六〇	二三八—二三九
春魁里	貝禘鏖路五五弄	二六	一〇二—一〇三
建中里	霞飛路一五二二弄	六三	二五〇—二五一
建安里	愷自邇路二三六弄	一四	五四—五五
建業里總衖	福履理路四五六弄	五七	二二六—二二七
建業里東總衖	福履理路四四〇弄	五七	二二六—二二七
建業里西總衖	福履理路四七〇弄	五七	二二六—二二七
建業西里	福履理路四九六弄	五七	二二六—二二七
美仁里	貝禘鏖路一一四弄	三六	一四二—一四三
美仁里	貝禘鏖路一三二弄	三六	一四二—一四三
美樂坊	環龍路二一〇弄	四〇	一五八—一五九
美新邨	蒲石路七六四弄	五〇	一九八—一九九
美華里	巨潑來斯路	六二	二四六—二四七
美華里	磨坊街二二弄	八	三〇—三一

名稱	地址	圖號	頁數
美華里	磨坊街三四弄	八	三〇—三一
首安里	愷自邇路一〇九弄	一三	五〇—五一
首安里	麥高包祿路一三四弄	一三	五〇—五一
首芝坊	巨籟達路二〇六弄	三七	一四六—一四七
首祿里	新橋街一二八弄	一〇	三八—三九
首祿里	新橋街一四八弄	一〇	三八—三九
首祿里	新橋街一六六弄	一〇	三八—三九
茂德里	巨籟達路二〇七弄	三七	一四六—一四七
茂齡新邨	姚主教路一二〇弄	七三	二九〇—二九一
茂齡新邨	姚主教路一三〇弄	七三	二九〇—二九一
星平里	菜市路一二五弄	一八	七〇—七一
星邨	雷米路一四二弄	五二	二〇六—二〇七
柏鄰村	勞神父路一四八弄	一八	七〇—七一
紅葉邨	拉都路三八三弄	四四	一七四—一七五
紅薇邨	莫利愛路三四弄	三五	一三八—一三九
飛登坊	霞飛路五〇九弄	二七	一〇六—一〇七
思鄉里	陶爾斐司路五〇弄	二七	一〇六—一〇七
軍官里	陶爾斐司路四一弄	二八	一一〇—一一一
香園里	小東門路一七弄	四	一四—一五
保安坊	安納金路九弄	一二	四六—四七
咸慶坊	甘世東路六二弄	四五	一七八—一七九
紀德興	甘世東路三七弄	四五	一七八—一七九
亭元坊	福履理路二七九弄	四四	一七四—一七五
俞家弄	華格臬路一六八弄	一四	五四—五五
禹興坊	福履理路二七九弄	四四	一七四—一七五
南天坊	康悌路四八二弄	二九	一一四—一一五
南山里	白來尼蒙馬浪路五八五弄	二一	八二—八三
南文德里	貝勒路八五三A弄	二一	八二—八三
胡興坊	海格路	七五	二九八—二九九
計家衖	徐家匯路四五二弄	四三	一七〇—一七一
眉壽里	賈西義路一七八弄	三二	一二六—一二七
茅館	姚主教路二二二弄	七四	二九四—二九五

名稱	地址	圖號	頁數
冠華里	辣斐德路二三九弄	一八	七〇—七一
十劃			
原上里	寧波路四弄	一〇	三八—三九
原上里北街	自來火行東街一〇五弄	一〇	三八—三九
悅來坊	菜市路四七三弄	二〇	七八—七九
悅來坊	菜市路四五三弄	二〇	七八—七九
息邨	福履理路三五五弄	五六	二二二—二二三
息廬	馬斯南路三六弄	三五	一三八—一三九
高福里	蒲石路三〇四弄	三七	一四六—一四七
高福里	聖母院路一二一弄	三七	一四六—一四七
高陞里	平濟利路	一七	六六—六七
高疇里	聖母院路二四一弄	三六	一四二—一四三
高邨	霞飛路七三六弄	三六	一四二—一四三
振平里總街	愷自邇路二五一弄	一五	五八—五九
振平里總街	霞飛路二四四弄	一五	五八—五九
振華里	白來尼蒙馬浪路四六一弄	二二	八六—八七
振華里	勞神父路四〇四弄	二二	八六—八七
振華里	安納金路	一二	四六—四七
振新南里	新橋街一〇四 一〇六弄	九	三四—三五
振新北里	新橋街六六弄	九	三四—三五
振福里	福履理路二四八弄	四四	一七四—一七五
振飛里	環龍路五〇二 五〇四弄內	四六	一八二—一八三
振德坊	環龍路吳家街內	四六	一八二—一八三
振興坊	雷米路一〇弄	四五	一七八—一七九
泰安坊	華龍路五一弄	二六	一〇二—一〇三
泰安坊	杜神父路九〇 九二弄	二〇	七八—七九
泰安里	貝勒路	一四	五四—五五

名稱	地址	圖號	頁數
泰和坊總街	白爾路一六三弄	一八	七〇—七一
泰來坊	菜市路三二六弄	一九	七四—七五
泰昌里	小東門路	四	一四—一五
泰辰里	霞飛路六三七弄	二七	一〇六—一〇七
泰新里	法華民國路	五	一八—一九
泰威里	藍維藹路三八弄	一七	六六—六七
泰源坊	汶林路三四九弄	六六	二六二—二六三
泰德里	徐家匯路一七一弄	二一	八二—八三
泰興坊	環龍路張家街內	四六	一八二—一八三
留賢邨一街	敏體尼蔭路一九七弄	一〇	三八—三九
留賢邨二街	敏體尼蔭路一九五弄	一〇	三八—三九
留賢邨三街	敏體尼蔭路一九三弄	一〇	三八—三九
海格里	台司德朗路二三三弄	七四	二九四—二九五
海格里	海格路一一二三弄	七四	二九四—二九五
海福里	巨籟達路二四五弄	三七	一四六—一四七
厚德里	巨籟達路二六一弄	三七	一四六—一四七
厚德里	霞飛路一九六弄	一五	五八—五九
厚德里	康悌路八四弄	一九	七四—七五
厚德里總街	皮少耐路九四弄	一二	四六—四七
厚福里	白爾路	一五	五八—五九
益新里	新永安街	五	一八—一九
益潤里	喇格納路一一三弄	一六	六二—六三
益壽里	喇格納路	一二	四六—四七
益餘里	辣斐德路一二三五弄	四五	一七八—一七九
晉安里	法大馬路一三五弄	六	二二—二三
晉安里	平濟利路一九九弄	一七	六六—六七
晉福里	巨籟達路二七九弄	三七	一四六—一四七
晉業里	勞神父路二六弄	一八	七〇—七一
桃源邨	辣斐德路一二九五弄	五二	二〇六—二〇七
桃源里	辣斐德路一二〇〇A弄	四六	一八二—一八三
桃源坊	維爾蒙路八七弄	一三	五〇—五一
桃園里	貝禘鏖路六〇弄	三七	一四六—一四七

名稱	地址	圖號	頁數
桂福里	西門路八五弄	一八	七〇—七一
桂福里	白爾路二四四弄	一六	六二—六三
桂雲里	平濟利路	一八	七〇—七一
徐德里	康悌路四五四弄	二九	一一四—一一五
徐滙新邨	徐家匯路五九一弄	四三	一七〇—一七一
侯家衖	海格路七五三弄	七二	二八六—二八七
侯家衖	雷上達路	七二	二八六—二八七
袁家衖	戴勞耐路六二弄	七四	二九四—二九五
馬斯南邨	馬斯南路	三二	一二六—一二七
蛙蛙里	環龍路吳家衖內	四六	一八二—一八三
倉橋衖	薩坡賽路	二九	一一四—一一五
耕雲里	平濟利路一一四弄	一六	六二—六三
家慶坊	邁爾西愛路二七五弄	四〇	一五八—一五九
特秀坊	巨籟達路二九一D弄	三七	一四六—一四七
夏家衖	巨福路三九六弄	六五	二五八—二五九
修業新邨	巨潑來斯路一二八弄	六〇	二三八—二三九
浦行新邨	善鐘路九三弄	五一	二〇二—二〇三
根德坊	邁爾西愛路二七五弄	四〇	一五八—一五九
財源坊	雷上達路二五二弄	七二	二八六—二八七
純德里	安納金路二七五弄	一七	六六—六七
純德里	安納金路二七九 二八一弄	一七	六六—六七
柳林邨	趙主教路	六二	二四六—二四七
能德里	安納金路一七六弄	一七	六六—六七

十一劃

名稱	地址	圖號	頁數
得利坊	康悌路一二〇弄	一九	七四—七五
得意里三衖	安納金路三三九弄	一七	六六—六七
得意里二衖	安納金路三四五弄	一七	六六—六七
得意里一衖	安納金路	一七	六六—六七
得勝里	白爾路三六三弄	一六	六二—六三
祥安里	法大馬路一五弄	六	二二—二三
祥生里	菜市路一二五弄	一八	七〇—七一
祥成里	白爾路九三弄	一七	六六—六七
祥裕里	天主堂街三〇弄	六	二二—二三
祥興里	法大馬路九一弄	六	二二—二三
祥興里	法大馬路一一九弄	六	二二—二三
祥雲里	辣斐德路三六一弄	二二	八六—八七
祥善里	康悌路四九〇弄	二九	一一四—一一五
祥順里總衖	菜市路二七四弄	一九	七四—七五
祥順里二衖	菜市路二八四弄	一九	七四—七五
祥順里三衖	菜市路二九四弄	一九	七四—七五
祥慶邨一衖	康悌路三一八弄	二二	八六—八七
祥慶邨二衖	康悌路三三四弄	二二	八六—八七
康吉里	白來尼蒙馬浪路七四二弄	二一	八二—八三
康吉里	平濟利路一二四弄	一六	六二—六三
康吉里	康悌路五九 六一弄	二〇	七八—七九
康村	平濟利路三一〇弄	一八	七〇—七一
康綏公寓	霞飛路四六八弄	二六	一〇二—一〇三
康綏公寓	霞飛路四九四弄	二六	一〇二—一〇三
康益里	康悌路三九弄	二〇	七八—七九
康悌坊	康悌路五〇二弄	二九	一一四—一一五
康寧里	霞飛路五三三弄	二七	一〇六—一〇七
康寧邨	安納金路	一二	四六—四七
崇一里	白來尼蒙馬浪路	二二	八六—八七
崇仁里	甘世東路一一五弄	四五	一七八—一七九
崇福里	巨籟達路一四〇弄	三七	一四六—一四七
崇福里	福煦路四〇一弄	三七	一四六—一四七
崇德里	呂班路一二四弄	二八	一一〇—一一一
崇德坊	法華民國路五二〇弄	一一	四二—四三
崇賢坊	喇格納路一五〇弄	一五	五八—五九
崇業里	霞飛路六〇六弄	三六	一四二—一四三
崇業里	西愛咸斯路	五四	二一四—二一五
望德坊	亞爾培路五六九弄	四二	一六六—一六七

名稱	地址	圖號	頁數
望德里	貝勒路四三〇弄	二三	九〇—九一
望賢里	茄勒路一七二弄	一七	六六—六七
望賢里	茄勒路一六四弄	一七	六六—六七
敏慎坊	敏體尼蔭路三五六弄	一二	四六—四七
敏慎邨	拉都路三九三弄	四四	一七四—一七五
敏村	敏體尼蔭路三一一弄	一一	四二—四三
麥其里	麥琪路一七四弄	六二	二四六—二四七
麥其里	麥琪路二一〇弄	六二	二四六—二四七
麥其里	麥琪路一七九弄	六〇	二三八—二三九
麥其里	麥琪路二〇一弄	六〇	二三八—二三九
麥賽坊	麥賽而蒂羅路一六三弄	二六	一〇二—一〇三
執中里	自來火行西街一四〇弄	一〇	三八—三九
執中里	八里橋路一四一弄	一〇	三八—三九
執順里	普恩濟世路八四弄	三八	一五〇—一五一
惟祥里	磨坊街五三弄	七	二六—二七
惟祥里	法大馬路一九六弄	七	二六—二七
惟善里	新橋街五七弄	八	三四—三五
停雲里	平濟利路一九六弄	一八	七〇—七一
停雲里	平濟利路二三六弄	一八	七〇—七一
停雲里北街	辣斐德路一六〇弄	一八	七〇—七一
務本里	安納金路二八四弄 二八六弄	一七	六六—六七
務本坊	辣斐德路一七六弄	一八	七〇—七一
梅蘭坊	貝勒路五九八弄	二二	八六—八七
梅泉里	茄勒路	一七	六六—六七
梅邨	格洛克路一五弄	一三	五〇—五一
國民里	福煦路五八五弄	三八	一五〇—一五一
國裕邨	環龍路張家衖內	四六	一八二—一八三
培福里	喇格納路一二五弄	一六	六二—六三
培福里	亞爾培路	四七	一八六—一八七
張家衖	辣斐德路	四六	一八二—一八三
張家衖	環龍路	四六	一八二—一八三
淞德里	巨籟達路二六〇弄	三八	一五〇—一五一
淞雲別墅	辣斐德路一一九六弄	四六	一八二—一八三
盛榮里	藍維藹路一九五弄	一九	七四—七五
盛德坊	金神父路一七弄	三五	一三八—一三九
梨園坊	藍維藹路二七三弄	二〇	七八—七九
梨園坊	藍維藹路二六〇弄	二〇	七八—七九
紹安里	平濟利路	一七	六六—六七
紹益里	茄勒路	一七	六六—六七
陳餘里	康悌路四九〇弄	二九	一一四—一一五
通和里	愷自邇路	一四	五四—五五
逢伯里	吳淞江路	一五	五八—五九
啓昌里	徐家匯路二七九弄	三一	一二二—一二三
偉達坊	辣斐德路五五三弄	三四	一五四—一五五
許家衖	甘世東路一九一弄	四五	一七八—一七九
許家衖	西愛咸斯路	四五	一七八—一七九
陸家衖	白來尼蒙馬浪路四六〇弄	二二	八六—八七
畢興坊	畢勛路六四弄	五三	二一〇—二一一
曹家衖	霞飛路一五二二弄	六三	二五〇—二五一
涵澤里	白爾路一六四弄	一六	六二—六三
雪邨	愛麥虞限路一五二弄	四二	一六六—一六七
清泉邨	拉都路二七一弄	四五	一七八—一七九
庸邨	西愛咸斯路三四五弄	五五	二一八—二一九

十二劃

名稱	地址	圖號	頁數
順元里	茄勒路六〇弄	一六	六二—六三
順安里	西愛咸斯路二〇弄	四一	一六二—一六三
順昌里	望志路三一弄	一六	六二—六三
順福里	貝稀鏖路八〇弄	三七	一四六—一四七
順德里	白來尼蒙馬浪路四八〇弄	二二	八六—八七
順陽里東街	菜市路三六三弄	二〇	七八—七九

名稱	地址	圖號	頁數
順陽里西街	菜市路三五六弄	二〇	七八—七九
順龍里	格羅希路一一六弄	五一	二〇二—二〇三
順鑫里	勞神父路七七弄	一九	七四—七五
華安坊	徐家匯路一〇八八弄	六六	二六二—二六三
華成坊	敏體尼蔭路四〇三弄	一一	四二—四三
華邨一街	趙主教路七六弄	六〇	二三八—二三九
華邨二街	趙主教路八四弄	六〇	二三八—二三九
華福新邨	福履理路三〇九弄	五六	二二二—二二三
華龍別業	陶爾斐司路七二弄	二七	一〇六—一〇七
華盛坊	法華民國路三二八弄	七	二六—二七
華寶坊	喇格納路二弄	一二	四六—四七
華業里	吉祥街一一〇弄	七	二六—二七
景行邨	霞飛路四一二弄	二五	九八—九九
景益里	白來尼蒙馬浪路二二〇弄	二三	九〇—九一
景益里	白來尼蒙馬浪路二二二弄	二三	九〇—九一
景華新邨	巨籟達路八二〇弄	五〇	一九八—一九九
景錫坊	蒲石路一二〇弄	二六	一〇二—一〇三
敎仁里	白來尼蒙馬浪路三八七弄	二三	九〇—九一
敎仁里	白來尼蒙馬浪路三九五弄	二三	九〇—九一
敎仁里	藍維藹路二四弄	一七	六六—六七
敎仁里	貝勒路	一八	七〇—七一
敎仁里	藍維藹路	一九	七四—七五
敎仁坊	貝勒路	二四	九四—九五
敎仁坊	白來尼蒙馬浪路二一五弄	二四	九四—九五
敎和里	拉都路三〇六弄	五四	二一四—二一五
敎和里	拉都路三二六弄	五四	二一四—二一五
敎和里	拉都路二八六弄	五四	二一四—二一五
敎厚里	巨籟達路一八九弄	三七	一四六—一四七

名稱	地址	圖號	頁數
敎厚里	愷自邇路	一四	五四—五五
敎裕坊	巨籟達路	四八	一九〇—一九一
敎倫里北街	西愛咸斯路四二五弄	五五	二一八—二一九
敎讓里	白爾路	一六	六二—六三
普安里總街	新永安街六三弄	五	一八—一九
普安里一街	老永安街三六弄	五	一八—一九
普安里二街	老永安街四八弄	五	一八—一九
普慶里	白來尼蒙馬浪路三九八弄	二三	九〇—九一
普慶里	白來尼蒙馬浪路四一〇弄	二三	九〇—九一
雲成里	菜市路三二六弄	一九	七四—七五
雲水別墅	拉都路四二九弄	四四	一七四—一七五
雲裳邨	台司德朗路二二弄	七四	一七四—一七五
雲圃	環龍路錢家街內	四六	一八二—一八三
雲霞坊	白來尼蒙馬浪路	二四	九四—九五
善元里	白爾路二四三弄	一六	六二—六三
善安坊	平濟利路	一七	六六—六七
善富里	蒲石路	六〇	二三八—二三九
善德里	麋鹿路	一一	四二—四三
善鐘里	善鐘路四五弄	五〇	一九八—一九九
善慶坊	環龍路七九弄	三五	一三八—一三九
惠安坊	愛麥虞限路一六六弄	四二	一六六—一六七
惠榮坊	徐家匯路三九五弄	三一	一二二—一二三
惠順里	法華民國路五二五弄	一一	四二—四三
甯福里	格洛克路一一八弄	一二	四六—四七
甯德里	華成路八弄	一一	四二—四三
甯興里	甯興街一七弄	七	二六—二七
甯興里	甯興街二五弄	七	二六—二七
紫來邨	甯波路一九弄	一〇	三八—三九
紫祥里	西門路五六弄	一六	六二—六三
紫微里	華成路五九弄	一一	四二—四三
紫陽里	格洛克路一七八弄	一二	四六—四七

名稱	地址	圖號	頁數
紫陽里	辣斐德路	一七	六六—六七
菜市坊	菜市路一四二弄	一八	七〇—七一
菜市邨	菜市路四二三弄	二〇	七八—七九
集美里	巨籟達路二九二弄	三八	一五〇—一五一
集益里	西愛咸斯路三二一弄	四五	一七八—一七九
復興里	新永安街八三弄	五	一八—一九
復興里	維爾蒙路三五弄	一三	五〇—五一
復興坊	台司德朗路一八一弄	七四	二九四—二九五
逸安里	亞爾培路五〇〇弄	四五	一七八—一七九
逸邨	古神父路四九弄	五九	二三四—二三五
富德里	霞飛路一五二二弄內	六三	二五〇—二五一
富德里	霞飛路一七二弄	一五	五八—五九
富星里	蒲柏路四〇六弄	一五	五八—五九
富貴坊一弄	白來尼蒙馬浪路	二一	八二—八三
富貴坊二弄	白來尼蒙馬浪路	二一	八二—八三
貴和坊	甘世東路四五弄	四五	一七八—一七九
貴福里	亞爾培路五六九弄	四二	一六六—一六七
渭文坊	紫來街三弄	七	二六—二七
渭水村	平濟利路	一七	六六—六七
森林里	麥琪路九六弄	六一	二四二—二四三
森福里	愛多亞路	一四	五四—五五
貽德里	藍維藹路	二〇	七八—七九
貽慶里	杜神父路九三弄	二〇	七八—七九
報德坊	安納金路	一七	六六—六七
勞爾東邨	勞爾東路	四九	一九四—一九五
彭城邨	貝勒路八五二A弄	二一	八二—八三
費家街	康悌路四九〇弄	二九	一一四—一一五
棣華里	霞飛路二二四弄	一五	五八—五九
萍漁里	辣斐德路三二六弄	二三	九〇—九一
發達里	薛華立路一一九弄	三二	一二六—一二七
詠村	拉都路四五二弄	五五	二一八—二一九
絳芝坊	海格路二八一弄	六〇	二三八—二三九
喬安坊	愛來格路五九弄	一二	四六—四七
鈞培里	麥高包祿路一六〇弄	一三	五〇—五一

十三劃

名稱	地址	圖號	頁數
新仁里	勞神父路四八六弄	二二	八六—八七
新安坊	辣斐德路一二一八弄內	四六	一八二—一八三
新民里	白爾部路二三弄	二五	九八—九九
新民里	福煦路一五三弄	二五	九八—九九
新民邨	環龍路三四二弄	四六	一八二—一八三
新民邨	白來尼蒙馬浪路四二〇弄	二三	九〇—九一
新民坊北街	愛來格路四一弄	一二	四六—四七
新邨	甘世東路一九一弄	四五	一七八—一七九
新明邨	姚主教路	七五	二九八—二九九
新首安里	麥高包祿路一一一弄	一三	五〇—五一
新首安里	麥高包祿路二一一弄	一三	五〇—五一
新首安里	麥高包祿路三一一弄	一三	五〇—五一
新首安里	敏體尼蔭路一〇弄	一三	五〇—五一
新首安里	華格臬路八弄	一三	五〇—五一
新華邨	喇格納路一〇九弄	一六	六二—六三
新福里	茄勒路七八弄	一六	六二—六三
新康里	磨坊街一三二弄	八	三〇—三一
新康里	磨坊街一一二弄	八	三〇—三一
新樂里北街	敏體尼蔭路四二七弄	一一	四二—四三
新樂里南街	敏體尼蔭路四三九弄	一一	四二—四三
新新里南街	新新街	三一	一二二—一二三
新新里北街	新新街	三一	一二二—一二三
新昇里	亞爾培路五六九弄	四二	一六六—一六七
新興順里	甘世東路一八五弄	四五	一七八—一七九
新義坊	蒲石路六一四弄	四九	一九四—一九五
慎成里	西愛咸斯路二九一弄	四五	一七八—一七九
慎成里	甘世東路二一八弄	四五	一七八—一七九
慎興里	法華民國路二九五弄	七	二六—二七

名稱	地址	圖號	頁數
慎興里	貝勒路八四四弄	二一	八二—八三
慎興里	康悌路八七弄	二〇	七八—七九
慎興里南街	紫來街五七弄	七	二六—二七
慎興里北街	紫來街四三弄	七	二六—二七
慎餘里	華成路四五弄	一一	四二—四三
鼎平里	麥高包祿路一七七弄	一三	五〇—五一
鼎平里	愛來格路八六弄	一三	五〇—五一
鼎吉里	霞飛路一一六弄	一三	五〇—五一
鼎臣里	福履理路二四一弄	四四	一七四—一七五
鼎臣里	康悌路四三三弄	二一	八二—八三
鼎臣東里	杜神父路七八弄	二〇	七八—七九
鼎昌里	喇格納路九弄	一二	四六—四七
鼎寗里	愛來格路八五弄	一二	四六—四七
鼎寗里	愛來格路九九弄	一二	四六—四七
鼎祥里	奥禮和路七五弄	一二	四六—四七
鼎興里	勞神父路	一八	七〇—七一
裕民里	普恩濟世路一五二弄	三八	一五〇—一五一
裕安里	李梅路一〇四弄	一五	五八—五九
裕福里	白爾路一八弄	一二	四六—四七
裕福里	愷自邇路一三五弄	一三	五〇—五一
裕福里	亞爾培路五六九弄	四二	一六六—一六七
裕興里	貝勒路七〇七弄	一九	七四—七五
裕豐邨	巨潑來斯路七八弄内	六〇	二三八—二三九
裕慶坊	麥底安路七九弄	七	二六—二七
瑞安里	巨籟達路三二七弄	三七	一四六—一四七
瑞安里	藍維藹路	一七	六六—六七
瑞昌里	藍維藹路一九五弄	一九	七四—七五
瑞福里	自來火行東街六〇弄	九	三四—三五
瑞華坊總街	勞神父路一八八弄	一八	七〇—七一
瑞華坊總街	辣斐德路二八五弄	一八	七〇—七一
瑞康里	西門路三三弄	一八	七〇—七一
瑞康里	菜市路一五九弄	一八	七〇—七一
瑞康里	愷自邇路	一四	五四—五五

名稱	地址	圖號	頁數
瑞清里	愛來格路	一二	四六—四七
瑞清里	西門路	一八	七〇—七一
敬煦坊	普恩濟世路八九弄	三八	一五〇—一五一
敬善里	亞爾培路五六九弄	四二	一六六—一六七
敬禧里	望志路一五一弄	二三	九〇—九一
敬業里	菜市路三一一弄	一九	七四—七五
達豐里	巨籟達路二八〇弄	三八	一五〇—一五一
達豐里	環龍路一六四弄	三五	一三八—一三九
達義坊	自來火行東街九九弄	九	三四—三五
達義邨	亞爾培路五六九弄	四二	一六六—一六七
道生里	環龍路	四六	一八二—一八三
道德里	福煦路二三弄	二五	九八—九九
道德里	辣斐德路二二四弄	一七	六六—六七
萬宜坊	呂班路二〇一弄	二九	一一四—一一五
萬福邨	福履理路一三〇弄	四二	一六六—一六七
萬福坊	辣斐德路五五九B弄	三四	一三四—一三五
愛仁里	福煦路一〇七九弄	五〇	一九八—一九九
愛多里	鄭家木橋街一四弄	八	三〇—三一
愛敬坊	巨籟達路一二〇弄	三七	一四六—一四七
愛麥新邨	愛麥虞限路二三八弄	四二	一六六—一六七
愛德里	徐家匯路四五二弄	四三	一七〇—一七一
愛棠新邨	愛棠路	七四	二九四—二九五
匯成里總街	麥底安路四六弄	七	二六—二七
匯成里	麥底安路三八弄	七	二六—二七
匯成里	麥底安路五六弄	七	二六—二七
源成里	辣斐德路一一三弄	一七	六六—六七
源源里	雷米路一四一弄	五四	二一四—二一五
辣斐坊	辣斐德路五八九弄	三四	一三四—一三五
辣斐新邨	辣斐德路一二四八弄	四六	一八二—一八三
鉅興里	巨籟達路一七五弄	三七	一四六—一四七
鉅興里	貝禘鏖路四二弄	三七	一四六—一四七
聖達里	聖母院路五〇弄	三八	一五〇—一五一
聖達里	巨籟達路三六九弄	三八	一五〇—一五一

名稱	地址	圖號	頁數
誠德里	邁爾西愛路九九B弄	三八	一五〇—一五一
誠德里	蒲石路四〇二弄	三八	一五〇—一五一
資敬坊	福履理路二三三弄	四四	一七四—一七五
資德坊	普恩濟世路二〇六弄	三八	一五〇—一五一
勤餘坊	華格臬路二三〇弄	一四	五四—五五
勤樂邨	賈西義路三一六弄	三二	一二六—一二七
勤餘坊	白來尼蒙馬浪路	二四	九四—九五
勤賢別墅	金神父路二二五弄	三二	一二六—一二七
義合坊	台司德朗路二〇八弄	七四	二九四—二九五
義和里	貝勒路一五三弄	一五	五八—五九
義業里	茄勒路	一六	六二—六三
照祿坊	白來尼蒙馬浪路	二四	九四—九五
會館弄	洋行街	四	一四—一五
幹尼里	邁爾西愛路	三八	一五〇—一五一
經益里	白來尼蒙馬浪路	二四	九四—九五
祿仁里	霞飛路六九七弄	三五	一三八—一三九
煦成邨	福煦路三九一弄	三七	一四六—一四七
楊家街	蒲石路一二〇弄	二六	一〇二—一〇三
雷米坊	雷米路一〇九弄	五四	二一四—二一五

十四劃

名稱	地址	圖號	頁數
福仁里	金神父路六八弄	四〇	一五八—一五九
福安里	勞爾東路一〇一弄	四七	一八六—一八七
福安坊	安納金路	四二	一六六—一六七
福芝坊	貝勒路三四四弄	二四	九四—九五
福昌里	霞飛路六五弄	一三	五〇—五一
福昌里	福履理路三五四弄	五五	二一八—二一九
福星里	自來火行東街三三弄	九	三四—三五
福星邨	金神父路二九弄	三五	一三八—一三九
福海里	華格臬路二〇八弄	一四	五四—五五
福康里	麥琪路二五五弄	五九	二三四—二三五
福康里	辣斐德路二四八弄	一八	七〇—七一
福康里	辣斐德路二七六弄	一八	七〇—七一
福壽里	蒲柏路四四九弄	二四	九四—九五
福壽里	愛來格路七〇弄	一三	五〇—五一
福壽里	福履理路	四二	一六六—一六七
福壽坊	蒲石路一一七弄	二六	一〇二—一〇三
福壽坊	環龍路一〇弄	二七	一〇六—一〇七
福壽坊	環龍路四七四弄	四六	一八二—一八三
福煦坊	福煦路一一五七弄	五〇	一九八—一九九
福熙邨	貝勒路七一〇弄	二二	八六—八七
福新里	蒲柏路三五九弄	一六	六二—六三
福祺里	藍維藹路一九五弄	一九	七四—七五
福盛里	白爾路三三七弄	一六	六二—六三
福祿邨	福煦路五九七弄	三八	一五〇—一五一
福綠邨	福履理路三八四弄	五五	二一八—二一九
福興里	白爾路二四三弄	一六	六二—六三
福興里	徐家匯路六四〇弄	四四	一七四—一七五
福興坊	新橋街一一七弄	八	三〇—三一
福興坊	菜市路二三二弄	一九	七四—七五
福興坊	康悌路三六二弄	二二	八六—八七
福興坊	金神父路三八一弄	三一	一二二—一二三
福履村	辣斐德路一二一八弄	四六	一八二—一八三
福履別墅	福履理路	四三	一七〇—一七一
福履新邨	福履理路三二七弄	五六	二二二—二二三
福綏里	福履理路三六五弄	五六	二二二—二二三
福臨里	福履理路	四二	一六六—一六七
福潤里	辣斐德路一〇六弄	一七	六六—六七
福德坊	巨籟達路一弄	二六	一〇二—一〇三
福德里	福履理路三三六弄	五五	二一八—二一九
福慶里	愷自邇路	一三	五〇—五一
福顯坊	格洛克路	一三	五〇—五一
榮仁里總衖	拉都路四一一弄	四四	一七四—一七五
榮生里	徐家匯路三七弄	二〇	七八—七九
榮生里	安納金路一五六弄	一七	六六—六七
榮生里	平濟利路一九九弄	一七	六六—六七

名稱	地址	圖號	頁數
榮金公衖	康悌路九弄	二〇	七八—七九
榮金公衖	康悌路一七弄	二〇	七八—七九
榮康別墅	善鐘路一二〇弄	六〇	二三八—二三九
榮康別墅一弄	善鐘路一〇四弄	六〇	二三八—二三九
榮康別墅二弄	善鐘路一〇八弄	六〇	二三八—二三九
榮康別墅三弄	善鐘路一一二弄	六〇	二三八—二三九
榮康別墅四弄	善鐘路一一六弄	六〇	二三八—二三九
榮華里一弄	白來尼蒙馬浪路六〇五弄	二一	八二—八三
榮華里二弄	白來尼蒙馬浪路六一五弄	二一	八二—八三
榮華里三弄	白來尼蒙馬浪路六二五弄	二一	八二—八三
榮華里四弄	白來尼蒙馬浪路六三五弄	二一	八二—八三
榮福里	辣斐德路七六二A弄	四〇	一五八—一五九
榮福里	西愛咸斯路許家衖内	四五	一七八—一七九
慈竹新邨	霞飛路五八四弄	三六	一四二—一四三
慈安坊	勞神父路	二二	八六—八七
慈安里	辣斐德路三四四弄	二三	九〇—九一
慈安里一弄	白來尼蒙馬浪路四三七弄	二三	九〇—九一
慈雲坊	望志路	二四	九四—九五
慈雲別業	蒲柏路四一二弄	一五	五八—五九
慈惠邨	臺拉斯脫路	五四	二一四—二一五
慈壽里	徐家匯路一二〇A弄	二一	八二—八三
慈壽里	薩坡賽路二一三弄	二三	九〇—九一
慈壽里	薩坡賽路二一五弄	二三	九〇—九一
慈壽坊	貝勒路七〇七弄	一九	七四—七五
蒲石邨	蒲石路三三九弄	四七	一八六—一八七
蒲石里	蒲石路六八二弄	四九	一九四—一九五
蒲柏坊	呂班路三〇弄	二四	九四—九五
蒲祥里	蒲石路六三八弄	四九	一九四—一九五

名稱	地址	圖號	頁數
銘德里	環龍路三四弄	二七	一〇六—一〇七
銘德里	霞飛路五六七弄	二七	一〇六—一〇七
漁陽里	蒲石路七一弄	二六	一〇二—一〇三
漁陽里	白爾部路六四弄	二六	一〇二—一〇三
漁邨	白爾路三一八弄	一六	六二—六三
漁邨	白爾路三三〇弄	一六	六二—六三
漁邨	白爾路三四〇弄	一六	六二—六三
精益里	鄭家木橋街一二九弄	八	三〇—三一
精益里	磨坊街一〇六弄	八	三〇—三一
增和里	愛多亞路三五三弄	九	三四—三五
增樂坊	拉都路三九三弄	四四	一七四—一七五
蓀吉里	聖母院路三九弄	三七	一四六—一四七
蓀順里	環龍路八七弄	三五	一三八—一三九
壽松里	巨籟達路一五七弄	三七	一四六—一四七
壽昌里	法華民國路	一一	四二—四三
壽康里	麥底安路一〇弄	七	二六—二七
銀河里	華成路一九弄	一一	四二—四三
維興里	杜神父路二四弄	二〇	七八—七九
維厚里	辣斐德路二六三弄	一八	七〇—七一
熙邨	巨籟達路六九五弄	四八	一九〇—一九一
綢繆邨	霞飛路	六九	二七四—二七五
嘉安里	平濟利路一九九弄	一七	六六—六七
碧筠邨	巨福路三〇〇弄	六五	二五八—二五九
翠竹鄉	甘世東路二四五弄	四五	一七八—一七九
鳳德里	普恩濟世路二三八弄	三八	一五〇—一五一
蕃宜精舍	西愛咸斯路二七弄	四二	一六六—一六七
廣寒坊	霞飛路一四九八弄	六三	二五〇—二五一
漊浦衖	國富門路八〇弄	六五	二五八—二五九
滬江別墅	蒲石路六一三弄	五一	二〇二—二〇三

十五劃

名稱	地址	圖號	頁數
德仁里	辣斐德路一二六弄	一七	六六—六七
德元坊	蒲石路六三八弄	四九	一九四—一九五

名稱	地址	圖號	頁數
德行里總衖	八里橋路一四八一五〇弄	一〇	三八—三九
德行里南衖	八里橋路	一〇	三八—三九
德和里	愛多亞路二一三弄	八	三〇—三一
德邨	拉都路四三三弄	四四	一七四—一七五
德培里	法大馬路一〇八弄	七	二六—二七
德培里	愛多亞路一〇七弄	七	二六—二七
德安里	巨潑來斯路六二弄	六〇	二三八—二三九
德明里	白爾路九九弄	一七	六六—六七
德祀里	法大馬路三四弄	六	二二—二三
德祀里西衖	法大馬路五二弄	六	二二—二三
德祀里西衖	吉祥街一弄	六	二二—二三
德順里總衖	法大馬路四七六弄	九	三四—三五
德順里西衖	八里橋路一二八弄	九	三四—三五
德順里西衖	敏體尼蔭路一六一弄	九	三四—三五
德順里	呂宋路	一四	五四—五五
德康里	蒲石路一二〇弄	二六	一〇二—一〇三
德隆邨	貝禘鏖路六弄	三七	一四六—一四七
德祥里	安納金路	一七	六六—六七
德祥里	勞神父路八二弄	一八	七〇—七一
德誠里	藍維藹路一六〇弄	一七	六六—六七
德勝里	霞飛路七五三弄	三五	一三八—一三九
德勝里	呂班路五〇弄	二四	九四—九五
德福里	吉祥街三八弄	七	二六—二七
德潤里	維爾蒙路	一四	五四—五五
德銘里一弄	吉祥街九弄	六	二二—二三
德銘里二弄	吉祥街一九弄	六	二二—二三
德銘里三弄	吉祥街二九弄	六	二二—二三
德銘里	蒲石路一二〇弄	二六	一〇二—一〇三
德興坊	甘世東路六二弄	四五	一七八—一七九
德興里	霞飛路一一三弄	一三	五〇—五一
德慶里	愛多亞路七七弄	七	二六—二七
慶平坊	平濟利路六七弄	一六	六二—六三
慶平坊	喇格納路一七五弄	一六	六二—六三
慶成坊	貝禘鏖路八五弄	二六	一〇二—一〇三
慶成坊	霞飛路九六弄	一三	五〇—五一
慶安里	李梅路六八弄	一四	五四—五五
慶安坊	平濟利路六四弄	一六	六二—六三
慶和里	薩坡賽路	二三	九〇—九一
慶祥里	蒲石路五一六弄	四八	一九〇—一九一
慶祥里	巨籟達路八八弄	三七	一四六—一四七
慶順里	聖母院路九九弄	三七	一四六—一四七
慶順里二弄	聖母院路九三弄	三七	一四六—一四七
慶順里三弄	聖母院路八七弄	三七	一四六—一四七
慶順里四弄	聖母院路七九弄	三七	一四六—一四七
慶福里	蒲石路二四〇弄	三七	一四六—一四七
慶福里	皮少耐路	一二	四六—四七
慶華里	普恩濟世路七二弄	三八	一五〇—一五一
蔭餘里	麥高包祿路一二三弄	三八	一五〇—一五一
蔭餘里	格洛克路一〇弄	一三	五〇—五一
蔭餘里	霞飛路七四弄	一三	五〇—五一
模範邨	福煦路八七七弄	四八	一九〇—一九一
樂安坊	霞飛路六一三弄	二七	一〇六—一〇七
樂安坊	菜市路	二〇	七八—七九
樂義里	安納金路八八弄	一二	四六—四七
樂廬	福煦路	四八	一九〇—一九一
鄰聖坊	福煦路四六一弄	三七	一四六—一四七
鄰園坊	陶爾斐司路四一弄	二八	一〇〇—一〇一
震宇邨	拉都路一二四弄	五二	二〇六—二〇七
褒德里	趙主教路一四二弄	六〇	二三八—二三九
履安邨	蒲石路六七二弄	四九	一九四—一九五
賡餘里	蒲柏路四八九弄	二四	九四—九五
蔡義里	貝勒路八三三弄	二〇	七八—七九
綠楊邨	拉都路三八三弄	四四	一七四—一七五
慧慶坊	福履理路二六七弄	四四	一七四—一七五
潤安里總衖	西門路五三弄	一八	七〇—七一

名稱	地址	圖號	頁數
潤德里	環龍路五〇二 五〇四弄內	四六	一八二—一八三
黎陽里	藍維藹路	一七	六六—六七
鄭家衖	西愛咸斯路	四二	一六六—一六七
衖吉里	辣斐德路三三五弄	二二	八六—八七
十六劃			
餘康里	皮少耐路一九弄	一一	四二—四三
餘康里	皮少耐路二九弄	一一	四二—四三
餘祥里	霞飛路九八七弄	四六	一八二—一八三
餘順里	新橋街四九弄	八	三〇—三一
餘福里	西愛咸斯路	六四	二五四—二五五
餘德里	康悌路	二一	八二—八三
餘德里	康悌路一八九弄	二〇	七八—七九
餘德坊	辣斐德路一二八〇A弄	五二	二〇六—二〇七
餘慶里	拉都路三五二弄	五五	二一八—二一九
餘慶里	八里橋路三二六 三二八弄	一一	四二—四三
餘慶里	八里橋路三四六弄	一一	四二—四三
餘慶里	寗興街二六一弄	九	三四—三五
餘慶里	菜市路一九六A弄	一九	七四—七五
餘慶里	菜市路三四七弄	二〇	七八—七九
餘慶里	邁爾西愛路二七一弄	四〇	一五八—一五九
餘慶坊	白爾路二八五弄	一六	六二—六三
餘慶坊	古拔路六一弄	四九	一九四—一九五
餘慶里	辣斐德路一二一八弄內	四六	一八二—一八三
餘慶里	福煦路	三八	一五〇—一五一
餘慶里	藍維藹路	一七	六六—六七
餘興坊	勞神父路一一七弄	一九	七四—七五
興安里總衖	白爾路一五弄	一七	六六—六七
興安里西一衖	藍維藹路一二弄	一七	六六—六七
興安里西二弄	藍維藹路七弄	一七	六六—六七
興安里西一弄	安納金路一四一弄	一七	六六—六七
興安里西二弄	安納金路一三一弄	一七	六六—六七
興昌里	法大馬路三六四弄	九	三四—三五
興昌里	自來火行東街六九弄	九	三四—三五
興昌里	自來火行東街六七弄	九	三四—三五
興隆邨	蒲石路	二六	一〇二—一〇三
興順東里	甘世東路一五〇弄	四五	一七八—一七九
興順南里	雷米路三七弄	四五	一七八—一七九
興順北里	雷米路三八弄	四五	一七八—一七九
興業里	霞飛路九六七弄	四六	一八二—一八三
興業里	天主堂街二五弄	六	二二—二三
興業里	勞神父路四八六弄	二二	八六—八七
興業里	聖母院路二六弄	三八	一五〇—一五一
錦同邨總衖	徐家匯路四七四弄	四三	一七〇—一七一
錦同邨一衖	徐家匯路四八一弄	四三	一七〇—一七一
錦邨	拉都路一六六弄	五二	二〇六—二〇七
錦裕里一衖	敏體尼蔭路二五三弄	一一	四二—四三
錦裕里二衖	敏體尼蔭路二六九弄	一一	四二—四三
錦裕里三衖	敏體尼蔭路二七五弄	一一	四二—四三
錦裕里四衖	敏體尼蔭路二八一弄	一一	四二—四三
錦裕里五衖	敏體尼蔭路二八七弄	一一	四二—四三
錦裕里六衖	敏體尼蔭路二九三弄	一一	四二—四三
錦裕里七衖	敏體尼蔭路二七五A弄	一一	四二—四三
錦安坊	薩坡賽路三八七弄	二二	八六—八七
錦裕里南衖	皮少耐路六四弄	一一	四二—四三
錦福里	寗興街八九弄	八	三〇—三一
錦福里	巨潑來斯路七八弄	六〇	二三八—二三九
錦綉坊	喇格納路三八弄	一二	四六—四七
錦德里	金神父路四四一弄	三一	一二二—一二三
錦樹里	辣斐德路三八一弄	二二	八六—八七
錦歸坊	陶爾斐司路二九弄	二八	一一〇—一一一
樹祥里	菜市路一二五弄	一八	七〇—七一

名稱	地址	圖號	頁數
樹新里	皮少耐路九弄	一一	四二—四三
樹德坊	巨籟達路四六一衖	三八	一五〇—一五一
樹德坊一衖	姚主教路二八八弄	七五	二九八—二九九
樹德坊二衖	姚主教路三一〇弄	七五	二九八—二九九
樹德坊三衖	姚主教路三二〇弄	七五	二九八—二九九
樹德南里	望志路	二三	九〇—九一
樹德里	菜市路	一九	七四—七五
樹德里	維爾蒙路	一三	五〇—五一
樹德里	貝勒路三五二弄	二四	九四—九五
樹德里	平濟利路二九六弄	一八	七〇—七一
樹德里二衖	平濟利路二八六弄	一八	七〇—七一
錫卿里	藍維藹路一九五弄	一九	七四—七五
錫祥里	辣斐德路八七弄	一七	六六—六七
錫榮別墅	環龍路七三弄	三五	一三八—一三九
錫德坊	金神父路六七弄	三五	一三八—一三九
錫義里	茄勒路	一七	六六—六七
錫賢坊	福履理路二八四弄	四四	一七四—一七五
輯五坊總衖	西門路四〇弄	一六	六二—六三
輯五坊南衖	西門路二〇弄	一六	六二—六三
輯五坊	白爾路二〇五弄	一六	六二—六三
靜邨	霞飛路一四一二弄	五九	二三四—二三五
靜邨	愛麥虞限路三八弄	四二	一六六—一六七
靜安邨	環龍路五〇二弄 五〇四弄內	四六	一八二—一八三
龍安里	新永安街一五弄	五	一八—一九
龍邨	環龍路五三三弄	四六	一八二—一八三
龍德邨	拉都路一六五弄	四六	一八二—一八三
龍德邨	拉都路一七三弄	四六	一八二—一八三
積邨	麥琪路七七弄	六〇	二三八—二三九
積善坊	賈西義路二二三弄	三一	一二二—一二三
積善坊	徐家匯路	四三	一七〇—一七一
積善里	白爾路	一六	六二—六三
積善里	八里橋路三二七弄	一一	四二—四三

名稱	地址	圖號	頁數
積善里	康悌路七五弄	二〇	七八—七九
積善里	霞飛路一二六弄	一三	五〇—五一
錢家宅弄	蒲石路四六六弄	三八	一五〇—一五一
錢家衖	霞飛路九八七弄	四六	一八二—一八三
錢家衖	環龍路	四六	一八二—一八三
燕平邨	汶林路二〇八弄	六六	二六二—二六三
燕瑞坊	福履理路	五六	二二二—二二三
賢成坊	勞神父路	一八	七〇—七一
衛家巷	康悌路四五五弄	二一	八二—八三
衛樂園	海格路七九九弄	七二	二八六—二八七
盧家衖	賈西義路二二三弄	三一	一二二—一二三
盧家衖	徐家匯路二四四弄	三一	一二二—一二三
篤行里	法大馬路四二三弄	八	三〇—三一
穎邨	辣斐德路一二三二弄	四六	一八二—一八三
憶德里	貝禘鏖路一一九弄	二六	一〇二—一〇三
融和坊	海格路三五九弄	六一	二四二—二四三
蕊邨	海格路八五七弄	七三	二九〇—二九一

十七劃

名稱	地址	圖號	頁數
鴻仁里	辣斐德路三九八弄	二三	九〇—九一
鴻安坊	麥賽而蒂羅路一四一弄	二六	一〇二—一〇三
鴻安坊	亞爾培路五七二弄	四四	一七四—一七五
鴻泉里	薩坡賽路一八四弄	二八	一一〇—一一一
鴻裕里	台司德朗路一六九弄	七四	二九四—二九五
鴻富里	敏體尼蔭路三四六弄	一二	四六—四七
鴻運坊	華格臬路九四弄	一三	五〇—五一
鴻運坊	華格臬路一三二弄	一三	五〇—五一
鴻寧里	菜市路二五七弄	一九	七四—七五
鴻德坊	古拔路一二九弄	四九	一九四—一九五
鴻德坊	巨籟達路七六二弄	四九	一九四—一九五
鴻儀里	麥賽而蒂羅路一五弄	一五	五八—五九
鴻興里	菜市路二二三弄	一九	七四—七五

名稱	地址	圖號	頁數
霞飛市場	霞飛路五四二弄	二六	一〇二—一〇三
霞飛別墅	霞飛路一九六〇、一九六二弄	七三	二九〇—二九一
霞飛坊	霞飛路九二七弄	四六	一八二—一八三
霞飛巷	貝禘鏖路九九弄	二六	一〇二—一〇三
聯益坊	霞飛路五九三弄	二七	一〇六—一〇七
聯益里	勞神父路一二七弄	一九	七四—七五
聯貴坊	亞爾培路二四二弄	四七	一八六—一八七
環龍邨	環龍路小桃園街內	四六	一八二—一八三
環龍里	環龍路一七六弄	三五	一三八—一三九
環龍別業	環龍路一五〇弄	三五	一三八—一三九
環龍新邨	環龍路一六二弄	三五	一三八—一三九
濟蒼里	杜神父路一七八弄	二〇	七八—七九
薛華坊	薛華立路一五五弄	三二	一二六—一二七
偕康里	蒲石路四〇一弄	四七	一八六—一八七
頤德坊	勞爾東路	四七	一八六—一八七
駿德里	環龍路五〇二、五〇四弄內	四六	一八二—一八三

十八劃

名稱	地址	圖號	頁數
雙文里	杜神父路	二〇	七八—七九
雙禾邨	霞飛路三一二弄	二五	九八—九九
雙桂里	杜神父路四二、四四弄	二〇	七八—七九
雙梅邨	台拉司脫路	五五	二一八—二一九
雙龍坊	西愛咸斯路一七二弄	四五	一七八—一七九
歸安里	敏體尼蔭路一七八弄	一三	五〇—五一
歸安里	敏體尼蔭路一九四弄	一三	五〇—五一
歸安里	格洛克路四四弄	一三	五〇—五一
豐裕里	薩坡賽路一二二弄	二八	一一〇—一一一
豐裕里	薩坡賽路一四二弄	二八	一一〇—一一一
豐裕里	薩坡賽路一六二弄	二八	一一〇—一一一
禮和里	貝勒路一四六弄	二五	九八—九九

名稱	地址	圖號	頁數
鎧記里	環龍路錢家街內	四六	一八二—一八三

十九劃

名稱	地址	圖號	頁數
懷本坊	白爾路二六八弄	一六	六二—六三
懷麟里	徐家匯路一五六弄	二一	八二—八三
瀚邨	巨籟達路二一四弄	三七	一四六—一四七
隴西別墅	白爾路二六五弄	一六	六二—六三
麗波花園	貝當路三〇〇弄	六七	二六六—二六七
瓊廬	福開森路四〇〇弄	六九	二七四—二七五

二十劃

名稱	地址	圖號	頁數
寶成里	寧興街九〇弄	八	三〇—三一
寶安坊	白爾路一三一弄	一七	六六—六七
寶安坊	平濟利路一七五弄	一七	六六—六七
寶安坊右街	新橋街一三一弄	八	三〇—三一
寶安坊總街	新橋街一四五弄	八	三〇—三一
寶安坊左街	新橋街一五五弄	八	三〇—三一
寶安里	貫西義路一六〇弄	三二	一二六—一二七
寶安里	貝勒路二五弄	一四	五四—五五
寶康里	霞飛路三一五弄	二五	九八—九九
寶康里	霞飛路三三五弄	二五	九八—九九
寶培坊	辣斐德路四四四弄	二三	九〇—九一
寶裕里	寧興街一二〇弄	八	三〇—三一
寶裕里	新橋街一一弄	八	三〇—三一
寶裕里	新橋街二三弄	八	三〇—三一
寶裕里	新橋街三三弄	八	三〇—三一
寶善坊	平濟利路	一七	六六—六七
寶善里	麥琪路三〇九弄	五九	二三四—二三五
寶善里	麥琪路三一七弄	五九	二三四—二三五
寶隆坊	亞爾培路二三二弄	四七	一八六—一八七
寶慶里	藍維藹路	一九	七四—七五
寶興里	貝勒路六七九弄	一九	七四—七五
寶興里	法大馬路三〇〇弄	八	三〇—三一

名稱	地址	圖號	頁數
寶興里	新橋街七七弄	八	三〇—三一
寶興里	新橋街八九弄	八	三〇—三一
寶興里	新橋街九九弄	八	三〇—三一
寶興里	新橋街一〇九弄	八	三〇—三一
棣德里	愷自邇路一九六弄	一四	五四—五五
	二十一劃		
蘭石里	維爾蒙路一二八弄	一五	五八—五九
蘭石里	維爾蒙路一三四弄	一五	五八—五九
蘭邨	潘馨路二四弄	六八	二七〇—二七一
蘭馨里	白爾路一一二弄	一六	六二—六三
鶴園	巨潑來斯路二四七弄	六二	二四六—二四七
鶴鳴里	維爾蒙路五八弄	一四	五四—五五
鶴鳴里	康悌路八四弄	一九	七四—七五
顧家街	華龍路五一弄	二六	一〇二—一〇三
顧家街	呂班路	二四	九四—九五
顧家街	陶爾斐司路	二七	一〇六—一〇七

名稱	地址	圖號	頁數
	二十二劃		
懿德里	寗興街一八〇A術	九	三四—三五
懿德里一街	老北門路三七弄	七	二六—二七
懿德里二街	老北門路四七弄	七	二六—二七
懿德里三街	老北門路六五弄	七	二六—二七
懿德里一街	紫來街三二弄	七	二六—二七
懿德里二街	紫來街四二弄	七	二六—二七
懿德里三街	紫來街六〇弄	七	二六—二七
	二十三劃		
蘿村	環龍路三一七弄	四六	一八二—一八三
麟趾坊	蒲石路六三八弄	四九	一九四—一九五
	二十四劃		
鑫生里	辣斐德路一二一八弄	四六	一八二—一八三
鑫億里	喇格納路一五三弄	一六	六二—六三

上海市行號路圖錄第二編(第二特區)街號索引

街號	地址	圖號	頁數
一街	吉祥街德祖里西街	六	二二—二三
一街	巨籟達路福潤里	二六	一〇二—一〇三
一〇街	麥底安路壽康里	七	二六—二七
一〇街	皮少耐路文元坊一街	一一	四二—四三
一〇街	格洛克路蔭餘里	一三	五〇—五一
一〇街	敏體尼蔭路新首安里	一三	五〇—五一
一〇街	呂宋路	一四	五四—五五
一〇街	環龍路福壽坊	二七	一〇六—一〇七
一〇街	華龍路	二七	一〇六—一〇七
一〇街	徐家匯路	三〇	一一八—一一九
一〇街	雷米路振興坊	四五	一七八—一七九
一一街	新橋街寶裕里	八	三〇—三一
一一街	麥高包祿路新首安里	一三	五〇—五一
一二街	新永安街永安坊總街	六	二二—二三
一二街	葛羅路仁安坊總街	一四	五四—五五
一二—一四街	辣斐德路	一七	六六—六七
一二街	藍維藹路興安里西一街	一七	六六—六七
一三街	紫來街同德里北街	七	二六—二七
一四街	鄭家木橋街愛多里	八	三〇—三一
一四街	康悌路天福里	一九	七四—七五
一四街	白爾部路太和里	二六	一〇二—一〇三
一五街	新永安街龍安里	五	一八—一九
一五街	法大馬路祥安里	六	二二—二三
一五街	奥禮和路承德里	一二	四六—四七
一五街	格洛克路梅邨	一三	五〇—五一
一五街	李梅路	一四	五四—五五
一五街	麥賽而蒂羅路鴻儀里	一五	五八—五九
一五街	白爾路興安里總街	一七	六六—六七
一六街	福建路太和里	四	一四—一五
一六街	大沽路東南里	四	一四—一五
一六街	安納金路恆德里	一二	四六—四七
一六街	貝勒路文安坊	一四	五四—五五
一六街	菜市路三讓坊	一八	七〇—七一
一六街	古拔路	五〇	一九八—一九九
一七街	大沽路太和里	四	一四—一五
一七街	小東門路香園里	四	一四—一五
一七街	寗興街寗興里	七	二六—二七
一七街	藍維藹路全裕里	一七	六六—六七
一七街內	康悌路六合坊 康悌路榮金公街	二〇	七八—七九
一七街	金神父路盛德坊	三五	一三八—一三九
一七街	聖母院路同康里	三七	一四六—一四七
一七街	西愛咸斯路	四二	一六六—一六七
一八街	甘世東路三德坊	四五	一七八—一七九
一八街	白爾路裕福里	一二	四六—四七
一八街	愛麥虞限路金谷邨	四二	一六六—一六七
一八街	寶建路	五八	二三〇—二三一
一九街	吉祥街德銘里二街	六	二二—二三
一九街	寗波路紫來邨	一〇	三八—三九
一九街	皮少耐路餘康里	一一	四二—四三
一九街	華成路銀河里	一一	四二—四三
一〇〇街	福履理路	四二	一六六—一六七
一〇〇街	亨利路永利邨	四七	一八六—一八七
一〇〇街	拉都路明霞邨	五二	二〇六—二〇七
一〇〇街	善鐘路	六〇	二三八—二三九
一〇〇街	巨潑來斯路三牲里	六〇	二三八—二三九
一〇一街	霞飛路松慶里	一三	五〇—五一
一〇一街	白來尼蒙馬浪路吳興里	二四	九四—九五
一〇一A街	金神父路	三五	一三八—一三九
一〇一街	愛麥虞限路	四二	一六六—一六七

街號	地址	圖號	頁數
一〇一街	勞爾東路福安里	四七	一八六—一八七
一〇一街	麥尼尼路	六七	二六六—二六七
一〇二街	維爾蒙路民厚坊	一四	五四—五五
一〇三街	薛華立路	三二	一二六—一二七
一〇四、一〇六街	新橋街振新南里	九	三四—三五
一〇四街	李梅路裕安里	一五	五八—五九
一〇四街	普恩濟世路	三八	一五〇—一五一
一〇四街	善鐘路榮康別墅一街	六〇	二三八—二三九
一〇五街	自來火行東街原上里北街	一〇	三八—三九
一〇六街	麥底安路明德里一街	七	二六—二七
一〇六、一〇八街	法大馬路德培里	七	二六—二七
一〇六街	磨坊街精益里	八	三〇—三一
一〇六街內	辣斐德路中興里		
	辣斐德路福臨里	一七	六六—六七
一〇六街	環龍路	二七	一〇六—一〇七
一〇六街	巨潑來斯路	六〇	二三八—二三九
一〇七街	愛多亞路德培里	七	二六—二七
一〇七街	甯興街安吉里	八	三〇—三一
一〇七街	葛羅路良安坊	一五	五八—五九
一〇七街	蒲石路天惠坊南街	二六	一〇二—一〇三
一〇八街	環龍路	二七	一〇六—一〇七
一〇八街	貝禘鏖路正元里	三六	一四二—一四三
一〇八街	巨籟達路永慶里	三七	一四六—一四七
一〇八街	格羅希路	五一	二〇二—二〇三
一〇八街	善鐘路榮康別墅二街	六〇	二三八—二三九
一〇九街	新橋街寶興里	八	三〇—三一
一〇九街	愷自邇路首安里	一三	五〇—五一
一〇九街	喇格納路新華邨	一六	六二—六三
一〇九街	雷米路雷米坊	五四	二一四—二一五
一一〇街	吉祥街華業里	七	二六—二七

街號	地址	圖號	頁數
一一〇街	徐家匯路元福里	二一	八二—八三
一一一街	麥底安路東新里	七	二六—二七
一一一街	李梅路	一四	五四—五五
一一二街	磨坊街新康里	八	三〇—三一
一一二街	甘世東路公興坊	四五	一七八—一七九
一一二街	西愛咸斯路	四五	一七八—一七九
一一二街	自來火行西街仁美里	一〇	三八—三九
一一二街	白爾路蘭馨里	一六	六二—六三
一一二街	善鐘路榮康別墅三街	六〇	二三八—二三九
一一三街	霞飛路德興里	一三	五〇—五一
一一三街	喇格納路益潤里	一六	六二—六三
一一三街	辣斐德路源成里	一七	六六—六七
一一三街	薩坡賽路西門里	二三	九〇—九一
一一三街	西門路永裕里	二三	九〇—九一
一一四街	平濟利路耕雲里	一六	六二—六三
一一四、一一六街	菜市路成裕里東街	一八	七〇—七一
一一四街	貝禘鏖路美仁里	三六	一四二—一四三
一一五街	康悌路四達里	二〇	七八—七九
一一五街	普恩濟世路永德邨	三八	一五〇—一五一
一一五街	甘世東路崇仁里	四五	一七八—一七九
一一六街	自來火行東街西高第里	一〇	三八—三九
一一六街	霞飛路鼎吉里	一三	五〇—五一
一一六街	格羅希路順龍里	五一	二〇二—二〇三
一一六街	雷米路安和邨	五二	二〇六—二〇七
一一六街	善鐘路榮康別墅四街	六〇	二三八—二三九
一一七街	新橋街福興坊	八	三〇—三一
一一七街	勞神父路餘興坊	一九	七四—七五
一一七街	蒲石路福壽坊	二六	一〇二—一〇三
一一七街	金神父路	三四	一三四—一三五
一一八街	格洛克路甯福里	一二	四六—四七
一一八街	環龍路	二七	一〇六—一〇七

街號	地址	圖號	頁數
一一八街	聖母院路	三九	一五四—一五五
一一九街	法大馬路祥興里	六	二二—二三
一一九街	平濟利路同吉坊	一六	六二—六三
一一九街	貝褅麼路憶德里	二六	一〇二—一〇三
一一九街	薛華立路發達里	三二	一二六—一二七
一二〇街	甯興街寶裕里	八	三〇—三一
一二〇街	愷自邇路松壽里	一三	五〇—五一
一二〇街	康悌路得利坊	一九	七四—七五
一二〇A街	徐家匯路慈壽里	二一	八二—八三
一二〇街內	蒲石路楊家街	二六	一〇二—一〇三
	蒲石路文蘭坊總街		
	蒲石路德銘里		
	蒲石路景錫坊		
	蒲石路德康里		
	蒲石路昌餘里		
一二〇街	巨籟達路愛敬坊	三七	一四六—一四七
一二〇街	福履理路	四二	一六六—一六七
一二〇街	善鐘路榮康別墅	六〇	二三八—二三九
一二〇街	姚主教路茂齡新邨	七三	二九〇—二九一
一二一街	白爾路信平里	一七	六六—六七
一二一街	巨籟達路民生坊	二六	一〇二—一〇三
一二一街	聖母院路高福里	三七	一四六—一四七
一二一街	古拔路永興坊	四九	一九四—一九五
一二一街	臺拉斯脫路	五五	二一八—二一九
一二二街	敏體尼蔭路均福里	一三	五〇—五一
一二二街	薩坡賽路豐裕里	二八	一一〇—一一一
一二三街	麥高包祿路蔭餘里	一三	五〇—五一
一二三街	愷自邇路世德里	一三	五〇—五一
一二三街	西門路西湖坊總街	二三	九〇—九一
一二四街	自來火行東街仁美里 東街	一〇	三八—三九
一二四街	呂班路崇德里	二八	一一〇—一一一
	呂班路仁樂邨		

街號	地址	圖號	頁數
一二四街	平濟利路康吉里	一六	六二—六三
一二四街	拉都路震宇邨	五二	二〇六—二〇七
一二五街	喇格納路培福里	一六	六二—六三
一二五街內	菜市路祥生里	一八	七〇—七一
	菜市路樹祥里		
	菜市路		
	菜市路仁壽里		
	菜市路星平里		
一二五街	格羅希路	五一	二〇二—二〇三
一二六街內	霞飛路積善里	一三	五〇—五一
	霞飛路太平坊		
一二六街	蒲斐德路德仁里	一七	六六—六七
一二六街	茄勒路昌興里	一七	六六—六七
一二七街內	愛來格路永清里	一二	四六—四七
	愛來格路		
	愛來格路志成里		
一二七街	平濟利路同吉坊	一六	六二—六三
一二七街內	勞神父路五豐里總街	一九	七四—七五
	勞神父路聯益里		
	勞神父路		
	勞神父路三德里		
一二八街	八里橋路德順里西街	九	三四—三五
一二八街	新橋街首祿里	一〇	三八—三九
一二八街	愛來格路永源里	一三	五〇—五一
一二八街	維爾蒙路蘭石里	一五	五八—五九
一二八街內	巨潑來斯路修業新邨	六〇	二三八—二三九
	巨潑來斯路仁德坊		
	巨潑來斯路		
一二九街	鄭家木橋街精益里	八	三〇—三一
一二九街	華格臬路天惠坊	一三	五〇—五一
	華格臬路八仙坊總街		
一二九街	金神父路花園坊	三四	一三四—一三五
一二九街	古神父路鴻德坊	四九	一九四—一九五

街號	地址	圖號	頁數
一二九街	海格路	五〇	一九八—一九九
一三〇街	蒲石路九思里	二六	一〇二—一〇三
一三〇街	福履理路萬福邨	四二	一六六—一六七
一三〇街	古拔路成泰坊	五〇	一九八—一九九
一三〇街	姚主教路茂齡新邨	七三	二九〇—二九一
一三一街	新橋街寶安坊右街	八	三〇—三一
一三一街	白爾路寶安坊	一七	六六—六七
一三一街	安納金路興安里西二街	一七	六六—六七
一三一街	甘世東路	四五	一七八—一七九
一三二街	磨坊街新康里	八	三〇—三一
一三二街	華格臬路鴻運坊	一三	五〇—五一
一三二街	貝禘鏖路美仁里	三六	一四二—一四三
一三四街	麥高包祿路首安里	一三	五〇—五一
一三四街	維爾蒙路蘭石里	一五	五八—五九
一三四街	環龍路	三五	一三八—一三九
一三四街內	亨利路 亨利路文元坊	四七	一八六—一八七
一三五街	法大馬路晉安里	六	二二—二三
一三五街	愷自邇路裕福里	一三	五〇—五一
一三五街	海格路	五〇	一九八—一九九
一三六街	西愛咸斯路金仁里	四五	一七八—一七九
一三七街	李梅路和平坊	一五	五八—五九
一三七街	薛華立路和平里	三二	一二六—一二七
一三八街	康悌路安越里北二街	一九	七四—七五
一三八街	西門路仁吉里總街	二三	九〇—九一
一三八街	古拔路	五〇	一九八—一九九
一三九街	平濟利路同吉坊	一六	六二—六三
一三九街	望志路仁壽里	二三	九〇—九一
一四〇街	自來火行西街執中里	一〇	三八—三九
一四〇街	愛來格路同志坊	一三	五〇—五一
一四〇街	巨籟達路崇福里	三七	一四六—一四七
一四〇街	巨潑來斯路	六〇	二三八—二三九

街號	地址	圖號	頁數
一四一街	八里橋路執中里	一〇	三八—三九
一四一街	安納金路興安里西一街	一七	六六—六七
一四一街	麥賽而蒂羅路鴻安坊	二六	一〇二—一〇三
一四一街	海格路	五〇	一九八—一九九
一四一街內	雷米路源源里 雷米路安樂邨 雷米路文安坊 雷米路丁家街	五四	二一四—二一五
一四二街	菜市路菜市坊	一八	七〇—七一
一四二街	杜神父路安順里東街	二〇	七八—七九
一四二街	蒲石路天惠坊北街	二六	一〇二—一〇三
一四二街	薩坡賽路豐裕里	二八	一一〇—一一一
一四二街	貝禘鏖路仁壽新邨	三六	一四二—一四三
一四二街	普恩濟世路同樂坊	三八	一五〇—一五一
一四二街內	雷米路四達邨 雷米路明月新邨 雷米路丁家街 雷米路星邨 雷米路守民邨	五二	二〇六—二〇七
一四二街	趙主教路褒德里	六〇	二三八—二三九
一四三街	康悌路安順里東街	二〇	七八—七九
一四四街	茄勒路光裕里	一七	六六—六七
一四五街	新橋街寶安坊總街	八	三〇—三一
一四六街	貝勒路禮和里	二五	九八—九九
一四六街	呂班路呂班坊	二八	一一〇—一一一
一四六A街	聖母院路	三九	一五四—一五五
一四七街	海格路	五〇	一九八—一九九
一四八街 一五〇街	八里橋路德行里總街	一〇	三八—三九
一四八街	新橋街首祿里	一〇	三八—三九
一四八街	勞神父路柏薌村	一八	七〇—七一
一四八街	古拔路古拔新邨一街	五〇	一九八—一九九

街號	地址	圖號	頁數
一四九街	杜神父路天祥里	二〇	七八—七九
一五〇街	喇格納路崇賢坊	一五	五八—五九
一五〇街	蒲石路定安坊	二六	一〇二—一〇三
一五〇街	環龍路環龍別業	三五	一三八—一三九
一五〇街	愛麥虞限路	四二	一六六—一六七
一五〇街	福履理路	四二	一六六—一六七
一五〇街	甘世東路興順東里	四五	一七八—一七九
一五一街	安納金路全裕里	一七	六六—六七
一五一街	望志路敬禧里	二三	九〇—九一
一五一街	甘世東路永盛里總衖	四五	一七八—一七九
一五一街	亨利路	四七	一八六—一八七
一五二街	自來火行東街立賢里	一〇	三八—三九
一五二街	霞飛路久興里	一五	五八—五九
一五二街	普恩濟世路裕民里	三八	一五〇—一五一
一五二街	愛麥虞限路雪邨	四二	一六六—一六七
一五三街	貝勒路義和里	一五	五八—五九
一五三街	喇格納路鑫德里	一六	六二—六三
一五三街	福煦路新民里	二五	九八—九九
一五三街	海格路	五〇	一九八—一九九
一五三街	巨福路	五七	二二六—二二七
一五四街	呂班路呂班坊	二八	一一〇—一一一
一五五街	新橋街寶安坊左衖	八	三〇—三一
一五五街內	薛華立路薛華坊 薛華立路長留邨	三二	一二六—一二七
一五五街	麥琪路九華里	六〇	二三八—二三九
一五六街	安納金路榮生里	一七	六六—六七
一五六街	徐家匯路懷麟里	二一	八二—八三
一五六街	古拔路古拔新邨二衖	五〇	一九八—一九九
一五七街	呂班路	二八	一一〇—一一一
一五七街	巨籟達路壽松里	三七	一四六—一四七
一五七街	雷米路汝南坊	五四	二一四—二一五
一五八街	巨潑來斯路	六一	二四二—二四三
一五八街	麥琪路	六二	二四六—二四七

街號	地址	圖號	頁數
一五八街	台司德朗路	七四	二九四—二九五
一五九街	麥高包祿路居安里 菜市路文安巷	一三	五〇—五一
一五九街內	菜市路 菜市路瑞康里	一八	七〇—七一
一五九街	海格路	五〇	一九八—一九九
一六〇街	麥高包祿路鈞培里	一三	五〇—五一
一六〇街內	藍維藹路德誠里 藍維藹路	一七	六六—六七
一六〇街	辣斐德路傳雲里北衖	一八	七〇—七一
一六〇街	呂班路幸福坊	二八	一一〇—一一一
一六〇街	賈西義路寶安里	三二	一二六—一二七
一六一街	敏體尼蔭路德順里西衖	九	三四—三五
一六二街	平濟利路松柏廬	一六	六二—六三
一六二街	薩坡賽路豐裕里	二八	一一〇—一一一
一六二街	環龍路環龍新邨	三五	一三八—一三九
一六二街	貝禘鏖路仁壽坊	三六	一四二—一四三
一六二街	普恩濟世路仁安里	三八	一五〇—一五一
一六三街	茄勒路文德里	一七	六六—六七
一六三街	白爾路泰和坊總衖	一八	七〇—七一
一六三街	麥賽而蒂羅路麥賽坊	二六	一〇二—一〇三
一六三街內	呂班路四維新邨 呂班路	二八	一一〇—一一一
一六四街	白爾路涵澤里	一六	六二—六三
一六四街	茄勒路望賢里	一七	六六—六七
一六四街	康悌路安越里北一衖	一九	七四—七五
一六四街	白來尼蒙馬浪路明德里西衖	二四	九四—九五
一六四街	環龍路達豐里	三五	一三八—一三九
一六四街	古拔路古拔新邨三衖	五〇	一九八—一九九
一六四街	巨籟達路安樂邨	三七	一四六—一四七
一六五街	拉都路龍德邨	四六	一八二—一八三

街號	地址	圖號	頁數
一六五街	趙主教路天一邨	五九	二三四—二三五
一六六街	新橋街首祿里	一〇	三八—三九
一六六街	呂班路幸福坊	二八	一一〇—一一一
一六六街	愛麥虞限路惠安坊	四二	一六六—一六七
一六六街	拉都路錦邨	五二	二〇六—二〇七
一六七街	安納金路仁壽里	一七	六六—六七
一六七街	西門路西成里	二三	九〇—九一
一六七街	海格路	五〇	一九八—一九九
一六八街	華格臬路俞家街	一四	五四—五五
一六八 一七〇街	勞神父路安吉坊	一八	七〇—七一
一六九街	康悌路安順里西街	二〇	七八—七九
一六九街	呂班路巴黎新邨	二八	一一〇—一一一
一六九街	台司德朗路鴻裕里	七四	二九四—二九五
一七〇街	福履理路步高里	四二	一六六—一六七
一七〇街	祁齊路	五七	二二六—二二七
一七〇街	麥尼尼路	六九	二七四—二七五
一七一街	維爾蒙路艮德里	一三	五〇—五一
一七一街	杜神父路三興坊	二〇	七八—七九
一七一街	徐家匯路泰德里	二一	八二—八三
一七二街	霞飛路富德里	一五	五八—五九
一七二街	茄勒路望賢里	一七	六六—六七
一七二街	西愛咸斯路雙龍坊	四五	一七八—一七九
一七二街	古拔路古拔新邨四街	五〇	一九八—一九九
一七三街	白來尼蒙馬浪路明德里東街	二四	九四—九五
一七三街	拉都路龍德邨	四六	一八二—一八三
一七四街	愷自邇路芝蘭坊總街	一四	五四—五五
一七四街	白來尼蒙馬浪路明德里西街	二四	九四—九五
一七四街	麥琪路麥其里	六二	二四六—二四七
一七五街	愷自邇路永樂里	一五	五八—五九
一七五街	喇格納路慶平坊	一六	六二—六三

街號	地址	圖號	頁數
一七五街	平濟利路寶安坊	一七	六六—六七
一七五街	菜市路延壽里	一八	七〇—七一
一七五街	巨籟達路鉅興里	三七	一四六—一四七
一七五街	趙主教路來斯南邨	五九	二三四—二三五
一七六街內	安納金路能德里 安納金路	一七	六六—六七
一七六街	辣斐德路務本坊	一八	七〇—七一
一七六街	環龍路環龍里	三五	一三八—一三九
一七七街	敏體尼蔭路老德行里	一〇	三八—三九
一七七街	麥高包祿路鼎平里	一三	五〇—五一
一七七街	安納金路安納坊	一七	六六—六七
一七七街	呂班路	二八	一一〇—一一一
一七八街	格洛克路紫陽里	一二	四六—四七
一七八街	敏體尼蔭路歸安里	一三	五〇—五一
一七八街	杜神父路濟蒼里	二〇	七八—七九
一七八街	貫西義路眉壽里	三二	一二六—一二七
一七九街	西門路西成里	二三	九〇—九一
一七九街	普恩濟世路	三八	一五〇—一五一
一七九街	麥琪路麥其里	六〇	二三八—二三九
一七九街	姚主教路	七五	二九八—二九九
一八〇A街	寧興街懿德里	九	三四—三五
一八〇街	霞飛路任陸坊	一五	五八—五九
一八一B街	白來尼蒙馬浪路明德里東街	二四	九四—九五
一八一街	趙主教路	五九	二三四—二三五
一八一街	台司德朗路復興坊	七四	二九四—二九五
一八二街	辣斐德路合忠坊	一八	七〇—七一
一八二街	普恩濟世路大安坊	三八	一五〇—一五一
一八二街	亨利路	四七	一八六—一八七
一八三街	法大馬路吉如里	七	二六—二七
一八四街	薩坡賽路鴻泉里	二八	一一〇—一一一
一八四街	西門路西門里	二三	九〇—九一
一八五街	甘世東路新興順里	四五	一七八—一七九

街號	地址	圖號	頁數
一八六街	浦石路由義坊	三七	一四六—一四七
一八八街	維爾蒙路正安里	一五	五八—五九
一八八A街	勞神父路瑞華坊總街	一八	七〇—七一
一八八街	白來尼蒙馬浪路	二四	九四—九五
一八八街	環龍路	三五	一三八—一三九
一八八街	亞爾培路	四七	一八六—一八七
一八九街	臺拉斯脫路台拉新邨	五五	二一八—二一九
一八九街	自來火行東街立賢里	一〇	三八—三九
一八九街	康悌路餘德里	二〇	七八—七九
一八九街	白來尼蒙馬浪路	二四	九四—九五
一八九街	巨籟達路敦厚里	三七	一四六—一四七
一八九街	巨潑來斯路來斯別業	六二	二四六—二四七
一九〇街	台司德朗路四維村	七四	二九四—二九五
一九一街內	甘世東路新邨 甘世東路許家街	四五	一七八—一七九
一九二街	寧興街居安里	九	三四—三五
一九三街	敏體尼蔭路留賢邨三街	一〇	三八—三九
一九三街	愷自邇路長安里	一五	五八—五九
一九四街	敏體尼蔭路歸安里	一三	五〇—五一
一九五街	敏體尼蔭路留賢邨二街	一〇	三八—三九
一九五街內	藍維藹路福琪里 藍維藹路錫卿里 藍維藹路盛榮里 藍維藹路花園街 藍維藹路平江里總街 藍維藹路瑞昌里	一九	七四—七五
一九五街	祁齊路	五五	二一八—二一九
一九六街	法大馬路惟祥里	七	二六—二七
一九六街	愷自邇路耀德里	一四	五四—五五
一九六街	霞飛路厚德里	一五	五八—五九
一九六街	平濟利路停雲里	一八	七〇—七一

街號	地址	圖號	頁數
一九六A街	萊市路餘慶里	一九	七四—七五
一九七街	敏體尼蔭路留賢邨一街	一〇	三八—三九
一九七街	茄勒路成業里	一七	六六—六七
一九七街	薩坡賽路西成里	二三	九〇—九一
一九七街	古拔路古柏公寓	四九	一九四—一九五
一九八街	呂班路花園邨	二八	一一〇—一一一
一九八街	巨籟達路	三七	一四六—一四七
一九八街	金神父路安和新邨	四二	一六六—一六七
一九九街內	平濟利路嘉安里 平濟利路晉安里 平濟利路榮生里	一七	六六—六七
一〇〇一街	福煦路安仁里	四九	一九四—一九五
一〇〇三街	霞飛路	四六	一八二—一八三
一〇一三街	福煦路民福里	四九	一九四—一九五
一〇五八街	徐家匯路尚德里	六六	二六二—二六三
一〇七九街	福煦路愛仁里	五〇	一九八—一九九
一〇八八街	徐家匯路華安坊	六六	二六二—二六三
一一〇一街	海格路志慶坊	七四	二九四—二九五
一一二三街	海格路海格里	七四	二九四—二九五
一一五七街	福煦路福煦坊	五〇	一九八—一九九
一一六七街	海格路天佑里	七四	二九四—二九五
一一七七街	徐家匯路	七五	二九八—二九九
一一九六街	辣斐德路淞雲別墅	四六	一八二—一八三
一二〇〇A街	辣斐德路桃源里	四六	一八二—一八三
一二〇一街	辣斐德路	四五	一七八—一七九
一二〇三街	海格路孝友里四街	七五	二九八—二九九
一二一八街	辣斐德路新安坊 辣斐德路餘慶里 辣斐德路同裕坊 辣斐德路鑫生里 辣斐德路福興坊	四六	一八二—一八三

街號	地址	圖號	頁數
一二一八街	辣斐德路小桃園街	四六	一八二—一八三
一二三二街	辣斐德路穎邨	四六	一八二—一八三
一二三五街	辣斐德路益餘坊	四五	一七八—一七九
一二三七街	海格路孝友里二街	七五	二九八—二九九
一二四八街	辣斐德路辣斐新邨	四六	一八二—一八三
一二五二街	霞飛路志成坊	五一	二〇二—二〇三
一二五五街	海格路孝友里一街	七五	二九八—二九九
一二六二街	辣斐德路	四六	一八二—一八三
一二七〇街	辣斐德路長餘坊	四六	一八二—一八三
一二七〇街	霞飛路大德里	五一	二〇二—二〇三
一二七三街	霞飛路	五三	二一〇—二一一
一二八〇A街	辣斐德路餘德坊	五二	二〇六—二〇七
一二八五街	霞飛路	五三	二一〇—二一一
一二八六街	辣斐德路	五二	二〇六—二〇七
一二九四街	辣斐德路怡德里	五二	二〇六—二〇七
一二九五街	辣斐德路桃源邨	五二	二〇六—二〇七
一三一三A街內	辣斐德路又一邨 辣斐德路丁家街	五二	二〇六—二〇七
一四一二街內	霞飛路 霞飛路靜邨	五九	二三四—二三五
一四七八街	霞飛路上海新邨	六四	二五四—二五五
一四九八街	霞飛路廣寒坊	六三	二五〇—二五一
一五〇六街	霞飛路	六三	二五〇—二五一
一五一二街	霞飛路	六三	二五〇—二五一
一五二二街內	霞飛路曹家街 霞飛路富德里 霞飛路建中里	六三	二五〇—二五一
一六四二街	辣斐德路	五九	二三四—二三五
一九六〇 一九六二街	霞飛路霞飛別墅	七三	二九〇—二九一
一九八〇街	霞飛路	七三	二九〇—二九一

街號	地址	圖號	頁數
二街	喇格納路華寶坊	一二	四六—四七
二街	聖母院路	三八	一五〇—一五一
二〇街	西門路輯五坊南街	一六	六二—六三
二〇街	徐家匯路恆福里	三〇	一一八—一一九
二〇街	西愛咸斯路順安里	四一	一六二—一六三
二一街	麥高包祿路新首安里	一三	五〇—五一
二一街	薩坡賽路	二四	九四—九五
二一街	西愛咸斯路西愛邨	四二	一六六—一六七
二一街	磨坊街美華里	八	三〇—三一
二二街	平濟利路良善里	一六	六二—六三
二二街	杜美路	四七	一八六—一八七
二二街	台司德朗路雲裳邨	七四	二九四—二九五
二二街	新橋街寶裕里	八	三〇—三一
二三街	愛來格路秉安里	一一	四二—四三
二三街	辣斐德路永安里	一七	六六—六七
二三街	福煦路道德里	二五	九八—九九
二三街	白爾部路新民里	二五	九八—九九
二三街	西愛咸斯路恆愛里	四二	一六六—一六七
二四街	辣斐德路道德里	一七	六六—六七
二四街	藍維藹路敦仁里	一七	六六—六七
二四街	杜神父路維興里	二〇	七八—七九
二四街	麥琪路大福里	六一	二四二—二四三
二四街	潘馨路蘭邨	六八	二七〇—二七一
二五街	天主堂街興業里	六	二二—二三
二五街	甯興街甯興里	七	二六—二七
二五街	貝勒路寶安里	一四	五四—五五
二五街	拉都路	四六	一八二—一八三
二六街	孟神父路尚義坊	一三	五〇—五一
二六街內	勞神父路晉業里 勞神父路松廬	一八	七〇—七一
二六街	聖母院路興業里	三八	一五〇—一五一
二六街	汶林路	六九	二七四—二七五
二七街	薛華立路	三〇	一一八—一一九

街號	地址	圖號	頁數
二七街	西愛咸斯路蕃宜精舍	四二	一六六—一六七
二八街	皮少耐路文元坊二街	一一	四二—四三
二八街	菜市路三慶里	一八	七〇—七一
二八街	白爾部路永安里	二六	一〇二—一〇三
二九街	吉祥街德銘里三街	六	二二—二三
二九街	皮少耐路徐康里	一一	四二—四三
二九街	安納金路元吉里	一二	四六—四七
二九街	勞神父路文盛里	一九	七四—七五
二九街	貝禘鏖路恒慶里	二六	一〇二—一〇三
二九街	陶爾斐斯路錦歸坊	二八	一一〇—一一一
二九街	金神父路福星邨	三五	一三八—一三九
二九街	高乃依路	三五	一三八—一三九
二〇〇街	蒲石路由義坊	三七	一四六—一四七
二〇一街	喇格納路	一六	六二—六三
二〇一街	呂班路萬宜坊	二九	一一四—一一五
二〇一街	麥琪路麥其里	六〇	二三八—二三九
二〇二街	望志路永吉里	二四	九四—九五
二〇二街	呂班路花園邨	二八	一一〇—一一一
二〇三街	白賽仲路	七〇	二七八—二七九
二〇四街	巨潑來斯路人和里	六一	二四二—二四三
二〇五街	白爾路輯五坊	一六	六二—六三
二〇五街	望志路永吉里	二三	九〇—九一
二〇六街	呂班路花園邨	二八	一一〇—一一一
二〇六街	巨籟達路首芝坊	三七	一四六—一四七
二〇六街內	普恩濟世路資德坊 普恩濟世路松德里 普恩濟世路	三八	一五〇—一五一
二〇七街	馬斯南路西三合里	三二	一二六—一二七
二〇七街	巨籟達路茂德里	三七	一四六—一四七
二〇八街	華格臬路福海里	一四	五四—五五
二〇八街	汶林路燕平邨	六六	二六二—二六三
二〇八街	台司德朗路義合坊	七四	二九四—二九五
二〇八街	姚主教路怡邨一街	七四	二九四—二九五

街號	地址	圖號	頁數
二一〇街	呂班路花園邨	二八	一一〇—一一一
二一〇街內	賈西義路 賈西義路志成坊	三二	一二六—一二七
二一〇街	環龍路美樂坊	四〇	一五八—一五九
二一〇街	古拔路	五〇	一九八—一九九
二一〇街	麥琪路麥其里	六二	二四六—二四七
二一〇街	高恩路春芬別墅	六七	二六六—二六七
二一一街	喇格納路仁麟里	一六	六二—六三
二一二街	姚主教路怡邨二街	七四	二九四—二九五
二一三街	愛多亞路德和里	八	三〇—三一
二一三街	薩坡賽路慈壽里	二三	九〇—九一
二一四街	敏體尼蔭路生吉里一街	一二	四六—四七
二一四街	愷自邇路仁昌里	一四	五四—五五
二一四街	辣斐德路三裕里總街	一八	七〇—七一
二一四街	呂班路花園邨	二八	一一〇—一一一
二一四街	巨籟達路瀚邨	三七	一四六—一四七
二一四街	普恩濟世路	三八	一五〇—一五一
二一五街內	康悌路 康悌路五豐坊	二一	八二—八三
二一五街	薩坡賽路慈壽里	二三	九〇—九一
二一五街	白來尼蒙馬浪路敦仁坊	二四	九四—九五
二一五街	福煦路宏德里	二六	一〇二—一〇三
二一五街	亞爾培路	三九	一五四—一五五
二一六街	姚主教路怡邨三街	七四	二九四—二九五
二一七街	福履理路仁安坊	四四	一七四—一七五
二一七街	拉都路大同新邨	四五	一七八—一七九
二一七街	臺拉斯脫路	五五	二一八—二一九
二一八街	麥高包祿路安樂坊	一三	五〇—五一
二一八街	福履理路	四四	一七四—一七五
二一八街	甘世東路慎成里	四五	一七八—一七九
二一九街	亞爾培路	三九	一五四—一五五

街號	地址	圖號	頁數
二二〇街	白來尼蒙馬浪路景益里	二三	九〇—九一
二二〇街	環龍路光明邨	四〇	一五八—一五九
二二一街	辣斐德路成裕里總衖	一八	七〇—七一
二二二街	白來尼蒙馬浪路景益里	二三	九〇—九一
二二二街	亞爾培路	四七	一八六—一八七
二二二街	姚主教路茅館	七四	二九四—二九五
二二三街	愛多亞路宏餘坊	八	三〇—三一
二二三街	菜市路鴻興里	一九	七四—七五
二二三街	福煦路同德里	二六	一〇二—一〇三
二二三街	徐家匯路	三〇	一一八—一一九
二二三街內	賈西義路積善坊 賈西義路盧家衖	三一	一二二—一二三
二二三街	聖母院路永吉里	三六	一四二—一四三
二二四街	敏體尼蔭路生吉里二衖	一二	四六—四七
二二四街	霞飛路棣華里	一五	五八—五九
二二五街	白爾路承慶里	一六	六二—六三
二二五街	呂班路	二九	一一四—一一五
二二五街	金神父路羣賢別墅	三二	一二六—一二七
二二八街	巨潑來斯路	六一	二四二—二四三
二三〇街	華格臬路勤餘坊	一四	五四—五五
二三〇街	辣斐德路三裕里西衖	一八	七〇—七一
二三〇街	藍維藹路永福里	一九	七四—七五
二三一街	西愛咸斯路	四五	一七八—一七九
二三二街	菜市路福興坊	一九	七四—七五
二三二街	亞爾培路寶隆坊	四七	一八六—一八七
二三三街	菜市路大興坊	一九	七四—七五
二三三街	福履理路資敬坊	四四	一七四—一七五
二三三街	台司德朗路海格里	七四	二九四—二九五
二三四街	敏體尼蔭路生吉里三衖	一二	四六—四七
二三四街	巨籟達路	三七	一四六—一四七
二三六街	華格臬路同登里	一四	五四—五五
二三六街	愷自邇路建安里	一四	五四—五五
二三六街	平濟利路停雲里	一八	七〇—七一
二三六街	甘世東路永樂邨	四五	一七八—一七九
二三七街	白爾路承慶里	一六	六二—六三
二三七街	亞爾培路	三九	一五四—一五五
二三七街	海格路	六〇	二三八—二三九
二三八街	白來尼蒙馬浪路西門里	二三	九〇—九一
二三八街	普恩濟世路鳳德里	三八	一五〇—一五一
二三八街	愛麥虞限路愛麥新邨	四二	一六六—一六七
二三八街	亞爾培路	四七	一八六—一八七
二三九街	辣斐德路冠華里	一八	七〇—七一
二三九街	亞爾培路	三九	一五四—一五五
二三九街	拉都路長壽里	四五	一七八—一七九
二四〇街	蒲石路慶福里	三七	一四六—一四七
二四一街	聖母院路高疇里	三六	一四二—一四三
二四一街	福履理路鼎臣里	四四	一七四—一七五
二四二街	亞爾培路聯貴坊	四七	一八六—一八七
二四三街內	白爾路善元里 白爾路福興里	一六	六二—六三
二四四街	敏體尼蔭路生吉里四衖	一二	四六—四七
二四四街	霞飛路振平里總衖	一五	五八—五九
二四四街	白爾路桂福里	一六	六二—六三
二四四街	徐家匯路盧家衖	三一	一二二—一二三
二四五街	白來尼蒙馬浪路	二三	九〇—九一
二四五街	巨籟達路海福里	三七	一四六—一四七
二四五街內	蒲石路平安坊 蒲石路怡安坊 蒲石路恆樂里	三九	一五四—一五五
二四五街	甘世東路翠竹鄉	四五	一七八—一七九

街號	地址	圖號	頁數
二四六街	法大馬路中華里	八	三〇—三一
二四七街	巨潑來斯路鶴園	六二	二四六—二四七
二四八街	辣斐德路福康里	一八	七〇—七一
二四八街	賈西義路天成里	三二	一二六—一二七
二四八街內	福履理路安和里 福履理路明志坊 福履理路振福里	四四	一七四—一七五
二四九街	甘世東路甘世新邨	四五	一七八—一七九
二五〇街	甯興街太原坊總衖	九	三四—三五
二五〇街	西愛咸斯路	四五	一七八—一七九
二五〇街	亞爾培路三多坊	四七	一八六—一八七
二五一街	愷自邇路振平里總衖	一五	五八—五九
二五二街	雷上達路財源坊	七二	二八六—二八七
二五三街	敏體尼蔭路錦裕里一衖	一一	四二—四三
二五三街	亞爾培路元合坊	三九	一五四—一五五
二五五街	賈西義路東林里	三一	一二二—一二三
二五五街	麥琪路福康里	五九	二三四—二三五
二五六街	呂班路	三四	一三四—一三五
二五七街	平濟利路永康里	一七	六六—六七
二五七街	菜市路鴻甯里	一九	七四—七五
二五七街	徐家匯路信益里一衖	三一	一二二—一二三
二五八街內	福履理路 福履理路明母坊	四四	一七四—一七五
二六〇街	平濟利路松慶坊	一八	七〇—七一
二六〇街	藍維藹路梨園坊	二〇	七八—七九
二六〇街內	巨籟達路淞德里 巨籟達路仁德里	三八	一五〇—一五一
二六一街	甯興街餘慶里	九	三四—三五
二六一街	巨籟達路厚德里	三七	一四六—一四七
二六一街	麥琪路	五九	二三四—二三五
二六一街	高恩路文安坊	六五	二五八—二五九
二六三街	辣斐德路維厚里	一八	七〇—七一

街號	地址	圖號	頁數
二六五街	白爾路隴西別墅	一六	六二—六三
二六六街	甯興街合衆里	九	三四—三五
二六六街	徐家匯路信益里二衖	三一	一二二—一二三
二六七街	福履理路慧慶坊	四四	一七四—一七五
二六八街	白爾路懷本坊	一六	六二—六三
二六八街	福履理路	四四	一七四—一七五
二六九街	敏體尼蔭路錦裕里二衖	一一	四二—四三
二七一街	霞飛路仁和里	一五	五八—五九
二七一街	邁爾西愛路餘慶里	四〇	一五八—一五九
二七一街	拉都路清泉邨	四五	一七八—一七九
二七三街	藍維藹路梨園坊	二〇	七八—七九
二七四街	愷自邇路久安里	一四	五四—五五
二七四街	菜市路祥順里總衖	一九	七四—七五
二七四街內	賈西義路平原坊 賈西義路又一邨	三二	一二六—一二七
二七五街	敏體尼蔭路錦裕里三衖	一一	四二—四三
二七五A街	敏體尼蔭路錦裕里七衖	一一	四二—四三
二七五街	安納金路純德里	一七	六六—六七
二七五街	邁爾西愛路根德坊	四〇	一五八—一五九
二七五街內	邁爾西愛路家慶坊 邁爾西愛路	四〇	一五八—一五九
二七六街	辣斐德路福康里	一八	七〇—七一
二七六街	蒲石路中和邨	三七	一四六—一四七
二七九街	甯興街永遠里	九	三四—三五
二七九街 二八一街	安納金路純德里	一七	六六—六七
二七九街	徐家匯路啓昌里	三一	一二二—一二三
二七九街	巨籟達路晉福里	三七	一四六—一四七
二七九街	福履理路禹興坊 福履理路生林里	四四	一七四—一七五

街號	地址	圖號	頁數
二七九街内	福履理路亭元坊 福履理路光裕里	四四	一七四—一七五
二八〇街	白爾路永安里	一六	六二—六三
二八〇街	巨籟達路達豐里	三八	一五〇—一五一
二八〇街	福開森路	七〇	二七八—二七九
二八一街	敏體尼蔭路錦裕里四街	一一	四二—四三
二八一街	海格路絳芝坊	六〇	二三八—二三九
二八四 二八六街	安納金路務本里	一七	六六—六七
二八四街	菜市路祥順里二街	一九	七四—七五
二八四街	福履理路錫賢坊	四四	一七四—一七五
二八五街	白爾路餘慶坊	一六	六二—六三
二八五街	辣斐德路瑞華坊總街	一八	七〇—七一
二八六街	平濟利路樹德里二街	一八	七〇—七一
二八六街	辣斐德路	一八	七〇—七一
二八六街	拉都路敦和里	五四	二一四—二一五
二八七街	敏體尼蔭路錦裕里五街	一一	四二—四三
二八八街	呂班路大陸坊	三三	一三〇—一三一
二八八街	福履理路二畝園	四四	一七四—一七五
二八八街	西愛咸斯路	四五	一七八—一七九
二八八街	姚主教路樹德坊一街	七五	二九八—二九九
二八九街	趙主教路	六二	二四六—二四七
二九〇街	白爾路永安里	一六	六二—六三
二九〇街	徐家匯路	三一	一二二—一二三
二九一街	平濟利路平濟里	一七	六六—六七
二九一A街	巨籟達路	三七	一四六—一四七
二九一D街	巨籟達路特秀坊	三七	一四六—一四七
二九一街	西愛咸斯路慎成里	四五	一七八—一七九
二九二街	敏體尼蔭路文元坊	一二	四六—四七
二九二街	巨籟達路集美里	三八	一五〇—一五一
二九三街	臺拉斯脫路友寧邨	五六	二二二—二二三

街號	地址	圖號	頁數
二九三街	敏體尼蔭路錦裕里六街	一一	四二—四三
二九四街	菜市路祥順里三街	一九	七四—七五
二九四街	汶林路汶林邨西街	六六	二六二—二六三
二九五街	法華民國路慎興里	七	二六—二七
二九五街	薩坡賽路三三里	二二	八六—八七
二九五街	汶林路汶林邨三街	六六	二六二—二六三
二九六街	平濟利路樹德里	一八	七〇—七一
二九七街	白爾路大康里	一六	六二—六三
二九七街	臺拉斯脫路友寧邨	五六	二二二—二二三
二九七街	汶林路汶林邨二街	六六	二六二—二六三
二九八街	呂班路	三三	一三〇—一三一
二九九街	巨籟達路同福里	三七	一四六—一四七
二九九街	汶林路汶林邨一街	六六	二六二—二六三
二九九街	白賽仲路松鶴邨	七一	二八二—二八三
三街	紫來街渭文坊	七	二六—二七
三街	徐家匯路安臨里	二〇	七八—七九
三〇〇街	天主堂街祥裕里	六	二二—二三
三〇〇街	藍維藹路仁昌里	一七	六六—六七
三〇〇街	呂班路蒲柏坊	二四	九四—九五
三〇〇街	白賽仲路	五九	二三四—二三五
三一街	格洛克路竹邨	一三	五〇—五一
三一街	麥高包祿路新首安里	一三	五〇—五一
三一街	望志路順昌里	一六	六二—六三
三一街	康悌路恆昌里	二〇	七八—七九
三二街	紫來街懿德里一街	七	二六—二七
三二A街	李梅路永慶坊	一四	五四—五五
三二街	辣斐德路永安里	一七	六六—六七
三二街	薩坡賽路三德坊	二四	九四—九五
三二街	華龍路	二七	一〇六—一〇七
三三街	紫來街同德里南街	七	二六—二七
三三街	新橋街寶裕里	八	三〇—三一

街號	地址	圖號	頁數
三三街	自來火行東街福星里	九	三四—三五
三三街	西門路瑞康里	一八	七〇—七一
三四街	法大馬路德昶里	六	二二—二三
三四街	磨坊街美華里	八	三〇—三一
三四街	環龍路銘德里	二七	一〇六—一〇七
三四街	莫利愛路紅薇邨	三五	一三八—一三九
三四街	邁爾西愛路和樂邨	三八	一五〇—一五一
三四街	亨利路	四七	一八六—一八七
三五街	維爾蒙路復興里	一三	五〇—五一
三六街	老永安街普安里一街	五	一八—一九
三六街	康悌路大康里	一九	七四—七五
三六街	馬斯南路息廬	三五	一三八—一三九
三七街	老北門路懿德里一街	七	二六—二七
三七街	白爾路大華里	一七	六六—六七
三七街	徐家匯路榮仁里總街	二〇	七八—七九
三七街	甘世東路紀德興	四五	一七八—一七九
三七街	雷米路興順南里	四五	一七八—一七九
三七街	白賽仲路	六三	二五〇—二五一
三八街	麥底安路匯成里	七	二六—二七
三八街	吉祥街德福里	七	二六—二七
三八街	鄭家木橋街天錫里	八	三〇—三一
三八街	麋鹿路永華里	一一	四二—四三
三八街	華成路同康里	一一	四二—四三
三八街	喇格納路錦綉坊	一二	四六—四七
三八街	藍維藹路泰威里	一七	六六—六七
三八街	愛麥虞限路靜邨	四二	一六六—一六七
三八街	雷米路興順北里	四五	一七八—一七九
三九街	法蘭西外灘久興里	五	一八—一九
三九街	藍維藹路	一七	六六—六七
三九街	康悌路康益里	二〇	七八—七九
三九街	呂班路三德坊	二四	九四—九五
三九街	聖母院路蘇吉里	三七	一四六—一四七
三〇〇街	法大馬路寶興里	八	三〇—三一

街號	地址	圖號	頁數
三〇〇街	茄勒路	一七	六六—六七
三〇〇街	西愛咸斯路和邨	五四	二一四—二一五
三〇〇街	巨福路碧筠邨	六五	二五八—二五九
三〇〇街	貝當路麗波花園	六七	二六六—二六七
三〇一街	麥琪路同興坊	五九	二三四—二三五
三〇四街	蒲石路高福里	三七	一四六—一四七
三〇五街	臺拉斯脫路友寧邨	五六	二二二—二二三
三〇六街	拉都路敦和里	五四	二一四—二一五
三〇七街	福履理路拉都邨	五六	二二二—二二三
三〇九街	福履理路華福新邨	五六	二二二—二二三
三〇九街	麥琪路寶善里	五九	二三四—二三五
三〇九街	汶林路仁德坊東街	六六	二六二—二六三
三一〇街	白爾路人傑里	一六	六二—六三
三一〇街	平濟利路康村	一八	七〇—七一
三一〇街	貝勒路吳興里	二四	九四—九五
三一〇街	巨籟達路大德邨	三八	一五〇—一五一
三一〇街	姚主教路樹德坊二街	七五	二九八—二九九
三一一街	敏體尼蔭路敏村	一一	四二—四三
三一一街	白爾路吉益東里	一六	六二—六三
三一一街	菜市路敬業里	一九	七四—七五
三一一街	臺拉斯脫路友寧邨	五六	二二二—二二三
三一二街	霞飛路雙禾邨	二五	九八—九九
三一三街	巨籟達路三益里	三七	一四六—一四七
三一五街	霞飛路寶康里	二五	九八—九九
三一六街	賈西義路勤樂邨	三二	一二六—一二七
三一六街	福履理路合羣坊	五五	二一八—二一九
三一六街	雷上達路	七二	二八六—二八七
三一七街	西愛咸斯路	四五	一七八—一七九
三一七街	環龍路蘺村	四六	一八二—一八三
三一七街	麥琪路寶善里	五九	二三四—二三五
三一七街	白賽仲路恆德里	七一	二八二—二八三
三一八街	白爾路漁邨	一六	六二—六三
三一八街	康悌路祥慶邨一街	二二	八六—八七

街號	地址	圖號	頁數
三一八街	辣斐德路永裕里	二三	九〇—九一
三一九街	賈西義路西林里	三一	一二二—一二三
三二〇街	汶林路仁德坊西街	六六	二六二—二六三
三二〇街	姚主教路樹德坊三街	七五	二九八—二九九
三二一街	西愛咸斯路集益里	四五	一七八—一七九
三二一街	環龍路	四六	一八二—一八三
三二一街	臺拉斯脫路多福邨	五六	二二二—二二三
三二一街	巨潑來斯路巨福新邨	六二	二四六—二四七
三二四街	巨籟達路安豐里	三八	一五〇—一五一
三二六街	茄勒路昌平里	一七	六六—六七
三二六 三二八街	八里橋路餘慶里	一一	四二—四三
三二六街內	菜市路 菜市路泰來坊 菜市路雲成里	一九	七四—七五
三二六街	辣斐德路萍漁里	二三	九〇—九一
三二六街	拉都路敦和里	五四	二一四—二一五
三二七街	八里橋路積善里	一一	四二—四三
三二七街	巨籟達路瑞安里	三七	一四六—一四七
三二七街	福履理路福履別墅	五六	二二二—二二三
三二八街	法華民國路華盛坊	七	二六—二七
三三〇街	白爾路漁邨	一六	六二—六三
三三二街	蒲石路合大里	六〇	二三八—二三九
三三四街	康悌路祥慶邨二街	二二	八六—八七
三三四街	環龍路	四六	一八二—一八三
三三四街	麥琪路	五九	二三四—二三五
三三五街	辣斐德路衛吉里	二二	八六—八七
三三五街	霞飛路寶康里	二五	九八—九九
三三六街	福履理路福德坊	五五	二一八—二一九
三三七街	白爾路福盛里	一六	六二—六三
三三九街	安納金路得意里三街	一七	六六—六七
三三九街	蒲石路蒲石邨	四七	一八六—一八七
三四〇街	白爾路漁邨	一六	六二—六三

街號	地址	圖號	頁數
三四一街	福履理路	五六	二二二—二二三
三四一街	海格路	六〇	二三八—二三九
三四二街	環龍路新民邨	四六	一八二—一八三
三四三街	敏體尼蔭路同康里	一一	四二—四三
三四三街	白爾路長德里	一六	六二—六三
三四四街	辣斐德路慈安里	二三	九〇—九一
三四四街內	貝勒路吉平里 貝勒路昌星里 貝勒路福芝坊 貝勒路聿德里 貝勒路居仁里	二四	九四—九五
三四五街	安納金路得意里二街	一七	六六—六七
三四五街	徐家匯路工業坊	三一	一二二—一二三
三四五街	西愛咸斯路庸邨	五五	二一八—二一九
三四六街	八里橋路餘慶里	一一	四二—四三
三四六街	敏體尼蔭路鴻富里	一二	四六—四七
三四七街	菜市路餘慶里	二〇	七八—七九
三四九街	勞神父路九如邨	二九	一一四—一一五
三四九街	汶林路泰源坊	六六	二六二—二六三
三五〇街	貝勒路永慶坊	二四	九四—九五
三五〇街	蒲石路長林坊	六〇	二三八—二三九
三五〇街	雷上達路	七二	二八六—二八七
三五二街	貝勒路樹德里	二四	九四—九五
三五二街	拉都路餘慶里	五五	二一八—二一九
三五三街	愛多亞路增和里	九	三四—三五
三五三街	敏體尼蔭路同康里	一一	四二—四三
三五四街	福履理路福昌里	五五	二一八—二一九
三五五街	福履理路息邨	五六	二二二—二二三
三五六街	敏體尼蔭路敏慎坊	一二	四六—四七
三五六街	菜市路順陽里西街	二〇	七八—七九
三五七街	拉都路永安別業	四五	一七八—一七九
三五八街	霞飛路尚賢坊	二五	九八—九九
三五八街	福履理路	五五	二一八—二一九

街號	地址	圖號	頁數
三五八街	拉都路明德里	五五	二一八—二一九
三五九街	蒲柏路福新里	一六	六二—六三
三五九街	海格路融和坊	六一	二四二—二四三
三六〇街	亞爾培路	四六	一八二—一八三
三六〇街	西愛咸斯路	五四	二一四—二一五
三六一街	辣斐德路祥雲里	二二	八六—八七
三六二街	康悌路福興坊	二二	八六—八七
三六三街	白爾路得勝里	一六	六二—六三
三六三街	菜市路順陽里東街	二〇	七八—七九
三六四街	法大馬路興昌里	九	三四—三五
三六五街	福履理路福履新邨	五六	二二二—二二三
三六六街	勞神父路永益里	二二	八六—八七
三六六街內	蒲石路 蒲石路仁義里 蒲石路同興里	三八	一五〇—一五一
三六七街	貝勒路同益里一街	一六	六二—六三
三六九街	巨籟達路聖達里	三八	一五〇—一五一
三七〇街	白來尼蒙馬浪路西成里	二三	九〇—九一
三七〇街	亞爾培路	四六	一八二—一八三
三七二街	菜市路永華坊	二〇	七八—七九
三七二街	徐家匯路同豐里	三一	一二二—一二三
三七二街	趙主教路金波邨	六二	二四六—二四七
三七八街	白來尼蒙馬浪路西成里	二三	九〇—九一
三八〇街	康悌路三興里	二二	八六—八七
三八一街	貝勒路	一六	六二—六三
三八一街	辣斐德路錦樹里	二二	八六—八七
三八一街	金神父路福興坊	三一	一二二—一二三
三八二街	蒲石路	三八	一五〇—一五一
三八三街	巨籟達路大豐里	三八	一五〇—一五一
三八三街內	拉都路紅葉邨 拉都路綠揚邨	四四	一七四—一七五

街號	地址	圖號	頁數
三八三街	拉都路	四四	一七四—一七五
三八三街內	拉都路 拉都路和合邨 拉都路安樂邨	四五	一七八—一七九
三八四街	福履理路福綠邨	五五	二一八—二一九
三八四B街	西愛咸斯路雨宜邨	五四	二一四—二一五
三八六街	巨福路巨福邨	六五	二五八—二五九
三八七街	薩坡賽路錦安坊	二二	八六—八七
三八七街	白來尼蒙馬浪路敦仁里	二三	九〇—九一
三八八街	拉都路安樂邨	五五	二一八—二一九
三八九街	法大馬路卜鄰里	八	三〇—三一
三八九街	拉都路	四四	一七四—一七五
三九一街	福煦路煦成邨	三七	一四六—一四七
三九二街	蒲石路大興坊	三八	一五〇—一五一
三九三街內	拉都路 拉都路敏慎邨 拉都路增樂坊	四四	一七四—一七五
三九四街	呂班路	三〇	一一八—一一九
三九五街	白來尼蒙馬浪路敦仁里	二三	九〇—九一
三九五街	徐家匯路惠榮坊	三一	一二二—一二三
三九五街	福履理路	五六	二二二—二二三
三九六街	法大馬路昇平里總街	九	三四—三五
三九六街	巨福路夏家街	六五	二五八—二五九
三九八街	蒲柏路松邨	一五	五八—五九
三九八街	白來尼蒙馬浪路普慶里	二三	九〇—九一
三九八街內	辣斐德路良勤坊 辣斐德路鴻仁里	二三	九〇—九一
三九八街	霞飛路五鳳里	二五	九八—九九

街號	地址	圖號	頁數
四街	寧波路原上里	一〇	三八—三九
四街	與禮和路如意坊	一二	四六—四七
四〇街	西門路韓五坊總街	一六	六二—六三
四一街	老永安街同安里	五	一八—一九
四一街	愛來格路新民坊北街	一二	四六—四七
四一街	陶爾斐司路希德里 陶爾斐司路軍官里 陶爾斐司路鄰園邨	二八	一一〇—一一一
四二街	紫來街懿德里二街	七	二六—二七
四二 四四街	杜神父路雙桂里	二〇	七八—七九
四二街	巨籟達路承業里	二六	一〇二—一〇三
四二街	環龍路上海別墅	二七	一〇六—一〇七
四二街	貝禘鏖路鉅興里	三七	一四六—一四七
四二街	勞爾東路怡廬	四九	一九四—一九五
四二街	善鐘路和興里	六〇	二三八—二三九
四三街	紫來街慎興里北街	七	二六—二七
四三街	西門路三慶里	一八	七〇—七一
四四街	天主堂街同仁里	六	二二—二三
四四街	格洛克路歸安里	一三	五〇—五一
四四街	亨利路亨利坊	四七	一八六—一八七
四四街	勞爾東路仁德村	四九	一九四—一九五
四五街	華成路慎餘里	一一	四二—四三
四五街	甘世東路貫和坊	四九	一九四—一九五
四五街	麥底安路匯成里總街	五〇	一九八—一九九
四六街	善鐘路善鐘里	七	二六—二七
四六街	皮少耐路文元坊三街	一一	四二—四三
四七街	老北門路懿德里二街	七	二六—二七
四七街	格洛克路松邨	一三	五〇—五一
四八街	老永安街普安里二街	五	一八—一九
四八街	麋鹿路明月坊	一一	四二—四三
四八街	巨潑來斯路	六〇	二三八—二三九
四九街	新橋街餘順里	八	三〇—三一
四九街	古神父路逸邨	五九	二三四—二三五
四〇〇街	康悌路明慶里	二二	八六—八七
四〇〇街	福開森路瓊廬	六九	二七四—二七五
四〇一街	愛多亞路太原坊總街	九	三四—三五
四〇一街	福煦路崇福里	三七	一四六—一四七
四〇一街	蒲石路儲康里	四七	一八六—一八七
四〇二街	蒲石路誠德里	三八	一五〇—一五一
四〇三街	敏體尼蔭路華成坊	一一	四二—四三
四〇四街	勞神父路振華里	二二	八六—八七
四〇六街	蒲柏路富星里	一五	五八—五九
四〇九街	亞爾培路	四一	一六二—一六三
四一〇街	白來尼蒙馬浪路普慶里	二三	九〇—九一
四一〇街內	金神父路 金神父路大生邨	四三	一七〇—一七一
四一一街	菜市路三安里	二〇	七八—七九
四一一街	拉都路福顯坊	四四	一七四—一七五
四一二街	蒲柏路慈雲別業	一五	五八—五九
四一二街	霞飛路景行邨	二五	九八—九九
四一五街	辣斐德路玉振里	二二	八六—八七
四一六街	西愛咸斯路同益邨	五四	二一四—二一五
四一七街	環龍路	四六	一八二—一八三
四一八街	西愛咸斯路	五四	二一四—二一五
四一九街	貝勒路信德里	一六	六二—六三
四一九街內	巨籟達路吉祥里 巨籟達路久興里 巨籟達路小浜灣街	三八	一五〇—一五一
四二〇街	白來尼蒙馬浪路新民邨	二三	九〇—九一
四二二街	金神父路由義坊	四三	一七〇—一七一
四二三街	法大馬路篤行里	八	三〇—三一
四二三街	菜市路菜市邨	二〇	七八—七九

街號	地址	圖號	頁數
四二三街	福煦路安樂邨	三七	一四六—一四七
四二五街	霞飛路四明里	二五	九八—九九
四二五街	拉都路	四四	一七四—一七五
四二五街	西愛咸斯路敦倫里北街	五五	二一八—二一九
四二七街	敏體尼蔭路新樂里北街	一一	四二—四三
四二九街	拉都路雲水別墅	四四	一七四—一七五
四三〇街	貝勒路望德里	二三	九〇—九一
四三三街	萊市路	二〇	七八—七九
四三三街	康悌路鼎臣里	二一	八二—八三
四三三街內	拉都路德邨 拉都路	四四	一七四—一七五
四三五街	徐家匯路	四三	一七〇—一七一
四三七街	白來尼蒙馬浪路慈安里一街	二三	九〇—九一
四三八街	辣斐德路	二三	九〇—九一
四三八街	拉都路拉都新邨	五五	二一八—二一九
四三九街	敏體尼蔭路新樂里南街	一一	四二—四三
四四〇街	福履理路建業里東總街	五七	二二六—二二七
四四一街	康悌路仁德坊	二一	八二—八三
四四一街	金神父路錦德里	三一	一二二—一二三
四四四街	勞神父路協盛里	二二	八六—八七
四四四街	辣斐德路寶培坊	二三	九〇—九一
四四四街內	拉都路 拉都路和樂坊	五五	二一八—二一九
四四五街內	蒲石路 蒲石路文元坊	四七	一八六—一八七
四四九街	蒲柏路福壽里	二四	九四—九五
四五一街	蒲石路	四七	一八六—一八七
四五二街	拉都路詠村	五五	二一八—二一九
四五二街內	徐家匯路五福里 徐家匯路打浦橋街 徐家匯路協興坊 徐家匯路恆德里 徐家匯路計家街 徐家匯路愛德里	四三	一七〇—一七一
四五三街	萊市路悅來坊	二〇	七八—七九
四五四街內	康悌路徐德里 康悌路	二九	一一四—一一五
四五五街	康悌路衛家巷	二一	八二—八三
四五六街	福履理路建業里總街	五七	二二六—二二七
四五七街	金神父路打浦坊	三一	一二二—一二三
四五八街	勞神父路玉振里	二二	八六—八七
四五九街	蒲石路文福里	四七	一八六—一八七
四六〇街內	白來尼蒙馬浪路西西坊 白來尼蒙馬浪路陸家街	二二	八六—八七
四六一街	白來尼蒙馬浪路振華里	二二	八六—八七
四六一街	福煦路鄭聖坊	三七	一四六—一四七
四六一街	巨籟達路樹德坊	三八	一五〇—一五一
四六三街	蒲柏路明德里	二四	九四—九五
四六四街	貝勒路永安里	二三	九〇—九一
四六四街	蒲石路在明坊	三八	一五〇—一五一
四六六街	蒲石路錢家宅街	三八	一五〇—一五一
四六八街	霞飛路康綏公寓	二六	一〇二—一〇三
四七〇街	福履理路建業里西總街	五七	二二六—二二七
四七三街	萊市路悅來坊	二〇	七八—七九
四七三街	康悌路三德里	三〇	一一八—一一九
四七三街	蒲石路川雲里	四七	一八六—一八七
四七四街	徐家匯路錦同邨總街	四三	一七〇—一七一

街號	地址	圖號	頁數
四七四街	環龍路福壽坊	四六	一八二—一八三
四七六街	法大馬路德順里總街	九	三四—三五
四七九街	康悌路	三〇	一一八—一一九
四八〇街	白來尼蒙馬浪路順德里	二二	八六—八七
四八一街	徐家匯路錦同邨一街	四三	一七〇—一七一
四八二街	萊市路信陵邨	二〇	七八—七九
四八二街	貝勒路承遂里	二三	九〇—九一
四八二街	康悌路南天坊	二九	一一四—一一五
四八五街	西愛咸斯路和平邨	五五	二一八—二一九
四八六街内	勞神父路仁興里 勞神父路新仁里 勞神父路興業里	二二	八六—八七
四八六街	環龍路	四六	一八二—一八三
四八九街	蒲柏路廢餘里	二四	九四—九五
四九〇街内	康悌路費家街 康悌路陳餘里 康悌路祥善里	二九	一一四—一一五
四九二街	拉都路	五五	二一八—二一九
四九四街	貝勒路永裕里	二三	九〇—九一
四九四街	霞飛路康綏公寓	二六	一〇二—一〇三
四九五街	康悌路	三〇	一一八—一一九
四九五街	西愛咸斯路	五五	二一八—二一九
四九六街	福履理路建業西里	五七	二二六—二二七
四九七街	福煦路同康里	三七	一四六—一四七
五〇街	呂宋路五福里	一四	五四—五五
五〇街	呂班路德勝里	二四	九四—九五
五〇街	陶爾斐司路思鄉里	二七	一〇六—一〇七
五〇街	聖母院路聖達里	三八	一五〇—一五一
五一街内	華龍路顧家衖 華龍路泰安坊 華龍路孝友里	二六	一〇二—一〇三

街號	地址	圖號	頁數
五一街	格羅希路	五一	二〇二—二〇三
五二街	法大馬路德昶里西街	六	二二—二三
五三街	磨坊街惟祥里	七	二六—二七
五三街	萊市路受福里	一八	七〇—七一
五三街	西門路潤安里總街	一八	七〇—七一
五三街	巨潑來斯路和明邨	六〇	二三八—二三九
五四街	孟神父路尚義坊	一三	五〇—五一
五四街	陶爾斐司路大盛里	二七	一〇六—一〇七
五五街	吉祥街吉安里四街	六	二二—二三
五五街	自來火行東街三星里	九	三四—三五
五五街	貝禘鏖路春魁里	二六	一〇二—一〇三
五六街	麥底安路匯成里	七	二六—二七
五六街	安納金路長安里	一二	四六—四七
五六街	西門路紫祥里	一六	六二—六三
五六街	華龍路元昌里	二七	一〇六—一〇七
五六街	普恩濟世路	三八	一五〇—一五一
五六街	福履理路曲園	四二	一六六—一六七
五六街	西愛咸斯路	四五	一七八—一七九
五六街	亨利路良邨	四七	一八六—一八七
五七街	紫來街慎興里南街	七	二六—二七
五七街	新橋街惟善里	八	三〇—三一
五七街	辣斐德路生源里	一七	六六—六七
五七B街	貝禘鏖路貝禘坊	二六	一〇二—一〇三
五八街	八里橋路友益里	九	三四—三五
五八街	敏體尼蔭路恆茂里北街	一三	五〇—五一
五八街	維爾蒙路鶴鳴里	一四	五四—五五
五八街	康悌路松齡里	一九	七四—七五
五八街	亨利路亨利村	四七	一八六—一八七
五九街内	愛來格路喬安坊 愛來格路	一二	四六—四七
五九 六一街	康悌路康吉里	二〇	七八—七九

街號	地址	圖號	頁數
五九街	華成路紫微里	一一	四二—四三
五九街	巨潑來斯路春華里東街	六〇	二三八—二三九
五〇〇街	亞爾培路逸安里	四五	一七八—一七九
五〇〇街	蒲石路承遂里	四八	一九〇—一九一
五〇二街	康悌路康悌坊	二九	一一四—一一五
五〇二 五〇四街內	環龍路公興里 環龍路潤德里 環龍路駿德里 環龍路振飛里 環龍路靜安邨	四六	一八二—一八三
五〇九街	霞飛路飛登坊	二七	一〇六—一〇七
五〇九街	拉都路拉都坊	四四	一七四—一七五
五一〇街	拉都路三鑫坊	五六	二二二—二二三
五一四街	貝勒路永裕里	二三	九〇—九一
五一四街	拉都路松盛里	五六	二二二—二二三
五一六街	蒲石路慶祥里	四八	一九〇—一九一
五一九街	霞飛路花園里	二七	一〇六—一〇七
五一九街	康悌路	三〇	一一八—一一九
五二〇街	法華民國路崇德坊	一一	四二—四三
五二〇街	甘世東路	四四	一七四—一七五
五二四A街	康悌路	二九	一一四—一一五
五二四街	蒲石路久安邨	四八	一九〇—一九一
五二五街內	法華民國路 法華民國路惠順里	一一	四二—四三
五二六街	霞飛路和合坊總街	二六	一〇二—一〇三
五三〇街	環龍路	四六	一八二—一八三
五三三街	霞飛路康寧里	二七	一〇六—一〇七
五三三街	環龍路龍邨	四六	一八二—一八三
五三四街	貝勒路永裕里	二三	九〇—九一
五三七街	巨籟達路釆壽里	三八	一五〇—一五一
五四二街	霞飛路霞飛市場	二六	一〇二—一〇三
五四七街	巨籟達路四成里	三八	一五〇—一五一

街號	地址	圖號	頁數
五五〇街	亞爾培路	四四	一七四—一七五
五五〇街	亞爾培路	四五	一七八—一七九
五五二街	法華民國路	一一	四二—四三
五五三街	辣斐德路偉達坊	三四	一三四—一三五
五五四街	貝勒路永裕里	二三	九〇—九一
五五六街	巨籟達路	四八	一九〇—一九一
五五六街	拉都路定一邨	五六	二二二—二二三
五五七街	法華民國路	一一	四二—四三
五五八街	白來尼蒙馬浪路協盛里	二二	八六—八七
五五八街	拉都路定一邨	五六	二二二—二二三
五五九B街	辣斐德路萬福坊	三四	一三四—一三五
五五九街	徐家匯路永德里	四三	一七〇—一七一
五六〇街	亞爾培路亞爾新邨	四四	一七四—一七五
五六五街	巨籟達路存厚坊	三八	一五〇—一五一
五六七街	霞飛路銘德里	二七	一〇六—一〇七
五六九街內	亞爾培路 亞爾培路芝蘭坊 亞爾培路恆平里 亞爾培路望德坊 亞爾培路貴福里 亞爾培路新昇里 亞爾培路裕福里 亞爾培路敬善里 亞爾培路達義邨	四二	一六六—一六七
五七〇街	徐家匯路	四三	一七〇—一七一
五七二街	亞爾培路鴻安坊	四四	一七四—一七五
五七四街	巨籟達路文安坊	四八	一九〇—一九一
五八〇街	康悌路光裕坊	二九	一一四—一一五
五八二街	霞飛路仁壽坊	三六	一四二—一四三
五八四街內	霞飛路永壽坊 霞飛路慈竹新邨	三六	一四二—一四三
五八四街	蒲石路	四八	一九〇—一九一

街號	地址	圖號	頁數
五八五街	白來尼蒙馬浪路南山里、白來尼蒙馬浪路、白來尼蒙馬浪路丹桂里	二一	八二—八三
五八五街	福煦路國民里	三八	一五〇—一五一
五八八街	巨籟達路大興里	四八	一九〇—一九一
五八九街	辣斐德路辣斐坊	三四	一三四—一三五
五九一街	亞爾培路步高里	四二	一六六—一六七
五九一街	徐家匯路徐匯新邨	四三	一七〇—一七一
五九三街	霞飛路聯益坊	二七	一〇六—一〇七
五九七街	福煦路福祿邨	三八	一五〇—一五一
五九七街	徐家匯路	四三	一七〇—一七一
五九八街	貝勒路梅蘭坊	二二	八六—八七
六街	孟神父路尚義坊	一三	五〇—五一
六街	貝禘鏖路德隆邨	三七	一四六—一四七
六〇街	紫來街懿德里三街	七	二六—二七
六〇街	自來火行東街瑞福里	九	三四—三五
六〇街	白爾路仁元里	一二	四六—四七
六〇街	茄勒路順元里	一六	六二—六三
六〇街	辣斐德路	一七	六六—六七
六〇街	貝禘鏖路桃園里	三七	一四六—一四七
六一街	古拔路餘慶坊	四九	一九四—一九五
六一街	潘馨路	六八	二七〇—二七一
六二街	磨坊街承志里	八	三〇—三一
六二街	陶爾斐司路	二七	一〇六—一〇七
六二街內	甘世東路德興坊、甘世東路咸慶坊	四五	一七八—一七九
六二街	巨潑來斯路德安里	六〇	二三八—二三九
六二街	戴勞耐路袁家街	七四	二九四—二九五
六三 六五街	杜神父路永昌里	二〇	七八—七九
六三街	新永安街普安里總街	五	一八—一九
六四街	皮少耐路錦裕里南街	一一	四二—四三
六四街	平濟利路慶安坊	一六	六二—六三
六四街	呂班路仁善坊	二四	九四—九五
六四街	白爾部路漁陽里	二六	一〇二—一〇三
六四街	畢勛路畢興坊	五三	二一〇—二一一
六五街	吉祥街吉安里三街	六	二二—二三
六五街	老北門路懿德里三街	七	二六—二七
六五街	霞飛路福昌里	一三	五〇—五一
六五街	李梅路松柏里	一四	五四—五五
六五街	薛華立路	三二	一二六—一二七
六六街	潘馨路	六八	二七〇—二七一
六六街	法蘭西外灘	四	一四—一五
六七街	新橋街振新北里	九	三四—三五
六七街	自來火行東街興昌里	九	三四—三五
六七街	平濟利路慶平坊	一六	六二—六三
六七街	金神父路錫德坊	三五	一三八—一三九
六八街	喇格納路六合里	一二	四六—四七
六八街	李梅路慶安里	一四	五四—五五
六八街	環龍路花園別墅	二七	一〇六—一〇七
六八街內	金神父路、金神父路文邨、金神父路福仁里	四〇	一五八—一五九
六八街	甘世東路公興坊	四五	一七八—一七九
六九街	寗興街中華里	八	三〇—三一
六九街	自來火行東街興昌里	九	三四—三五
六九街	麥高包祿路恆茂里北街	一三	五〇—五一
六九街	巨潑來斯路春華里西街	六〇	二三八—二三九
六九街	潘馨路	六八	二七〇—二七一
六〇一街	辣斐德路	三四	一三四—一三五

街號	地址	圖號	頁數
六〇五街	白來尼蒙馬浪路榮華里一街	二一	八二—八三
六〇六街	霞飛路崇業里	三六	一四二—一四三
六一一街	蒲石路永存坊	五一	二〇二—二〇三
六一二街	西愛咸斯路何合坊	五八	二三〇—二三一
六一三街	霞飛路樂安坊	二七	一〇六—一〇七
六一三街	蒲石路滬江別墅	五一	二〇二—二〇三
六一四街	蒲石路新義坊	四九	一九四—一九五
六一五街	白來尼蒙馬浪路榮華里二街	二一	八二—八三
六一九街	海格路	七一	二八二—二八三
六二二街	霞飛路	三六	一四二—一四三
六二四街	巨籟達路四明邨	四八	一九〇—一九一
六二五街	白來尼蒙馬浪路榮華里三街	二一	八二—八三
六二七街	愛多亞路	一四	五四—五五
六三五街	白來尼蒙馬浪路榮華里四街	二一	八二—八三
六三五街	巨籟達路采福里	三八	一五〇—一五一
六三七街	霞飛路泰辰里	二七	一〇六—一〇七
六三七街	蒲石路友華邨	五一	二〇二—二〇三
六三八街内	蒲石路 蒲石路德元坊 蒲石路麟趾坊 蒲石路蒲祥里	四九	一九四—一九五
六四〇街	徐家匯路福興里	四四	一七四—一七五
六四一街内	貝勒路安義里 貝勒路	一九	七四—七五
六四五街	白來尼蒙馬浪路	二一	八二—八三
六四五街	福煦路	三八	一五〇—一五一
六四八街	徐家匯路功甫里	四四	一七四—一七五
六五〇街	霞飛路	三六	一四二—一四三
六五一街	貝勒路長興坊	一九	七四—七五
六六〇街	辣斐德路	三五	一三八—一三九
六六〇街	蒲石路	四九	一九四—一九五
六六三街	貝勒路杏邨	一九	七四—七五
六七二街	蒲石路履安邨	四九	一九四—一九五
六七九街	貝勒路寶興里	一九	七四—七五
六八二街	蒲石路蒲石里	四九	一九四—一九五
六八五街	貝勒路恆昌里	一九	七四—七五
六八五街	白來尼蒙馬浪路有德里總街	二一	八二—八三
六八七街	福煦路明德里	三八	一五〇—一五一
六九〇街	西愛咸斯路	六四	二五四—二五五
六九三街	巨籟達路	四八	一九〇—一九一
六九五街	巨籟達路熙邨	四八	一九〇—一九一
六九五街	西愛咸斯路	六五	二五八—二五九
六九七街	霞飛路葆仁里	三五	一三八—一三九
六九八街	蒲石路	四九	一九四—一九五
七A街	台灣路久昌里	四	一四—一五
七街	藍維藹路興安里西二街	一七	六六—六七
七街	菜市路愛福里	一八	七〇—七一
七街	西愛咸斯路	四二	一六六—一六七
七〇街	甯興街宏餘坊	八	三〇—三一
七〇街	愛來格路福壽里	一三	五〇—五一
七〇街	菜市路三裕里東街	一八	七〇—七一
七〇街	亨利路	四七	一八六—一八七
七〇街	亞爾培路	四八	一九〇—一九一
七〇街	善鍾路和興里	六〇	二三八—二三九
七一街	蒲石路漁陽里	二六	一〇二—一〇三
七二街	陶爾斐司路華龍別業	二七	一〇六—一〇七
七二街	普恩濟世路慶華里	三八	一五〇—一五一
七三街	辣斐德路三瑞里	一七	六六—六七
七三街	環龍路錫榮別墅	三五	一三八—一三九

街號	地址	圖號	頁數
七四街	霞飛路蔭餘里	一三	五〇—五一
七四街	聖母院路	三八	一五〇—一五一
七五街	吉祥街吉安里二街	六	二二—二三
七五街	興禮和路鼎祥里	一二	四六—四七
七五街	康悌路積善里	二〇	七八—七九
七六街	法蘭西外灘	四	一四—一五
七六街	趙主教路華邨一街	六〇	二三八—二三九
七七街	愛多亞路德慶里	七	二六—二七
七七街	新橋街寶興里	八	三〇—三一
七七街	自來火行東街吉信坊	九	三四—三五
七七街	勞神父路順鑫里	一九	七四—七五
七七街	祁齊路	五四	二一四—二一五
七七街	麥琪路積邨	六〇	二三八—二三九
七八街	茄勒路新福里	一六	六二—六三
七八街	辣斐德路成業里	一七	六六—六七
七八街内	杜神父路 杜神父路鼎臣東里	二〇	七八—七九
七八街内	巨潑來斯路九興里 巨潑來斯路錦福里 巨潑來斯路裕豐邨	六〇	二三八—二三九
七九街	麥底安路裕慶坊	七	二六—二七
七九街	華格臬路八仙坊一街	一三	五〇—五一
七九街	麥高包祿路恒茂里總街	一三	五〇—五一
七九街	徐家匯路恒慶里總街	二〇	七八—七九
七九街	環龍路善慶坊	三五	一三八—一三九
七九街	聖母院路慶順里四街	三七	一四六—一四七
七九街	趙主教路	五九	二三四—二三五
七〇一街	巨籟達路秀德坊	四八	一九〇—一九一
七〇六街	霞飛路	三六	一四二—一四三
七〇七街内	貝勒路慈壽坊 貝勒路文安坊	一九	七四—七五
七一〇街	貝勒路福熙邨	二二	八六—八七
七一六街	西愛咸斯路	六四	二五四—二五五
七二九街	西愛咸斯路	六五	二五八—二五九
七三二街	白來尼蒙馬浪路仁德里	二一	八二—八三
七三四街	辣斐德路	四〇	一五八—一五九
七三六街内	霞飛路平安里 霞飛路高邨	三六	一四二—一四三
七四二街内	白來尼蒙馬浪路 白來尼蒙馬浪路康吉里	二一	八二—八三
七四三街	貝勒路恆興里	一九	七四—七五
七四三街	西愛咸斯路	六五	二五八—二五九
七五一街	愛多亞路永祥里	一四	五四—五五
七五三街	霞飛路德勝里	三五	一三八—一三九
七五三街	海格路侯家術	七二	二八六—二八七
七六二A街内	辣斐德路榮福里 辣斐德路	四〇	一五八—一五九
七六二B街	辣斐德路	四〇	一五八—一五九
七六二街	巨籟達路鴻德坊	四九	一九四—一九五
七六四街	蒲石路美新邨	五〇	一九八—一九九
七六七街	海格路	七二	二八六—二八七
七七一街	霞飛路	四〇	一五八—一五九
七八五街	霞飛路	四〇	一五八—一五九
七八六街	巨籟達路光華里	五〇	一九八—一九九
七八八街	白來尼蒙馬浪路久成北里	二一	八二—八三
七九六街	貝勒路三友里	二二	八六—八七
七九九街	海格路衛樂園	七二	二八六—二八七
八街	典當街吉利坊	七	二六—二七
八街	華成路寗德里	一一	四二—四三

街號	地址	圖號	頁數
八〇街	磨坊街承志里	八	三〇—三一
八〇街	貝禘鏖路順福里	三七	一四六—一四七
八〇街	國富門路溇浦街	六五	二五八—二五九
八二街	敏體尼蔭路恆茂里南街	一三	五〇—五一
八二街	維爾蒙路尚德里	一三	五〇—五一
八二街	勞神父路德祥里	一八	七〇—七一
八三街	新永安街復興里	五	一八—一九
八三街	愛來格路三鑫里	一二	四六—四七
八三街	普恩濟世路仙樂邨	三八	一五〇—一五一
八三街	西愛咸斯路	四二	一六六—一六七
八四街	鄭家木橋街吉安里	八	三〇—三一
八四街	望志路法益里	一六	六二—六三
八四街内	康悌路多福里 康悌路厚德里 康悌路鶴鳴里 康悌路	一九	七四—七五
八四街	普恩濟世路執順里	三八	一五〇—一五一
八四街	趙主教路華邨二街	六〇	二三八—二三九
八四街	善鐘路	六〇	二三八—二三九
八五街	吉祥街吉安里一街	六	二二—二三
八五街	鄭家木橋街中華里	八	三〇—三一
八五街	愛來格路鼎寗里	一二	四六—四七
八五街	西門路桂福里	一八	七〇—七一
八五街	貝禘鏖路慶成坊	二六	一〇二—一〇三
八五街	邁爾西愛路正德里	三八	一五〇—一五一
八六街	麥底安路	七	二六—二七
八六街	愛來格路鼎平里	一三	五〇—五一
八六街	古拔路三鑫坊	五〇	一九八—一九九
八七街	磨坊街明德里總街	七	二六—二七
八七街	維爾蒙路桃源坊	一三	五〇—五一
八七街	辣斐德路錫祥里	一七	六六—六七
八七街	康悌路慎興里	二〇	七八—七九

街號	地址	圖號	頁數
八七街	環龍路蓀順里	三五	一三八—一三九
八七街	聖母院路慶順里三街	三七	一四六—一四七
八八街	安納金路樂義里	一二	四六—四七
八八街	環龍路志豐里	二七	一〇六—一〇七
八八街	巨籟達路慶祥里	三七	一四六—一四七
八八街	格羅希路	五一	二〇二—二〇三
八九街	新橋街寶興里	八	三〇—三一
八九街	寗興街錦福里	八	三〇—三一
八九街	普恩濟世路敬煦坊	三八	一五〇—一五一
八九街	古拔路吉祥里	四九	一九四—一九五
八一〇八街	辣斐德路	四〇	一五八—一五九
八一一四街	霞飛路	三九	一五四—一五五
八一一六街	霞飛路	三九	一五四—一五五
八一一七街内	徐家匯路安樂邨 徐家匯路	五六	二二二—二二三
八一一九街	巨籟達路	五〇	一九八—一九九
八一二〇街	巨籟達路景華新邨	五〇	一九八—一九九
八一三三街	貝勒路蔡義里	二〇	七八—七九
八一三三街	霞飛路	四〇	一五八—一五九
八一四四街	貝勒路慎興里	二一	八二—八三
八五二A街内	貝勒路 貝勒路南文德里 貝勒路彭城邨	二一	八二—八三
八五五街	霞飛路永慶里	四〇	一五八—一五九
八五七街内	海格路蕊邨 海格路	七三	二九〇—二九一
八七二街	貝勒路大陸坊	二一	八二—八三
八七七街	福煦路模範邨	四八	一九〇—一九一
八九一街	貝勒路貝勒里	二〇	七八—七九
八九三街	貝勒路貝勒里	二〇	七八—七九
八九九街	霞飛路來德坊	四六	一八二—一八三
九街	吉祥街德銘里一街	六	二二—二三

街號	地址	圖號	頁數
九街	自來火行東街達義坊	九	三四—三五
九街	皮少耐路樹新里	一一	四二—四三
九街	喇格納路鼎昌里	一二	四六—四七
九街	安納金路保安坊	一二	四六—四七
九街	西門路三讓坊	一八	七〇—七一
九街	徐家匯路安臨里	二〇	七八—七九
九街	康悌路榮金公街	二〇	七八—七九
九街	格羅希路大福里	五一	二〇二—二〇三
九〇街	寗興街寶成里	八	三〇—三一
九〇 九二街	杜神父路泰安坊	二〇	七八—七九
九一街	法大馬路祥興里	六	二二—二三
九一街	雷米路	五四	二一四—二一五
九二街	貝禘鏖路	三七	一四六—一四七
九三街	皮少耐路元聲里	一二	四六—四七
九三街	白爾路祥成里	一七	六六—六七
九三街	杜神父路貽慶里	二〇	七八—七九
九三街	聖母院路慶順里二街	三七	一四六—一四七
九三街	善鐘路浦行新邨	五一	二〇二—二〇三
九四街	鄭家木橋街吉安里	八	三〇—三一
九四街	皮少耐路厚德里總街	一二	四六—四七
九四街	華格臬路鴻運坊	一三	五〇—五一
九四街	平濟利路永宸里	一六	六二—六三
九四街	西愛咸斯路	四五	一七八—一七九
九五街	麥高包祿路恆茂里南街	一三	五〇—五一
九六街	麥底安路明德里二街	七	二六—二七
九六街	霞飛路慶成坊	一三	五〇—五一
九六街	趙主教路大來邨	六〇	二三八—二三九
九六街	巨潑來斯路	六〇	二三八—二三九
九六街內	麥琪路森林里 麥琪路和樂里	六一	二四二—二四三
九八街	格羅希路	五一	二〇二—二〇三

街號	地址	圖號	頁數
九九街	新橋街寶興里	八	三〇—三一
九九街	自來火行東街東高第里	一〇	三八—三九
九九街	愛來格路鼎寗里	一二	四六—四七
九九街	華格臬路八仙坊二街	一三	五〇—五一
九九街	白爾路德明里	一七	六六—六七
九九街	貝禘鏖路霞飛巷	二六	一〇二—一〇三
九九街	聖母院路慶順里	三七	一四六—一四七
九九B街	邁爾西愛路誠德里	三八	一五〇—一五一
九〇一街	貝勒路貝勒里	二〇	七八—七九
九〇九街	貝勒路恆慶里五街	二〇	七八—七九
九一三街	福煦路四明邨	四八	一九〇—一九一
九一八街	霞飛路	三九	一五四—一五五
九一八街	貝當路孝友里	七五	二九八—二九九
九二五街	貝勒路恆慶里四街	二〇	七八—七九
九二七街	霞飛路霞飛坊	四六	一八二—一八三
九三〇街	貝勒路三星坊一街	二一	八二—八三
九三五街	貝勒路恆慶里三街	二〇	七八—七九
九四〇街	貝勒路三星路二街	二一	八二—八三
九四一街	霞飛路	四六	一八二—一八三
九四六街	霞飛路	三九	一五四—一五五
九五〇街	貝勒路三星坊三街	二一	八二—八三
九六四街	海格路孝友里三街	七五	二九八—二九九
九六四街	貝當路孝友里	七五	二九八—二九九
九六七街	霞飛路興業里	四六	一八二—一八三
九八〇街	徐家匯路	六五	二五八—二五九
九八一街	霞飛路岐齋	四六	一八二—一八三
九八七街	霞飛路餘祥里 霞飛路錢家街 霞飛路月華坊	四六	一八二—一八三

上海市行號路圖錄第二編（第二特區）廣告索引

行號名稱及地址		頁數 廣告所在地	圖號 行號所在地
一劃			
一心牙刷有限公司	辣斐德路	一五七	一八
三劃			
三友實業社	南京路	一四九	公共租界
三星棉鐵廠股份有限公司	南京路	一四五	公共租界
三泰油廠	老永安街	一三七	六
三義昌棉夏布號	華成路	一四〇	一一
上海洋服公司	霞飛路		二五
上海南洋醫院	薩坡賽路	一四	二五
上海律師公會	貝勒路		二二
上海婦女補習學校	華龍路		二七
上海婦科專門醫院	寧波路		一〇
上海商業儲蓄銀行八仙橋分行	敏體尼蔭路	二〇	九
上海商業儲蓄銀行霞飛路分行	霞飛路	二〇	二七
上海華中工廠	貝勒路	五四	一四
上海模範女子中學	華龍路		二七
上海殯儀館	徐家匯路	二二二	五六
久大精鹽公司	梅白格路	四四	公共租界
久新琺瑯廠	徐家匯路	一一八	三〇
久新琺瑯廠鐵工廠	薩坡賽路	一一八	二二
大中工業社股份有限公司	貫西義路	一二六	三二
大中昌興染織廠股份有限公司	虞洽卿路	一三七	公共租界
大中紡線染織廠	自來火行西街		九
大中華橡膠廠	徐家匯路	一四五	七五
大同自來水筆廠	法大馬路	一三七	九

行號名稱及地址		頁數 廣告所在地	圖號 行號所在地
大同酒家	霞飛路	一三八	三五
大同實業公司	泗涇路	九六	公共租界
大成公寓	蒲柏路		二四
大成運動器具廠	薩坡賽路	二二一	二二
大成製糖廠	辣斐德路	一五七	一七
大東南烟廠	徐家匯路		四三
大來棉織廠	薛華立路	一一八	三〇
大明電珠廠	華成路		一一
大昌賽璐珞鈕扣廠	法大馬路	三四	七
大東襪廠	霞飛路		二七
大陸毛紡織染公司	愛多亞路	八五	六一頁
大陸飯店	虞洽卿路	二九四	公共租界
大陸殯儀館	海格路	序文前一頁	公共租界
大陸殯儀館	海格路	二八六	公共租界
大順公海味號	八里橋路		九
大華酒樓	華格臬路	五四	一三
大新化學廠	紫來街		七
大業棉毛染織廠	北京路	七三	公共租界
大興實業社	跑馬廳路	一六五	公共租界
大豐昌號	法大馬路		六
大豐棉織染廠	康悌路	八五	一九
大豐餅乾廠	辣斐德路		一七
川康平民商業銀行	蒲石路	三八	四七
四劃			
中一信託公司	北京路	二二九	公共租界
中央久記機織印染廠	漢口路	三二	公共租界
中央汽水公司	陶爾斐司路		二八
中央汽車公司	香港路		公共租界
中央香皂廠	山東路	一五七	公共租界

行號名稱及地址		頁數（廣告所在地）	圖號（行號所在地）
中央乾洗商店	菜市路	九四	二〇 公共租界
中央儲蓄會	天津路	一三二	公共租界
中央儲蓄會	天津路	一三四	公共租界
中央殯儀館	馬白路	一四	公共租界
中央殯儀館	馬白路	二二二	公共租界
中西大藥房		一一三	公共租界
中西大藥房		二二八	公共租界
中西大藥房		二三三	公共租界
中西大藥房		二三六	公共租界
中孚自來水筆製造廠	泗涇路	一三二	公共租界
中法大藥房		凡例前一頁	
中法大藥房		總目錄前一頁	
中法大藥房		四	
中法大藥房		一三	
中法大藥房		一八	
中法大藥房		二四	
中法大藥房		二八	
中法大藥房		三八	
中法大藥房		四二	
中法大藥房		四八	
中法大藥房		五六	
中法大藥房		六四	
中法大藥房		六六	
中法大藥房		七四	
中法大藥房		七八	
中法大藥房		八一	
中法大藥房		八二	
中法大藥房		八四	
中法大藥房		九〇	
中法大藥房		九二	
中法大藥房		九四	

行號名稱及地址	頁數（廣告所在地）	圖號（行號所在地）
中法大藥房	九七	
中法大藥房	九八	
中法大藥房	一〇二	
中法大藥房	一〇五	
中法大藥房	一〇六	
中法大藥房	一〇八	
中法大藥房	一一四	
中法大藥房	一一八	
中法大藥房	一二〇	
中法大藥房	一二二	
中法大藥房	一二六	
中法大藥房	一二八	
中法大藥房	一三〇	
中法大藥房	一三四	
中法大藥房	一三六	
中法大藥房	一四二	
中法大藥房	一四四	
中法大藥房	一四六	
中法大藥房	一五三	
中法大藥房	一五四	
中法大藥房	一五八	
中法大藥房	一六二	
中法大藥房	一六五	
中法大藥房	一六六	
中法大藥房	一六九	
中法大藥房	一七三	
中法大藥房	一七七	
中法大藥房	一八一	
中法大藥房	一八二	
中法大藥房	一八五	
中法大藥房	一八六	
中法大藥房	一八八	

行號名稱	地址	廣告所在地	行號所在地
中法大藥房		一九〇	
中法大藥房		一九二	
中法大藥房		一九四	
中法大藥房		一九六	
中法大藥房		一九八	
中法大藥房地圖		二〇〇	
中法大藥房		二〇二	
中法大藥房		二〇四	
中法大藥房		二〇六	
中法大藥房		二一〇	
中法大藥房		二一二	
中法大藥房		二一四	
中法大藥房		二一六	
中法大藥房		二一八	
中法大藥房		二二〇	
中法大藥房		二二二	
中法大藥房		二三〇	
中法大藥房		二三四	
中法大藥房		二四二	
中法大藥房		二四六	
中法大藥房		二五〇	
中法大藥房		二五四	
中法大藥房		二六六	
中法大藥房		二七〇	
中法大藥房		二七四	
中法大藥房		二七八	
中法大藥房		二八二	
中法大藥房		二八六	
中法大藥房		二九四	
中法大藥房		二九八	
中和堂國藥號			一三
中南銀行八仙橋支行	愷自邇路	五	一三

行號名稱	地址	廣告所在地	行號所在地
中南銀行支行	福煦路	五	四八
中英大藥房霞飛路支店	霞飛路	八八	四〇
中南製磅廠	自來火行東街		九
中南製磅廠	自來火行東街	三八	九
中南製磅廠	自來火行東街	四二	九
中南製磅廠	自來火行東街	一八二	九
中國天福味強廠	極司非而路	二二一	公共租界
中國食品公司	環龍路		三五
中國晒圖公司	南京路	二九〇	公共租界
中國旅行社敏體尼蔭路分社	敏體尼蔭路	二〇	九
中國旅行社霞飛路分社	霞飛路	二〇	二七
中國南洋兄弟烟草公司	愛多亞路	一二一	七
中國織染廠有限公司	天主堂街	七三	六
中國通商銀行	法蘭西外灘	六〇	四
中國通商銀行支行	愛多亞路	六〇	九
中國通商銀行	霞飛路	六〇	二七
中國國貨公司	白爾路		一六
中國道德油廠	寧興街		八
中國電器製造廠	康悌路	七八	二〇
中國製針廠	山東路	一六	公共租界
中國製針廠	山東路	一三七	公共租界
中國銀行八仙橋辦事處	麥高包祿路	二一三	一三
中國銀行霞飛路支行	霞飛路		三六
中國農工銀行	河南路	一五二	公共租界
中國農民銀行	霞飛路		二七
中國福新烟公司	敏體尼蔭路	四六	一二
中國蓄電池製造廠	麥賽而蒂羅路	一五七	一五
中國膠丸製造廠	南成都路	五二	公共租界
中國實業銀行	法大馬路	一二一	九
中國墾業銀行	霞飛路	五	二七
中國墾業銀行八仙橋支行	敏體尼蔭路	五	九

行號名稱及地址		頁數（廣告所在地）	圖號（行號所在地）
中國釀酒公司	康悌路	八二	二一
中國公勝棉毛染織廠	北京路	一六四	公共租界
中華化學製藥社	蒲石路	一四六	三七
中華皮件廠發行所	蒲柏路	二二一	二四
中華琺瑯廠股份有限公司	巨籟達路	七三	三七
中華琺瑯廠股份有限公司	老北門路	七三	七
中華線廠	法大馬路		八
中華職業教育社	華龍路		二七
中華鐵工廠	巨福路		五七
中匯銀行	愛多亞路	一〇八	七
中匯大藥房	霞飛路		三六
中德助產學校	福煦路		三七
中德醫院	福煦路	八五	三七
中興華行	博物院路	二九八	公共租界
五豐機織漂煉印染廠	牛莊路	一三七	公共租界
仁餘染織廠		三〇	
仁餘棉布號	法大馬路	三〇	八
仁豐機器染織廠	愛多亞路	七三	
元昌廣告公司	菜市路		一八
元豐參號	法大馬路		六
公平寄柩所	寧波路		一〇
公信會計師事務所	河南路	二一七	公共租界
公順殯儀所	寧波路	六	公共租界
公達藥房	靜安寺路	一三七	公共租界
天一染織廠	寧波路	一二九	公共租界
天工製針廠	康悌路	一三七	一九
天元久記調味品廠	霞飛路	一五七	二六
天元祥綢布莊	浙江路	一一三	公共租界
天和電器製造廠	茄勒路	二二一	一七
天香味寶廠有限公司	北山西路	六四	公共租界
天泰茶食號	西門路	六二	二三
天益染織廠	白來尼蒙馬浪路	八二	二一

行號名稱及地址		頁數（廣告所在地）	圖號（行號所在地）
天益染織廠二廠	薩坡賽路	八二	二九
天廚味精廠	菜市路		一八
天廚味精廠	愛多亞路		七
天然協記鮮味品廠	賈西義路	一三七	三二
天發協電器總行	法大馬路		八
天發協電器分行	八里橋路		九
天福染織布廠股份有限公司	無錫路	八〇	公共租界
太乙調味麥精粉廠	福建路	八五	公共租界
日新盛棉布號	法大馬路	七三	七
日新增棉布號	法大馬路	七三	七
王文楠會計師	姚主教路	二一七	七四
王思方會計師	貝勒路	二一七	二〇
王海帆會計師		二一七	

五劃

行號名稱及地址		頁數（廣告所在地）	圖號（行號所在地）
司登氏大藥廠	環龍路		三五
四行儲蓄會	霞飛路	一四〇	二七
四達工業社	敏體尼蔭路	一三七	一一
四寶文具社	法華民國路		一一
巨成昶瀛記洋貨號	法大馬路		七
旦華實業廠	膠州路	二九四	公共租界
正泰木號	辣斐德路	六六	一七
正泰木號	福履理路	二五八	六五
正泰信記橡膠廠	興聖街		六
正章洗染乾洗商店	霞飛路	八五	三六
正德大藥廠	淡水路	六	公共租界
民國螺旋釘廠	愛文義路	七三	公共租界
永生五金製造廠	牛莊路	一四	公共租界
永安有限公司	南京路	四〇	公共租界
永安織造廠	杜神父路	一五七	二〇
永得勝旗號	法大馬路	七三	七
永盛薄荷股份有限公司	善鐘路		五九

行號名稱	地址	廣告所在地頁數	行號所在地圖號
永源泗汀牌熱水瓶廠	敏體尼蔭路	四六	一二
永新內衣公司	湖北路	七六	公共租界
永新織造廠	茄勒路	一六一	一七
永豐泰南貨海味行	寗興街		九
永豐棉織廠	法大馬路		六
立昌成參號	法大馬路		八
立信會計師事務所		二一七	公共租界
立德染織廠	金神父路	一六四	四三
立興熱水瓶廠總發行所	吉祥街	一三〇	六
六劃			
交通銀行	邁爾西愛路		四〇
交通銀行	霞飛路		四六
先施一元商店	霞飛路		二七
先施化粧品公司	馬崎路	七三	公共租界
先施有限公司	南京路	八〇	公共租界
光大文記熱水瓶桶鑵廠	馬浪路		二一
合同百貨公司	馬斯南路		二七
合利華行	北浙江路	八五	公共租界
合昌祥雜貨號	法大馬路		七
合興橡膠公司	法大馬路	二六	七
合豐企業股份有限公司	徐家匯路	一五三	三一
吉豐復記棉織染煉廠	寗波路		一〇
同益泰號	法大馬路		七
同新米號	愷自邇路		一四
同昌參行	法大馬路		八
安孚地產公司	愛多亞路		三三頁
安樂殯儀館	武定路	封裏對頁	公共租界
朱少雲國醫	白克路	二二一	公共租界
江兆平律師	金神父路		四二
江萬平會計師	金神父路		四二
江蘇銀行	華龍路		二六

行號名稱	地址	廣告所在地頁數	行號所在地圖號
江蘇銀行	巨籟達路		四八
百昌行	江西路	六四	公共租界
百靈藥社	北海路	三八	公共租界
老慶雲銀樓	法大馬路		九
老嘉泰茶號	老北門路		七
老協大祥綢布莊	敏體尼蔭路		九
老周虎臣筆墨莊	興聖街	五	六
老裕豐酒行	白爾路	二二一	一七
老協大祥綢布莊	小東門路		四
老協大祥綢布莊	愷自邇路		一三
老毛春塘昌記筆墨莊	興聖街	一三七	六
自由農場	延平路		公共租界
七劃			
亨利皂燭碱廠		總目錄路名索引後	一八
亨利皂燭碱廠			一八
亨利皂燭碱廠		五〇	一八
亨利皂燭碱廠		七〇	一八
克美產科醫院	霞飛路	八五	二五
克美醫院	巨潑來斯路	八五	六〇
利生製針廠	金神父路	一五七	四三
利喊汽車公司	邁爾西愛路		三八
利新棉布號	麥高包祿路	二二一	一三
吳之屏律師	勞爾東路		四九
吳松齡會計師	華龍路		二七
吳象賢律師	白來尼蒙馬浪路		二三
志成領帶廠	安納金路	一四〇	一二
李鼎會計師	圓明園路	二一七	公共租界
李澂會計師	極司非而路	二一七	公共租界
杜應麟醫師	蒲石路		二五
汪怡記茶號	愷自邇路	五四	一三
汪裕泰茶號	福煦路		二六

行號名稱	地址	廣告所在地頁數	行號所在地圖號
沈杏苑國醫	同孚路	八五	公共租界
沈家楨會計師	西門路		二三
沙利文糖果公司	新聞路	一一二	六七
阮雅記縫衣機器公司	鄭家木橋街	三〇	八
八劃			
協大祥綢布莊新號	小東門路		四
協平織造廠	西門路	七四	一八
協和永記帆船號	新橋街		八
協昌縫衣機器公司	鄭家木橋街	三〇	八
協興昌西服號	霞飛路		一五
周孝庵律師	呂班路		二八
和豐估衣商店	福建路	九六	公共租界
怡大豐參行	法大馬路		八
承餘無線電行	愷自邇路		一四
明藝針織廠	菜市路	一六一	一九
東方眼鏡公司	霞飛路		四六
東亞銀行	四川路	八八	公共租界
東華軋花機器皮棍製革廠	菜市路		一九
東萊銀行	敏體尼蔭路	五四	一三
東源海味南貨號	寗興街		九
育新寶記教育文具社	交通路	二二一	公共租界
虎標永安堂大藥房	寗波路	一九三	公共租界
金星自來水筆製造廠	徐家匯路	一七〇	四三
金星鐘表行	霞飛路		三六
金城銀行八仙橋辦事處	敏體尼蔭路	九	九
金城銀行霞飛路辦事處	霞飛路	二〇九	二五
長豫海味北貨糖行	廣東路	八八	公共租界
九劃			
俞偉鼎律師	梅白格路	二一七	公共租界
信大祥綢布號	小東門路	一六五	四
信孚印染廠	博物院路	一一六	公共租界
信和紗廠	北京路	一一六	公共租界
信誼化學製藥廠	馬斯南路	六八	三五
信誼化學製藥廠	馬斯南路	一二五	三五
冠生園第二支店	法大馬路		九
南公茂紗線號	法大馬路		七
信誼大藥房	霞飛路		三九
南洋煤球股份有限公司	勞神父路	一三二	二二
南洋醫院	霞飛路		二七
南通染織廠	江西路	一三七	公共租界
南陽皂燭廠	愷自邇路		一三
建設書局	白爾路	六二	一六
律成風琴廠	菜市路		一九
恆成油墨製造廠	五馬路	二二一	公共租界
恆利染織廠	天津路	八五	公共租界
恆順醬醋廠	愷自邇路	五二	一三
恆義昇襪衫廠	廣東路	封底裏頁	公共租界
恆興號	法大馬路		七
恆興久記棉織廠	康悌路		一九
恆豐印染廠	白來尼蒙馬浪路	二八六	二一
恆豐綢布莊	小東門路		四
恆豐綢布莊	愷自邇路		一三
春和號	安納金路		一七
洋洋無線電材料行	福建路	三〇	公共租界
美星公司	法華民國路		一一
美亞鐘表行	法大馬路	三九	一〇
美綸陽傘廠	巨籟達路	一四六	三七
美綸寬緊帶廠	寗波路		一〇
胡慶餘堂雪記國藥號	北京路	一六一	公共租界
茂昌股份有限公司	法蘭西外灘		四
虹橋療養院	霞飛路	二〇一	四七

十劃

行號名稱	及地址	廣告所在地頁數	行號所在地圖號
夏慎初醫師	霞飛路		一三
孫鏡陽眼科	卡德路	七三	公共租界
容光工業社	麥高包祿路	二二一	一三
徐永祚會計師	高恩路	二一七	六五
徐重道國藥號第十分號	愛多亞路		九
徐重道國藥號第九分號	霞飛路		二五
徐重道國藥號第五分號	福煦路		三七
悅來海味行	廣東路	一〇〇	公共租界
振宇機製國貨牙刷工廠	山東路	六〇	
振豐織造廠	巨籟達路	一五七	三七
振藝廠	徐家匯路		二一
振藝針織廠	霞飛路	七三	二五
浙江實業銀行	福州路	一八九	公共租界
浙江興業銀行支行	霞飛路	一一三	四六
浦東銀行	愛多亞路	一一三	
浦東銀行	善鐘路	二〇二	五一
泰元糖果食品公司	拉都路		四四
泰豐絲棉宋錦褂綾行	天主堂街		六
益元參號	南京路	九八	公共租界
秦彥釗會計師	霞飛路		二七
袁際唐會計師	古拔路		五〇
馬正昌棉織廠	敏體尼蔭路	二二一	一一
馬啓錩會計師	邁爾西愛路	二一七	四〇

十一劃

行號名稱	及地址	廣告所在地頁數	行號所在地圖號
乾康醬園	格洛克路		一三
乾豐染織廠	北山東路	一六四	公共租界
國光印染廠	寗波路	八五	公共租界
國華煤球廠	愷自邇路	五八	一五
國華煤球廠堆棧	辣斐德路	九〇	三四
國華煤球廠總發行所	金神父路	一七〇	四三

行號名稱	及地址	廣告所在地頁數	行號所在地圖號
國華煤球廠發行所	西門路		二三
國華銀行	小東門路		四
國華銀行八仙橋分行	華格臬路		一三
培麗土產公司	霞飛路		二七
康元製罐廠	廣東路	一五七	公共租界
康成造酒廠	法大馬路		六
康福花襪廠	敏體尼蔭路	八〇	一三
康福花襪製造廠	貫西義路	七三	三二
張霞五醫師	蒲柏路		二四
得利車行	靜安寺路	二九〇	公共租界
曹錦隆宣紙號	吉祥街		七
梁新記兄弟牙刷公司	法大馬路	三八	九
梁新記兄弟牙刷公司	徐家匯路	三八	四三
祥記行	華成路		一一
通易信託股份有限公司	北京路	九三	公共租界
通和染織工廠	牯嶺路	一五七	公共租界
陳天樞醫師	拉都路		四五
陳承蔭律師		二一七	公共租界
陳述昆會計師	九江路	二一七	公共租界
陳浩聲會計師	華龍路		二七
陳鼎昌國醫	九江路	一五七	公共租界
陳新鈕扣廠	同孚路	三四	公共租界
陳新鈕扣廠		一〇六	公共租界
陳璉記運輸公司	法蘭西外灘		五

十二劃

行號名稱	及地址	廣告所在地頁數	行號所在地圖號
勝明機造汽燈紗罩廠	安納金路	八五	一七
勝洋兄弟製鏡廠	法大馬路	七三	一八
富貝康化粧品公司	喇格納路	六二	一六
富強織造廠	西門路	九〇	二三
惠福工業社	康悌路	七三	二一
普爾實業社	奥理和路	一三七	一二

行號名稱及地址		廣告所在地頁數	行號所在地圖號
湧和南貨號	寗興街		九
湧和烟紙店	寗興街		九
程裕新茶號	廣東路	一二四	公共租界
童涵春興記國藥號	愛多亞路	一四五	一三
翔康工藝廠	敏體尼蔭路	一四八	一二
華文正楷鑄字所	愛文義路	一〇六	公共租界
華生電器廠	福建路	二二一	公共租界
華生橡膠廠	新橋街	三八	八
華安百貨商店	霞飛路	八五	三六
華安合羣保壽公司	靜安寺路	二三二	公共租界
華孚金筆廠	福州路	九三	公共租界
華成烟草股份有限公司	寗波路	一二九	公共租界
華成紗線廠	北浙江路	七三	公共租界
華東毛織駝絨廠	阿拉白司脫路	一五二	公共租界
華昌信記揿鈕廠	老永安街	二四	六
華洋大藥房	九江路	一二四	公共租界
華美大藥房	福州路	一〇四	公共租界
華南織造廠	巨籟達路	八五	三八
華美烟草股份有限公司	虞洽卿路	二五四	公共租界
華隆中醫醫院	貝勒路	五四	一四
華菲烟草公司	九江路	一〇九	公共租界
華勝新記公司	法大馬路	七二	七
華彭壽國藥號	愷自邇路		一四
華德大藥房	西摩路	二七八	公共租界
華德行	自來火行西街	三四	九
華興製帽廠	靖遠街	一五三	公共租界
華豐工業原料公司	法大馬路		六
華豐染織廠	天津路	一五七	公共租界
華豐棉織廠	北河南路	八五	公共租界
華豐搪瓷公司	老北門路	八五	七
越興製革廠	勞神父路		二二
逸園法商賽跑會	亞爾培路	一	四一
開明電器廠	甘世東路	一七八	四五
集成大藥房		一一〇	公共租界
集成大藥房	南京路	一五二	公共租界
集成大藥房		一八六	公共租界
雲豐線廠	五馬路	二二一	公共租界
馮燮堂筆墨文具莊	麥高包祿路	七四	一三
馮燮堂筆墨文具莊	西門路	七四	一六
黃瓊如醫師	霞飛路		二七
黃寶忠醫師	白克路	七三	公共租界

十三劃

行號名稱及地址		廣告所在地頁數	行號所在地圖號
勤工勝記染織造廠	薛華立路	一二九	三〇
勤記織造廠	菜市路	一四八	二〇
匯中銀號	河南路	二二五	公共租界
匯明電筒電池製造廠	敏體尼蔭路	五八	一一
圓圓織造印染公司	福履理路	一三七	四四
愛華製藥社		四二	公共租界
愛華製藥社		一九〇	公共租界
愛華製藥社		二〇二	公共租界
愛華製藥社		二一〇	公共租界
愛華製藥社		二一四	公共租界
愛華製藥社		二二六	公共租界
愛華製藥社		二三四	公共租界
愛華製藥社		二五〇	公共租界
愛華製藥社		二五四	公共租界
愛華製藥社		二八六	公共租界
新中華刀剪廠	廣東路	六〇	
新生紗廠	河南路	一六四	公共租界
新生鈕扣廠		八五	公共租界
新光標準內衣公司	呂班路		二四
新光機製紗罩廠	貝勒路	一五七	一九
新亞製藥廠	新閘路	封裏	

行號名稱	地址	頁數（廣告所在地）	圖號（行號所在地）
新亞製藥廠		路圖第一頁對頁	
新亞製藥廠		八九	
新亞製藥廠		一〇一	
新亞製藥廠		一一七	
新亞製藥廠		一三三	
新亞製藥廠		一四一	
新亞製藥廠		一五六	
新亞製藥廠		一六八	
新亞製藥廠		一七二	
新亞製藥廠		一七六	
新亞製藥廠		一八〇	
新亞製藥廠		一八四	
新亞製藥廠		二二四	
新亞藥廠地圖		裏封底對頁	
新星西藥行	派克路	二五〇	公共租界
新華工程股份有限公司	汶林路	二六二	六六
新華理髮所	馬浪路		二三
新華染織廠	北無錫路	九六	公共租界
新華影業公司	愛多亞路		九
新華影業有限公司製片廠	海格路	一二四	七一
新新有限公司	南京路	八	公共租界
新豐印染廠	寧波路	一三七	公共租界
新豐帶廠	安納金路		一二
會豐商店	卡德路	一一一	公共租界
源甡皮廠	貝勒路		二一
源新泰綢緞洋貨號	白爾路		一六
瑞新順五金號	霞飛路		二五
經昌染織廠	愛多亞路	二二一	公共租界
義泰興煤號股份有限公司	薩坡賽路	二〇五	二二
義泰興煤號股份有限公司	徐家匯路	二〇五	四三
義泰興煤號股份有限公司	汶林路	二〇五	六六
萬石齋硯池號	法華民國路		一一

行號名稱	地址	頁數（廣告所在地）	圖號（行號所在地）
萬國大藥房	福州路	一三七	公共租界
萬興洋酒食品號	霞飛路		四六
萬豐機織印染廠	法大馬路		七
萬德和中號	蒲石路		三八
蓀大參燕號	愛多亞路		一三
蓀豐參行	飛霞路		二五
葉樹德堂國藥號	敏體尼蔭路		一三
廣中望會計師	梅白格路	二一七	公共租界
裘宗琳會計師	四川路	二一七	公共租界
裕昌泰南貨號	西門路	六二	一六
裕豐泰百貨商店	法大馬路		一〇
裕豐織造廠	新橋街		八
遠東百貨商店	霞飛路		三五
鼎發百貨商店	法大馬路		八
鼎新染織廠	寧興街	三四	九
鼎新染織廠	甘世東路	一七四	四四

十四劃

行號名稱	地址	頁數（廣告所在地）	圖號（行號所在地）
榮記共舞台	愛多亞路		九
榮康地產公司	南京路	六	公共租界
榮豐紡織廠股份有限公司	天津路	三六	公共租界
榮豐紡織廠股份有限公司		二二六	公共租界
榮豐紡織廠股份有限公司		二五〇	
滬江療養院	亞爾培路		四六
漢文正楷印書局	山東路	二八二	公共租界
漢達利和記料器行	老北門路	二二一	七
福建省銀行	法蘭西外灘	二一三	六
福利工業社	霞飛路	二七四	六九
福利營業股份有限公司		九	
福利營業股份有限公司		一八	
福利營業股份有限公司		四二	
福利營業股份有限公司		五四	

行名稱及地址		頁數廣告所在地	圖號行號所在地
福利營業股份有限公司		六〇	
福利營業股份有限公司		七〇	
福利營業股份有限公司		七二	
福利營業股份有限公司		七七	
福利營業股份有限公司		七八	
福利營業股份有限公司		八四	
福利營業股份有限公司		九八	
福利營業股份有限公司		一〇〇	
福利營業股份有限公司		一〇四	
福利營業股份有限公司		一〇九	
福利營業股份有限公司		一一六	
福利營業股份有限公司		一二〇	
福利營業股份有限公司		一二二	
福利營業股份有限公司		一三〇	
福利營業股份有限公司		一四九	
福利營業股份有限公司		一五四	
福利營業股份有限公司		一六〇	
福利營業股份有限公司		二〇五	
福利營業股份有限公司		二〇八	
福利營業股份有限公司		二一二	
福利營業股份有限公司		二三三	
福利營業股份有限公司		二三六	
福華大藥房	吉祥街		六
福義公行	紫來街		七
維美百貨商店	法大馬路		九
維新染織廠	台灣路	二二一	公共租界
綸華染織廠	寧波路	一三七	公共租界
聚興誠銀行	敏體尼蔭路	二六六	一三
誠孚信託股份有限公司	江西路	二三二	公共租界
誠隆實業公司	愛多亞路		七

十五劃

行號名稱及地址		頁數廣告所在地	圖號行號所在地
劉振新國醫	新閘路	二八六	公共租界
廣昌製膠廠	霞飛路	九三	二五
廣東銀行	寧波路	一四八	二五
德昌參號	愷自邇路		一三
德昌豐號	洋行街		四
德泰昌綢緞棉布莊	法大馬路	三〇	八
德泰藥行	法寧波路		一〇
德盛祥綢布莊	鄭家木橋街	二二一	八
德慶堂國藥號	聖母院路		三七
標準機製味粉廠	派克路	二五〇	公共租界
潔而精川菜社	麥賽而蒂羅路	一〇二	二六
潤大昶綢布號	聖母院路	一五〇	三八
蔣方九醫師	貝勒路		一六
蔡宏大浩記紅木器號	紫來街		七
鄭豐泰南貨海味批發所	愛文義路	二一三	公共租界
養真參行	法大馬路		八

十六劃

行號名稱及地址		頁數廣告所在地	圖號行號所在地
熾昌新牛皮膠公司	貝勒路	一五七	一九
盧德綬會計師	環龍路		三五
興中小學校	金神父路		三二
興記批發酒行	巨籟達路		三八
錦泰西服號	霞飛路		一五
錢素君會計師	霞飛路		四六
龍昌南貨海味號	山東路	二四	公共租界
龍飛汽車有限公司	邁爾西愛路		三八

十七劃

行號名稱及地址		頁數廣告所在地	圖號行號所在地
戴日湧南腿號	法大馬路		六
濟華堂大藥房	雲南路	一九七	公共租界
薌興發銅器製造廠	敏體尼蔭路		一一
謝駕千會計師	雲南路	二一七	公共租界

行號名稱及地址		廣告所在地頁數	行號所在地圖號
鍾天和堂藥號	福煦路		三七
鍾源盛紹酒批發所	白爾路	五〇	一七
鴻怡泰茶號	法大馬路	二六	七
鴻新染織廠	東棋盤街	七六	公共租界
鴻興機器染織廠	福履理路	一〇〇	四四
十八劃			
豐大參燕號	法大馬路		八
雙輪利記牙刷公司	山西路	總目錄	公共租界
十九劃			
辯香廬藥房	山西路	七六	公共租界
開勒銘有限公司	康腦脫路	七三	公共租界
二十劃			
寶大祥綢布莊	小東門路	五二	四
寶大祥綢布莊	愷自邇路	五二	一三
寶昌參燕號	法大馬路		一八
寶德大藥房	菜市路		一八
糌華薄荷製造廠	麥底安路		七
覺明眼鏡公司	南京路	一五七	公共租界
二十四劃			
鑫記號	法大馬路		七

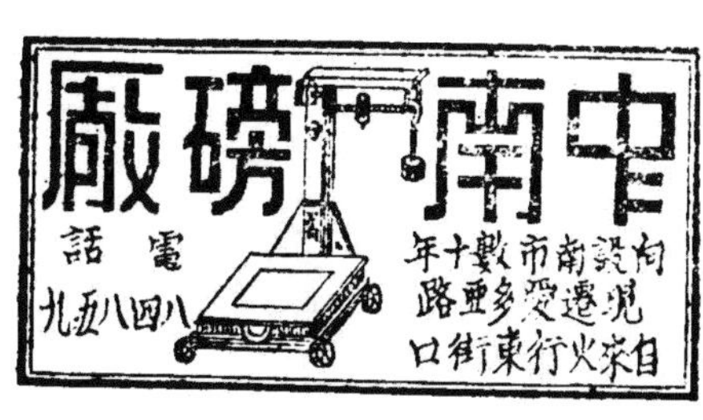

倪B106.

婦科要藥

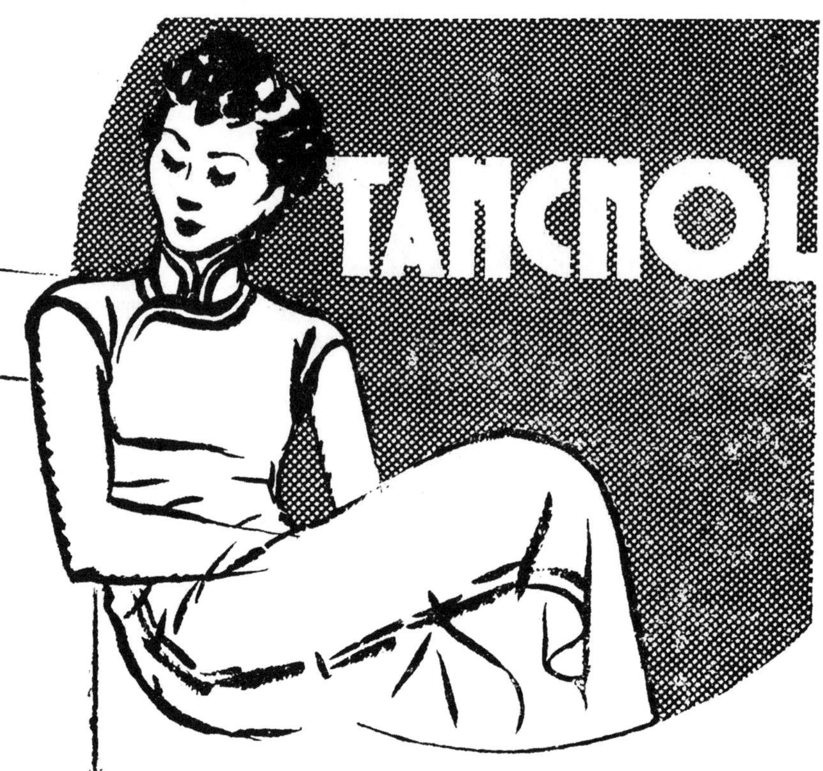

婦人月經不調，能引起五種習見的病症：(一)貧血(二)不孕(三)體力倦怠(四)精神萎靡(五)身體衰弱。只要使月經通暢，一切疾病也就自然治愈了。調經的藥品很多，效力最確實的首推「當歸兒」，當歸兒是國產藥材當歸完全有效成份製成的藥劑，具當歸固有的芳香，更因服用方法便利效力尤為確實，可說是婦女界應時時備用的良友。

主治

月經不調，稀經散經，痛經，不妊，行經期的一般衰弱。

液劑

|

糖衣片

上海新亞藥廠製造

藥房均售

1

LE CHAMP DE COURSES FRANCAIS
SHANGHAI
逸園
EVERY
每逢
WEDNESDAY
THURSDAY
SATURDAY
5.30 P.M.
星期三
星期四
星期六
五時半起賽
SUNDAY 2.30 P.M.
星期日 二時半起賽
亞爾培路四三九號
電話七四五八〇號
439 AVENUE DU ROI ALBERT
TEL. 74580

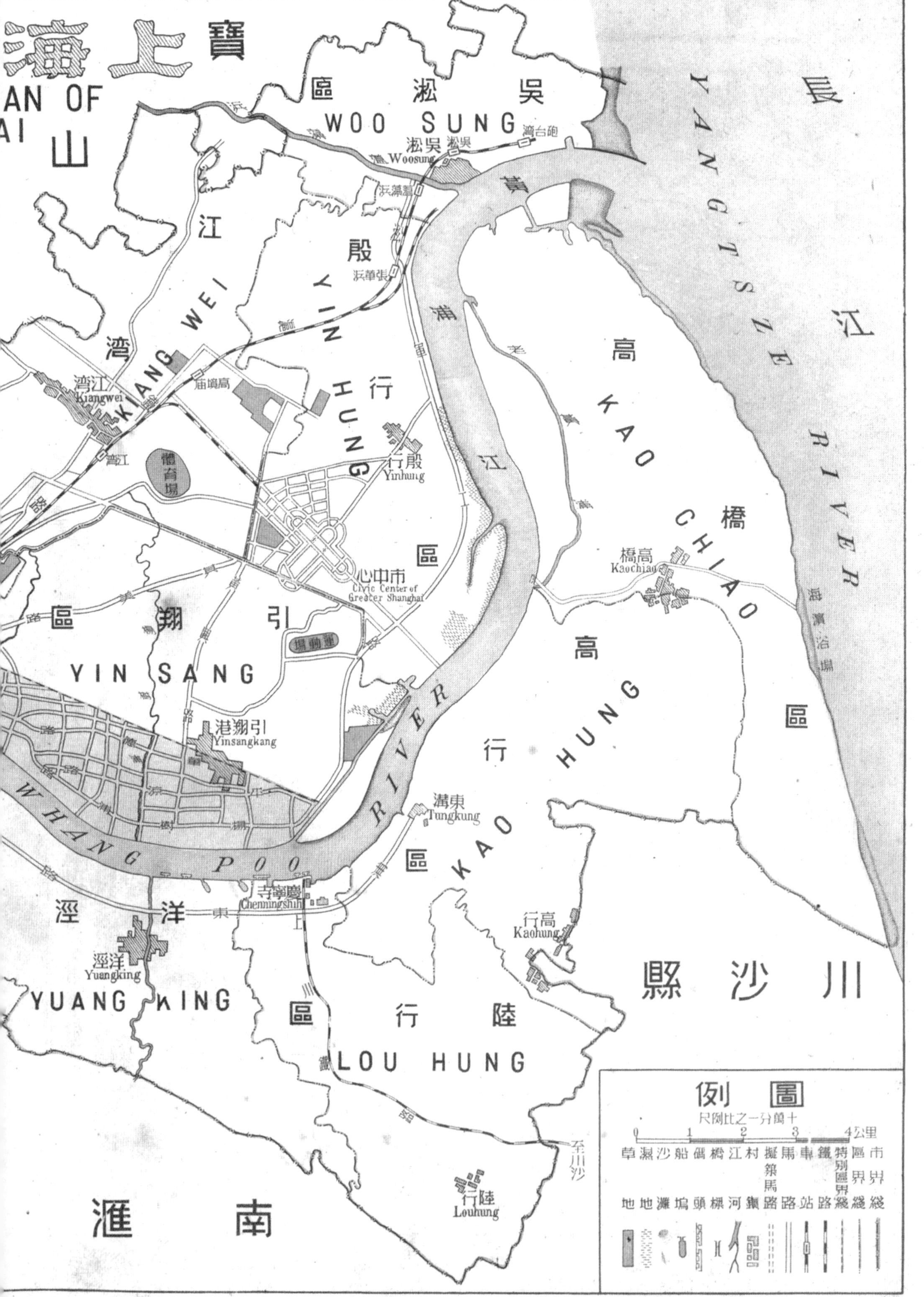

吳淞區
WOO SUNG
吳淞
Woosung
砲台灣
蘊藻浜
張華浜
江灣區
KIANG WEI
江灣
Kiangwei
高境廟
殷行區
YIN HUNG
殷行
Yinhung
體育場
市中心
Civic Center of Greater Shanghai
運動場
引翔區
YIN SANG
引翔港
Yinsangkang
黃浦江
WHANG POO RIVER
長江
YANGTSZE RIVER
高橋區
KAO CHIAO
高橋
Kaochiao
高行區
KAO HUNG
東溝
Tungkung
慶寧寺
Chenningshih
洋涇區
YUANG KING
洋涇
Yuangking
高行
Kaohung
川沙縣
陸行區
LOU HUNG
陸行
Louhung
至川沙
南匯
圖例
十萬分之一比例尺
0 1 2 3 4公里
市界綫
區界綫
特別區界綫
鐵路
車站
馬路
擬築馬路
村鎮
江河
橋樑
碼頭
船塢
沙灘
濕地
草地

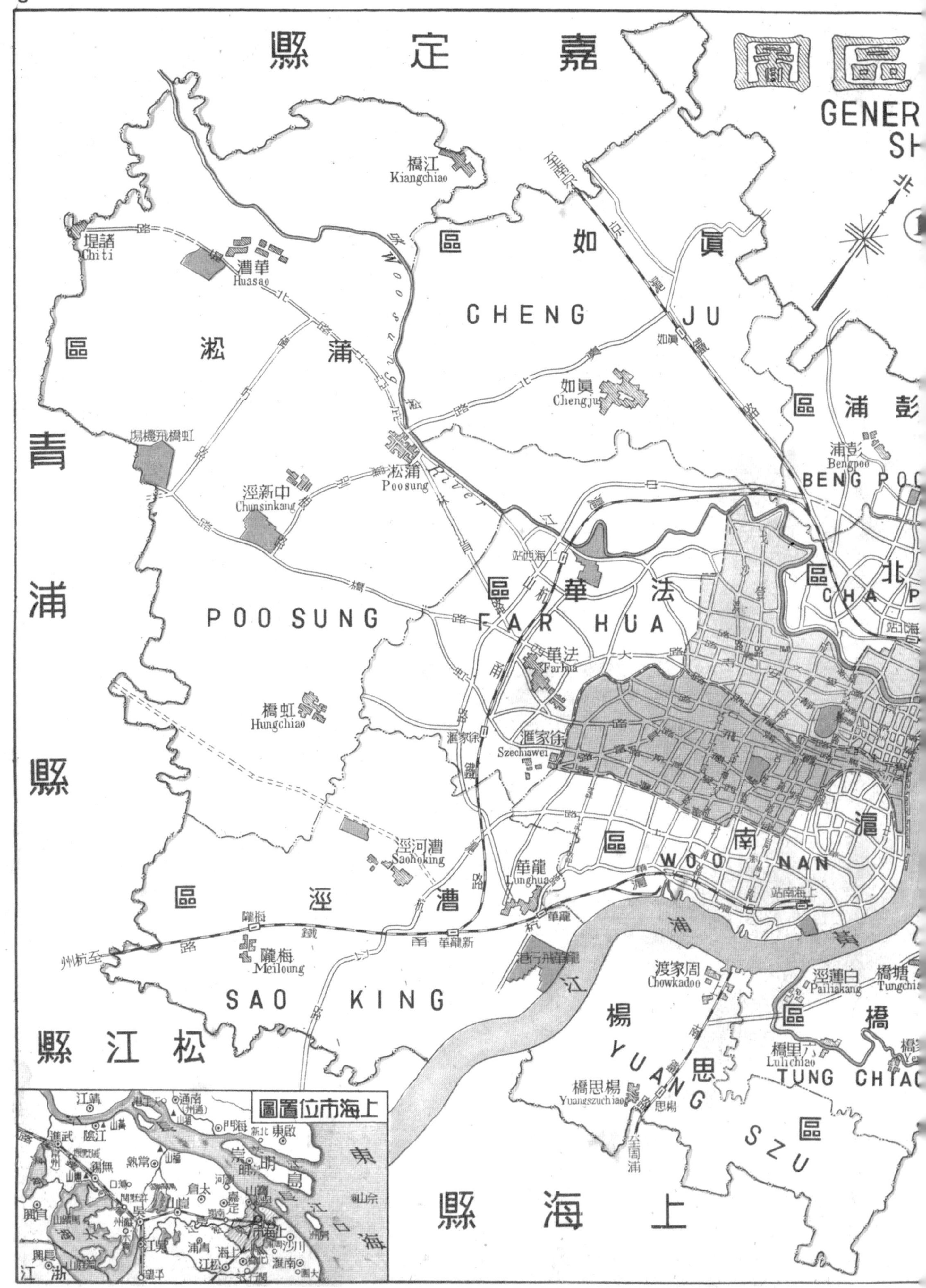

嘉定縣
GENER
江橋 Kiangchiao
Chiti
華漕 Huasao
蒲淞區
POO SUNG
真如區
CHENG JU
真如 Chengju
彭浦區
彭浦 Bengpoo
虹橋飛機場
蒲淞 Poosung
中新涇 Chunsinkang
Woosung River
上海西站
法華區
FAR HUA
法華 Farhua
閘北區
虹橋 Hungchiao
徐家滙 Szechiawei
漕河涇 Saohoking
龍華 Lunghua
南區
WOO NAN
上海南站
漕涇區
SAO KING
梅隴 Meiloung
新龍華
龍華飛行港
周家渡 Chowkadoo
白蓮涇 Pailiakang
六里橋 Lulichiao
楊思區
YUANG SZU
楊思橋 Yuangszuchiao
TUNG CHIAO
青浦縣
松江縣
上海縣
上海市位置圖

中法大藥房

總發行所
上海北京路八五一號

製藥廠
上海大西路一七九〇號

電話
九二三三一　九二三三二
九二三三三　轉接各部
電報掛號●五六七三

本藥房創立迄今，垂五十年，除運售各國原料藥材醫療器械衛生用具外，並積極提倡國藥，研究仿製，先後發行自製靈效藥品化粧香品五百餘種，行銷全國及南洋各埠，卓著聲譽，茲例舉其最著者如下：

艾羅補腦汁	寧神安腦　益智補身
艾羅療肺藥	清肺祛痰　平喘止咳
羅威乳白魚肝油	美味　無腥
羅威麥精魚肝油	補肺　強身
象牌麥精魚肝油	益肺　肥體
雙獅牌牛肉汁	大補氣血　強健筋骨
雙獅牌童鷄汁	開胃補體　調理最宜
九造真正血	補血生精　調和百骸
紅血輪	純血色素　不含鐵質
九一四內服新藥	肅清　血毒
九一四外用藥膏	普治　瘡癬
九一四白濁新藥	清淋　止痛
龍虎人丹	辟瘟防疫　人人必備
救星復活水	祛痧救疫　起死回生
象牌急救時疫水	救治痧疫　神效無比
雙獅牌殺蚊香	殺蚊靈速　點燃耐久
雙獅牌薄荷錠	頭痛牙痛　塗搽立愈

雙獅牌花露水	清膚辟穢　退痱止癢
羅威沙而	癬疥瘡傷　洗之立效
雙獅牌防疫臭水	殺菌消毒　滅除蚊蠅
中國寶丹	內服鼻吸　急救痧疫
中法菓子露	清涼解渴　消暑佳品
羅威水菓鹽	化痰清血　降火利便
羅威匹靈	傷風發熱　一服即靈
古力晶眼藥水	退赤消腫　效驗如神
滅痛藥片	不含毒質　定痛如神
胃寧藥片	化食定痛　和胃整腸
孩兒面	粉質雪花　細膩芬郁
精裝孩兒面	軟性雪花　美容潤膚
象牌牙膏	潔齒固齒　防治蛀齒
發髮藥水	滋養髮根　禿髮重生
家庭藥庫	良藥齊備　小病自療
旅行藥庫	藥械廿種　取攜便利
嬰孩快樂片	化積消食　祛痰退熱

中國墾業銀行

辦理銀行儲蓄一切業務

經營穩健

服務週密

總行　上海北京路江西路口

上海支行　靜安寺路　八仙橋　霞飛路

外埠分支行　天津　甯波　餘姚

中南銀行

辦理國內外匯兑各種儲蓄各種信託及商業銀行一切業務

備有詳章　承索即奉

總行　上海漢口路一一〇號

上海支行　愷自邇路　愚園路　福煦路

外埠分支行　天津　漢口　廈門　香港　重慶　廣州　南京　北平　杭州　無錫　蘇州

FRANCAISE CHANGHAI

比例

800 1000 1200 公尺

北

②

圖例

租界線	馬路	擬築馬路	公共汽車	有軌電車	無軌電車	分圖線	圖號	碼頭	浜	橋	郵筒	汽車加油處	平房	花園	草地

PLAN DE LA CONCESS

ECHE

0 50 100 200 4

ROUTE RATARD
ROUTE DUPLEIX
ROUTE MGR. MARESCA
ROUTE GUSTAVE DE BOISSEZON
ROUTE CHARLES CULTY
ROUTE FERGUSON
ROUTE PICHON
ROUTE MARCEL MAGNINY
ROUTE HERVE DE SIEYES
ROUTE ANDRE COHEN
ROUTE JEROME
ROUTE PROSPER PARIS
ROUTE DE ZIKAWEI
ROUTE DE SIEYES
ROUTE FREUPT
ROUTE KAHN
AVENUE HAIG
AVENUE PETAIN
AVENUE JOFFRE

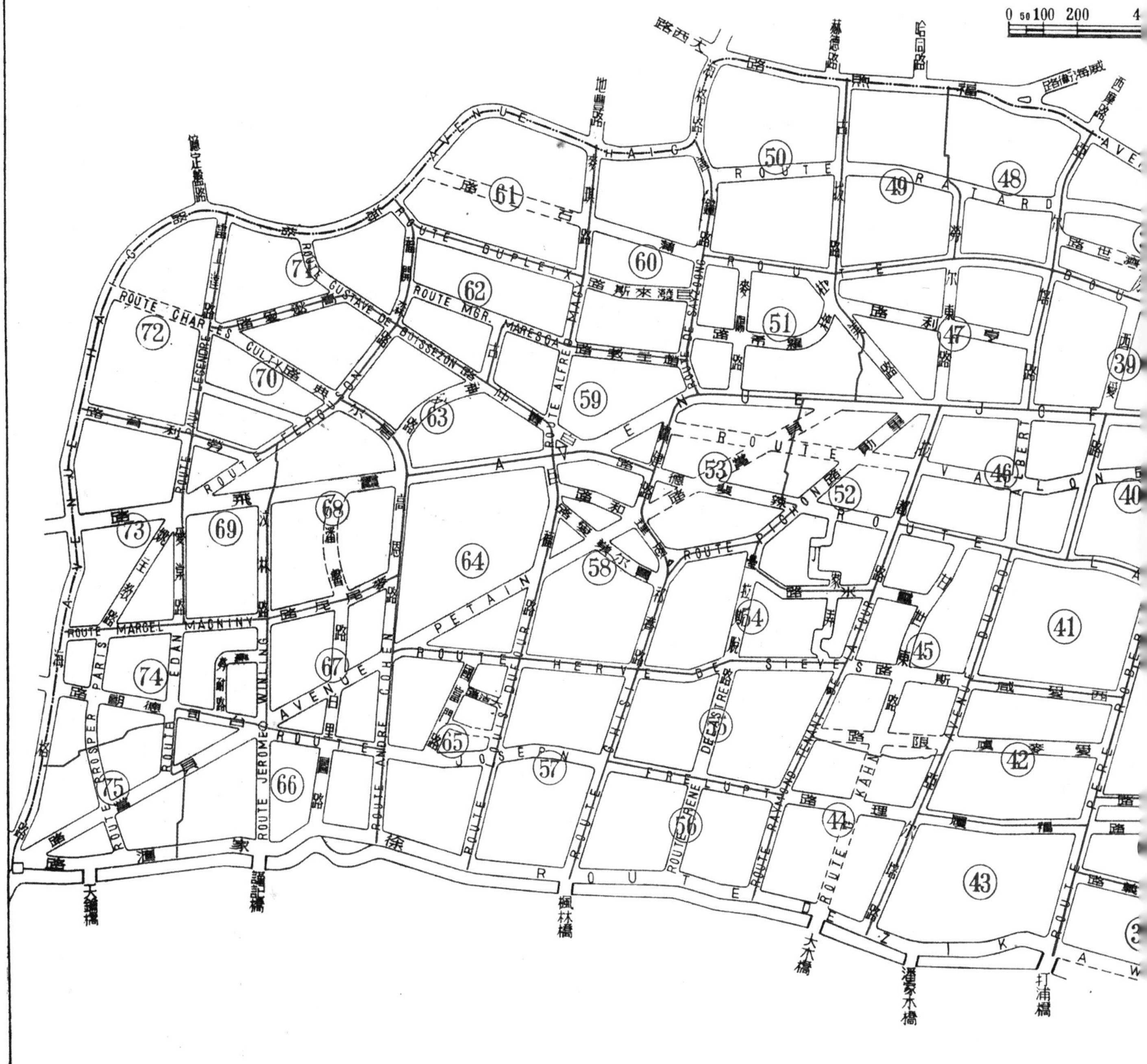

50 49 48 61 60 62 71 72 51 47 39 70 59 63 53 52 46 40 73 69 68 64 58 54 41 74 67 45 65 55 42 75 66 57 56 44 43

大木橋
楓林橋
打浦橋
大鐘橋

海上唯一薄利萬貨商場

搜辦環球貨品　推銷中華國產

新新有限公司

選貨最精　售價最廉　冷氣暖氣　四時皆春

電話總線九七二〇〇轉接各部

附設

新都飯店

訂菜電話九〇〇〇八

中西大菜　衛生冷飲

玻璃電台

週波八〇〇　呼號XLHA

新都劇場

文化中曲　獨步申春

新新酒樓

粵菜權威　久負盛名

電話九〇五一七

新新旅館

房間雅潔　侍應至週

電話九七三〇〇

綠寶劇場

高尚話劇　雄視全滬

電話九四四四四

▲新商場預告▼

本公司素以薄利多賣爲宗旨，舉凡日用所需，無不搜羅完備，售價廉宜，有口皆碑，現爲適應社會之需要，將原有跳舞廳，改建新商場　各樓亦從新佈置，對於環球貨品及中華國產之搜辦，當倍加努力，冀以簇新之姿態，爲社會更週到之服務，今已興工改建，未來之新型大商場，行將與君等相見矣，敬希　各界士女源源賜顧，毋任歡迎。

福利營業股份有限公司
測繪部
測量地形面積
繪製與地圖形
江西路興業大樓四二一號
電話一四三〇三號

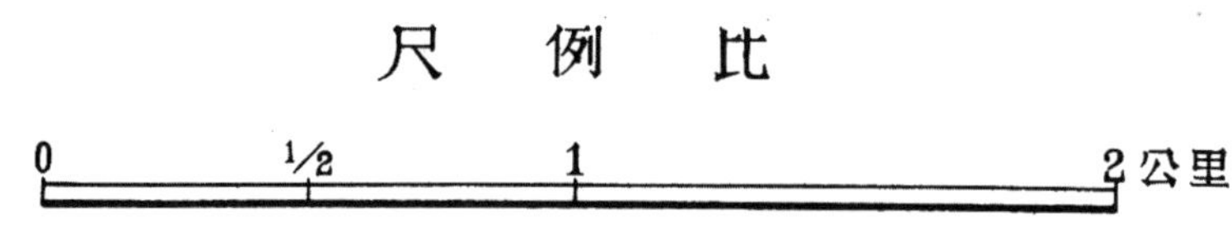

特區交通全圖

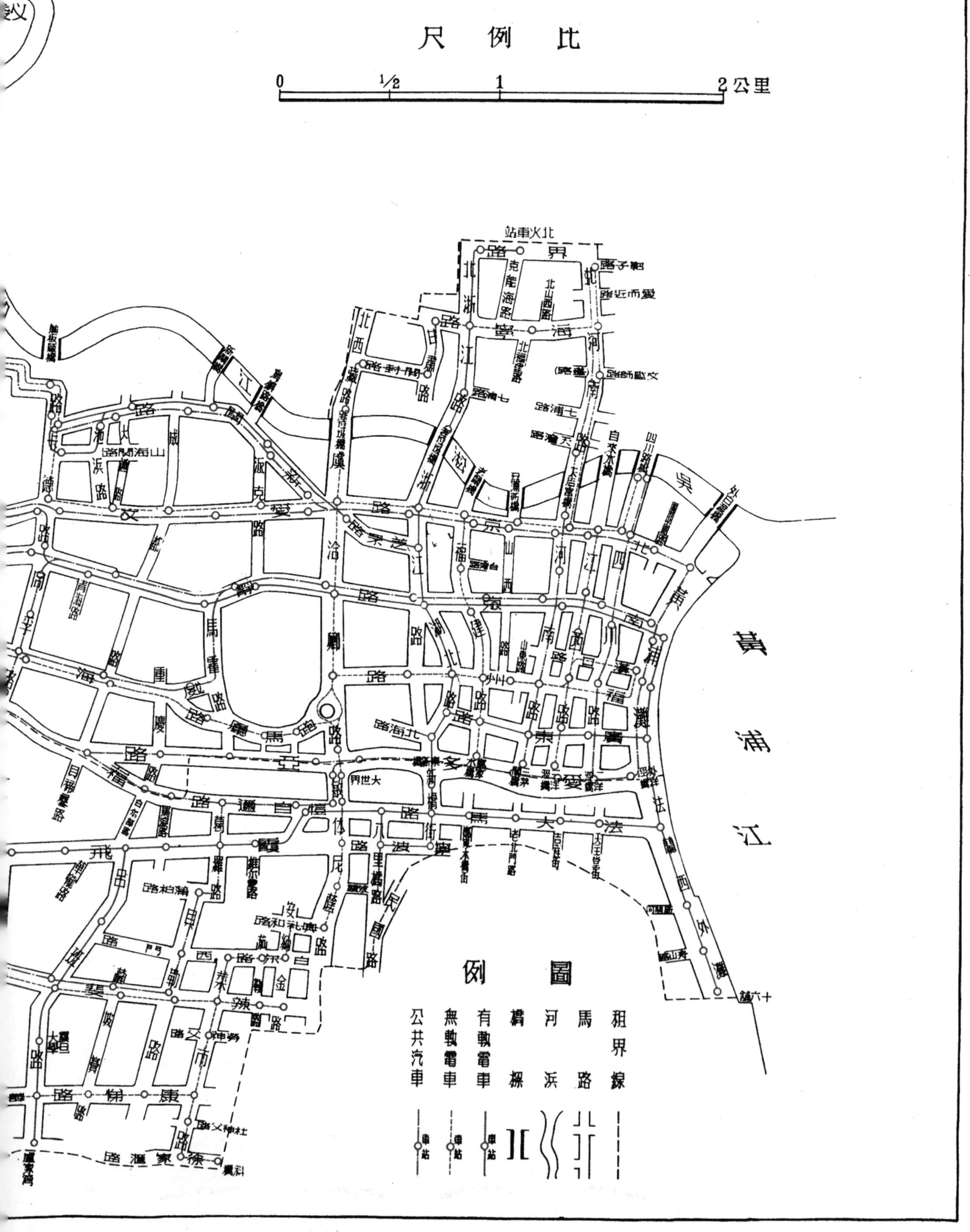

比例尺

0　½　1　2公里

圖例

租界線
馬路
河浜
橋梁
有軌電車
無軌電車
公共汽車
車站

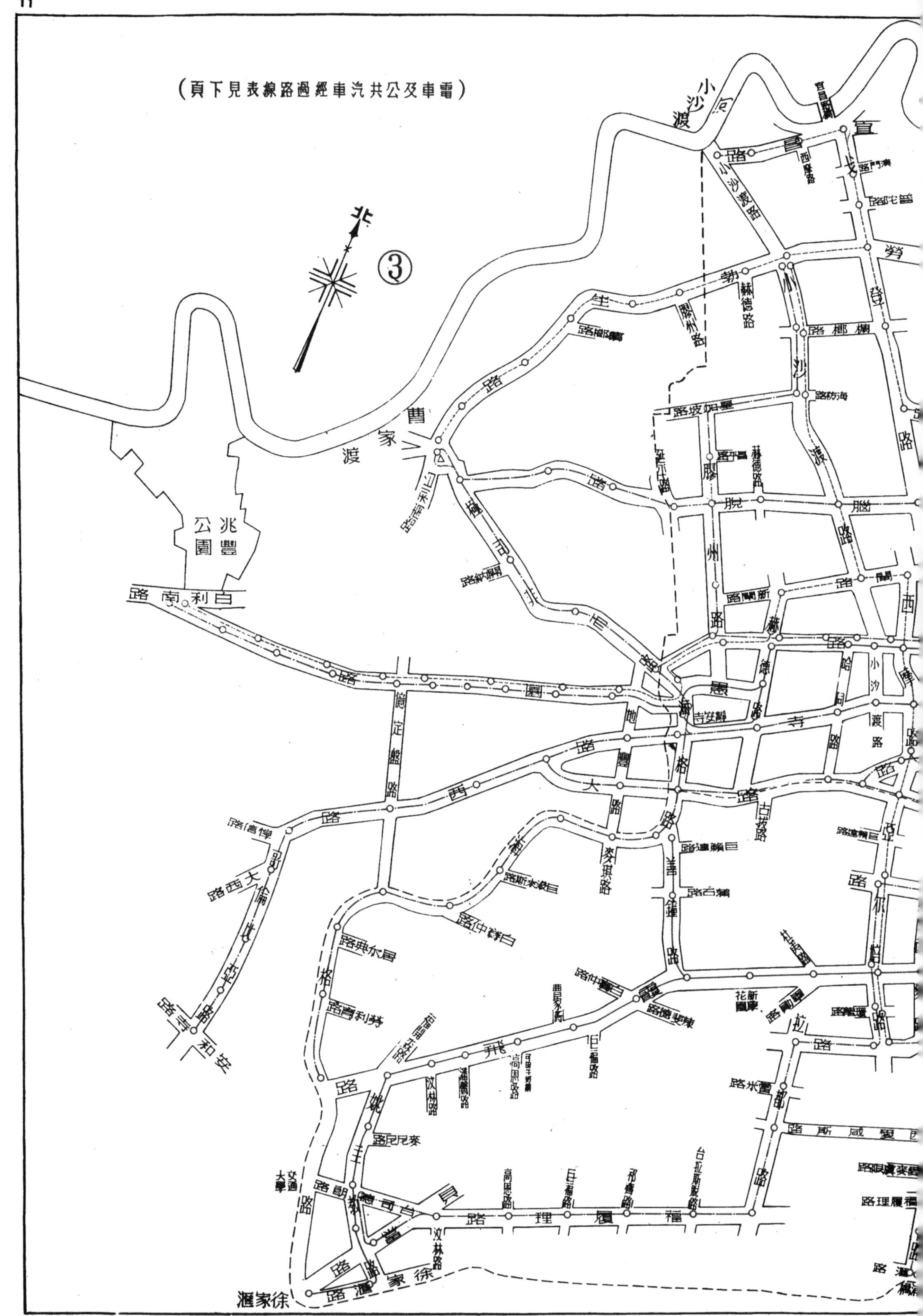

(電車及公共汽車經過路線表見下頁)
③
北
小沙渡
曹家渡
兆豐公園
白利南路
小沙渡路
膠州路
赫德路
新閘路
愚園路
靜安寺
海格路
大西路
定盤路
安和寺路
交通大學
文林路
福履理路
徐家滙路
徐家滙

電車及公共汽車經過路線表

公共租界 公共汽車

- 一路 由兆豐花園起經過愚園路靜安寺路南京路外灘止
- 二路 由安和寺路起經過哥倫比亞路大西路福煦路愛多亞路四川路四川路橋止
- 五路 由愛多亞路河南路起經過河南路天后宮橋北河南路北火車站止
- 七路 由霞飛路海格路起經過海格路極司非而路曹家渡止
- 九路 由兆豐花園起經過愚園路海格路靜安寺路福煦路愛多亞路黃浦灘路市輪渡碼頭止
- 十路 由曹家渡起經過康腦脫路麥根路新閘路北京路外灘止
- 十二路 由霞飛路海格路起經過海格路愛文義路北京路外灘止
- 十四路 由惇信路起經過大西路福煦路威海衛路馬霍路靜安寺路南京路外灘止
- 十五路 由福煦路同孚路起經過同孚路靜安寺路南京路外灘止
- 十七路 由靜安寺起經過愛文義路膠州路新加坡路小沙渡路勞勃生路止
- "F"快車 由安和寺路起經過哥倫比亞路憶定盤路海格路福煦路愛多亞路外灘止

公共租界 有軌電車

- 一路 暫由外洋涇橋起經過黃浦灘路南京路靜安寺路卡德路愛文義路赫德路愚園路海格路靜安寺止
- 二路 由十六舖起經過法蘭西外灘黃浦灘路南京路靜安寺路卡德路愛文義路赫德路愚園路海格路靜安寺止
- 三路 由東新橋起經過湖北路浙江路芝罘路新閘路麥根路止
- 四路 暫停
- 五路 見法租界
- 六路圓路 暫由北火車站起經過界路北浙江路老垃圾橋浙江路湖北路廣東路黃浦灘路南京路浙江路老垃圾橋北浙江路界路北火車站止
- 七路 暫由北火車站起經過界路北浙江路老垃圾橋浙江路南京路黃浦灘路廣東路湖北路浙江路老垃圾橋北浙江路界路北火車站止
- 九路 由外洋涇橋起經過黃浦灘路南京路浙江路芝罘路新閘路麥根路止

公共租界 無軌電車

- 十四路 由北火車站起經過北河南路天后宮橋河南路北京路福建路愛多亞路止
- 十六路 由三洋涇橋起經過江西路北京路愛文義路卡德路麥根路戈登路勞勃生路曹家渡止
- 十七路 暫由四川路橋起經過四川路北京路江西路福州路虞洽卿路敏體尼蔭路輿禮和路安納金路白爾路菜市路康悌路薛華立路金神父路打浦橋止
- 十八路 見法租界
- 十九路 由三洋涇橋起經過江西路北京路愛文義路卡德路麥根路戈登路宜昌路小沙渡止
- 二十路 由兆豐花園起經過愚園路極司非而路愛文義路赫德路新閘路西摩路威海衛路跑馬廳路虞洽卿路福州路外灘止
- 廿一路 暫由四川路橋起經過四川路北京路愛文義路卡德路麥根路戈登路宜昌路小沙渡止
- 廿四路 由安納金路辣斐德路起經過辣斐德路亞爾培路西摩路新閘路小沙渡路勞勃生路止

法租界 公共汽車

- 廿一路 由外灘起經過愛多亞路敏體尼蔭路愷自邇路葛羅路蒲柏路貝勒路辣斐德路金神父路打浦橋止
- 廿二路 由外灘起經過愛多亞路敏體尼蔭路愷自邇路福煦路聖母院路蒲石路亞爾培路辣斐德路拉都路福履理路台司德朗路姚主教路貝當路止

法租界 有軌電車

- 一路 由十六舖起經過法蘭西外灘法大馬路麥高包祿路霞飛路福開森路止
- 二路 由十六舖起經過法蘭西外灘法大馬路麥高包祿路霞飛路姚主教路徐家匯止
- 三路 暫停
- 四路 暫停
- 五路 暫由民國路口八里橋路起經過八里橋路甯波路新橋街湖北路浙江路老垃圾橋北浙江路界路北火車站止
- 六路 暫由民國路口八里橋路起經過八里橋路甯波路新橋街法大馬路法蘭西外灘十六舖止
- 七路 由十六舖起經過法蘭西外灘法大馬路麥高包祿路霞飛路善鐘路海格路口止
- 十路 由十六舖起經過法蘭西外灘法大馬路麥高包祿路霞飛路呂班路盧家灣止

法租界 無軌電車

- 十七路 見公共租界
- 十八路 暫由北火車站起經過北河南路海甯路甘肅路開封路北西藏路虞洽卿路敏體尼蔭路輿禮和路安納金路白爾路菜市路徐家匯路斜橋止
- 廿四路 見公共租界

附註

下列各路電車原有路線及起迄點

公共租界 有軌電車

- 一路 由靶子場起至靜安寺止
- 四路 由提籃橋起經過茂海路東百老匯路百老匯路黃浦灘路法大馬路麥高包祿路霞飛路善鐘路止
- 五路 由西門起至北火車站止
- 六路圓路 由北火車站起經過界路北河南路靶子路吳淞路閔行路熙華德路百老匯路黃浦灘路廣東路湖北路浙江路北浙江路界路北火車站止
- 七路 由提籃橋起至北火車站止

公共租界 無軌電車

- 十七路 由蘭路起至打浦橋止
- 十八路 由岳州路起至斜橋止
- 廿一路 由平涼路起至宜昌路小沙渡止

法租界 有軌電車

- 三路 由小東門起經過中華路法華民國路老西門止
- 四路 見公共租界
- 五路 由西門起至北火車站止
- 六路 由盧家灣起經過斜橋西門至十六舖止

法租界 無軌電車

- 十七路 由蘭路起至打浦橋止
- 十八路 由岳州路起至斜橋止

浙江興業銀行

霞飛路沙發花園第一批式樣

本行信託部爲服務社會解決居住問題起見特將自置地產建築各種住宅連同基地分售手續簡捷並代客設計製圖招標監工取費從廉辦理認眞深蒙　各界贊許茲再本初衷於霞飛路沙發花園設計第四批蒲石路設計第二批一俟興工即行開始出售欲得高尚住宅者幸勿失之交臂以免向隅

浙江興業銀行信託部啓

29-1SP

浦東銀行

上海市銀行業同業公會會員

營業要目

商業存款　儲蓄存款

信託業務　農產押款

本行剏辦於民國十七年信譽卓著服務周到夙承社會稱許

總行　上海愛多亞路河南路口

分行　上海愛多亞路福煦路口

浦東賴義渡浦東周浦鎮

辦事處　上海愛文義路成都路口

分辦事處　上海善鐘路九三號隔壁

羅威乳白魚肝油
象牌麥精魚肝油

補肺肥體　健胃強身

上列二種補品，富含維他命A、B、C、美味無腥，婦幼悅服，滋養力非常偉大，肺弱多痰，身體羸瘦者，常服最合。

上海　中法藥房發行

巡捕房
棧
堆
法蘭西
大沽路
RUE TAKOU
茂昌股份有限公司
冷氣堆棧
機器冰廠
CHINA EGG
PRODUCE CO.
Cold Storage
Ware Houses
福建路
RUE DU FOKIEN
南翔街
PASSAGE NEZIAN
空地
中國通商銀行南市支行
洽茂冷氣棧房
大裕興街
RUE DE LA PAIX
新街
RUE NEUVE
裕興小街
小東門路
RUE DE LA PORTE DE L'EST
東門路
香園里
洋行街
閔行路
RUE MING HONG
RUE DES POISSONS
京州路
彭雲街
外咸瓜街
裏咸瓜街
中華路
法華民國路
BLIQUES
POO

上海永生五金製造廠股份有限公司
TRADE YS MARK 註冊商標
YUNG SUN HARDWARE FACTORY LTD.
SHANGHAI CHINA
事務所牛莊路七三七號電話九三八九八
製造廠康腦脫路一七四弄電話三九三八一
地址 戈登路馬白路三十四號
電話 三六九六三號
殯殮貴族化
取費平民化
④
LE WHANG POO
黃浦江
QUAI DE FRANCE
堆棧
舟山路
RUE CHUSAN
台灣路
RUE FORMOSE
洋行街
RUE DU W
潮州會館
BOULEVARD DES DEUX
上海南洋醫院
院址 薩坡賽路一號 電話：84050
科目 內科外科肺癆科胸部外科兒科婦產科眼科耳鼻咽
門診 上午九時至十一時下午二時至四時診金普通五角
住院 三等一元五角二等三元頭等六元特等八元
院長：顧南群 醫師：顧南群 陳富信 方 倪 王冀恢

中國牌　雙喜牌　標準牌　佛手牌

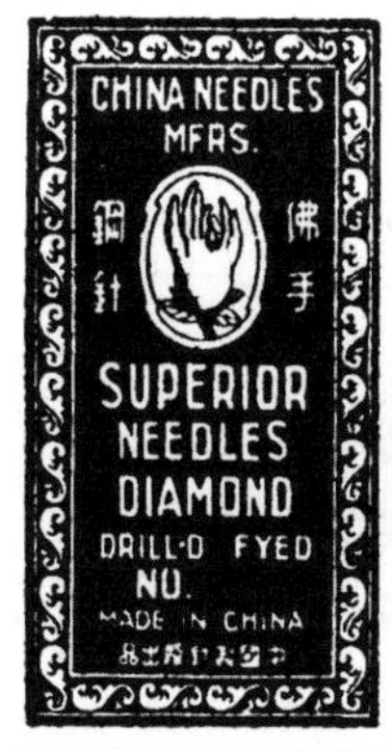

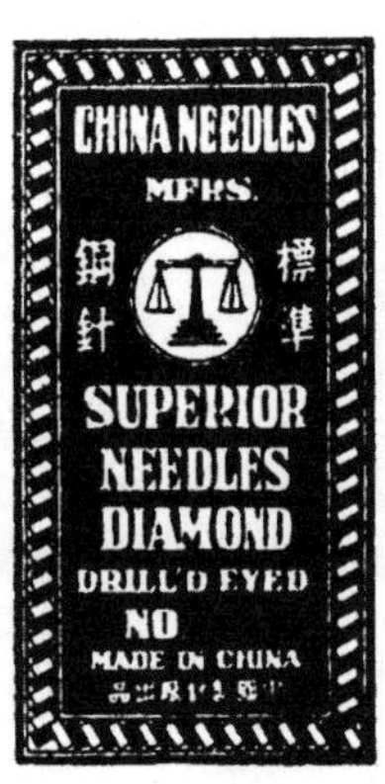

長短皆備
粗細俱全
不脆不柔
滑亮不銹

純粹國貨縫衣鋼針

中國製針廠精製

廠　址　上海徐家匯匯站街一百二十七號

發行所　上海山東路金壽里二十七號

電話：九四二六四

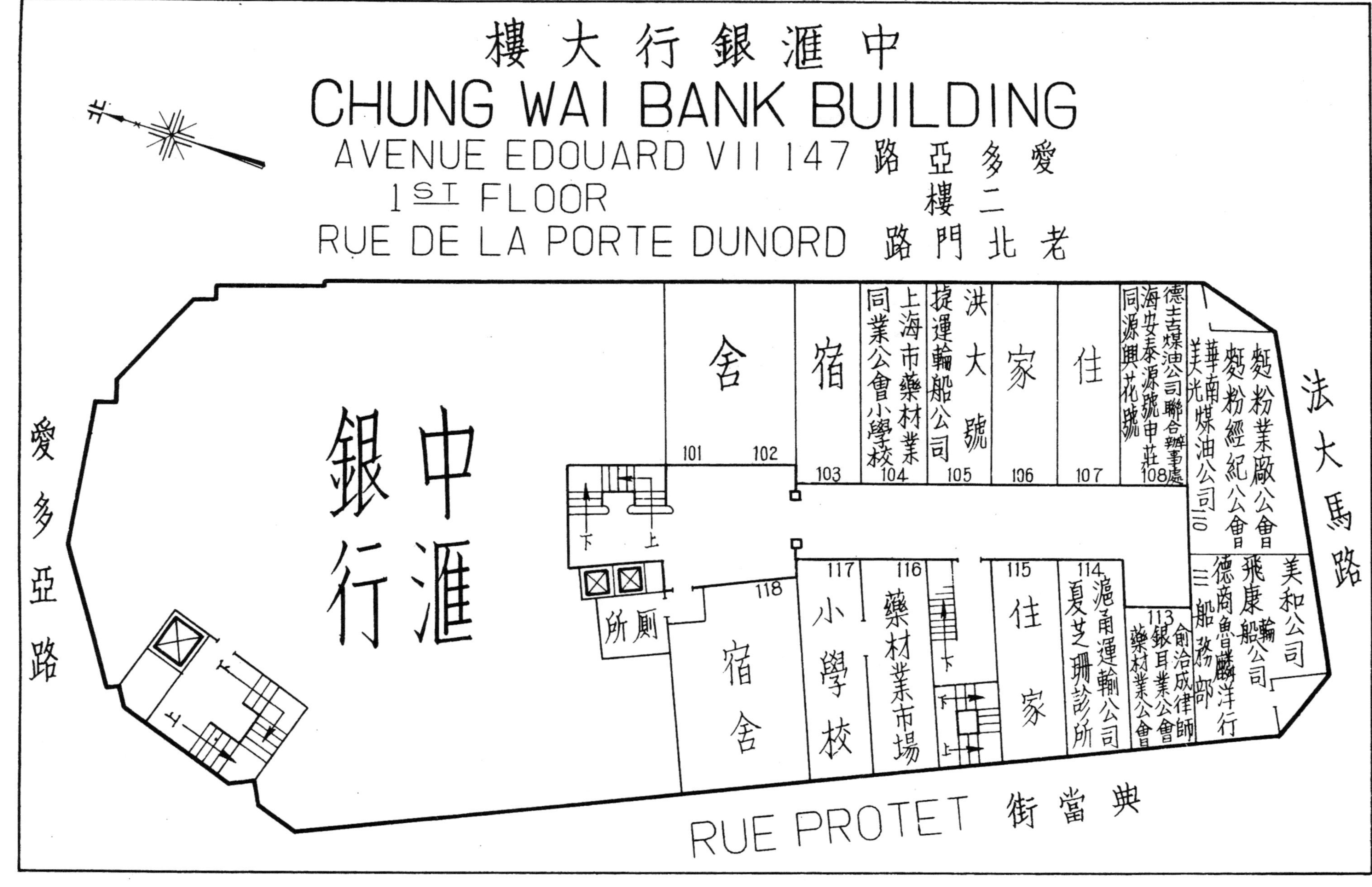

中滙銀行大樓
CHUNG WAI BANK BUILDING
AVENUE EDOUARD VII 147 愛多亞路
1ST FLOOR 二樓
RUE DE LA PORTE DUNORD 老北門路
愛多亞路
法大馬路
RUE PROTET 典當街
中滙銀行
101 102 舍
103 宿
104 上海市藥材業同業公會小學校
105 洪大號 捷運輪船公司
106 家
107 住
108 德士古煤油公司聯合辦事處 海安泰源號申莊 同源興花號
110 麪粉業廠公會 麪粉經紀公會 華南煤油公司 美光
美和公司 飛康輪船公司 德商魯麟洋行 三船務部
113 俞治成律師 銀耳業公會 藥材業公會
114 滬甬運輸公司 夏芝珊診所
115 住家
116 藥材業市場
117 小學校
118 宿舍
所厠
上
下

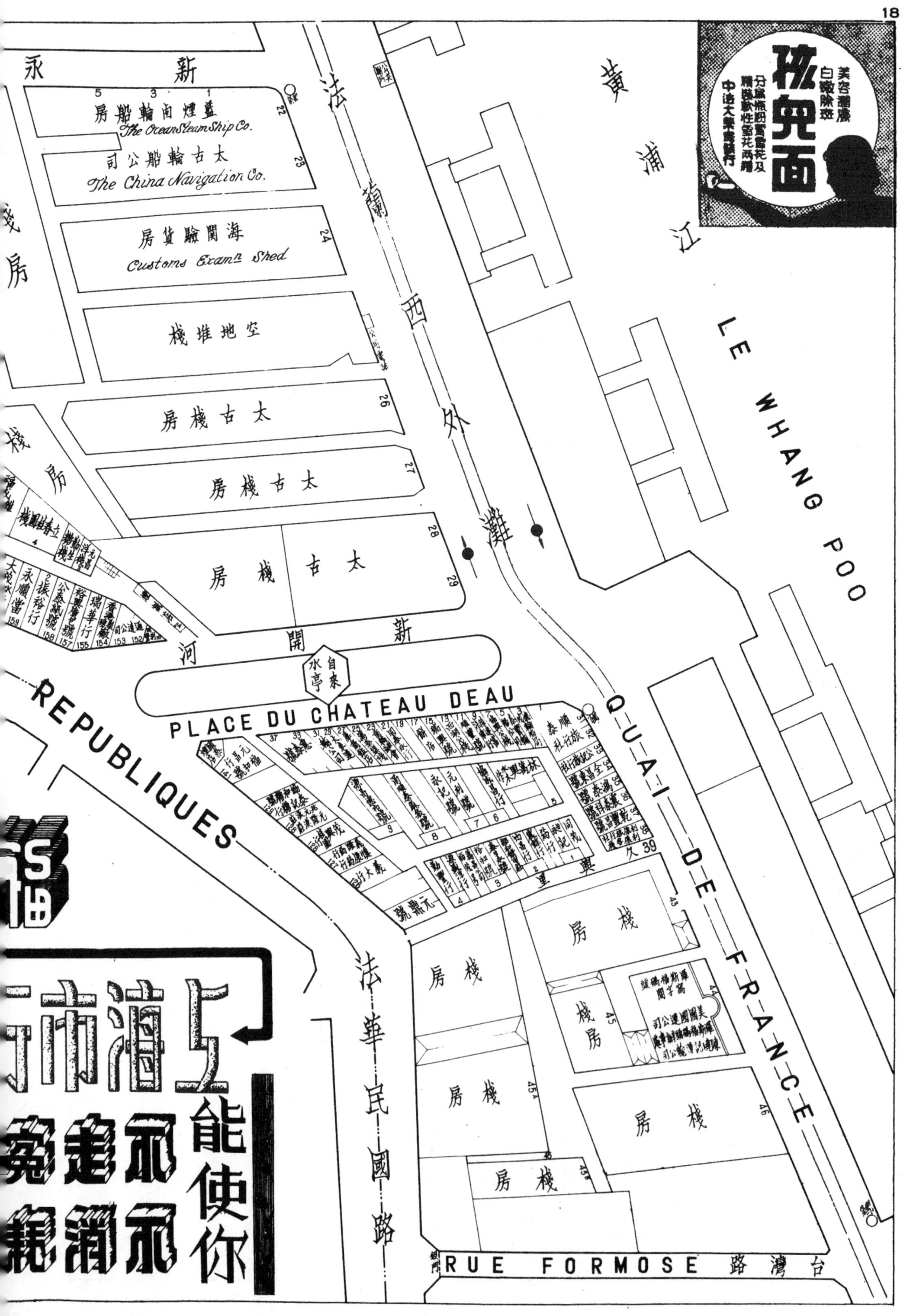

孩兒面
美容潤膚
白皦除斑
分盛瓶粉寶雪花及
精裝軟性雪花兩種
中法大藥房發行
新永
藍煙囱輪船房
The Ocean Steam Ship Co.
太古輪船公司
The China Navigation Co.
海關驗貨房
Customs Examn Shed
空地堆棧
太古棧房
太古棧房
太古棧房
法蘭西外灘
黃浦江
LE WHANG POO
新開河
自來水亭
PLACE DU CHATEAU DEAU
REPUBLIQUES
QUAI DE FRANCE
棧房
棧房
棧房
棧房
棧房
法華民國路
RUE FORMOSE
台灣路
能使你

RUE COLBERT
天主堂街
老永安街
法華民國路
BOULEVARD DES
北
⑤
同德泰號
長盛洋棧
永新公號
君欲解决本市
一切交通困難唯有
營業公司出版
路圖錄即商用地圖
●集工商行號總庫
●為海上士女南針
本書銷數獨多
廣告效力宏大
上海市行號路圖錄

民國四年創立經營一切銀行業務

上海商業儲蓄銀行

以服務社會爲宗旨

資本 五百萬元

公積 七百六十萬元

總行 上海甯波路五十號

電話 一二五六〇號

轉接各部及本埠各分行

本埠分行

霞飛路分行 霞飛路五八九號

八仙橋分行 敏體尼蔭路一二一號

靜安寺路分行 靜安寺路七八七號

小東門分行

暫設甯波路五十號

虹口分行

西門分行 暫設霞飛路五八九號

愚園路分行 愚園路二三二號

分行遍設全國

國外均有代理機關

旅

中國旅行社

代售 鐵路公路輪船飛機客票 照公司定價不取手續費

運輸 代客運輸貨物接送行李 服務週到手續力求敏捷

旅館 本社飯店及招待所遍設 全國各大商埠設備整潔

出版 旅行雜誌按月發行一次 各地導遊叢書陸續編印

滬社 上海四川路四二〇號 電話 一三四五〇號

分支社所遍設全國各大埠

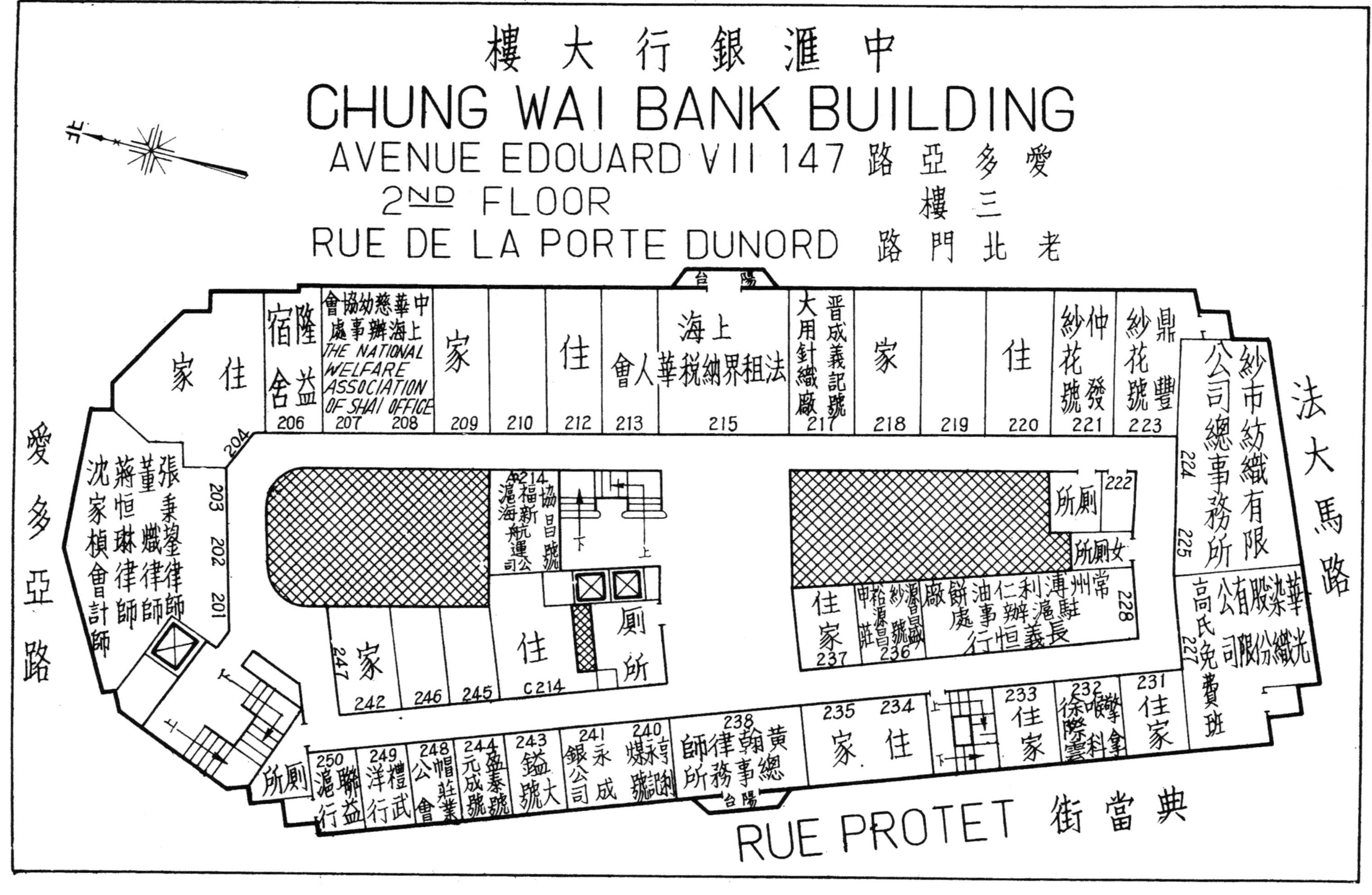
中滙銀行大樓
CHUNG WAI BANK BUILDING
AVENUE EDOUARD VII 147 愛多亞路
2ND FLOOR 三樓
RUE DE LA PORTE DUNORD 老北門路
北
愛多亞路
法大馬路
RUE PROTET 典當街
THE NATIONAL WELFARE ASSOCIATION OF SHAI OFFICE
上海華界納稅華人會
201
202
203
204
206
207
208
209
210
212
213
215
217
218
219
220
221
222
223
224
225
227
228
231
232
233
234
235
236
237
238
240
241
242
243
244
245
246
247
248
249
250
C214

黄浦江
LE WHANG POO
法蘭西外灘
QUAI DE FRANCE
大法馬路
RUE COLBERT
新永安街
RUE LAGUERRE
老永安街
永安坊
安里
上海市雜糧交易所
美商匯衆銀公司
譚史麗會計師
International Savings Society
萬國儲蓄會
Standard Shipping Co.
華孚航運公司
茂昌堆棧
Shanghai Tug & Lighter Co. Ltd.
森泰東棧
公泰第四堆棧
中法工商銀行
福建省銀行
法領事公使館
中國棉業公司
培亞洋行貨棧
太古輪船公司
華人售票處
貨棧
GODOWN NO.2
GODOWN NO.1
GODOWN NO.6
宿舍
空地
和平神像
私立滑德小學

⑥

北

愛多亞路

RUE DU CONSULAT

RUE CHU PAO SAN

朱葆三路

RUE MONTAUBAN

RUE PETIT

吉祥街

RUE DE LA MISSION

聖興街

天主堂街

法華民國路

京江街

安街

Prisco Cafe

Royal Cafe Dancing

Crystal Cabaret

Smiley's Bar

平安大旅社

Monk's Brau Hall

Fraccati Restaurant

C.F.C. BUILDING

New Ritz Bar

Cafe Fantasie Dancing

International Kitchen & Bar

Charleston Cafe

Little Navy Bar

Bar de la Marine

Chez Laure Bar

Shanghai Bar

New Deal Bar Shelton's

New Manhattan Bar

Sally's Bar

George's Bar and Restaurant

New Tip Top

Silver Dollar Bar

YORK

美商瑞豐轉運公司

殼牌加油站

郵筒

郵局

新盛昌行

任宅

天主堂

花園

私立類思小學

中學

海

拯亡會

祥記泰安棧

大來旅社

安樂宮

泰和號

德和里

銘德里

祥裕里

興聖里

祥興里

晉安里

吉安里

仁安里

仁里

鐵門

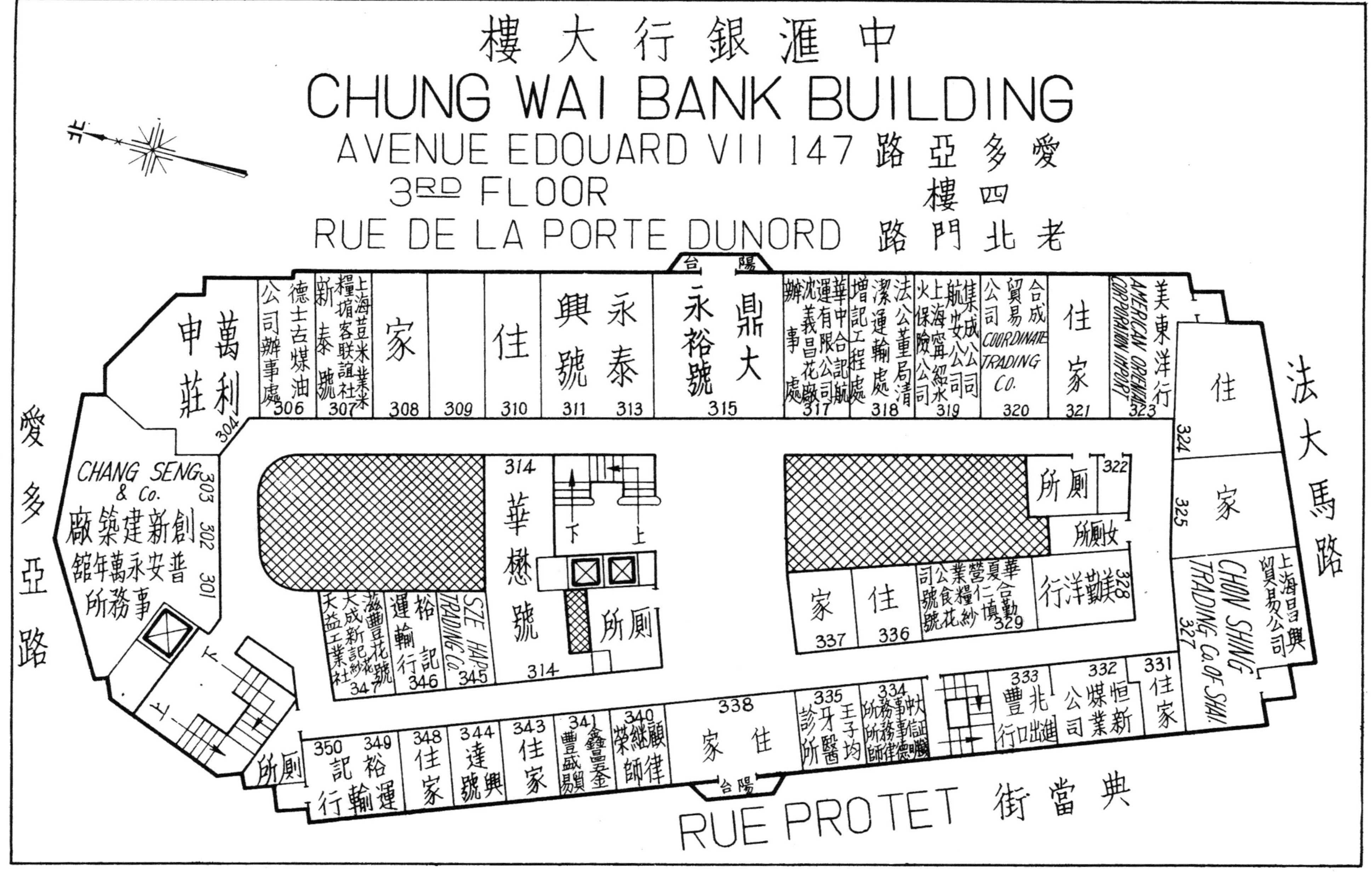
中滙銀行大樓
CHUNG WAI BANK BUILDING
AVENUE EDOUARD VII 147 愛多亞路
3RD FLOOR 四樓
RUE DE LA PORTE DUNORD 老北門路
RUE PROTET 典當街
愛多亞路
法大馬路
北
CHANG SENG & Co.
301 302 303
304 萬利
申莊
306 德士古煤油公司辦事處
307
308 家
309
310 住
311 興號
313 永泰
315 鼎大
永裕號
317
318
319
320 COORDINATE TRADING Co.
321 住家
323 AMERICAN ORIENTAL CORPORATION IMPORT
美東洋行
324 住
325 家
327 CHON SHING TRADING Co. OF SHAI.
上海昌興貿易公司
322
厠所
女厠所
328
329
336 住
337 家
338 住家
331 住家
332 恒新煤業公司
333
334
335
340
341
343 住家
344 興達號
348 住家
349 運裕
350 記輸行
厠所
314 華懋號
314
345 SZE HAP TRADING Co.
346 裕記運輸行
347
上
下
台陽

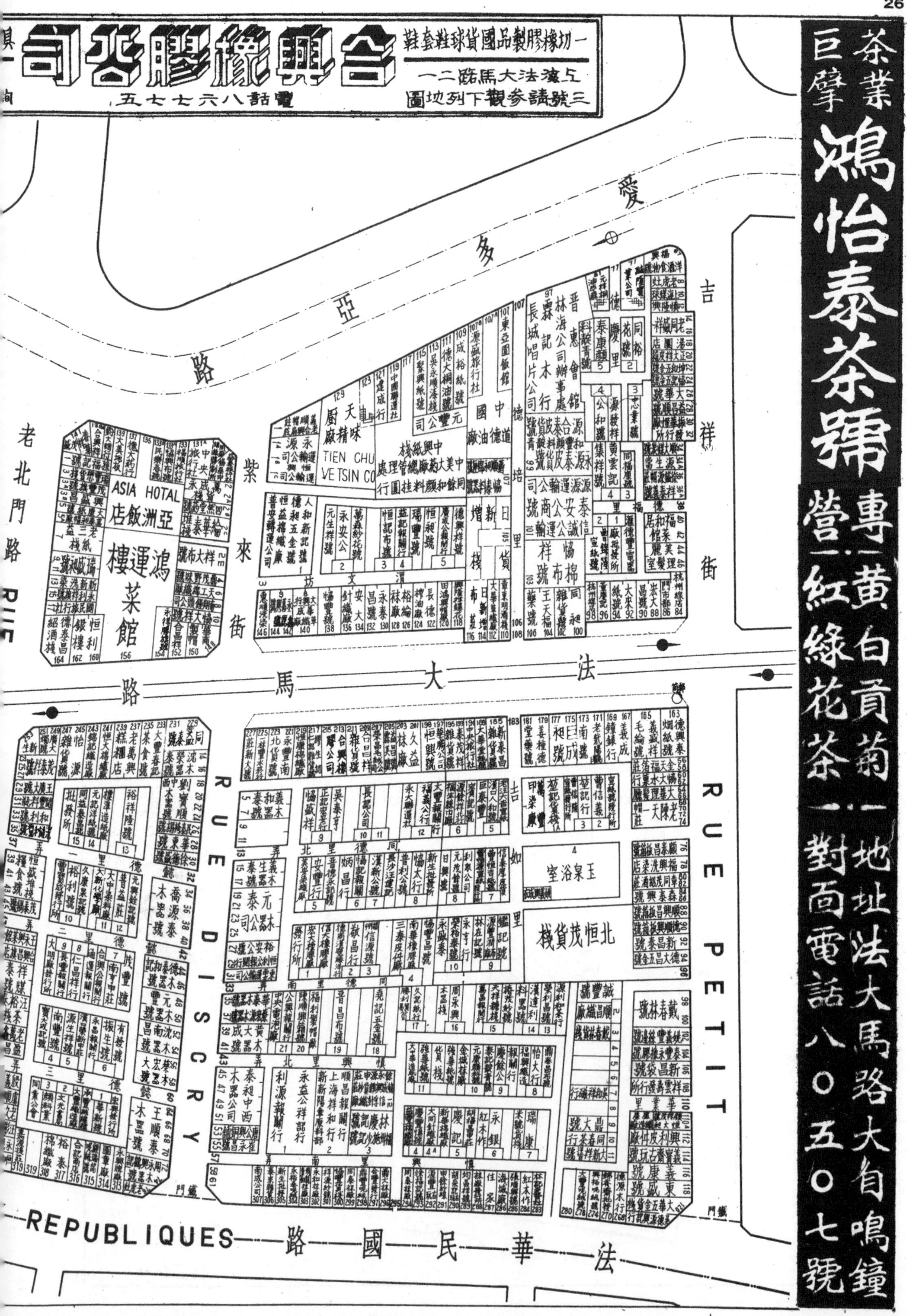

合興橡膠公司
一切橡膠製品國貨球鞋套鞋
上海法大馬路二一三號請參觀下列地圖
電話八六七七五
茶業巨擘
鴻怡泰茶號
專營黃白貢菊紅綠花茶
地址法大馬路大自鳴鐘對面
電話八〇五〇七號
愛多亞路
吉祥街
紫來街
老北門路
法大馬路
ASIA HOTAL
亞洲飯店
鴻運樓菜館
天厨味精廠
TIEN CHU VETSIN CO
玉泉浴室
北恒茂貨棧
RUE DISCRY
RUE PETIT
REPUBLIQUES
法華民國路

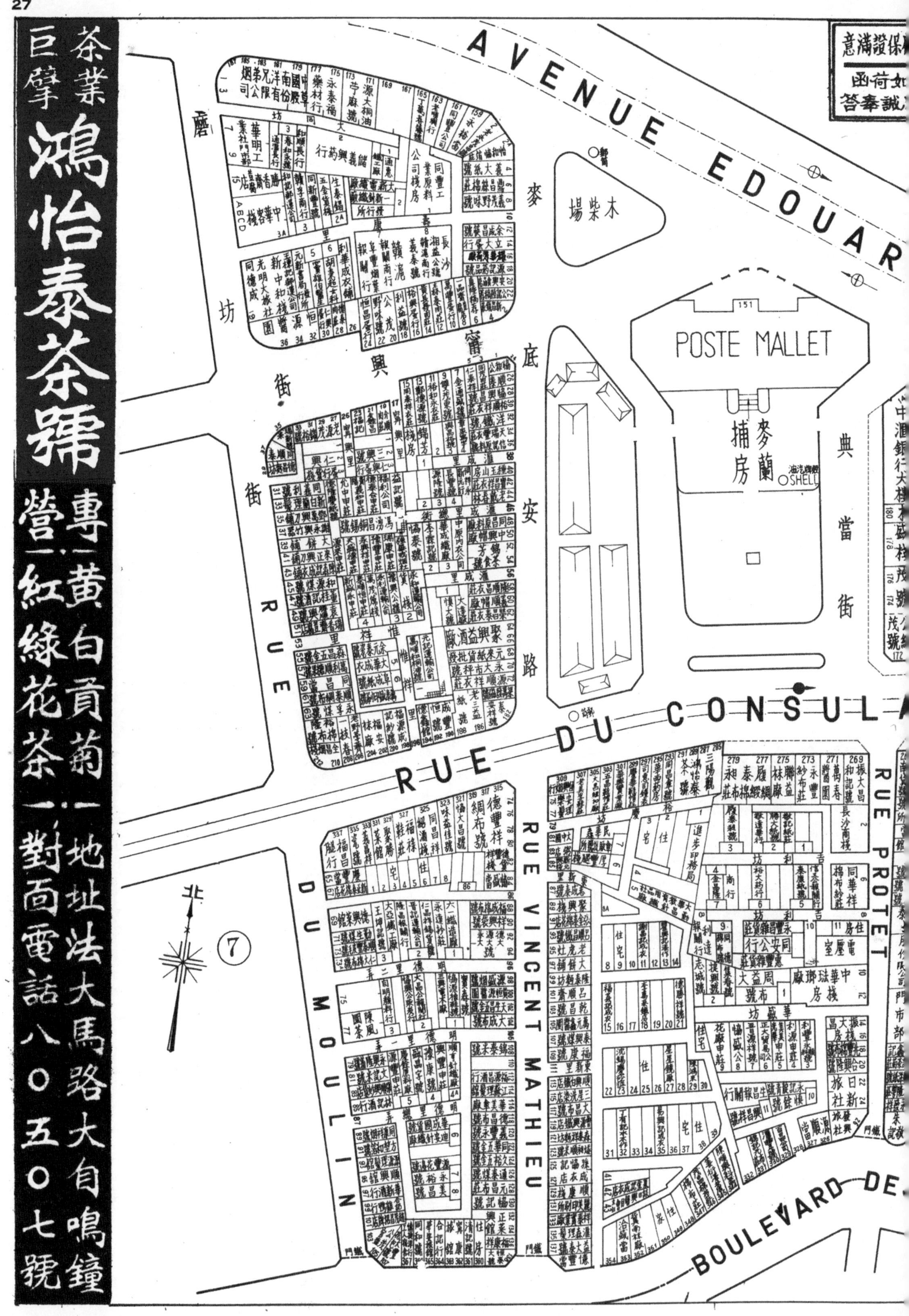

茶業巨擘
鴻怡泰茶號
專營黃白貢菊 紅綠花茶
地址法大馬路大自鳴鐘對面
電話八〇五〇七號
AVENUE EDOUARD
RUE DU CONSULAT
RUE DU MOULIN
RUE VINCENT MATHIEU
RUE PROTET
BOULEVARD DE
POSTE MALLET
麥蘭捕房
木柴場
麥底安路
典當街
磨坊街
寧興街
保證滿意 如荷函詢 竭誠奉答

狼吞虎嚥
恣意大嚼
「胃寧」葯片
為之後盾

胃病聖藥

胃寧藥片

「胃寧」之主成分與主作用

胃液素……消化蛋白質
澱粉酵素……消化飯食
脾素……消化油分糖食
鎮痛劑……矯除肝胃氣痛
止酵劑……制止吞酸反胃
芳香劑……開胃增食
潤腸劑……通利大便

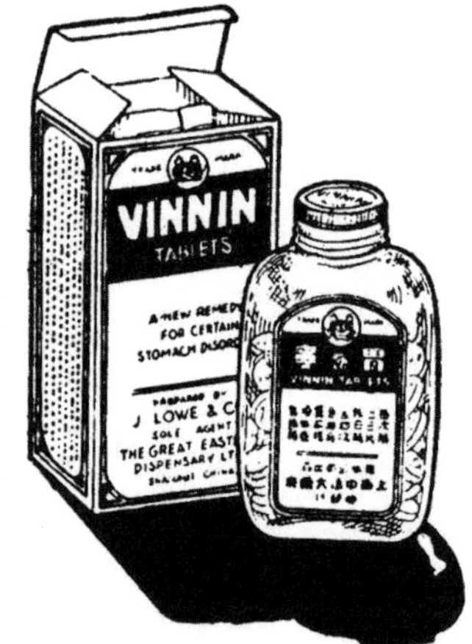

上海中法大藥房發行

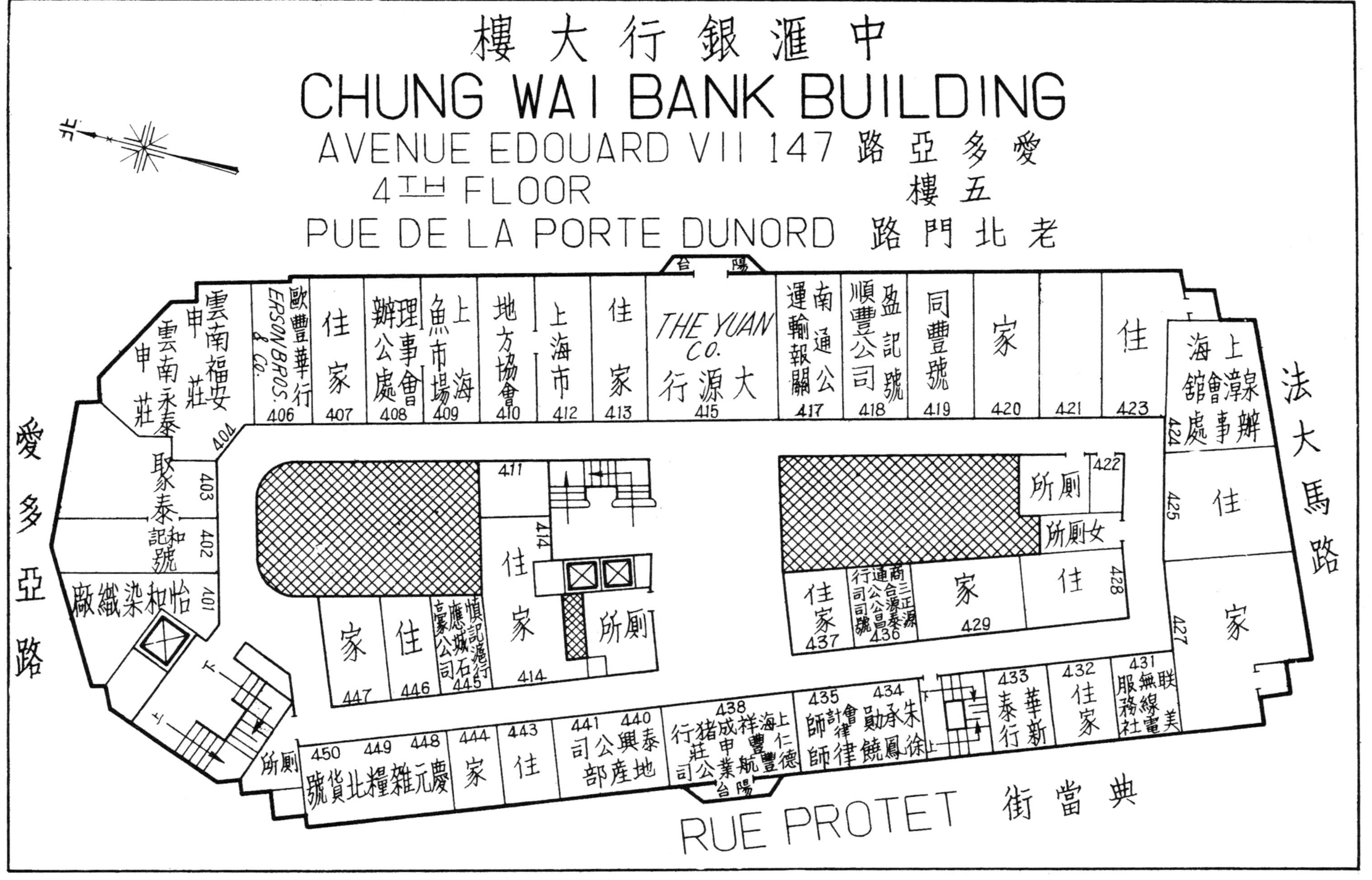
中滙銀行大樓
CHUNG WAI BANK BUILDING
AVENUE EDOUARD VII 147 愛多亞路
4TH FLOOR 五樓
PUE DE LA PORTE DUNORD 老北門路
RUE PROTET 典當街
法大馬路
愛多亞路
THE YUAN CO. 大源行
ERSON BROS. & Co. 歐豐華行
401 402 403 404 406 407 408 409 410 411 412 413 414 415 417 418 419 420 421 422 423 424 425 427 428 429 431 432 433 434 435 436 437 438 440 441 443 444 445 446 447 448 449 450
台陽

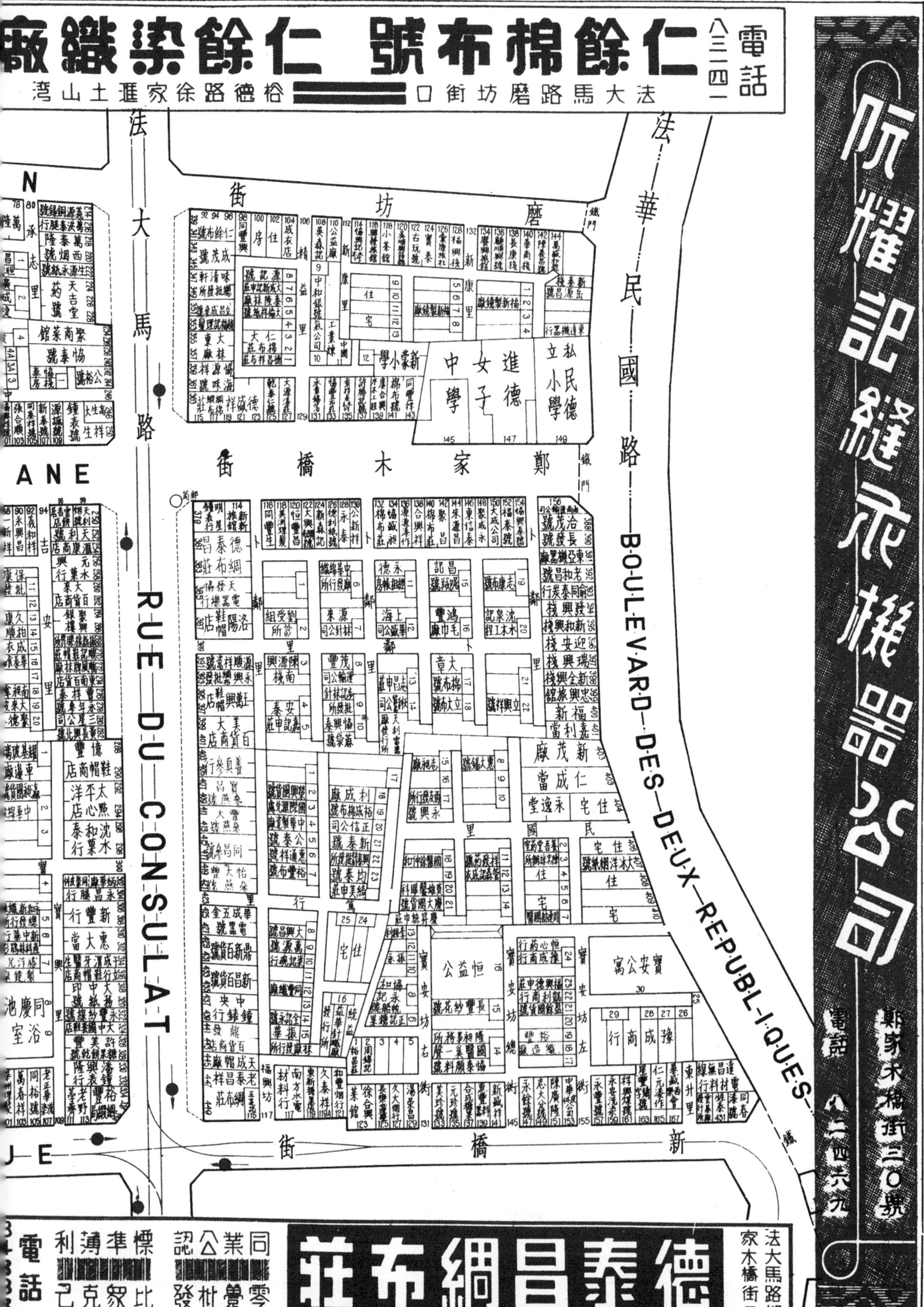
仁餘棉布號
仁餘染織廠
電話 八三二四一
法大馬路磨坊街口
裕德路徐家滙土山湾
阮耀記縫衣機器公司
鄭家木橋街三〇號
電話 八二四六九
法大馬路
法華民國路
BOULEVARD DES DEUX REPUBLIQUES
RUE DU CONSULAT
磨坊街
鄭家木橋街
新橋街
私立民德小學
進德女子中學
寶安公寓
恒益公
德泰昌綢布莊
法大馬路鄭家木橋街口
同業公認
零躉批發
標準薄利
比衆克己
電話

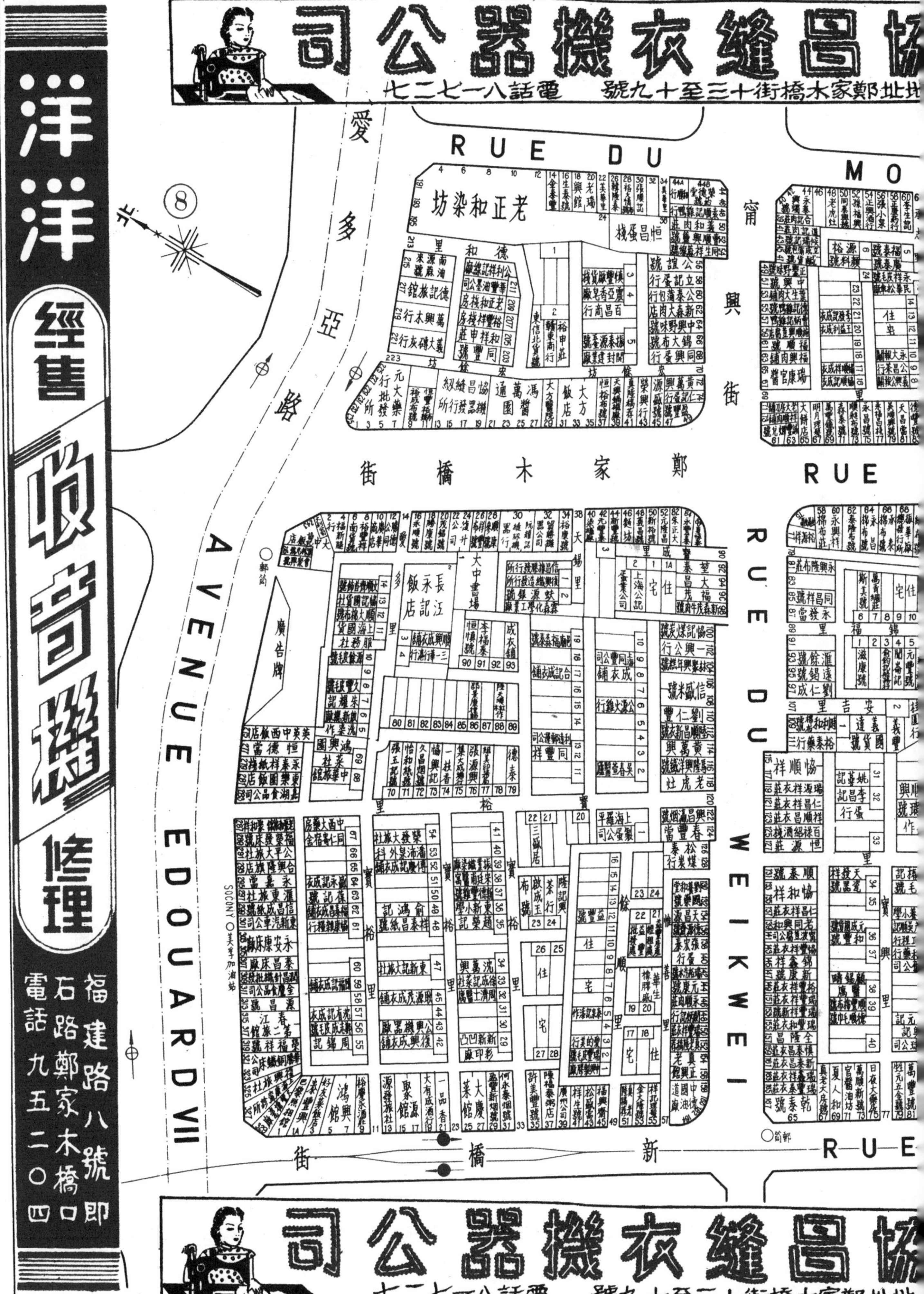

協昌縫衣機器公司
地址鄭家木橋街十三至十九號 電話八一七二七
洋洋
經售
收音機
修理
福建路八號即石路鄭家木橋口
電話九五二〇四
⑧
愛多亞路
AVENUE EDOUARD VII
RUE DU
MO
鄭家木橋街
RUE
RUE DU WEIKWEI
甯興街
新橋街
RUE
老正和染坊
恒昌蛋棧
廣告牌
SOCONY
美孚加油站
協昌縫衣機器公司
地址鄭家木橋街十三至十九號 電話八一七二七

中央記久機織印染廠股份有限公司

國貨中的精美出品
實業界的偉大貢獻

註冊商標
漢光武
明太祖
種 袂
五瑞圖

本廠出品

印花直貢
印花嗶嘰
印花色子貢
印花色丁
印花府綢
印花麻紗

勿落色花布
各色花布
各色標準布
各色花絨
安安藍布
納富妥紅布

花樣新穎永不褪色
種類繁多不及備載

杜絕假冒每疋釘有 註冊 中 商標 國貨誠真標記一枚

總發行所 上海漢口路四三九號 電話九一一三八・九二九五九號
廠址 上海愚園路一三四一號 電話二一八八八・二一八八九號

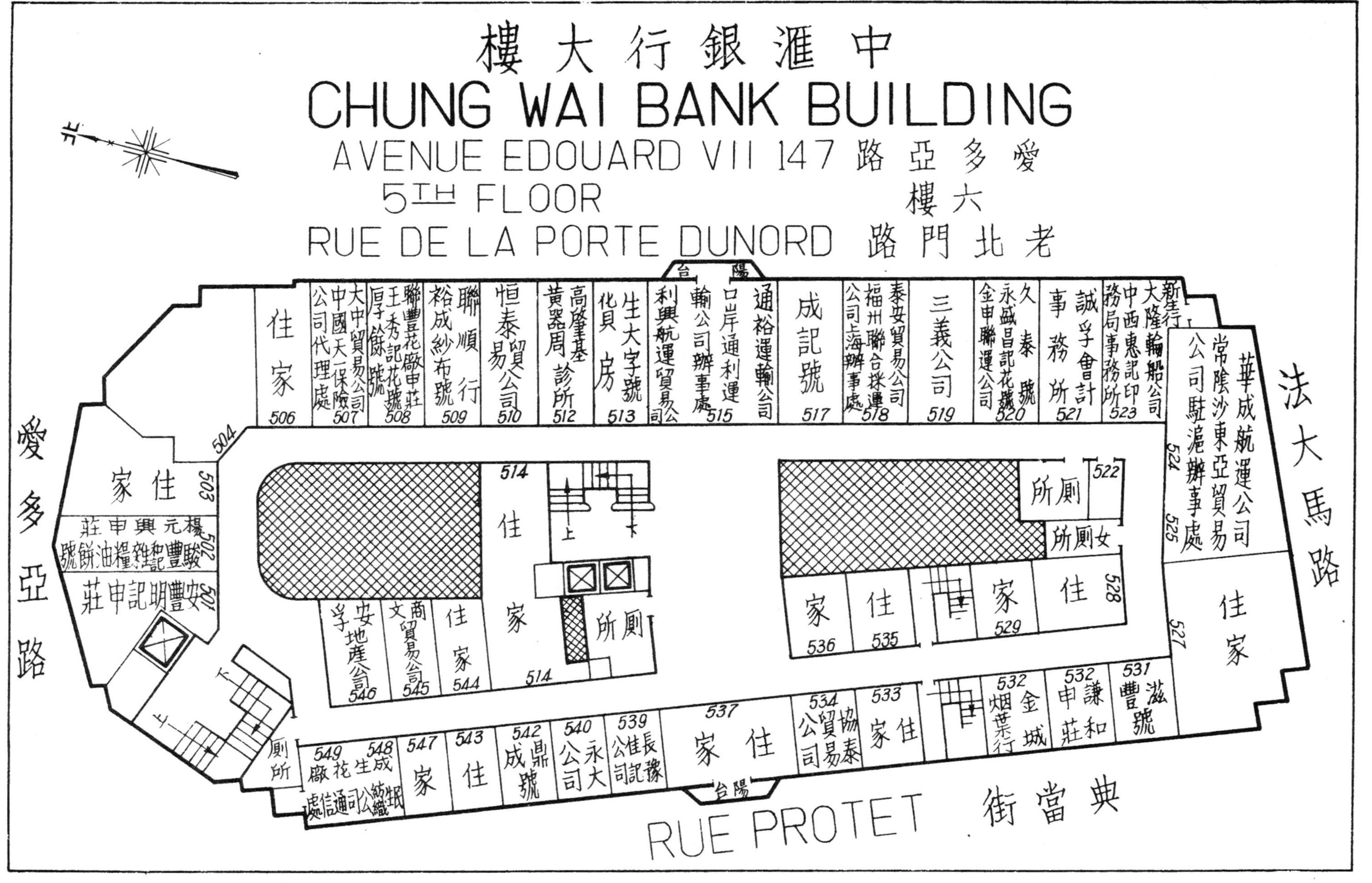

中滙銀行大樓
CHUNG WAI BANK BUILDING
AVENUE EDOUARD VII 147 愛多亞路
5TH FLOOR 六樓
RUE DE LA PORTE DUNORD 老北門路
RUE PROTET 典當街
愛多亞路
法大馬路
住家 506
中國天一保險公司代理處 507
大中貿易公司
豐記花廠申莊 508
聯順行 509
裕成紗布號
恒泰貿易公司 510
高隆基 512
黃器周診所
生大字號 513
利興航運貿易公司
輪公司辦事處 515
口岸通利運
通裕運輸公司
成記號 517
泰安貿易公司 518
福州聯合採運公司上海辦事處
三義公司 519
久泰號 520
永盛昌記花號
事務所 521
誠孚會計
中西惠記印務局事務所 523
大隆輪船公司
新生行
華成航運公司 524
常陰沙東亞貿易公司駐滬辦事處 525
住家 527
住家 528
住家 529
廁所 522
女廁所
住家 535
住家 536
住家 503
元楊興申莊 502
豐記明申莊 501
住家 514
廁所
安孚地產公司 546
商文貿易公司 545
住家 544
豐滋號 531
謙和申莊 532
金城烟葉行 532
協泰貿易公司 534
住家 533
住家 537
長豫記公司 539
大永公司 540
鼎成號 542
住家 543
住家 547
成生花廠 548
公司通信處 549
廁所
陽台

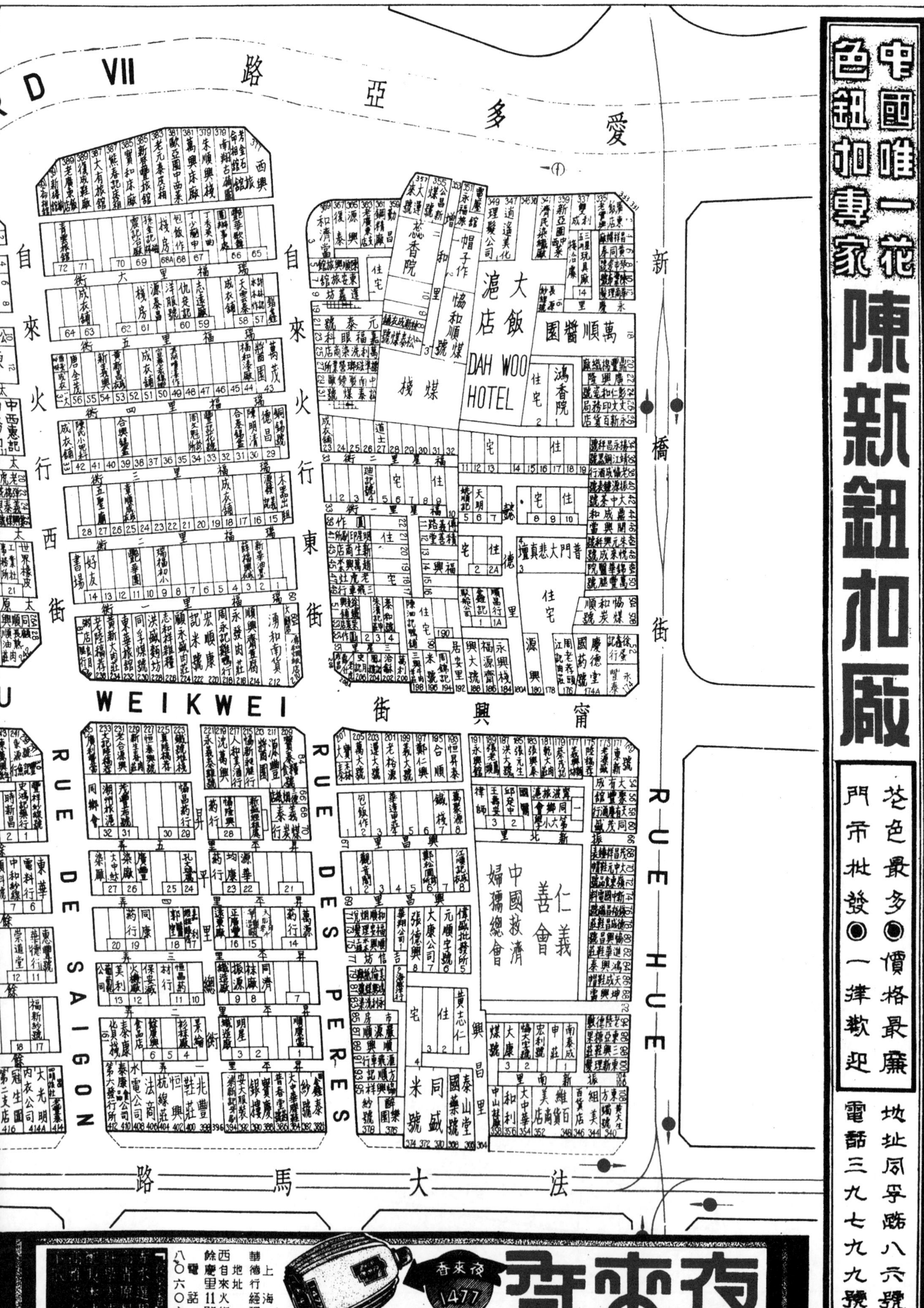
RD VII
愛多亞路
自來火行西街
自來火行東街
新橋街
WEIKWEI
寧興街
RUE DE SAIGON
RUE DES PERES
RUE HUE
法大馬路
大滬飯店
DAH WOO HOTEL
萬順醬園
煤棧
鴻香院
普門大悲真壇
中國救濟婦孺總會
仁義善會
中國唯一花色鈕扣專家
陳新鈕扣廠
花色最多◎價格最廉
門市批發◎一律歡迎
地址同孚路八六號
電話三九七九九號
夜來香
夜來香
1477
上海
華德行經理
地址
西自來火街
餘慶里11號
電話
八〇六〇六

AVENUE EDO

BOULEVARD DE MONTIGNY

RUE PALIKAO

RUE DU CONSULA

RU

敏體尼蔭路

八里橋路

寧興街

大世界

共舞臺

榮記

新華影片公司

彈子房

群芳會

電影場

大京劇場

中國通商銀行愛多亞路支行

徐重道國藥第一分號

老協大祥綢布莊

太原劇場

安樂池浴室

住宅

基督教青年會

青年會健身房

上海銀行中國旅行社分社

金城銀行

煤棧

上海電話公司

SHANGHAI TELEPHONE Co.

北

9

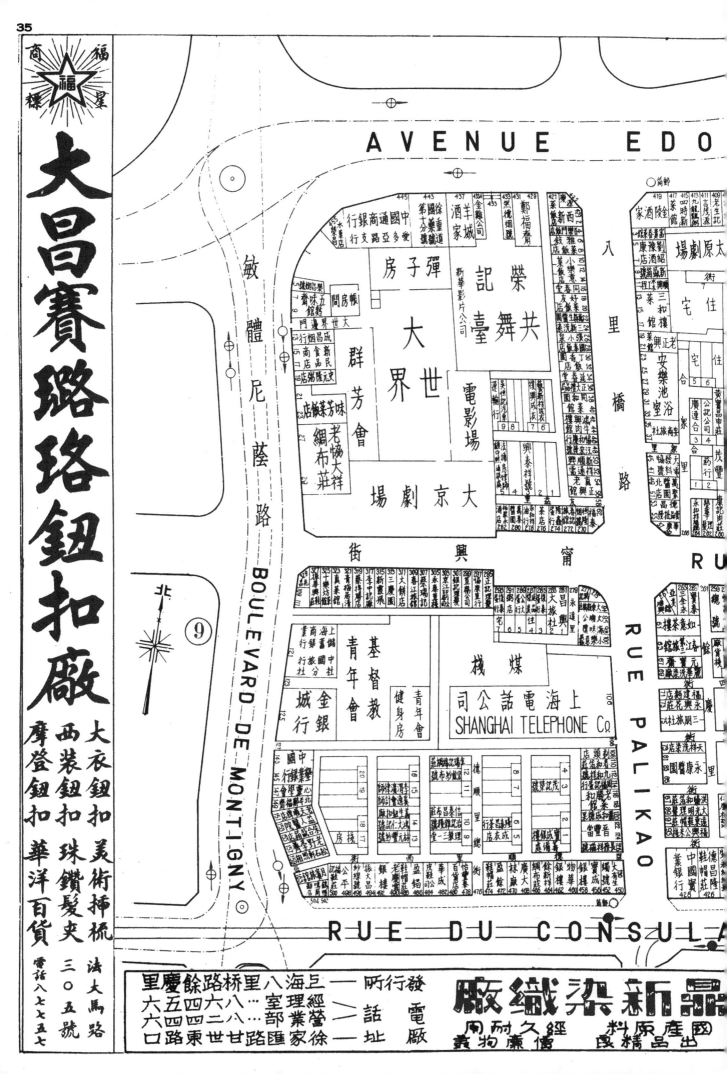

榮豐
及令棉毛呢
一九四〇年夏季
最新穎 最大方 衣料
最寫意 最經濟
質地—通風抗熱
色樣—文靜涼爽
身骨—挺薄細軟
風度—瀟洒飄逸
品性—經洗耐晒
代價—萬分合算
各大綢布商店均有出售
售價祇及成本八折
以犧牲一萬疋為限
購時請注意每隔二碼有榮豐標記
印有大批新樣本・函索即寄
完全國貨
永不褪色
榮豐紡織公司出品
經批發明上海天津路二五二號 電話九七六二一 廠址 上海大西路七十四號 電話二一六八八

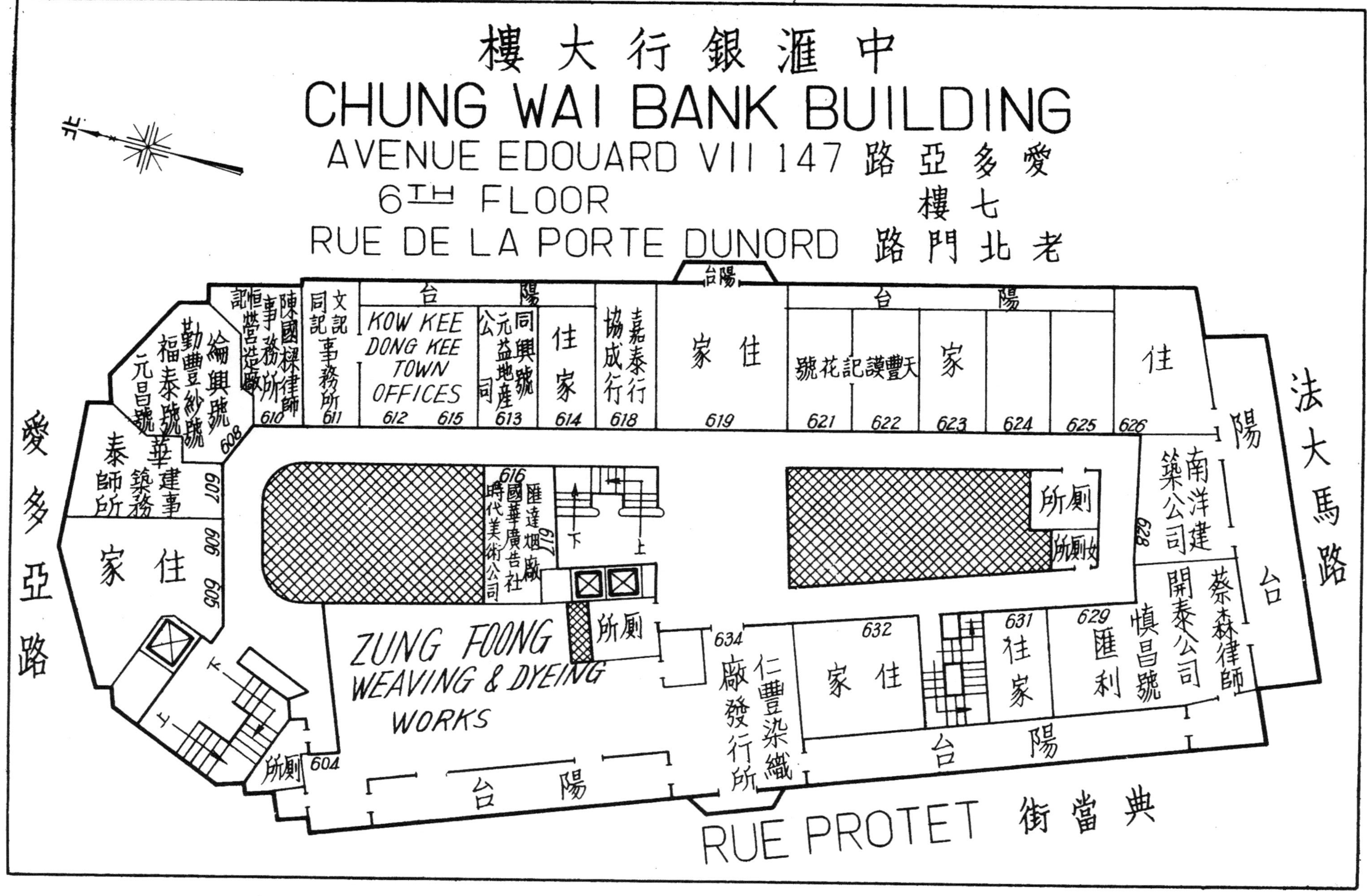

中滙銀行大樓
CHUNG WAI BANK BUILDING
AVENUE EDOUARD VII 147 愛多亞路
6TH FLOOR 七樓
RUE DE LA PORTE DUNORD 老北門路
北
愛多亞路
法大馬路
RUE PROTET 典當街
604 廁所
605 606 住家
607 華建事 築務 泰師所
608 倫興號 勤豐紗號 福泰號 元昌號
610 陳國樑律師事務所 恒記營造廠
611 文記 同記 事務所
612 615 KOW KEE DONG KEE TOWN OFFICES
613 同興號 元益地產公司
614 住家
616 國華廣告社 時代美術公司
617 滙達烟廠
618 嘉泰行 協成行
619 住家
621 622 天豐護記花號
623 家
624
625
626 住
628 南洋建築公司 開泰公司 蔡森律師
629 滙利 慎昌號
631 住家
632 住家
634 仁豐染織廠發行所
ZUNG FOONG WEAVING & DYEING WORKS
廁所
女廁所
陽台
上
下

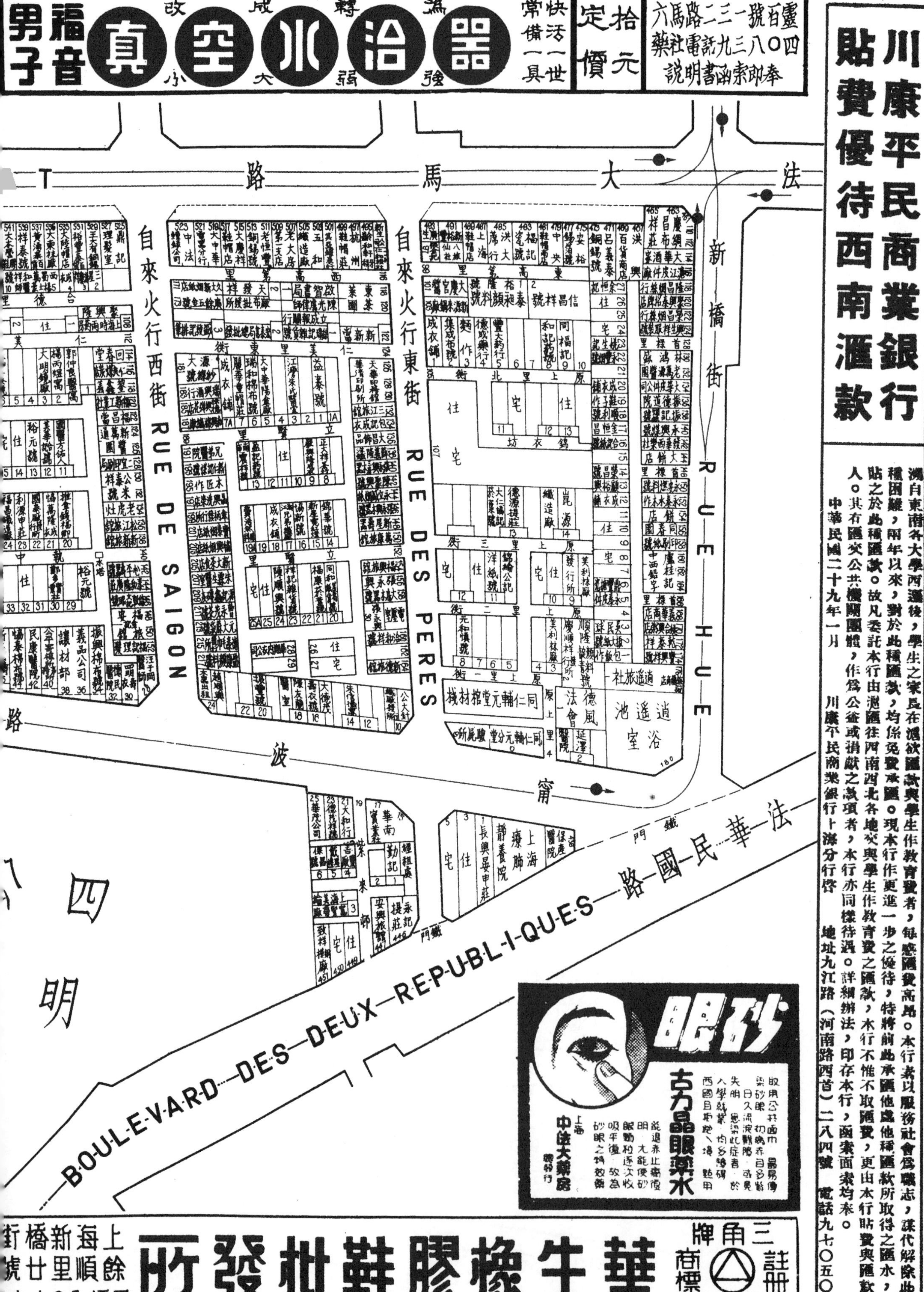

男子福音
真空水治器
快活一世
常備一具
定價拾元
六馬路二三一號百靈藥社
電話九三八〇四
說明書函索即奉
法大馬路
自來火行西街
RUE DE SAIGON
自來火行東街
RUE DES PERES
新橋街
RUE HUE
逍遙池浴室
寗波路
四明
法華民國路
BOULEVARD DES DEUX REPUBLIQUES
川康平民商業銀行
貼費優待西南滙款
滬自東南各大學西遷後，學生之家長在滬欲匯款與學生作教育費者，每感匯費高昂。本行素以服務社會爲職志，謀代解除此種困難，兩年以來，對於此種匯款，均係免費承匯。現本行作更進一步之優待，特將前此承匯他處他種匯款所取得之匯水，貼之於此種匯款。故凡委託本行由滬匯往西南西北各地交與學生作教育費之匯款，本行不惟不取匯費，更由本行貼費與匯款人。其有國交公共機關團體，作爲公益或捐獻之款項者，本行亦同樣待遇。詳細辦法，印存本行，函索面索均奉。
中華民國二十九年一月
川康平民商業銀行上海分行啓
地址九江路（河南路西首）二八四號 電話九七〇五〇
砂眼
克方晶眼藥水
上海中法大藥房發行
三角牌
註冊商標
華利橡膠廠
華生橡膠鞋批發所
上海新橋街餘順里廿號
電話八〇六九八

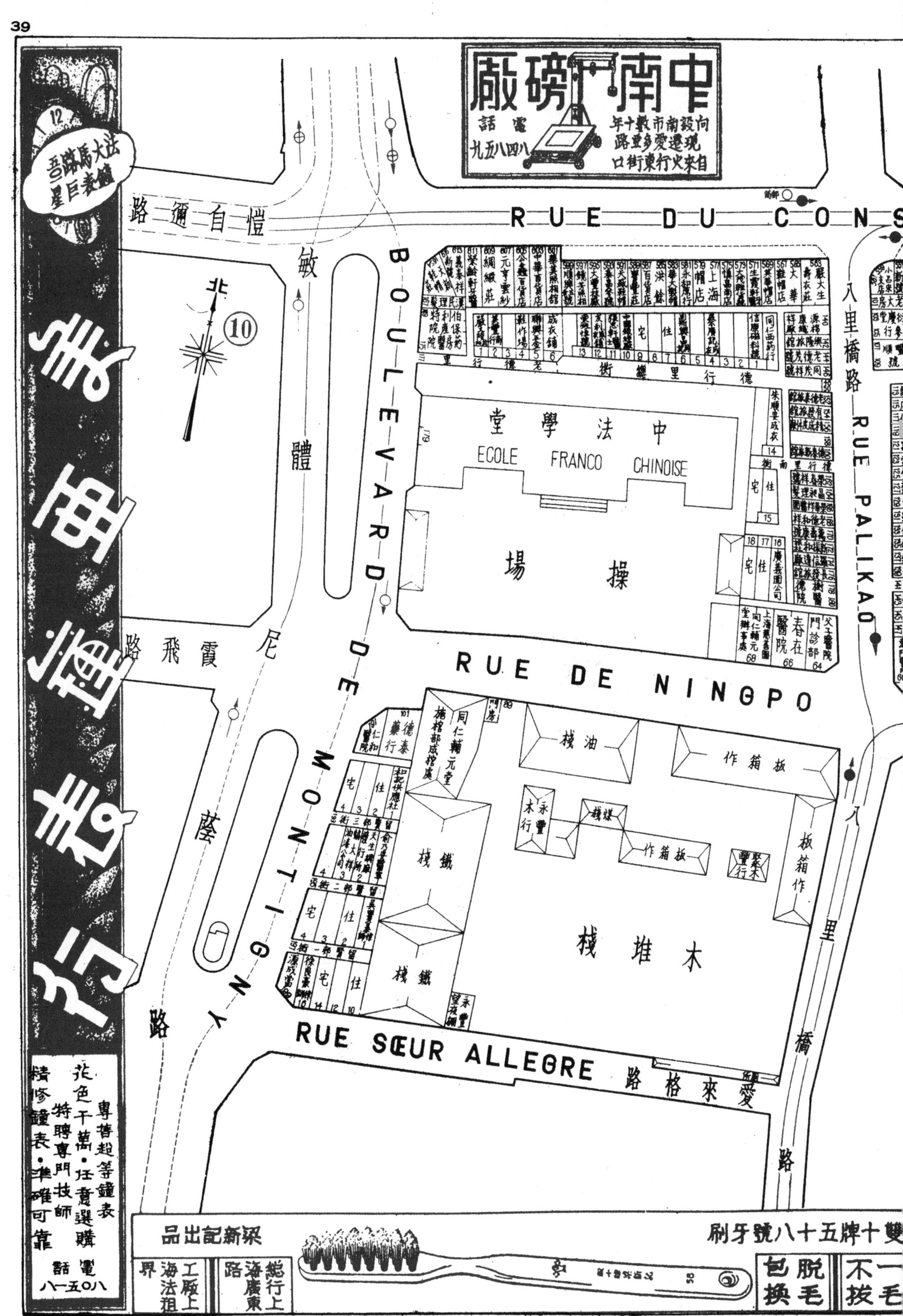
中南磅廠
向設南市數十年
現遷愛多亞路
自來火行東街口
電話 八四五九
法大馬路
星巨表鐘
RUE DU CONS
愷自邇路
北
10
敏體尼蔭路
BOULEVARD DE MONTIGNY
霞飛路
RUE DE NINGPO
中法學堂
ECOLE FRANCO CHINOISE
操場
油棧
板箱作
木堆棧
鐵棧
煤棧
八里橋路
RUE PALIKAO
RUE SŒUR ALLEGRE
愛來格路
專售超等鐘表
花色千萬・任意選購
特聘專門技師
精修鐘表・準確可靠
電話 八一五〇八
雙十牌五十八號牙刷
梁新記出品
總行上海廣東路
工廠上海法租界
一毛不拔
脫毛包換

金色黑帶潤膚香皂

家家合用
人人歡迎

上海永安公司出品

萬國儲蓄會大樓

INTERNATIONAL SAUINGS SOCIETY BUILDING

AVENUE EDOUARD VII 9 愛多亞路

1ST FLOOR 二樓

AVENUE EDOUARD VII 愛多亞路

2ND FLOOR 三樓

AVENUE EDOUARD VII 愛多亞路

福利營業公司
廣告部
廣告是發展商業的先鋒
代理設計各種大小廣告
新穎 醒目 活潑 美觀
⑪
北
同慶街
方浜路
法華民國路
U-E-S
麋鹿路
RUE MILLOT
華成路
RUE VOISIN
敏體尼蔭路
鐵門
愛華調經丸
調經種子 一索得男
上海望平街中
愛華製藥社發行
中南

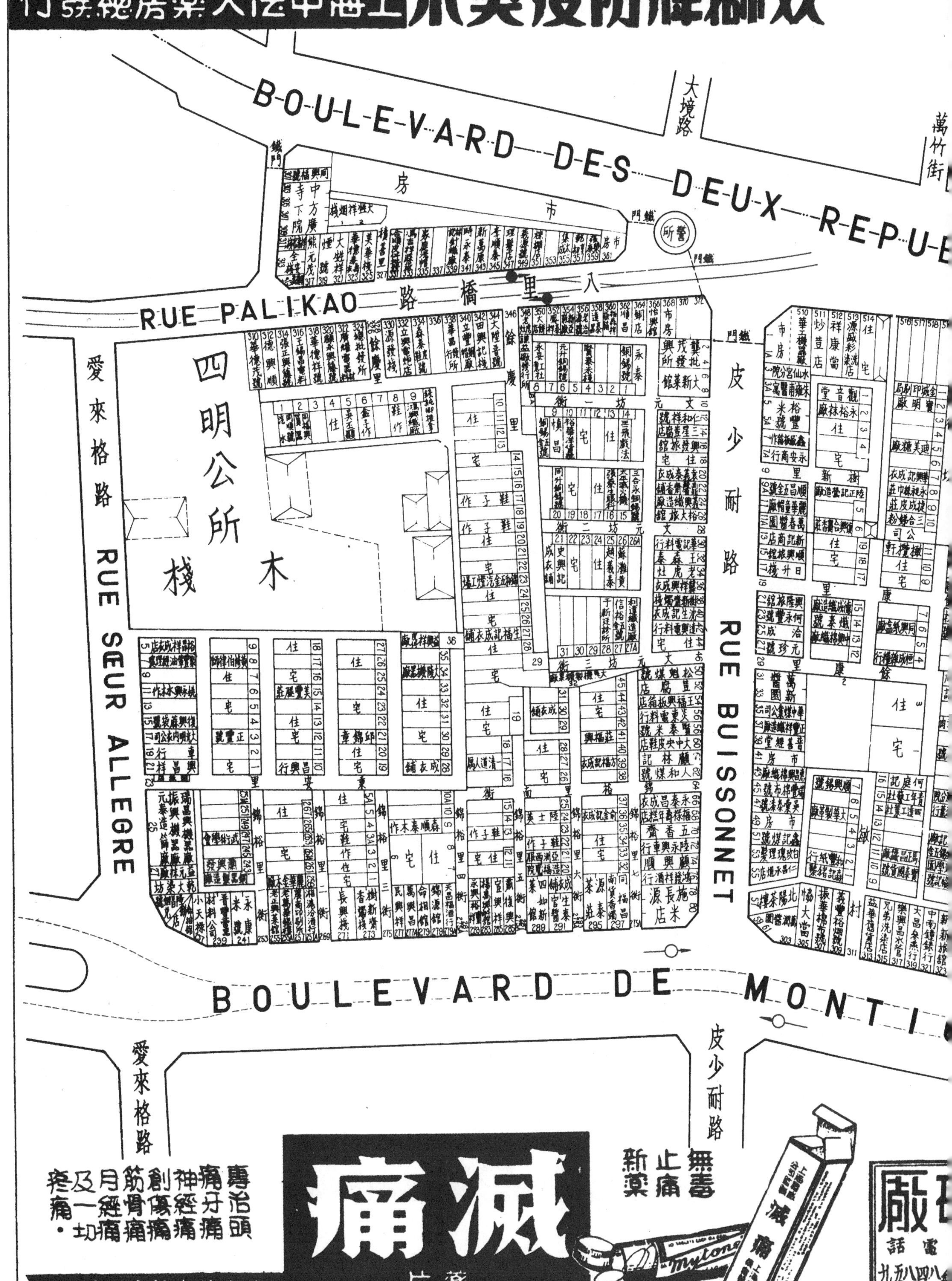

上海中法大藥房總發行
双獅牌防疫臭水
BOULEVARD DES DEUX REPUB
大境路
萬竹街
RUE PALIKAO
八里橋路
四明公所
木棧
愛來格路
RUE SŒUR ALLEGRE
皮少耐路
RUE BUISSONNET
BOULEVARD DE MONTI
專治月經痛創傷痛筋骨痛神經痛牙痛頭痛及一切痛疼・
減痛
藥片
無毒止痛新藥
上海中法大藥房總發行
電話九五八四八

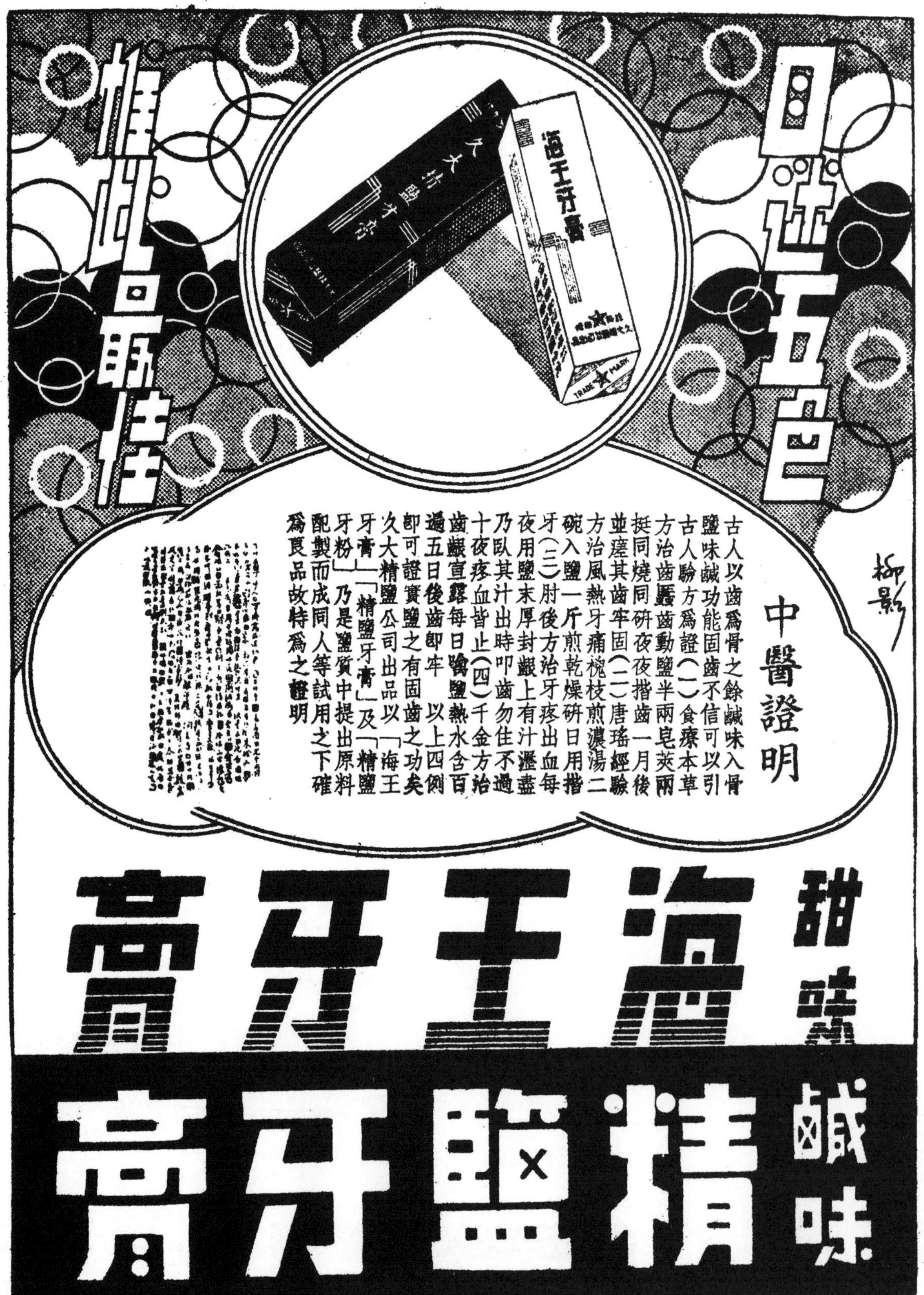
日出五色
惟此品最佳
海王牙膏
中醫證明
古人以齒爲骨之餘鹹味入骨鹽味鹹功能固齒不信可以引古人驗方爲證(一)食療本草方治齒齦齒動鹽半兩皂莢兩挺同燒同研夜夜揩齒一月後並瘥其齒牢固(二)唐瑤經驗方治風熱牙痛槐枝煎濃湯二碗入鹽一斤煎乾燥研日用揩牙(三)肘後方治牙疼出血每夜用鹽末厚封齦上有汁瀝盡乃臥其汁出時叩齒勿住不過十夜疼血皆止(四)千金方治齒齦宣露每日噙鹽熱水含百過五日後齒卽牢 以上四例卽可證實鹽之有固齒之功矣久大精鹽公司出品以「海王牙膏」「精鹽牙膏」及「精鹽牙粉」乃是鹽質中提出原料配製而成同人等試用之下確爲良品故特爲之證明
柳影
甜味
海王牙膏
鹹味
精鹽牙膏

萬國儲蓄會大樓
INTERNATIONAL SAUINGS SOCIETY BUILDING
AVENUE EDOUARD VII 9 愛多亞路

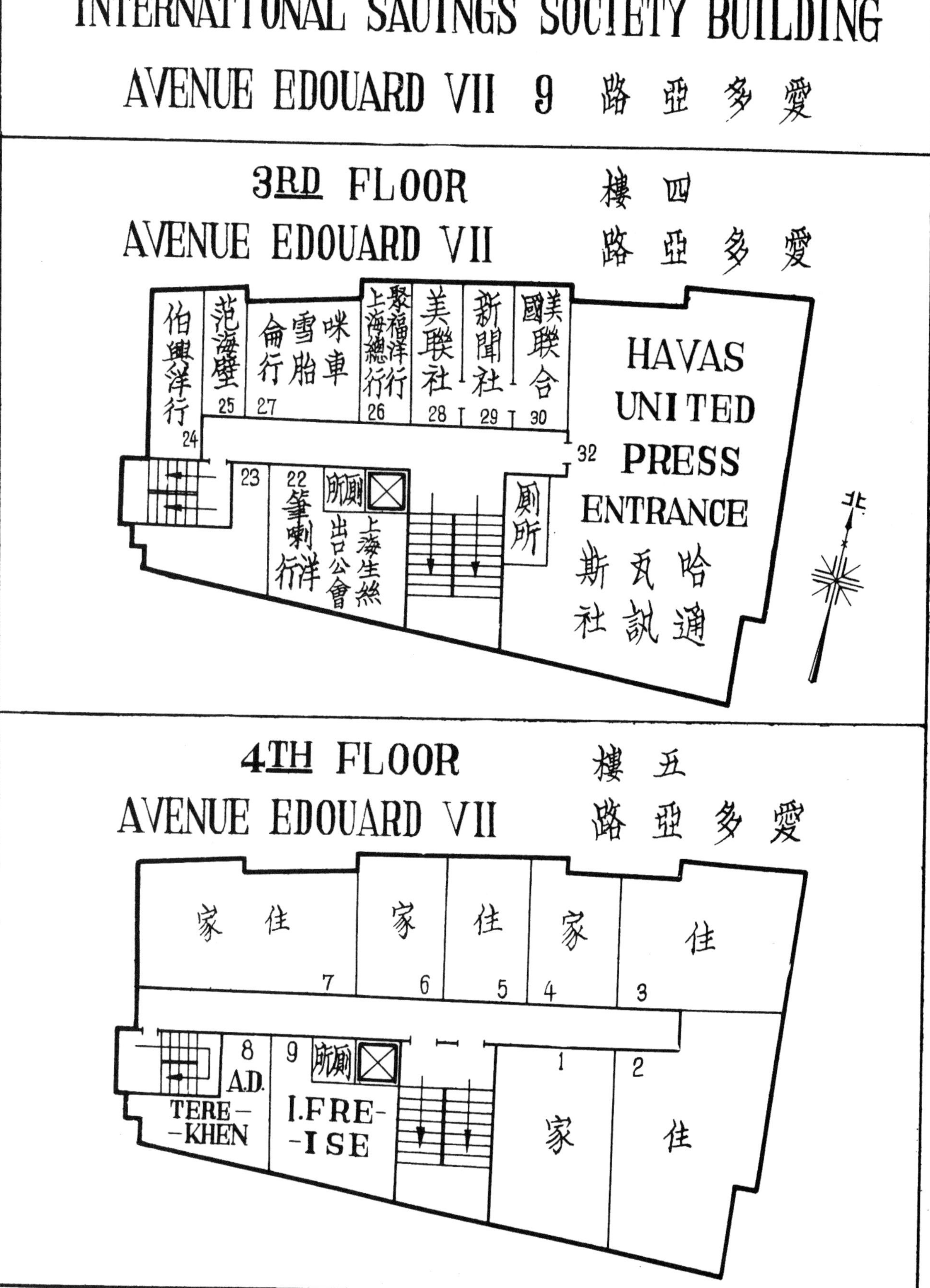

⑫

麋鹿路

敏體尼蔭路

鐵門

TOIRS
IPAUX
宰牲

湘姚中小學

金榮小學校

市房

白爾路

奧禮和路

安納金路

RUE HENNEQUIN

RUE ORIOU

RUE EUGENE BARD

育材小學

操場

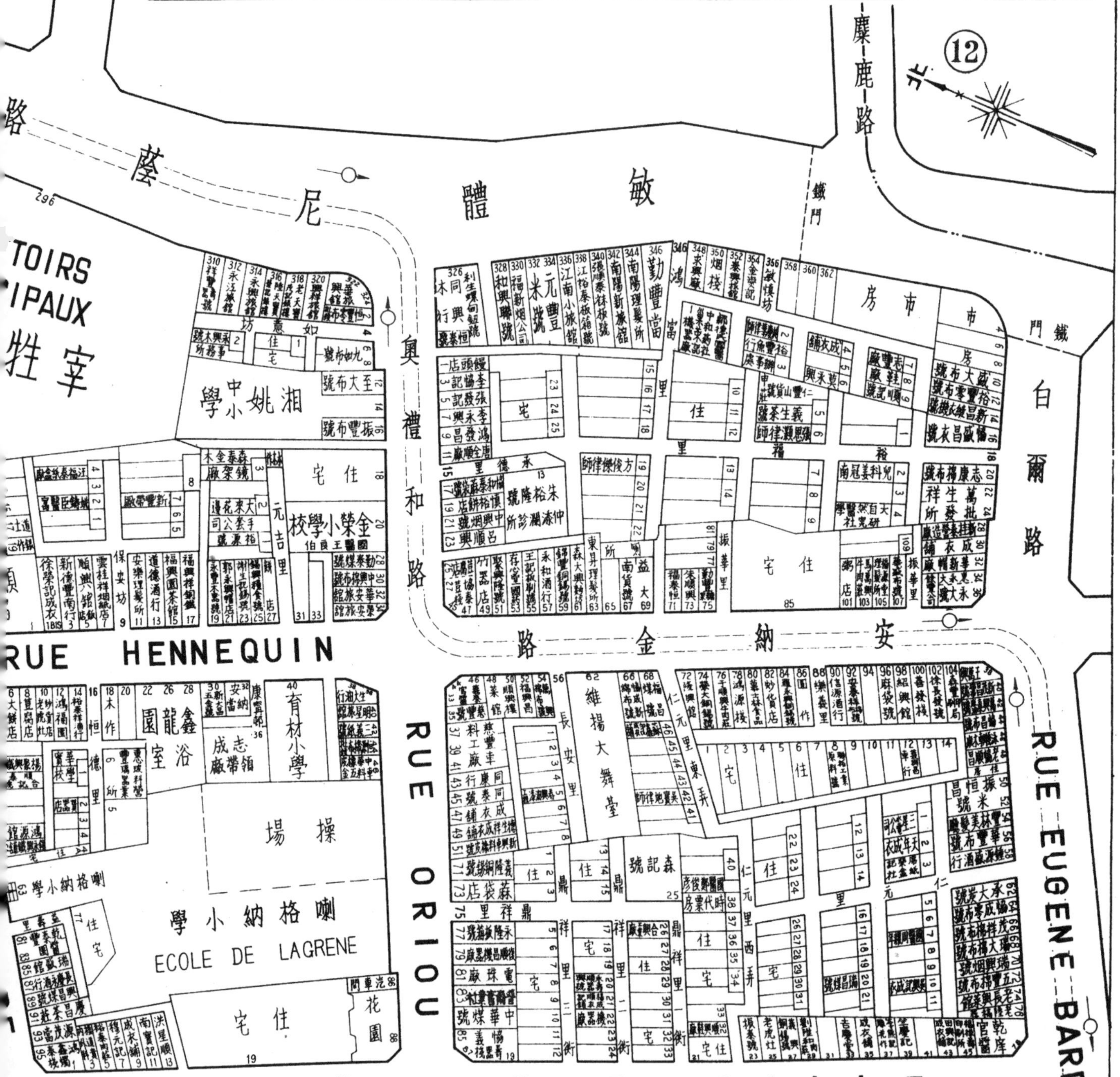

維揚大舞臺

喇格納小學
ECOLE DE LAGRENE

花園

RUE GALLE

茄勒路

LAGRENE

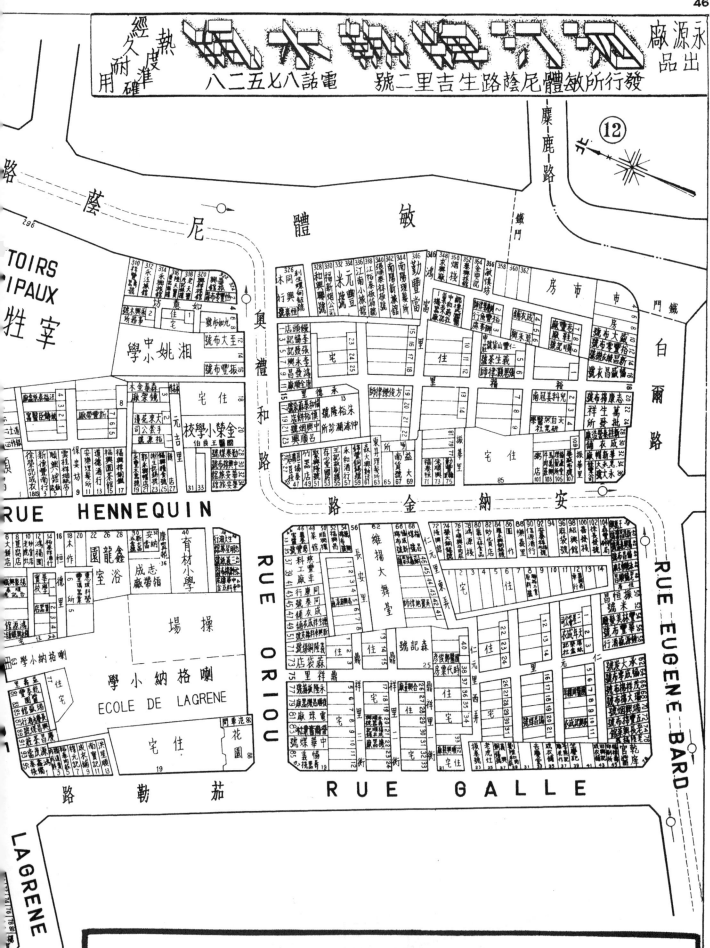

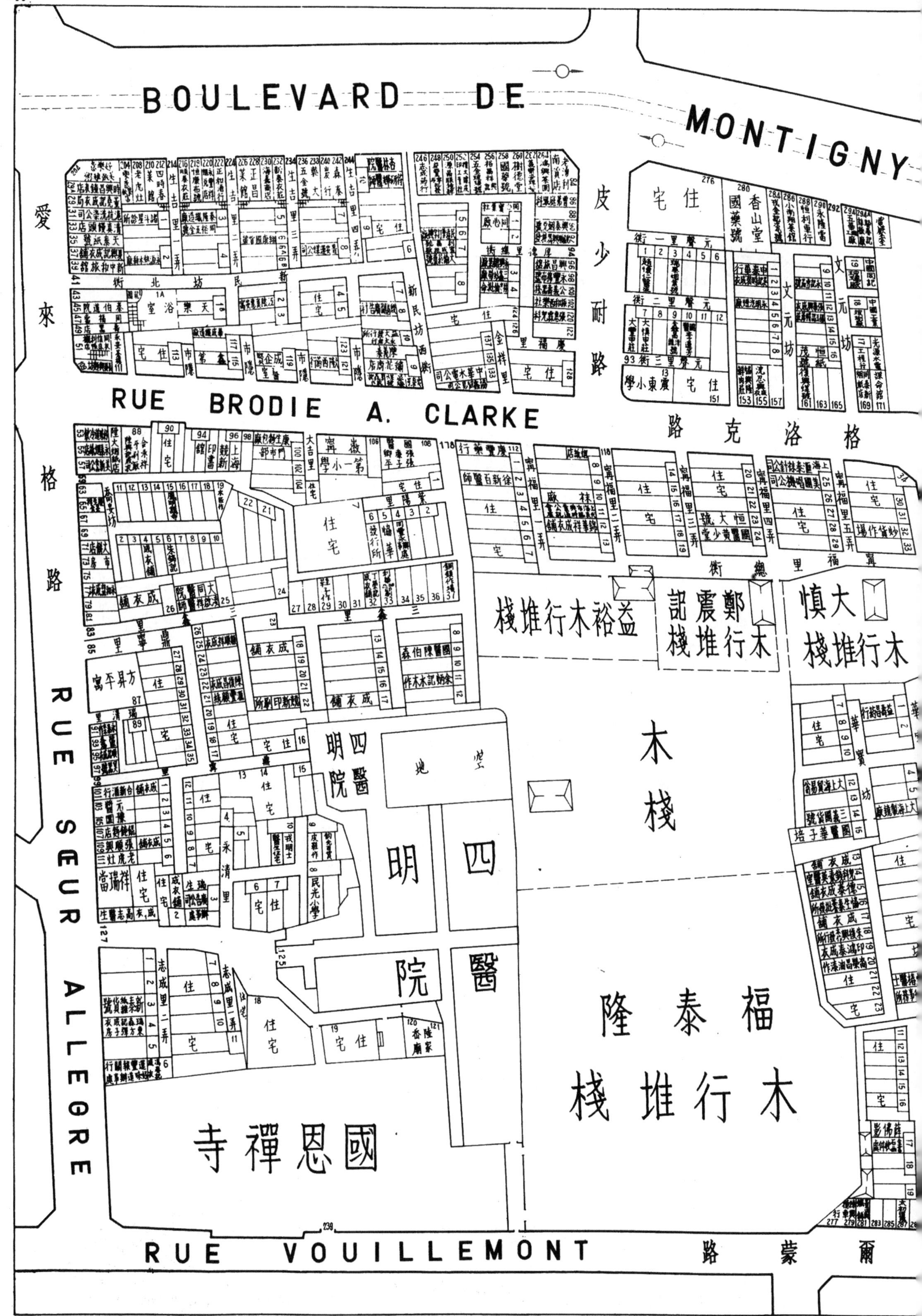
BOULEVARD DE MONTIGNY
RUE BRODIE A. CLARKE
格洛克路
RUE SŒUR ALLEGRE
愛來格路
RUE VOUILLEMONT
爾蒙路
皮少耐路
四明醫院
國恩禪寺
福泰隆木行堆棧
益裕木行堆棧
鄭震記木行堆棧
大慎木行堆棧
木棧
空地
元聲里
文元坊
新民坊
慶福里
寧福里
永清里

丁香
茴香
薄荷
麝香
木香
胡椒
人丹原料全屬國產雖舶來品亦均採用之故其功效能超越舶來品也
桂皮
荳蔻
完全國貨
龍虎商標
甘草
砂仁
兒茶
冰片
人丹
辟瘟防疫
清脾醒胃
生津止渴
免除口臭
衛生署成藥許可證成字第四六五號
行銷二十餘年
製法逐年改進
出品登峯造極
外貨望塵莫及
主治時痧惡疫
食傷嘔噁瀉洩
中暑神昏熱厥
立見轉危為安
中華國貨
龍虎商標
人丹
上海中法大藥房總發行

YARK HOUSE 約克大樓

RUE MONTAUBAN 29 天主堂街

1ST FLOOR 二樓

RUE MONTAUBAN 天主堂街

印度總會

113 111

上 下

遠東航務公司 102

華成號 104

厠所

僕室

101 住家

103 鼎興號

105 協同興

107 振興號 美通號 郁君拔鑄

109 福源號 慎餘紗號

下 上

法大馬路

2ND FLOOR 三樓

RUE MONTAUBAN 天主堂街

住家

住家

201 203

上 下

紙

202

205 207 209 211 213 住家

204 206 208 210 212 214 216

吳鴻記號

住家

建公記興號

下 上

法大馬路

四,五,六,七樓均係住家

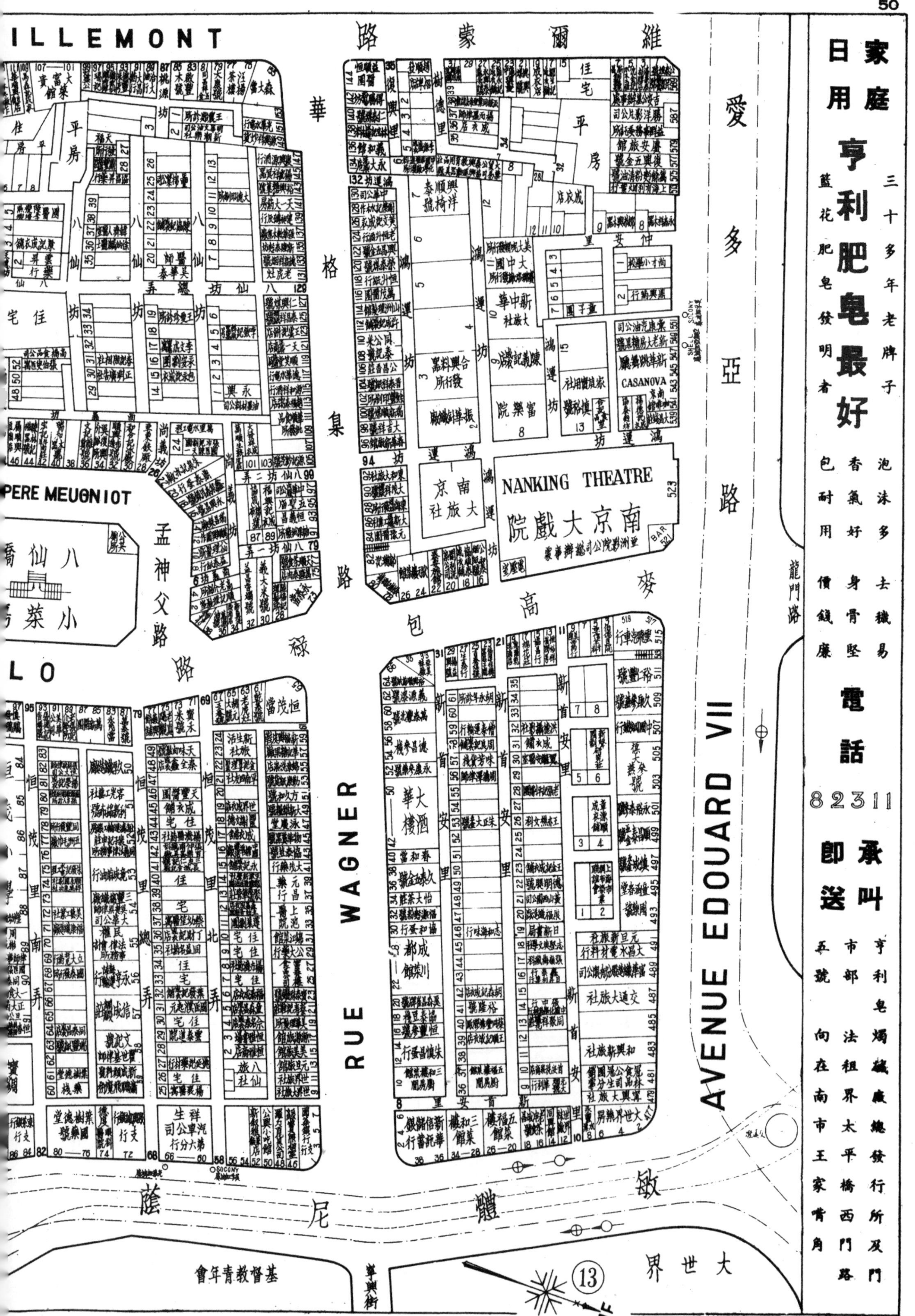
ILLEMONT
維爾蒙路
華格臬路
愛多亞路
AVENUE EDOUARD VII
RUE WAGNER
NANKING THEATRE
南京大戲院
亞洲影院公司經理 東華
南京大旅社
CASANOVA
麥高包祿路
PERE MEUGNIOT
孟神父路
八仙橋小菜場
LO
龍門路
敏體尼蔭路
大世界
基督教青年會
華興街
13
家庭日用
亨利肥皂最好
三十多年老牌子
藍花肥皂發明者
泡沫多 去積易
香氣好 身骨堅
包耐用 價錢廉
電話
82311
承叫即送
亨利皂燭廠總發行所及門
市部法租界太平橋西門路
五號向在南市王家嘴角

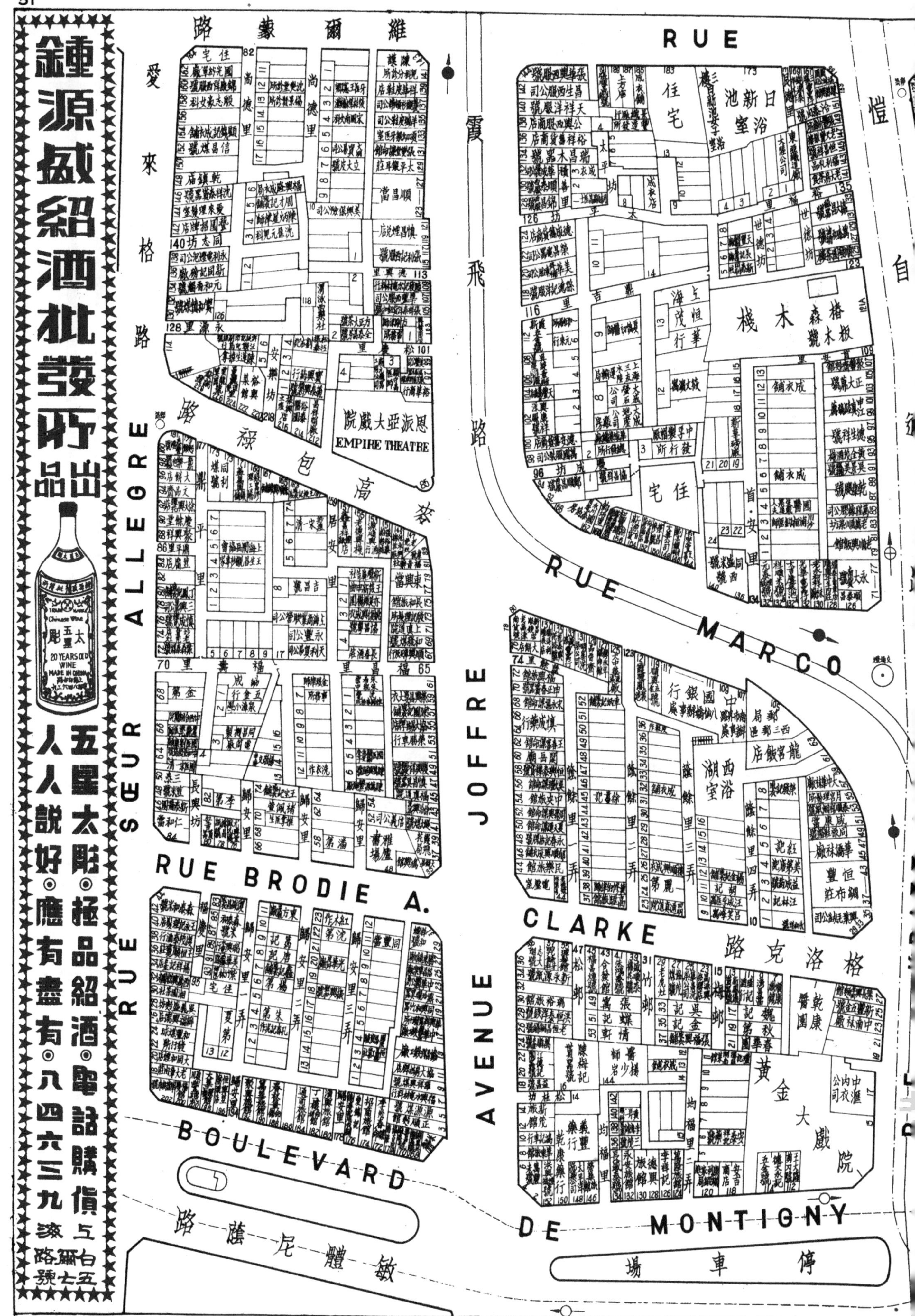
鍾源盛紹酒批發所出品
五星太彫◎極品紹酒
人人說好◎應有盡有
Chinese Wine
20 YEARS OLD WINE
MADE IN CHINA
維爾蒙路
愛來格路
RUE ALLEGRE
RUE SŒUR
高包祿路
恩派亞大戲院
EMPIRE THEATRE
霞飛路
AVENUE JOFFRE
RUE MARCO
RUE
日新池浴室
榕森木棧
中國銀行
郵局
龍宮飯店
西湖浴室
RUE BRODIE A.
CLARKE
格洛克路
黃金大戲院
BOULEVARD
DE MONTIGNY
敏體尼蔭路
停車場

ST. ANNA BVILDING

RUE DU CONSULAT 41 法大馬路

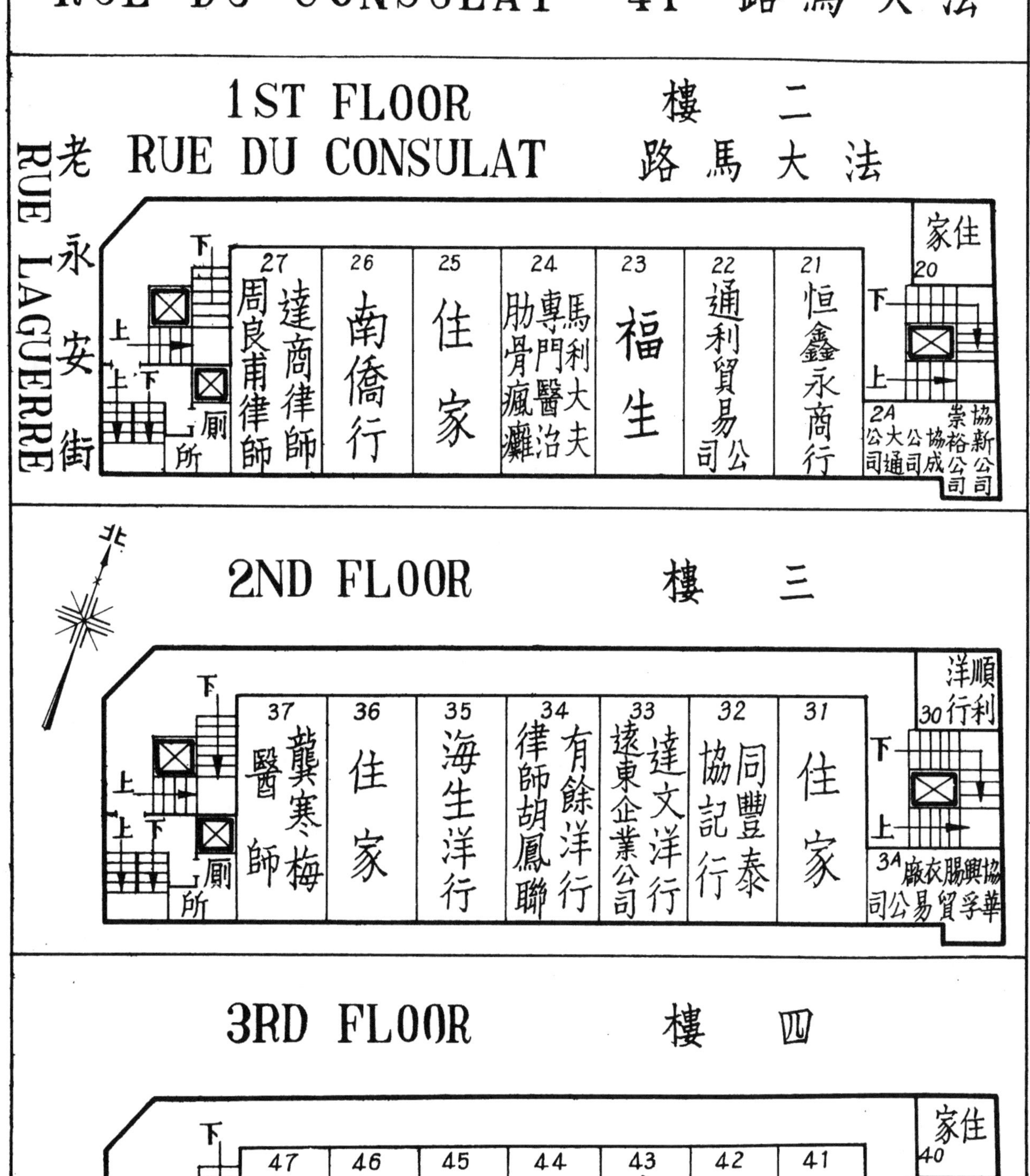

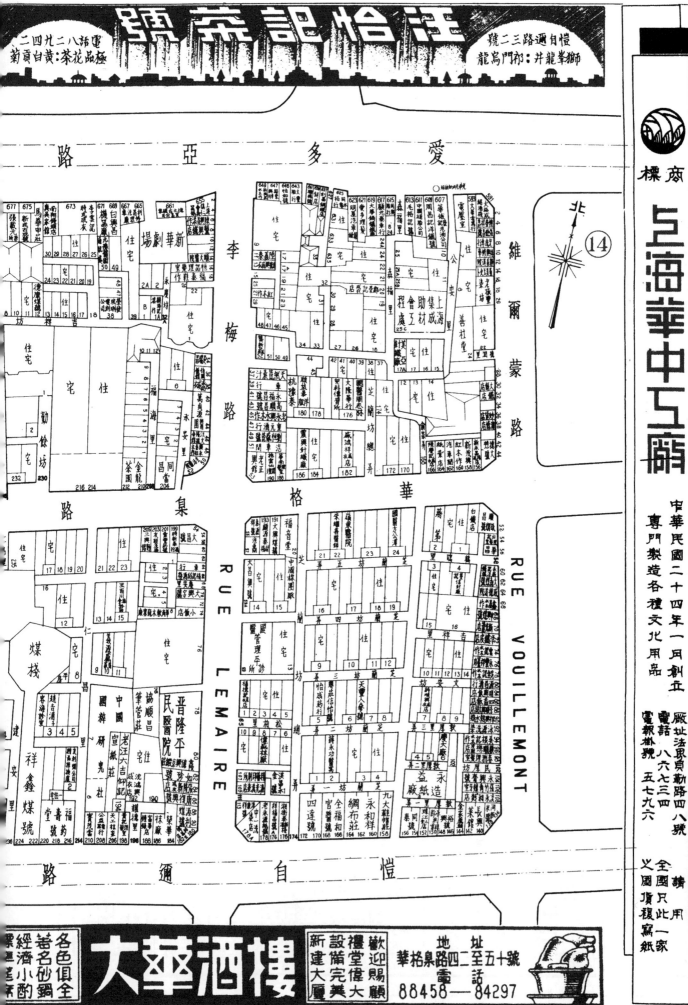

愛多亞路

李梅路

維爾蒙路

華格臬路

RUE LEMAIRE

RUE VOUILLEMONT

愷自邇路

北

⑭

新華劇場

勤餘坊

吉祥坊

福海里

永安里

同昌當

金龍茶園

芝蘭坊

森福里

公安里

善杜堂

上海集成助材會程處

中國煤團廠

大昌興號

福音堂

國醫公濟

嶺東醫院

芝蘭坊

吉祥里

文安坊

松柏里

敦厚里

永益造紙廠

煤棧

晉隆平民醫院

協順昌筆莊

中國國粹研究社

宣紙莊

老汪六吉仰記

祥鑫煤號

福壽堂藥號

四達號

官醬號

全福和

綢布莊

永和祥

九大華

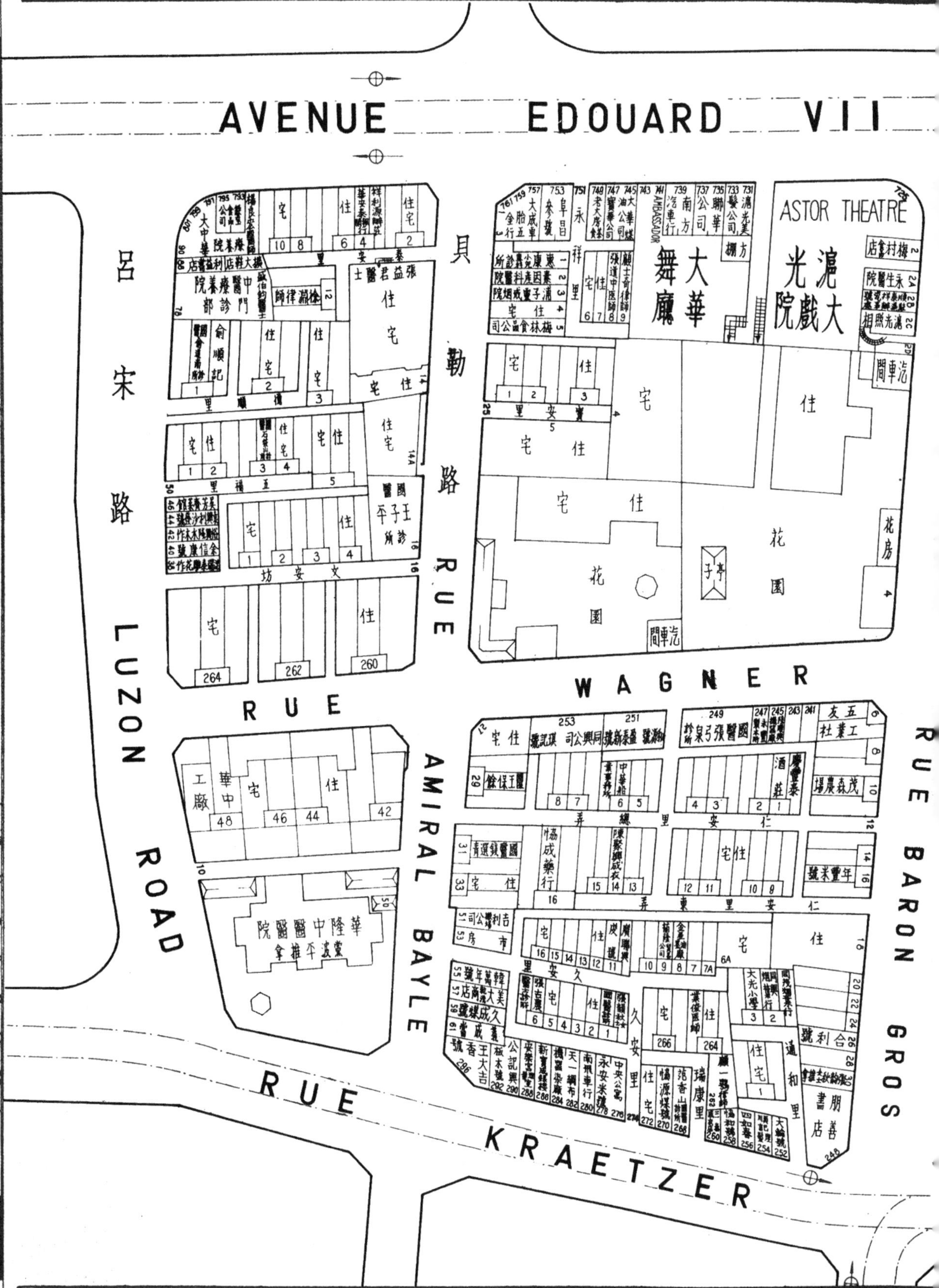

AVENUE EDOUARD VII

呂宋路 LUZON ROAD

貝勒路 RUE AMIRAL BAYLE

RUE WAGNER

RUE KRAETZER

RUE BARON GROS

RUE

ASTOR THEATRE 滬光大戲院

大華舞廳

華隆中醫醫院 董波平推拿

花園 亭子 汽車間 花房

張益君醫士 王子平國醫診所 中醫門診部 中醫療養院 俞順記

文安坊 五福里 五福 順福里 寶安里 泰安里

仁安里 仁安東里 仁安總弄 久安里 通和里

中華工廠 新新酒莊 茂森廣場 年豐米號 合利號 朋善書店 瑞康里 廣協成藥行 安吉里

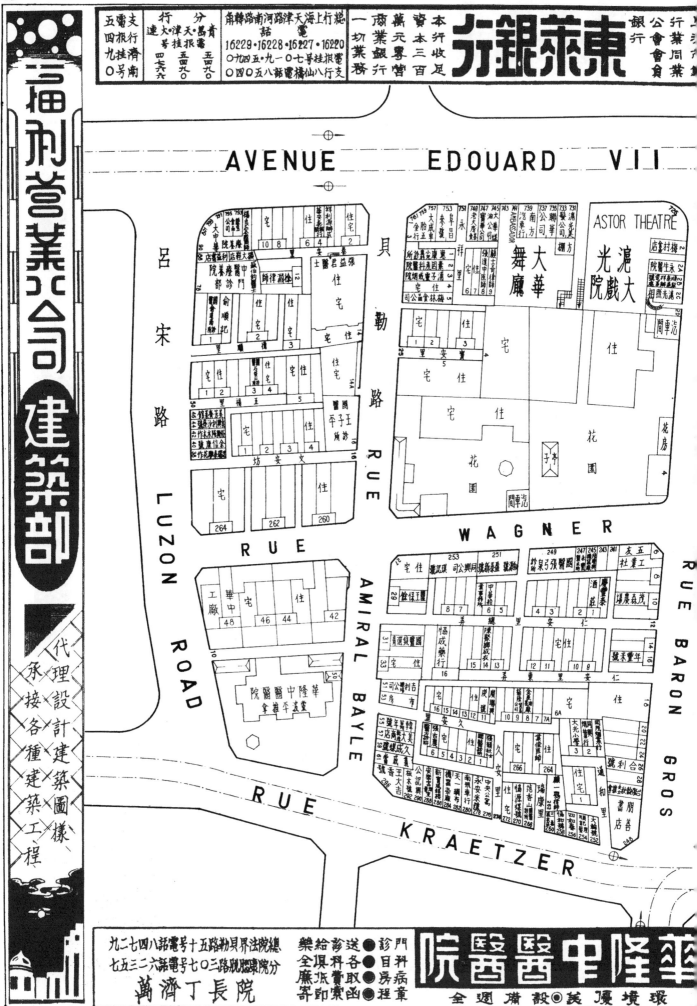

中法大藥房

電話

九二三三一 九二三三二

九二三三三 轉接各部

電報掛號●五六七三

總發行所

上海北京路八一五號

製藥廠

上海大西路一七九〇號

本藥房創立迄今，垂五十年，除運售各國原料藥材醫療器械衛生用具外，並積極提倡國藥，研究仿製，先後發行自製靈效藥品化粧香品五百餘種，行銷全國及南洋各埠，卓著聲譽，茲例舉其最著者如下：

艾羅補腦汁 寧神安腦 益智補身
艾羅療肺藥 清肺祛痰 平喘止咳
羅威乳白魚肝油 美味 無腥
羅威麥精魚肝油 補肺 強身
象牌麥精魚肝油 益肺 肥體
雙獅牌牛肉汁 大補氣血 強健筋骨
雙獅牌童鷄汁 開胃補體 調理最宜
九造真正血 補血生精 調和百骸
紅血輪 純血色素 不含鐵質
九一四內服新藥 肅清血毒
九一四外用藥膏 普治瘡癬
九一四白濁新藥 清淋止痛
龍虎人丹 辟瘟防疫 人人必備
救星復活水 祛痧救疫 起死回生
象牌急救時疫水 救治痧疫 神效無比
雙獅牌殺蚊香 殺蚊靈速 點燃耐久
雙獅牌薄荷錠 頭痛牙痛 塗搽立愈

雙獅牌花露水 清膚辟穢 退痱止癢
羅威沙而 痱痧瘡傷 洗之立效
雙獅牌防疫臭水 殺菌消毒 滅除蚊蠅
中國寶丹 內服鼻吸 急救痧疫
中法菓子露 清涼解渴 消暑隽品
羅威水菓鹽 化痰清血 降火利便
羅威匹靈 傷風發熱 一服即靈
古力晶眼藥水 退赤消腫 效驗如神
滅痛藥片 不含毒質 定痛如神
胃寧藥片 化食定痛 和胃整腸
孩兒面 粉質雪花 細膩芬郁
精裝孩兒面 軟性雪花 美容潤膚
象牌牙膏 潔齒固齒 防治蛀齒
發髮藥水 滋養髮根 禿髮重生
家庭藥庫 良藥齊備 小病自療
旅行藥庫 藥械廿種 取攜便利
嬰孩快樂片 化積消食 祛痰退熱

ST. ANNA BVILDING

RUE DU CONSULAT 41 法大馬路

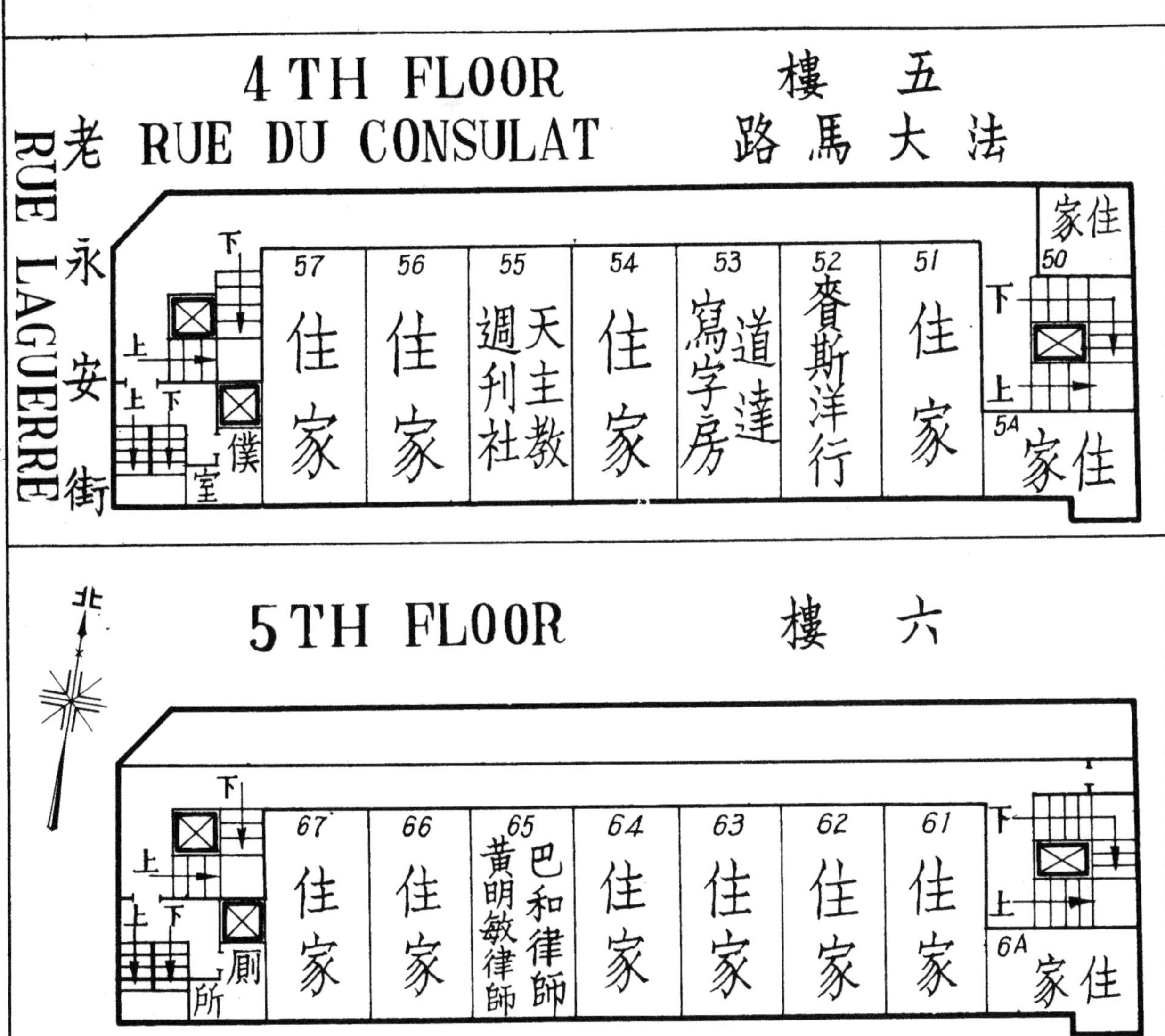

七樓全係住家

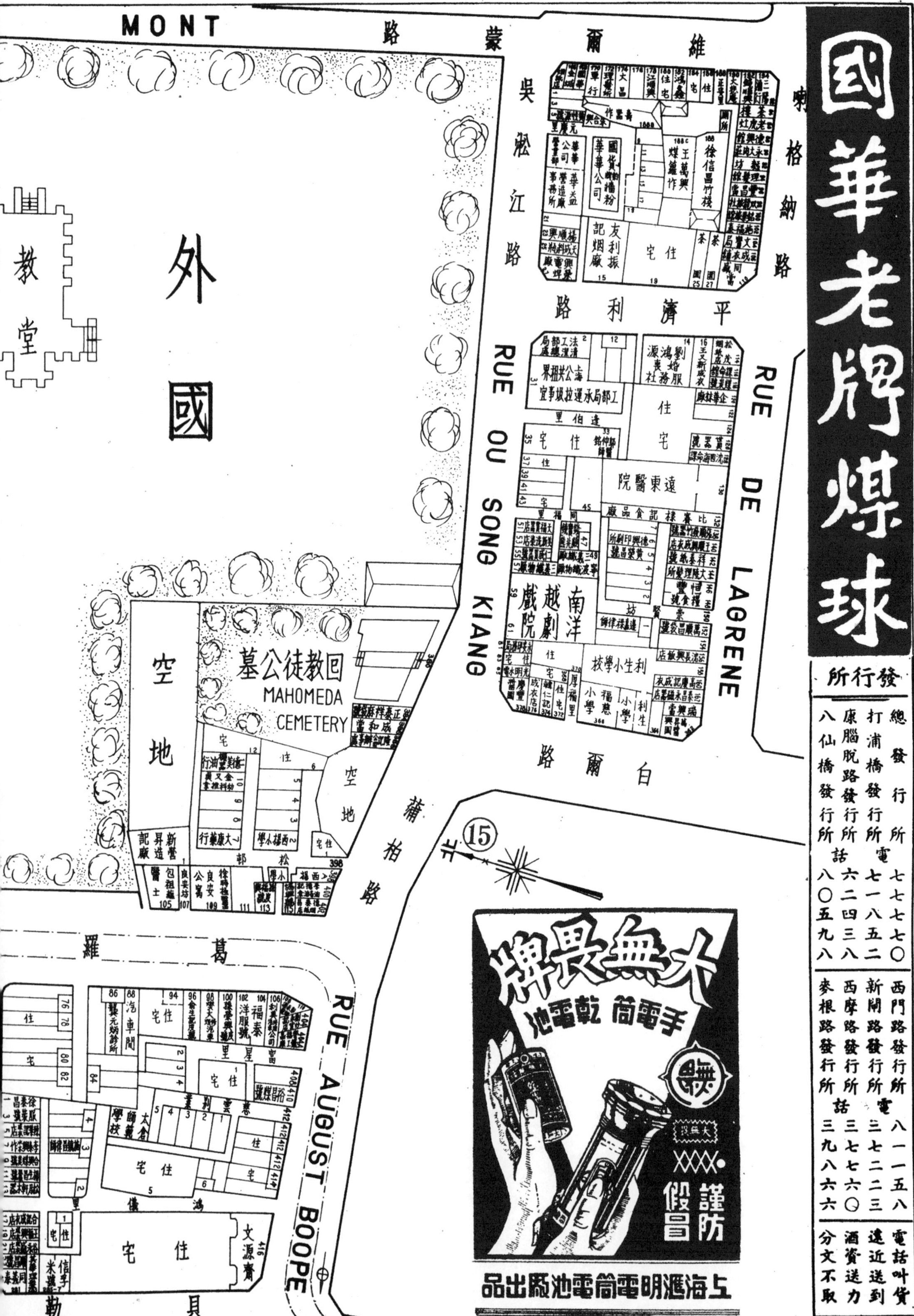
MONT
維爾蒙路
吳淞江路
喇格納路
平濟利路
RUE OU SONG KIANG
RUE DE LAGRENE
白爾路
蒲柏路
葛羅
RUE AUGUST BOOPE
勒貝
外國
教堂
空地
回教徒公墓
MAHOMEDA CEMETERY
遠東醫院
南洋越劇戲院
利生小學校
國貨華華公司
華益營造事務所
友利振記烟廠
15
北
國華老牌煤球
發行所
總發行所 電話 七七七七〇
打浦橋發行所 七一八五二
康腦脫路發行所 六二四三八
八仙橋發行所 八〇五九八
西門路發行所 電話 八一一五八
新閘路發行所 三七二二三
西摩路發行所 三七七六〇
麥根路發行所 三九八六六
電話叫貨 遠近送到 酒資送力 分文不取
大無畏牌
手電筒 乾電池
謹防假冒
上海滙明電筒電池廠出品

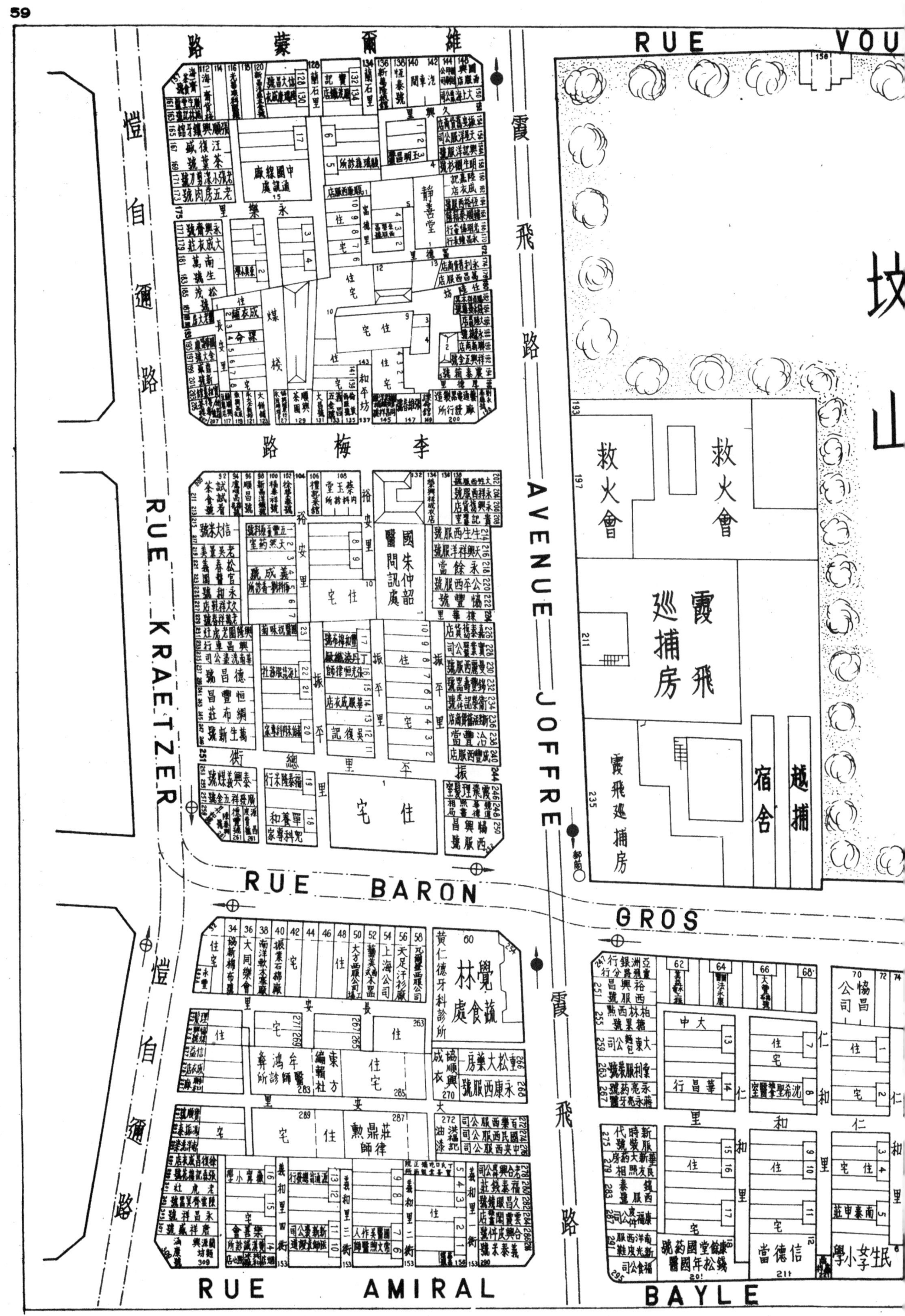
RUE VOU
維爾蒙路
霞飛路
AVENUE JOFFRE
愷自邇路
RUE KRAETZER
李梅路
RUE BARON GROS
RUE AMIRAL BAYLE
救火會
救火會
霞飛巡捕房
霞飛巡捕房
越捕宿舍
静善堂
中國線廠通訊處
國醫朱仲韶問訊處
覺林蔬食處
莊鼎勳律師
永樂里
裕安里
振平里
總平里
長安里
大安里
和平坊
煤棧
住宅
郵局

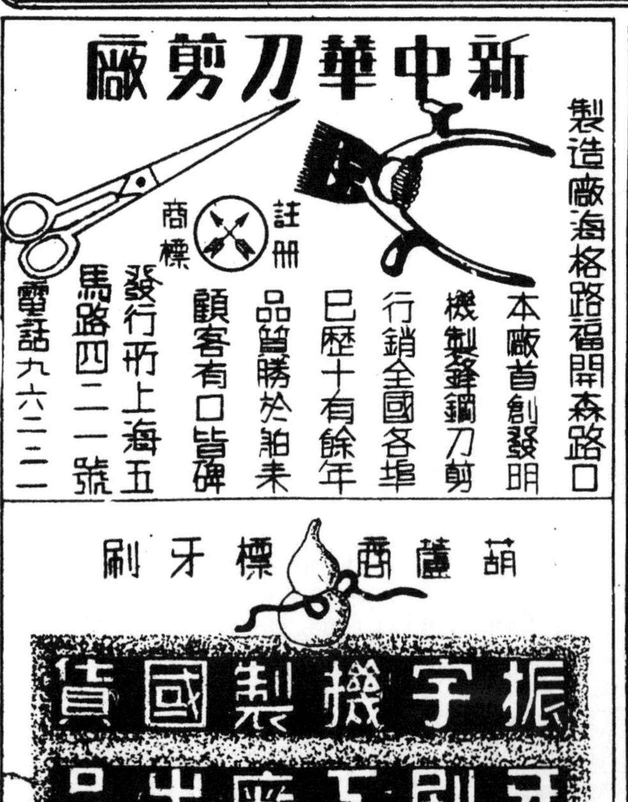

新中華刀剪廠
製造廠海格路福開森路口
註冊
商標
本廠首創發明
機製鋒鋼刀剪
行銷全國各埠
已歷十有餘年
品質勝於舶来
顧客有口皆碑
發行所上海五馬路四二一號
電話九六二三二
葫蘆商標牙刷
振宇機製國貨
牙刷工廠出品
製造工廠上海極司非而路一四七〇號
總發行所上海望平街山東路二〇九號

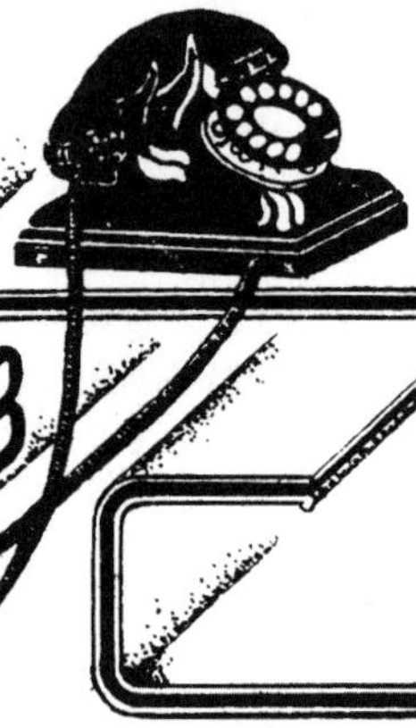

C.F.C. BUILDING

AVENUE EDOUARD VII 39 愛多亞路

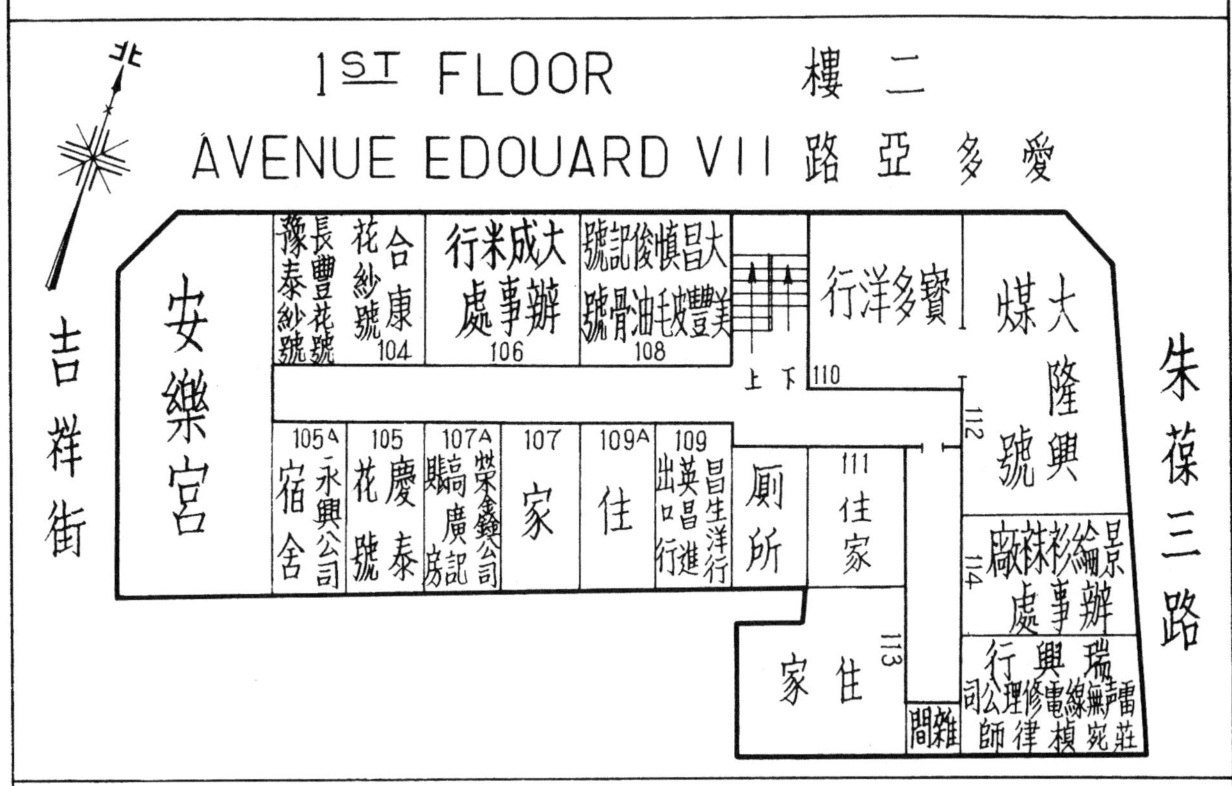

2ND FLOOR 三樓

152 立大號 華威行
156 永生隆貨棧
158 永發洋行
160 永大皮毛號
162 永興地產公司
164 直東宿舍
166 華新貿易公司
168 中發房產信托公司 中法銀公司 中華地產公司 律師張壽椿
雜間
153 宏盛木行
155 住家
157 大成傳記麻袋號
159 大昌慎記號棧
161 彭鍾駿 吳履豐 律師
163 住家
165 天津直東輪船公司
167 亨利洋行
厠所
169 仁和棉布號
住家
170 大陸公司事務所 古寶財洋行 壁利洋行

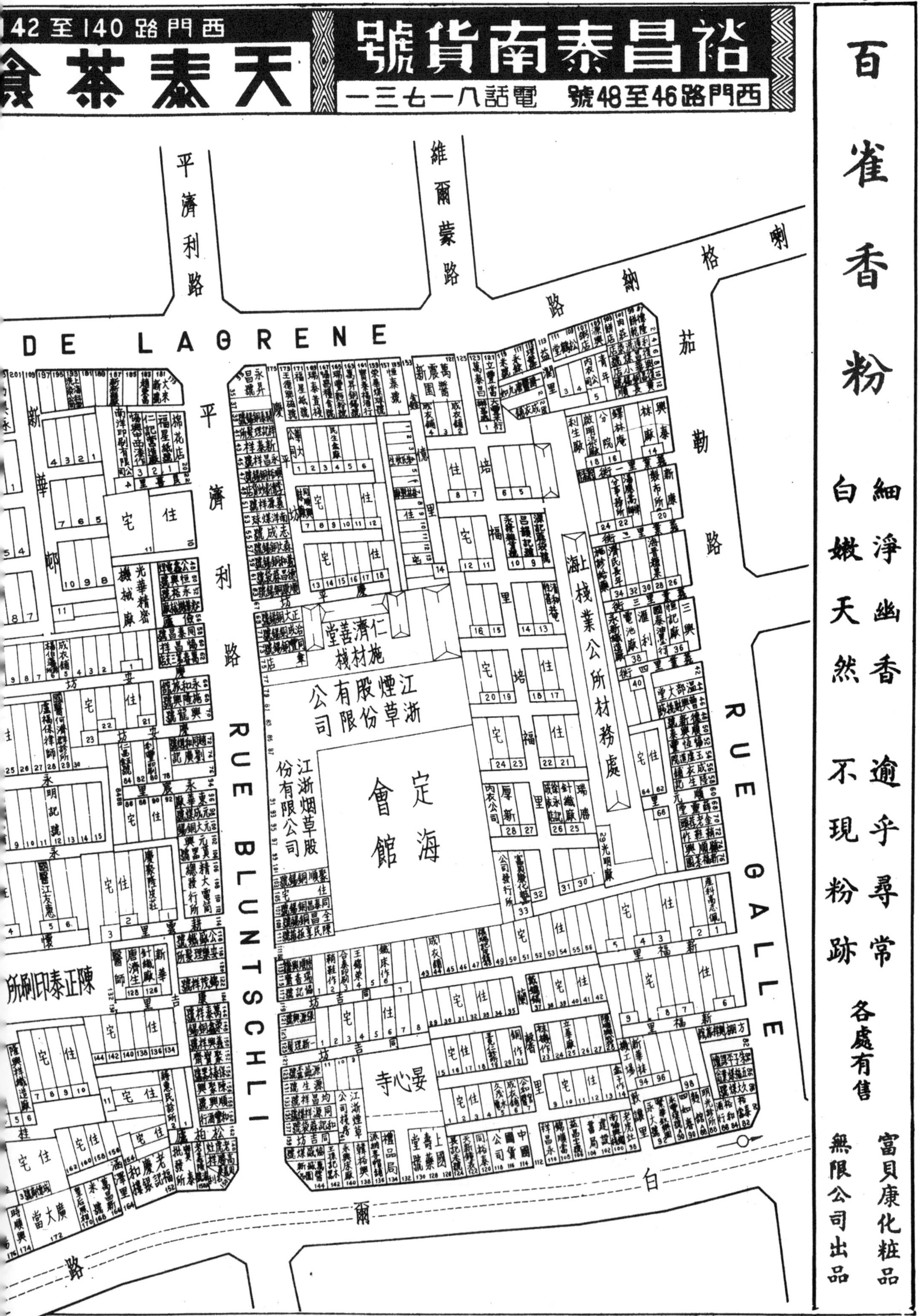
西門路140至142
天泰茶
裕昌泰南貨號
西門路46至48號 電話八一七三一
百雀香粉
細淨幽香 逾乎尋常
白嫩天然 不現粉跡
各處有售
富貝康化粧品無限公司出品
平濟利路
維爾蒙路
喇格納路
茄勒路
DE LAGRENE
RUE BLUNTSCHLI
RUE GALLE
白爾路
江浙煙草股份有限公司
定海會館
仁濟善堂施材棧
海上棧業公所材務處
晏心寺
陳正泰印刷所

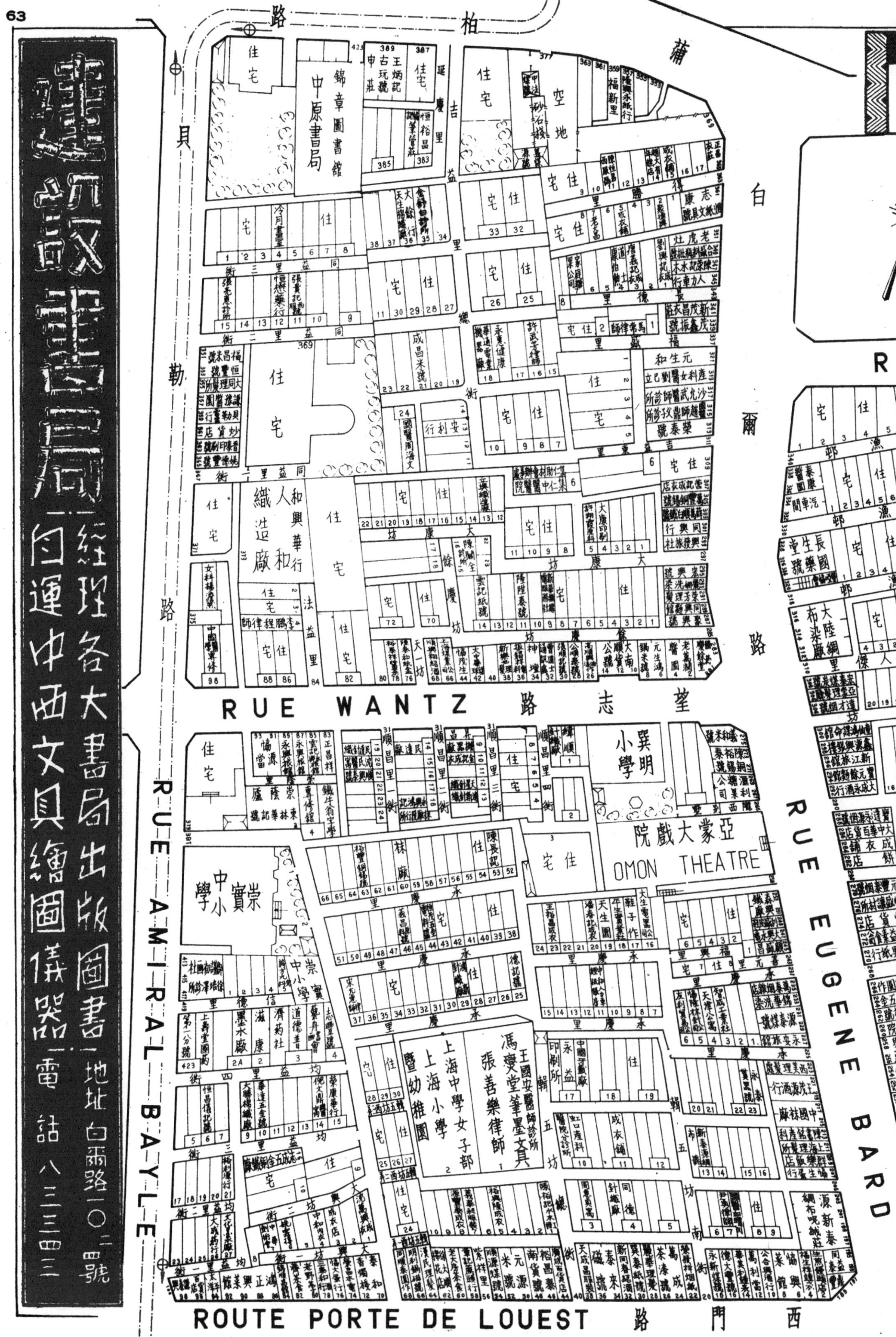
經理各大書局出版圖書
地址白爾路一〇二號
自運中西文具繪圖儀器
電話八三三四三
柏路
貝勒路
蒲柏路
白爾路
RUE WANTZ 望志路
RUE AMIRAL BAYLE
RUE EUGENE BARD
ROUTE PORTE DE LOUEST 西門路
中原書局
錦章圖書館
延慶里
益慶里
同益里
大慶坊
餘慶坊
和興華行
人和織造廠
崇實中小學
亞蒙大戲院
OMON THEATRE
巽明小學
上海中學女子部
上海小學暨幼稚園
王國安醫師診所
馮變堂筆墨文具
張善樂律師
承慶里
福興里
永慶里
輔五坊
信德里
大興坊
同益坊
空地
漁郎

黑人牙膏

確能白齒

殺蛀除臭

焦黃煙牙一擦卽白

品質始終不變

尚有黑人香品

黑人花露香水

黑人爽身香粉

黑人頭油

黑人頭水

黑人霜

黑人白油脂

黑人香皂

黑人美髮霜

黑人髮漿

各處均售

總經理上海百昌行

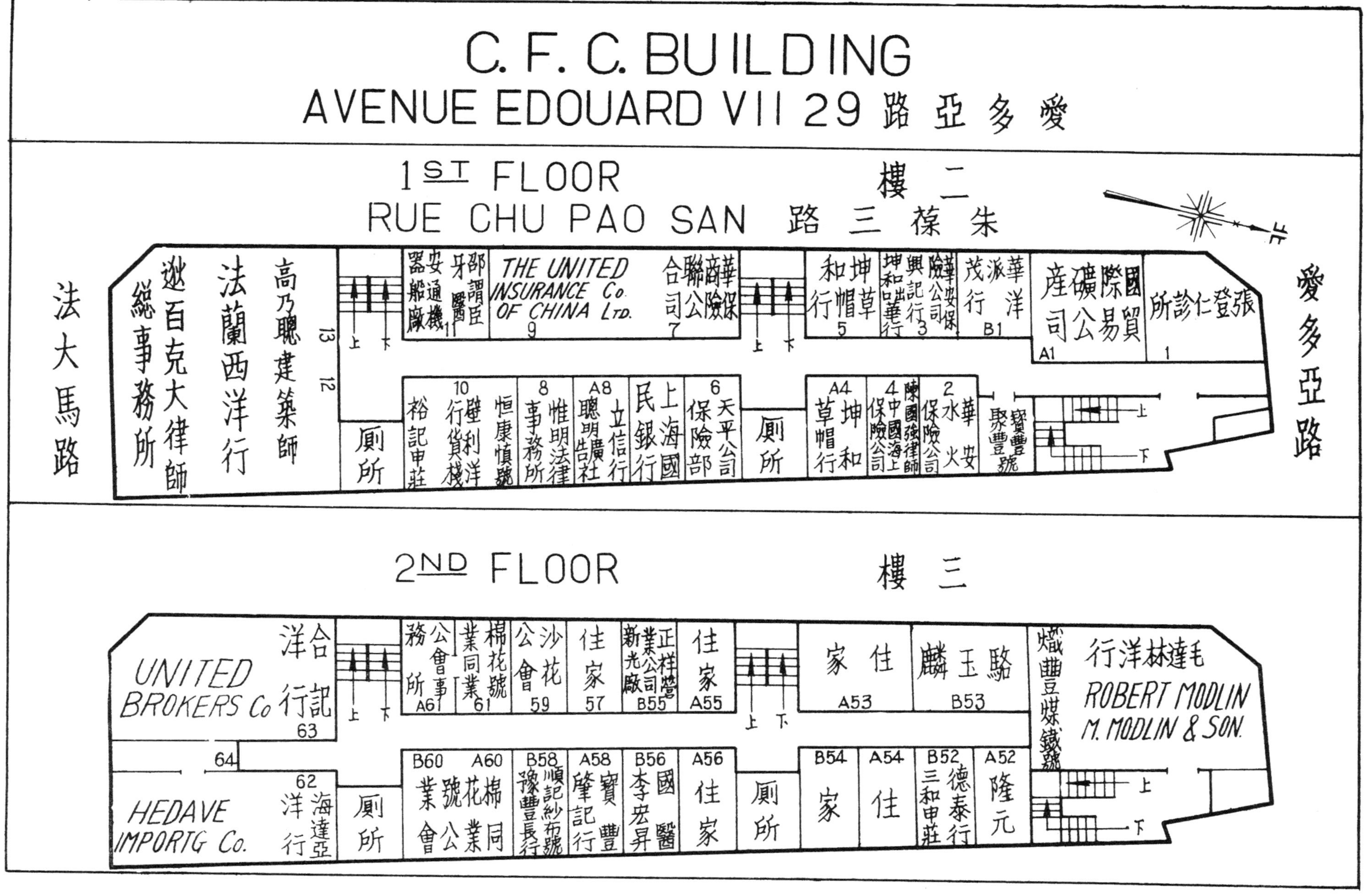
C. F. C. BUILDING
AVENUE EDOUARD VII 29 愛多亞路
1ST FLOOR 二樓
RUE CHU PAO SAN 朱葆三路
法大馬路
愛多亞路
遜百克大律師總事務所
法蘭西洋行
高乃聰建築師
13
12
THE UNITED INSURANCE Co. OF CHINA LTD. 9
華商聯合保險公司 7
坤和草帽行 5
茂華派洋行 B1
國際貿易礦産公司 A1
張登仁診所 1
厠所
上
下
裕記申莊
壁利洋行貨棧 10
恒康慎號
惟明法律事務所 8
A8
上海國民銀行
天平保險公司部 6
坤和草帽行 A4
4
華安水火保險公司 2
寶豐聚豐號
2ND FLOOR 三樓
UNITED BROKERS Co 合記洋行 63
64
HEDAVE IMPORTG Co. 62
公會事務所 A61
61
59
住家 57
B55
住家 A55
住家 A53
駱玉麟 B53
毛達林洋行 ROBERT MODLIN M. MODLIN & SON.
B60 A60 棉花業同業公會
B58 順記紗布號 豫豐長行
A58 寶豐肇記行
B56 國醫李宏昇
A56 住家
B54 家
A54 住
B52 德泰行 三和申莊
A52 隆元

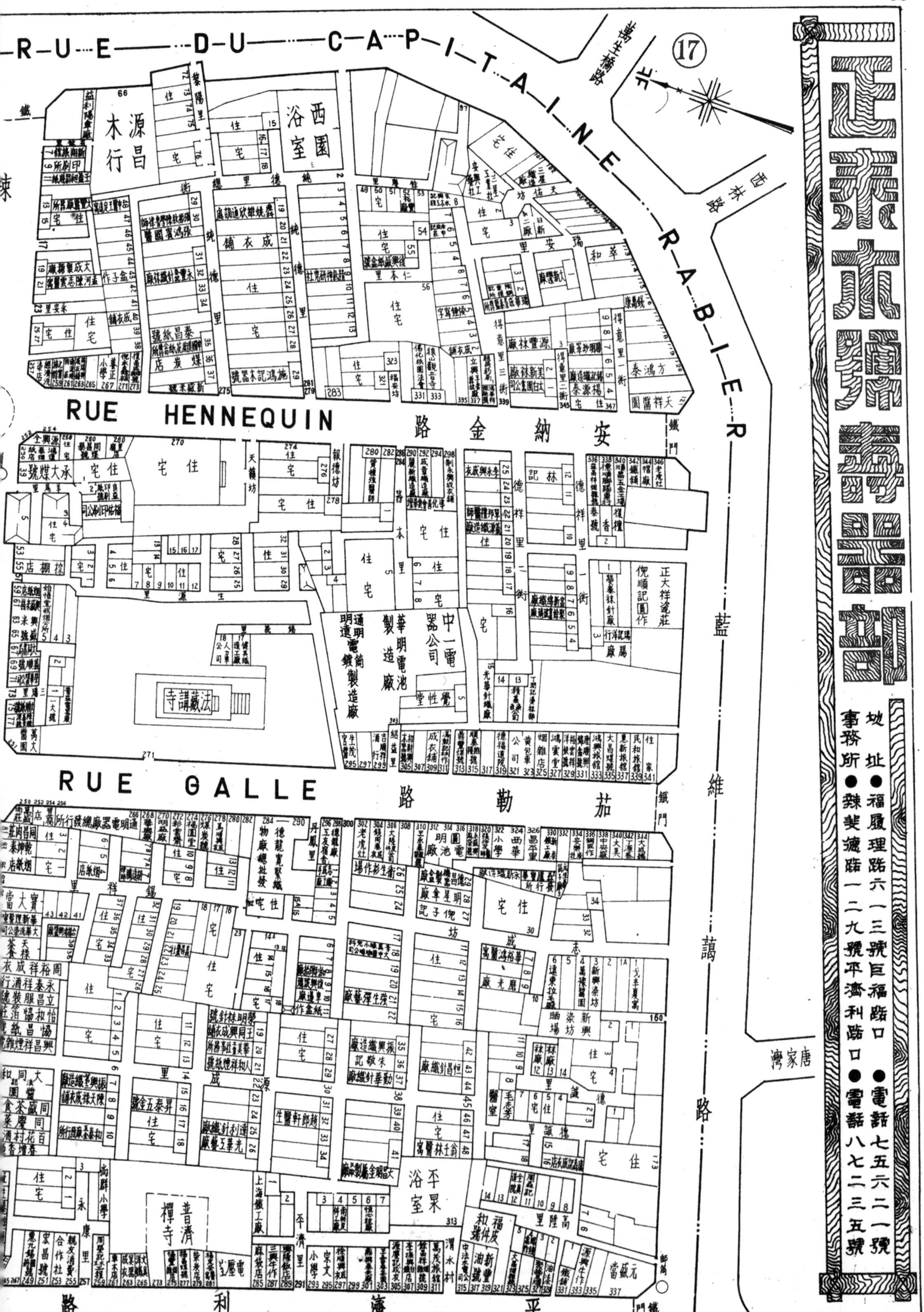

RUE DU CAPITAINE RABIER
17
萬生橋路
西林路
RUE HENNEQUIN
安納金路
RUE GALLE
茄勒路
藍維藹路
平濟利路
唐家灣
鐵門
源昌木行
西園浴室
法藏講寺
中一電器公司
華明電池製造廠
通明電筒鍍製造廠
普濟禪寺
平泉浴室
正泰木號壽器部
地址●福履理路六一三號巨福路口●電話七五六二一號
事務所●辣斐德路一二九號平濟利路口●電話八七二三五號

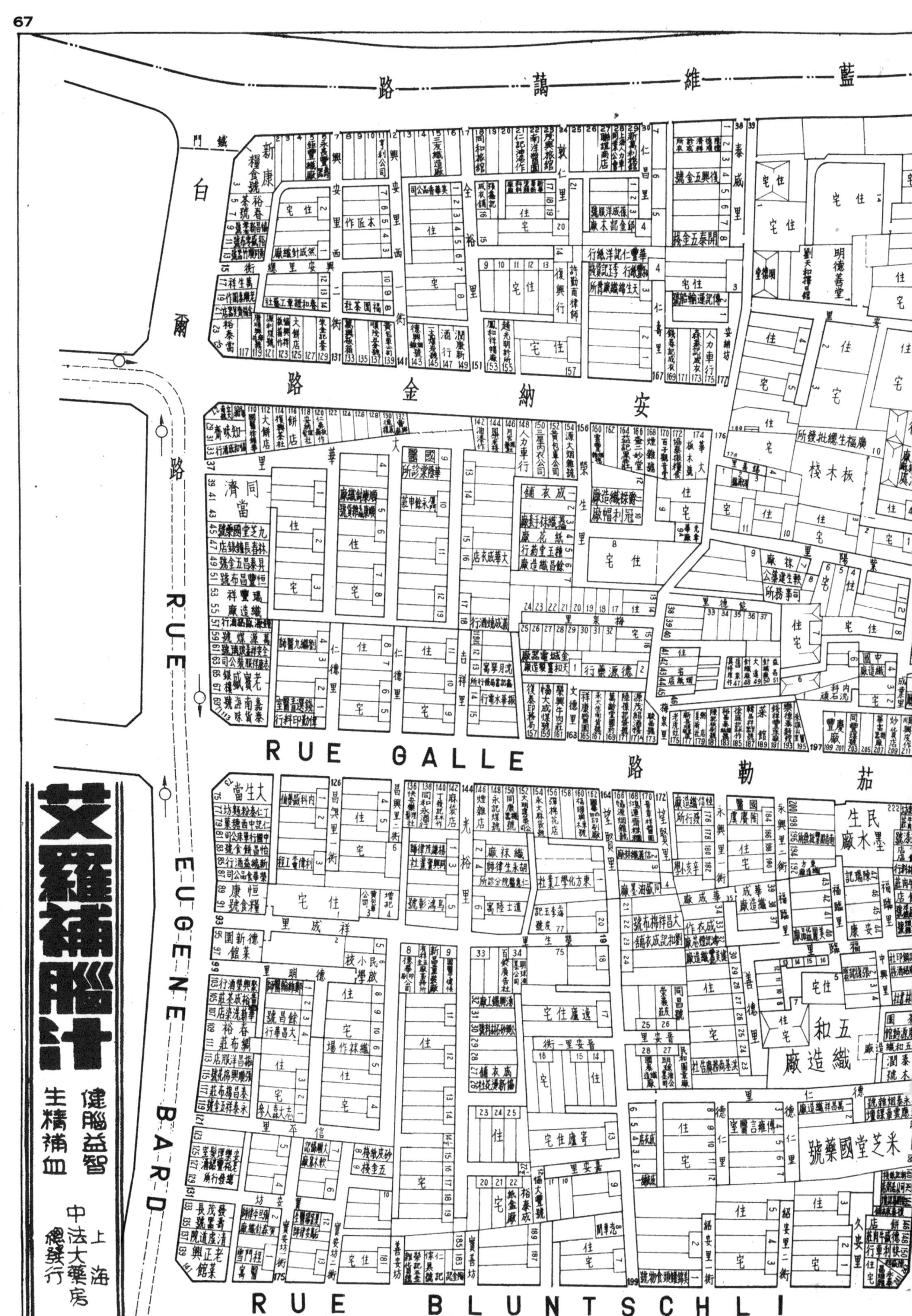
藍維藹路
白爾路
安納金路
RUE EUGENE BARD
RUE GALLE
茄勒路
RUE BLUNTSCHLI
艾羅補腦汁
健腦益智
生精補血
上海
中法大藥房
總發行
五和織造廠
米芝堂國藥號
廣福生總批發所
板木棧

鵬飛萬里
非衆鳥所能及也
SINE LABORATORY SHANGHAI
長命
VITA SPERMIN
長命牌
維他賜保命
補針
補丸
功效遠勝於胚胎浸膏製劑
內容確實優越·事實勝於空辯·
功效獨步一切·推稱補品權威·
藥物近世不謂不多補品有如汗牛充棟孰優孰劣見之於表面者宣傳也得之於事實者藥效也但補藥雖多類皆曇花一現蓋虛其表而不求其實獨有
維他賜保命
風行十餘年能至今聲譽瀰盛蓋本品向來注重物質之優美
以確效答酬用者信仰
以人力財力研求精進
今則維他賜保命補針補丸已含有為醫界稱頌之六種名貴結晶體功效盡善盡美自不待言無怪名廠良藥盛銷且及海外誠如鵬飛萬里非一切補品可能企及也
信誼藥廠監製
藥房均售

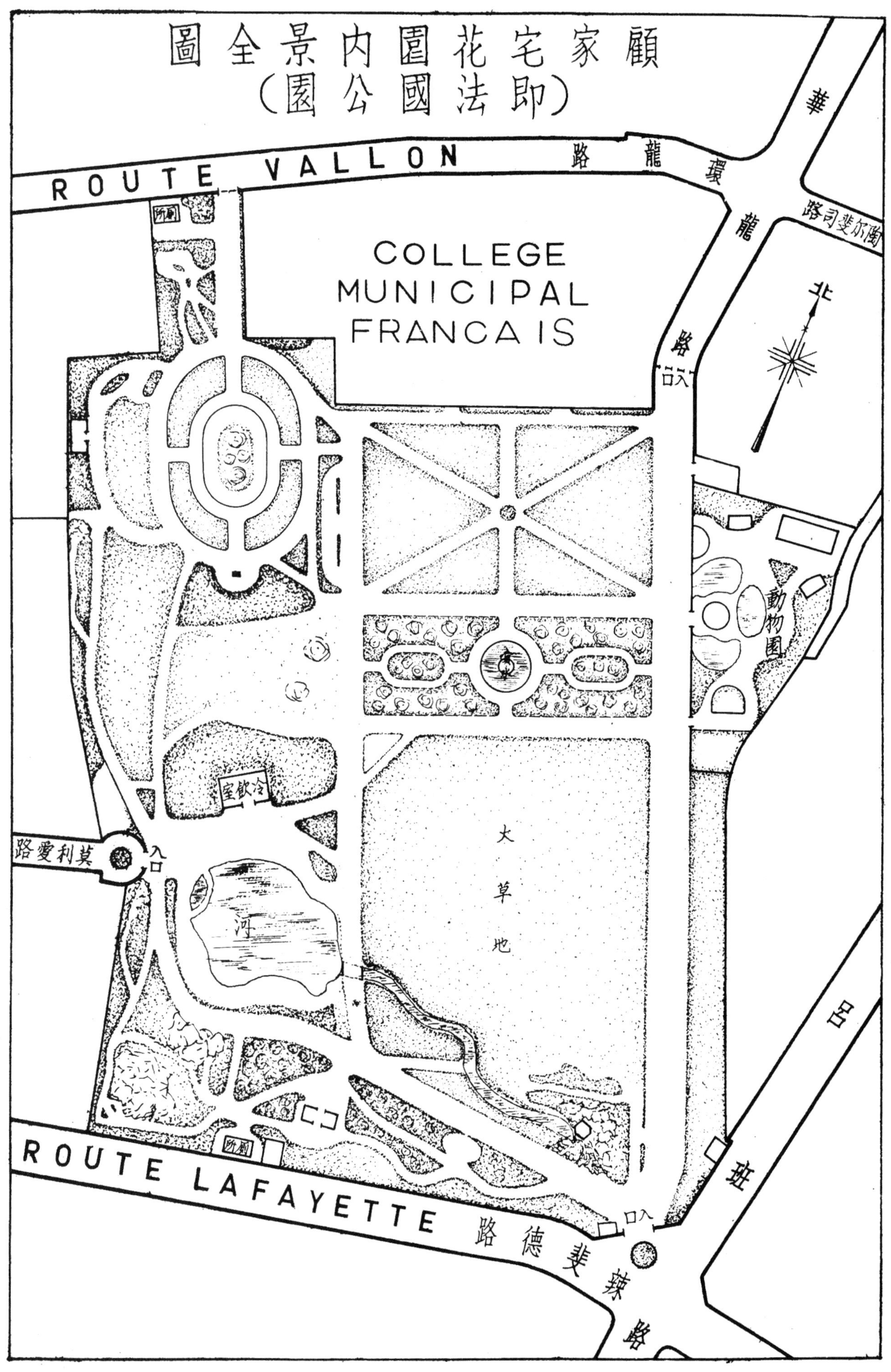
顧家宅花園內景全圖
(即法國公園)
ROUTE VALLON
環龍路
華龍路
陶爾斐司路
COLLEGE
MUNICIPAL
FRANCAIS
北
入口
動物園
廁所
冷飲室
莫利愛路
入口
河
大草地
廁所
ROUTE LAFAYETTE
辣斐德路
入口
呂班路

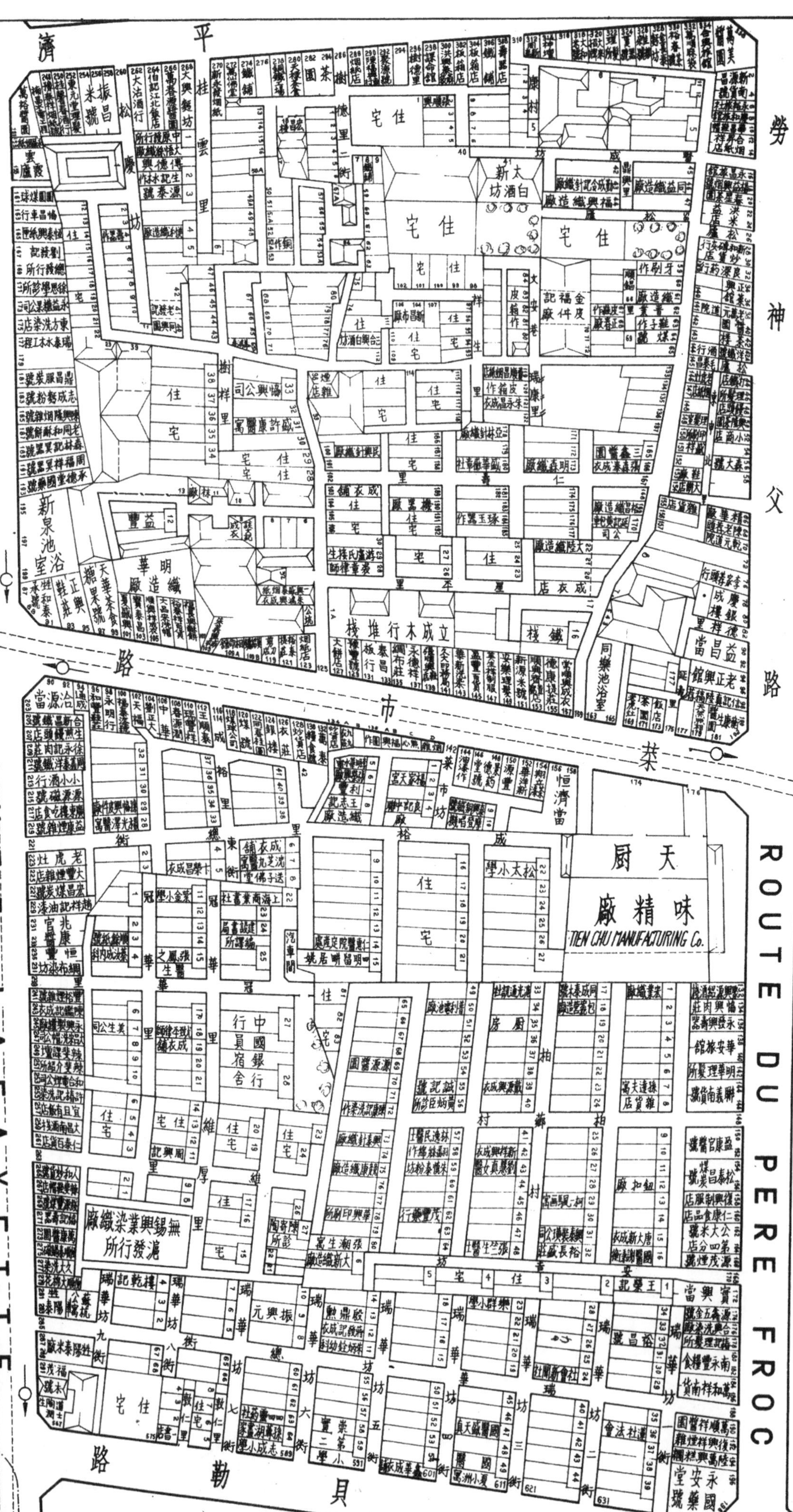
平濟路
勞神父路
菜市路
貝勒路
ROUTE DU PERE FROC
天廚味精廠
TIEN CHU MANUFACTURING Co.
立成木行堆棧
新泉池浴室
明華織造廠
同樂池浴室
新太白酒坊
中國銀行職員宿舍
無錫興業染織廠
滬發行所

平濟利路
RUE BLUNTSCHLI 路
白爾路
RUE DU MARCHE
西門路
ROUTE PORTE DE LOUEST
貝勒路
RUE AMIRAL BAYLE
菜市路小菜場
華國古董市場
鴻運樓菜館
SOCONY
⑱

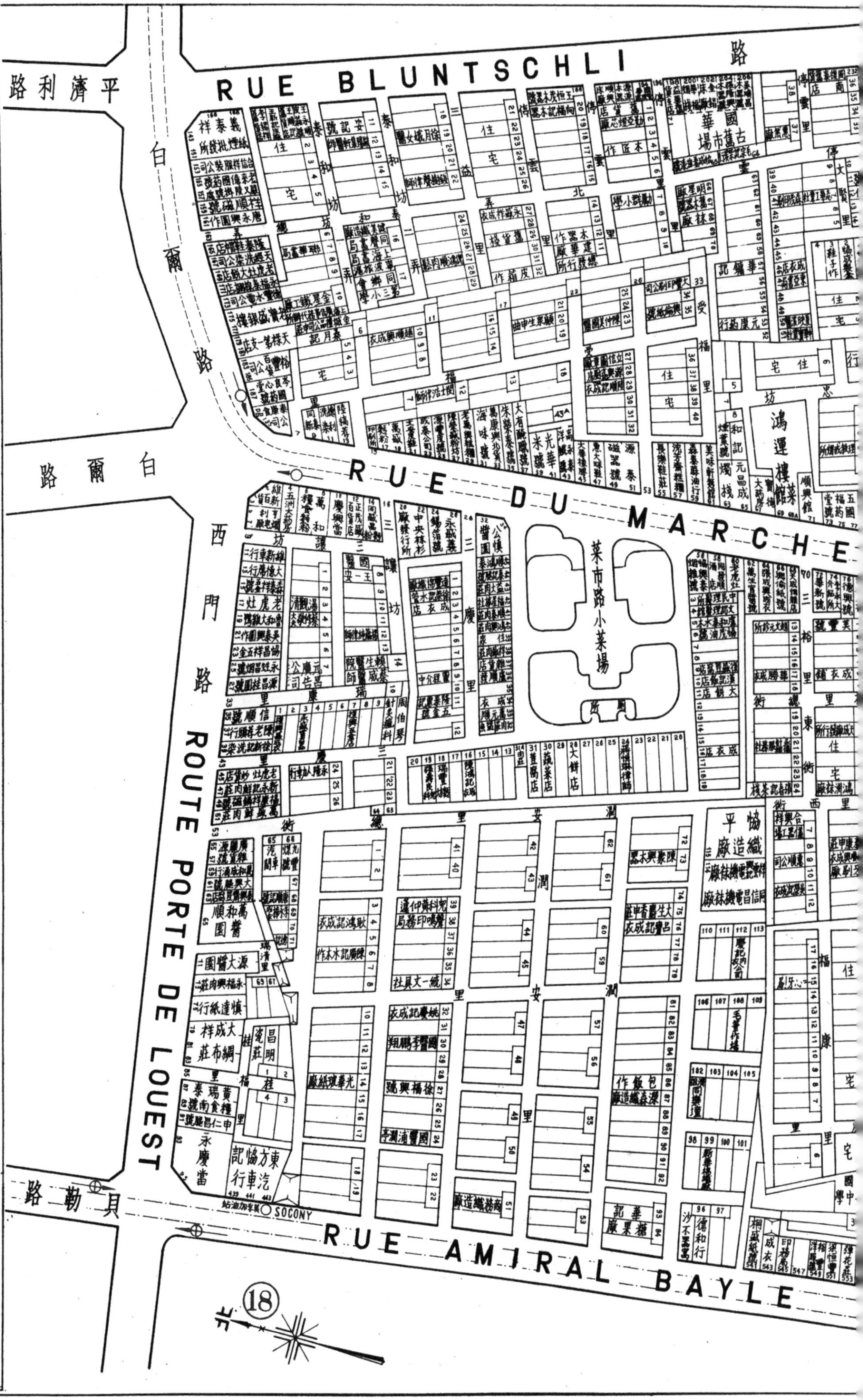

大力牌
牛肉汁
童雞汁

J. W. F. RUSKIN

常服
大力牌牛肉汁童雞汁

鐵證之一

魯斯金君

涓涓數滴
功邁參苓

藥房公司均有出售

獨家經理 上海華勝公司
電話 八一七六三

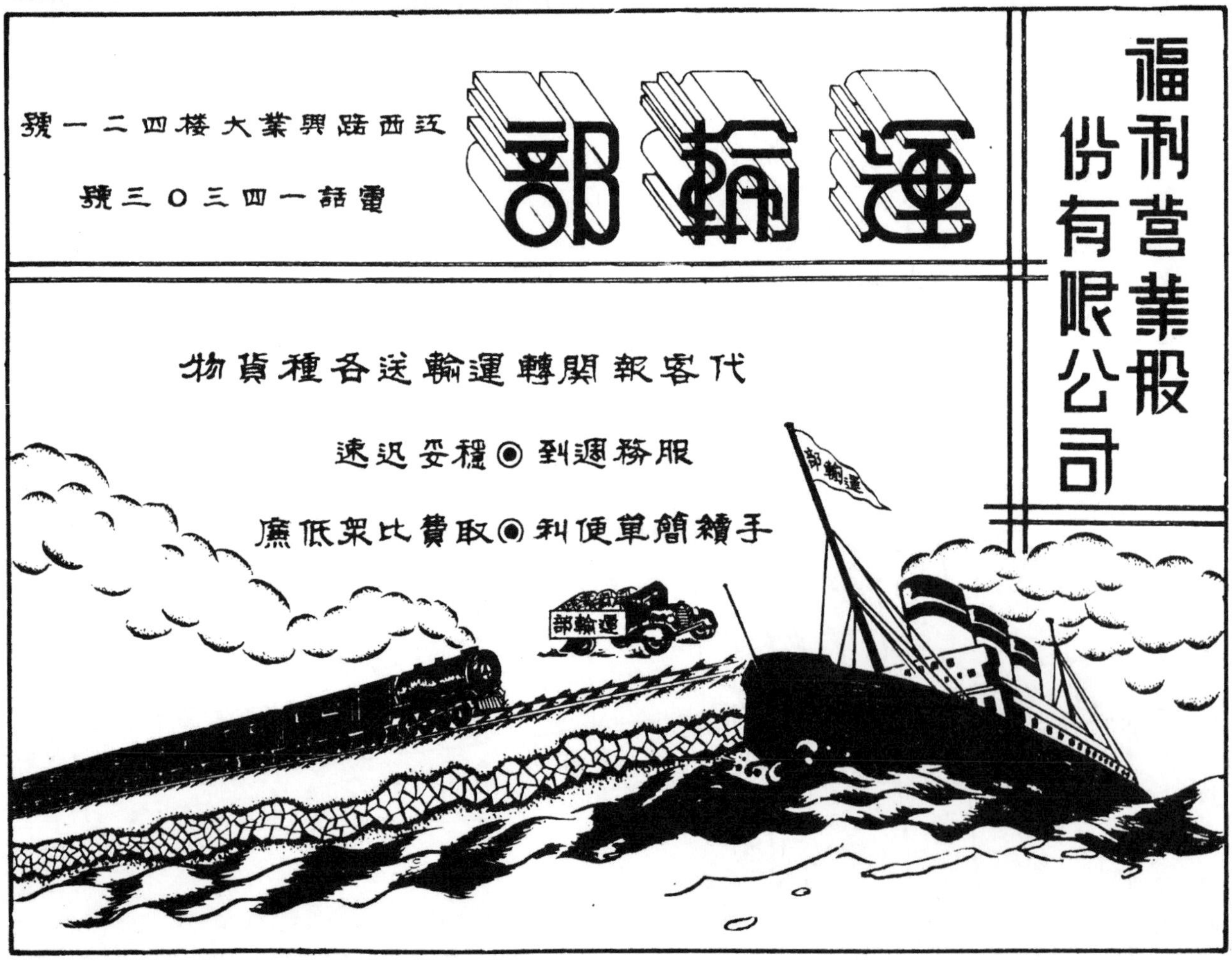

福利營業股份有限公司

運輸部

江西路興業大樓四二一號
電話一四三〇三號

代客報關轉運輸送各種貨物
服務週到◎穩妥迅速
手續簡單便利◎取費比衆低廉

運輸部
運輸部

經濟廣告一覽

製造廠 上海億定盤路南曹家宅路八六號 電話二三六一〇
大業棉毛染織廠
發行所 上海北京路慶順里一一六號 電話一一八五六

永得勝 專製
大量批發
派司套
備有現貨
上海 法大馬路一五四號 電話八八二四四

康福花襪廠
TRADE MARK
電話八三四三零

惠福工業社
上海法界康悌路四四一弄五號
電話 80305
專營針織物品
國內外批發

中國織染廠有限公司
批發所 上海法租界天主堂街興業里拾五號 電話80013
廠 址 滬西華倫路一四一號 電話29595
註冊商標
定軍山 努力 多福 舞女 等

上海
日新增棉布號
專售各種 國產棉布 青藍布 丹士林 黃灰斜 色光斜
地址 法大馬路一一四號
電話 八〇五〇三 八八〇八〇號

上海
勝洋兄弟製鏡廠出品
註冊商標
鷹球牌 撲蝶牌
中華國貨
發行所 法租界公館馬路三百弄七號 電話八〇七三二號
製造廠 英租界北山西路廿九弄八號 電話四二五一五號

中華琺瑯廠
門市部
(一)老北門路
(二)巨籟達路
(三)靜安商場
(四)百樂商場
電話八四五二〇

振藝針織廠
出品各種線襪
總發行所 上海霞飛路三一二弄十一號 電話八二九〇八 八八〇七二
廠址 上海徐家匯路105 106號 電話八三五四五

國貨
閩勤銘自來水筆
上海康腦脫路580弄101 107號
電話三五二六三

仁豐染織廠
中滙大樓六樓
電話八〇〇〇二三

外科專家
黃寶忠醫師
診所 白克路三七六弄永年里五號
電話三一八四四號

國民政府 註冊 香港政府
上海
華成紗線廠
總發行所
地址 北浙江路天潼路源茂里廿二號
電話 四二四八五 四六四四三 四一四四六

塔牌木螺旋釘
國產螺旋界之權威
民國螺旋釘廠股份有限公司製造
上海愛文義路一六三號
電話 九〇八四八

先施牙膏

日新盛棉布號
法租界公館馬路一六六號
老北門大街二十號
電話 八四六六三 八四六六四號

孫鏡陽眼科
醫法學究古今 法取實驗 治療對症 醫愈迅速
本人親自應診 古今眼科醫院
院址 卡德路(王家沙)福臨里九號 電話三六〇五五

協平織造廠
出品雙童牌絲棉毛內衣
地址 法租界西門路53弄115號
電話 八四二一二九
勞神父路
藍維藹路
RUE-DU-CAPITAINE-RABIER
康悌路
唐家灣路
鐵門
鴻興織造廠
裕康針織廠
大新染廠
阜春小學
空地
北
⑲
復活水
急救時疫如響斯應
起死復生名符其實
羅威沙而
消毒殺菌效力準確
上海中法藥房總發行

上海馮變堂筆墨文具莊
批發處 西門路輯五坊一號 電話 八六四三三 門市部 麥高包祿路一四四號
双獅牌
牛肉汁
童雞汁
上海中法藥房發行
勞神父路
ROUTE DU PERE FROC
貝勒路
RUE AMIRAL BAYLE
ROUTE CONTY
MARCHE
新生染織廠
協大染坊
德昌洋行
S.A. CHONGKING IMPORT CHINA
白雲庵
裕興織襪廠
和豐織造廠
恒興棉織廠
益利織造廠

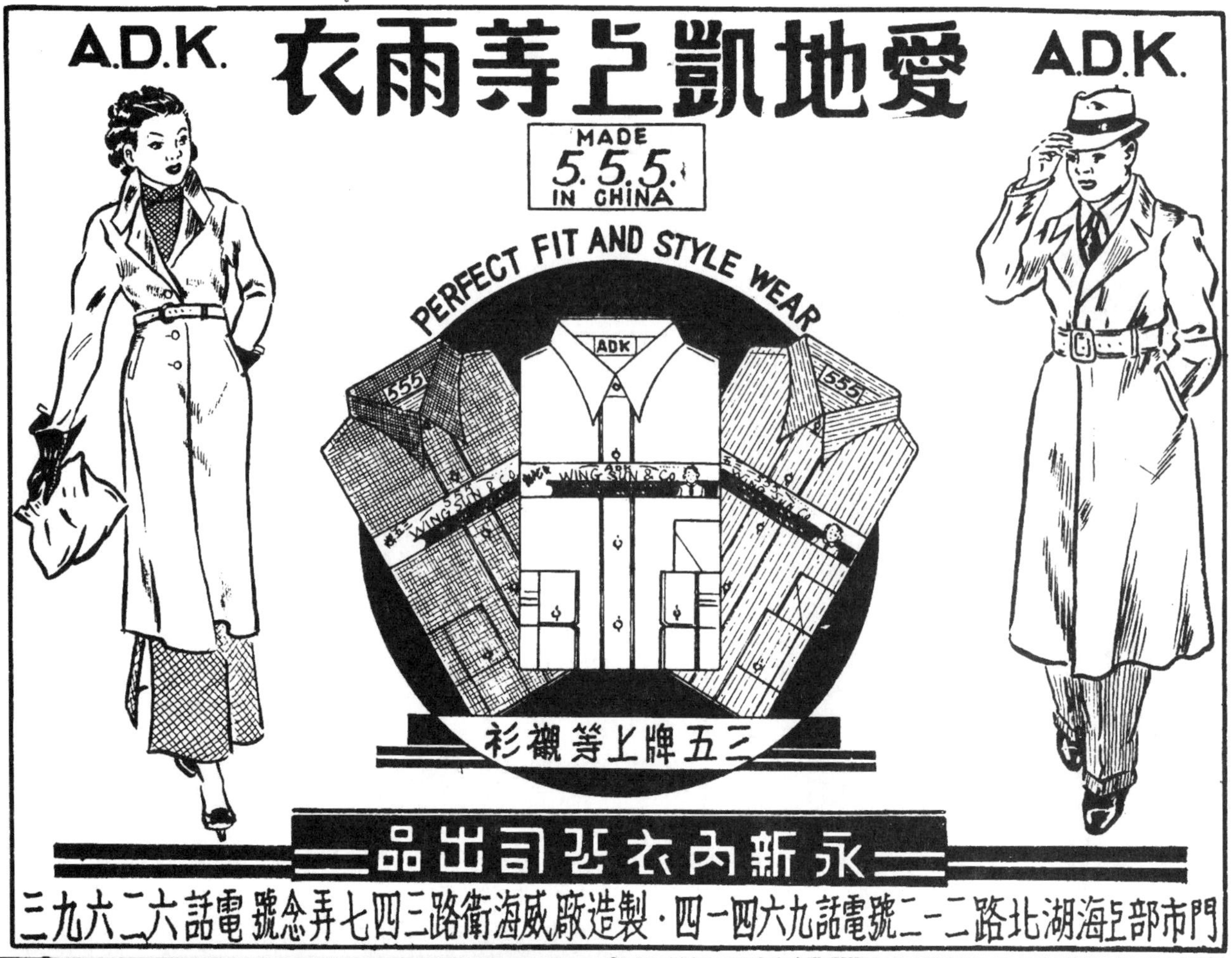

A.D.K.
愛地凱上等雨衣
A.D.K.
MADE 5.5.5. IN CHINA
PERFECT FIT AND STYLE WEAR
ADK
555
WING SUN & CO.
三五牌上等襯衫
永新內衣公司出品
門市部上海湖北路二一二號電話九六四一四·製造廠威海衛路三四七弄念號電話六二六九三

鴻新染織公司
註冊商標
購買時請認明商標可以保証永不褪色
◉本外埠各大公司綢布莊均有出售◉
出品
各種布疋◉
花式新穎◉
顏色鮮艷◉
久洗不褪◉
廠址膠州路七五七號
發行所東棋盤街三十號
電話一六一〇五

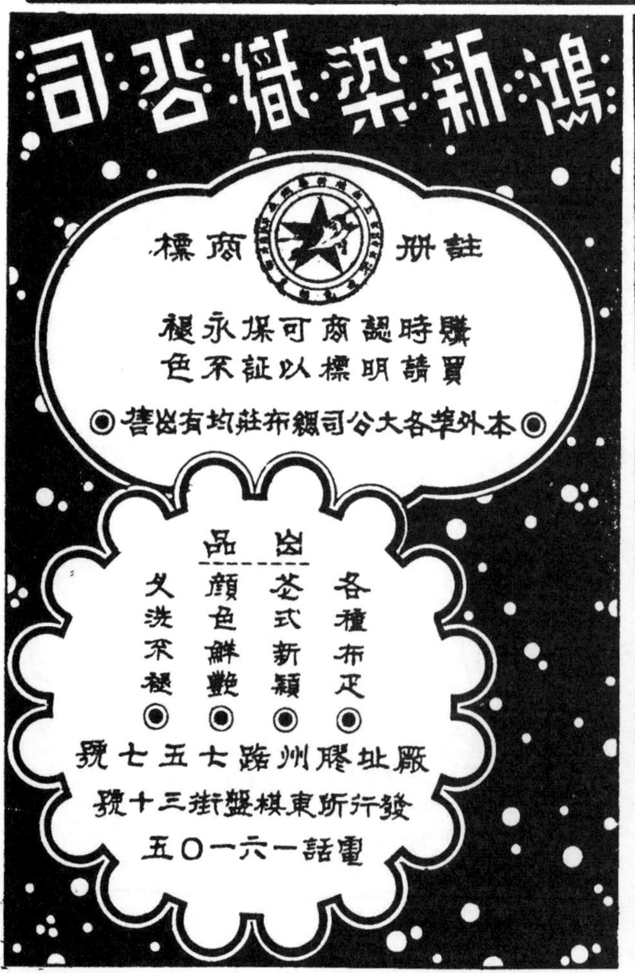

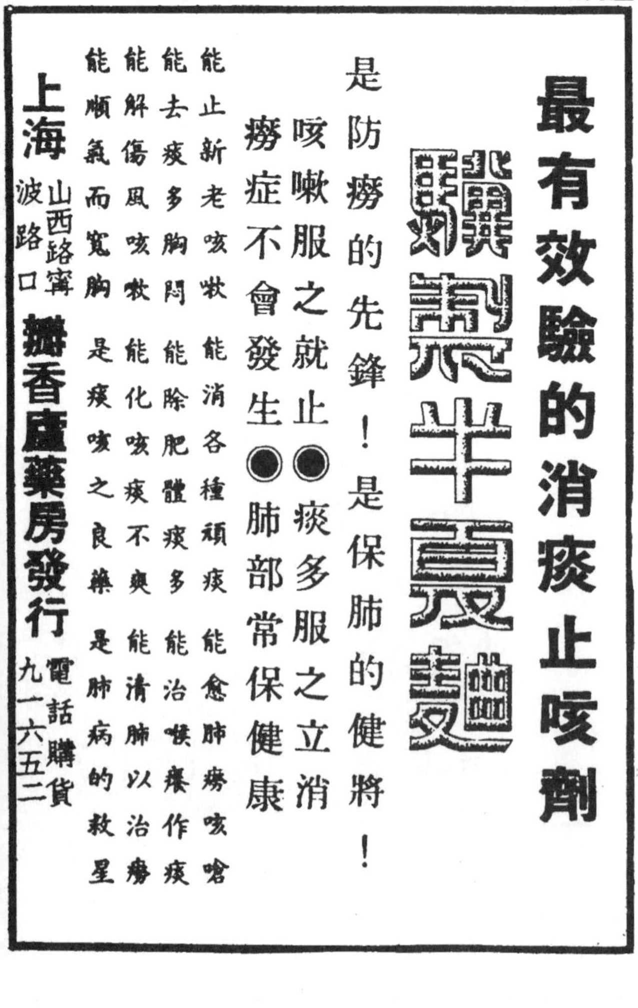

最有效驗的消痰止咳劑
驥製半夏麯
是防癆的先鋒！是保肺的健將！
咳嗽服之就止●●痰多服之立消
癆症不會發生●●肺部常保健康
能止新老咳嗽 能消各種頑痰 能愈肺癆咳嗆
能去痰多胸悶 能除肥體痰多 能治喉癢作痰
能解傷風咳嗽 能化咳痰不爽 能清肺以治癆
能順氣而寬胸 是痰咳之良藥 是肺病的救星
上海 山西路寧波路口
擷香廬藥房發行
電話購貨 九一六五二

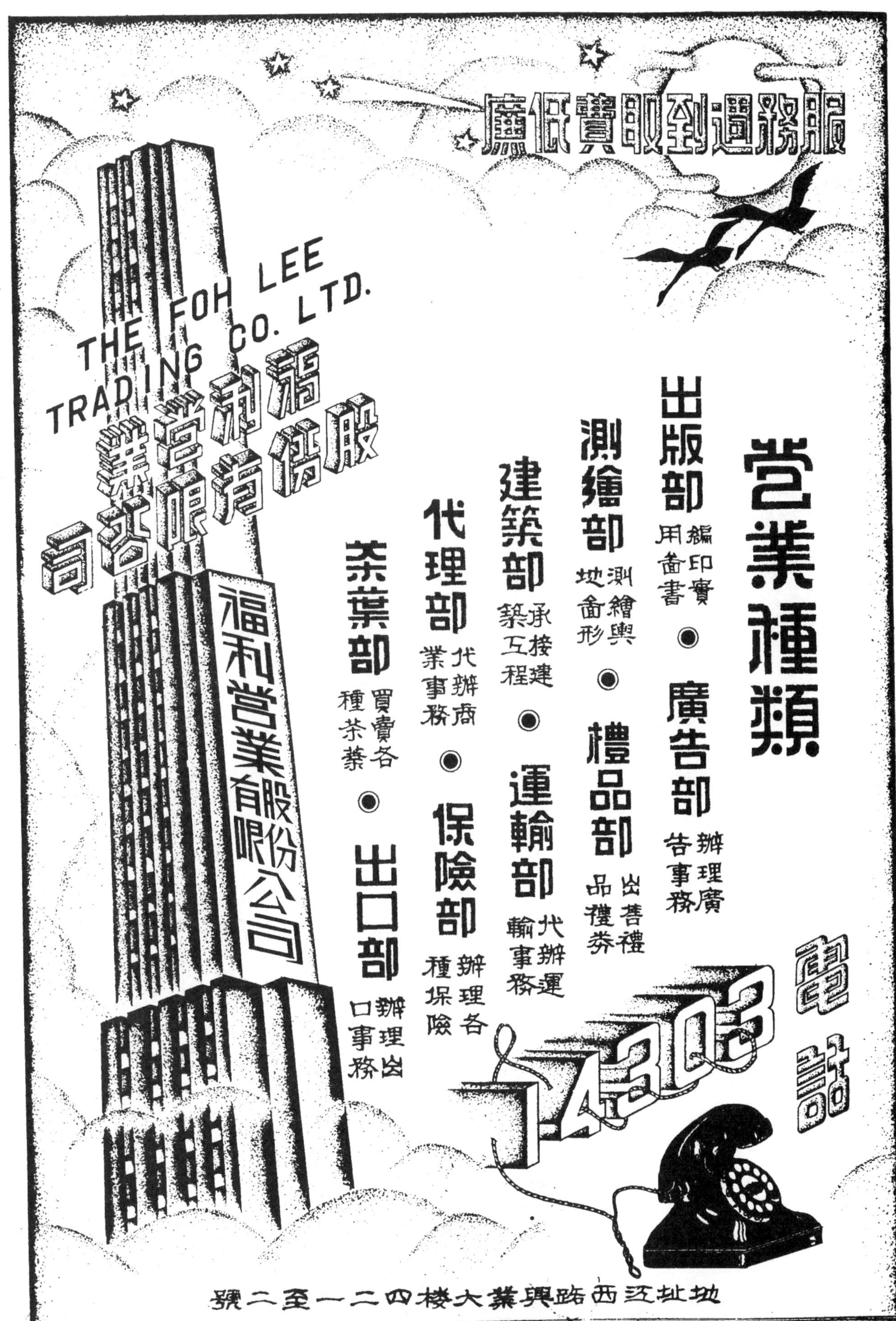

服務週到取費低廉
THE FOH LEE TRADING CO. LTD.
福利營業股份有限公司
福利營業股份有限公司
營業種類
出版部 編印實用圖書
廣告部 辦理廣告事務
測繪部 測繪輿地圖形
禮品部 出售禮品禮券
建築部 承接建築工程
運輸部 代辦運輸事務
代理部 代辦商業事務
保險部 辦理各種保險
茶葉部 買賣各種茶葉
出口部 辦理出口事務
電話 14303
地址江西路興業大樓四二一至二號

康悌路
藍維藹路
RUE DU CAPITAINE RABIER
杜神父路
徐家匯路
KAWEI
唐家灣路
大吉路
方斜路
榮金大戲院
VENUS THEATRE
泰祥興瓷棧
萬順祥分號
泰祥興瓷號
臨時辦事處
佛化紙園會
法
民樂戲園
香泉浴室
惠中中學
安息浸禮會
空地
銘莊
盛醫師
染坊
羊棧
棧房
市房
福利營業公司
廣告部
代理各報廣告設計
新穎
醒目
活潑
美觀
收效宏大
廣告是發展商業的先鋒
中心牌
各種銅電燈頭
中國電器製造廠
NO.45
NO.42
NO.15
NO.11
NO.6
NO.5
NO.2
NO.36
NO.35
NO.32

ROUTE CONTY
康悌路
20
北
貝勒路
勤豐紗廠
振豐紗廠
ROUTE PERE DUGOUT
浙紹公所
永錫堂
上海美術專科學校
江蘇省立上海中學
RUE AMIRAL BAYLE
利華袜廠總廠
中國泰康公司第三廠
ROUTE
艾羅療肺藥
代肺止咳特效
止咳
特效
上海中法大藥房總發行

中法大藥房

GREAT EASTERN DISPENSARY LTD.

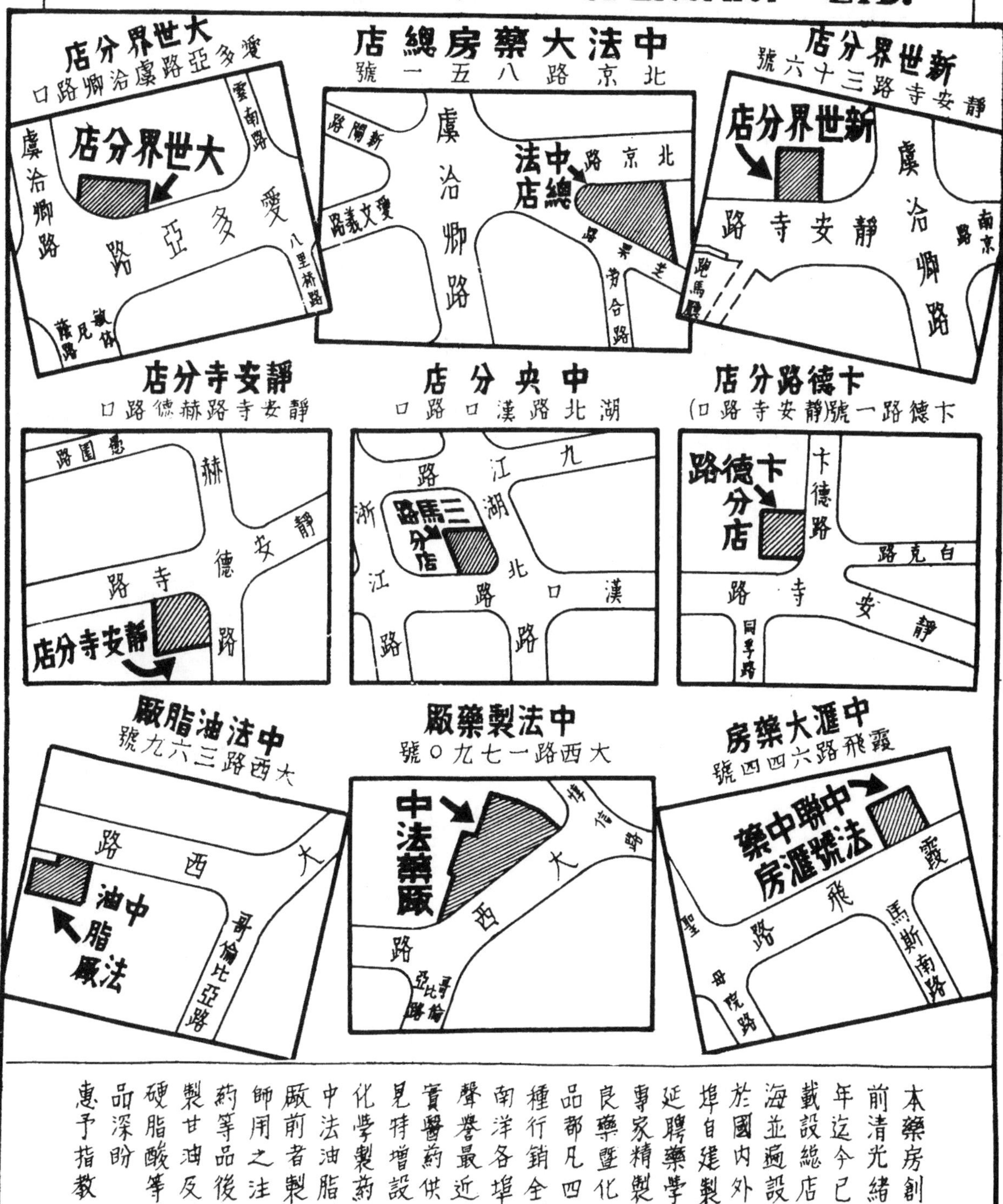

本藥房創立於前清光緒十六年迄今已五十載設總店於上海並遍設分店於國內外各大埠自建製藥廠延聘藥學化學專家精製家用良藥暨化粧香品部凡四百餘種行銷全國暨南洋各埠卓著聲譽最近為允實醫藥供應起見特增設中法化學製藥廠及中法油脂廠兩廠前者製造醫師用之注射針葯等品後者專製甘油及油酸硬脂酸等原料品深盼　各界惠予指教

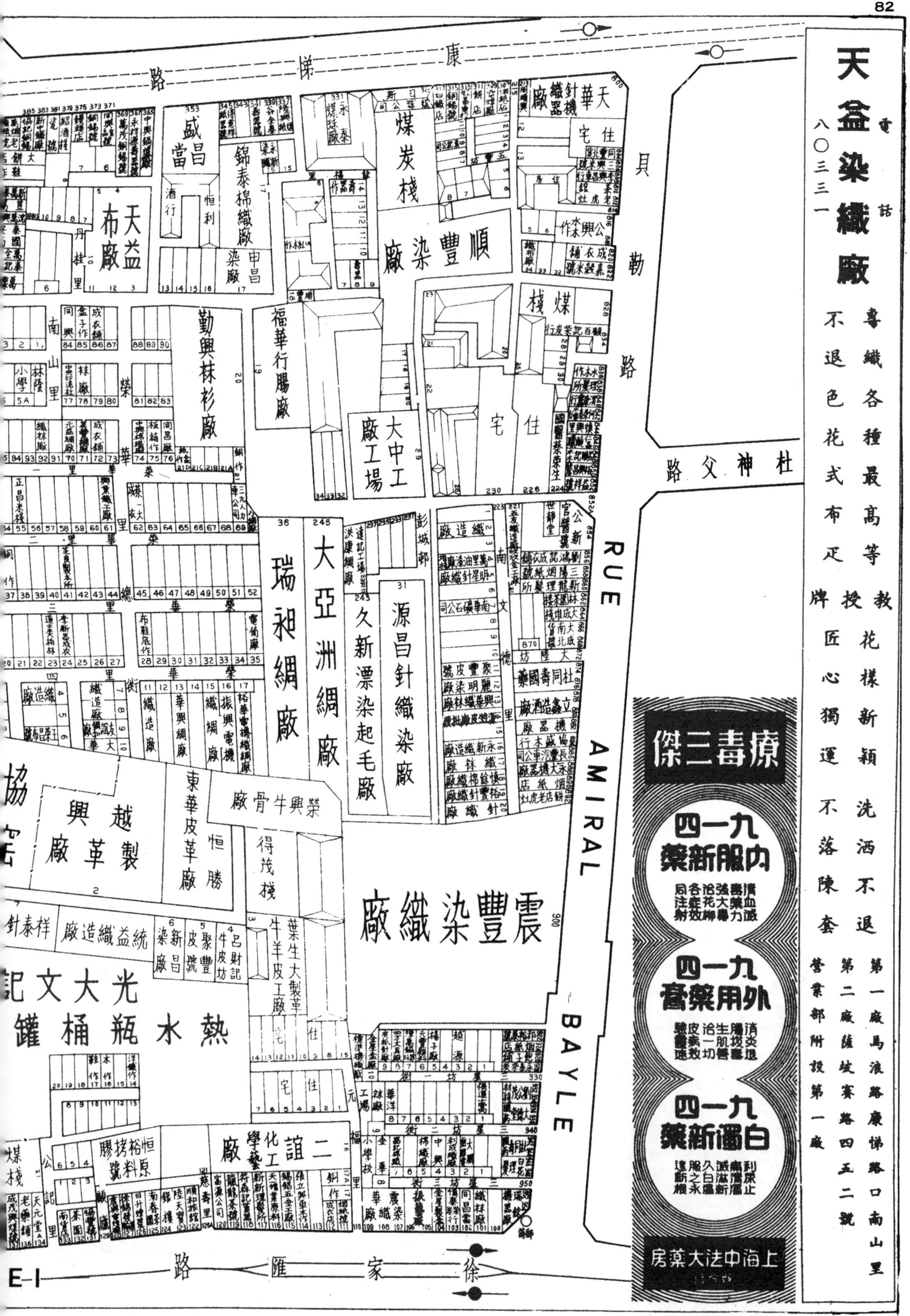

康悌路
貝勒路
杜神父路
RUE AMIRAL BAYLE
徐家匯路
天華針織機器廠
煤炭棧
順豐染廠
盛昌當
錦泰棉織廠
天益布廠
申昌染廠
恒利
酒行
勤興袜衫廠
福華行腸廠
大中工廠工場
煤棧
住宅
南山里
瑞昶綢廠
大亞洲綢廠
久新漂染起毛廠
源昌針織染廠
榮興牛骨廠
越興製革廠
東華皮革廠
恒勝
得茂棧
震豐染織廠
祥泰針
統益織造廠
新昌染廠
聚豐皮號
呂財記牛皮坊
葉生大製革牛羊皮工廠
光大文記
熱水瓶桶罐
恒裕拷膠原料號
二誼化學工藝廠
E-1
天益染織廠
電話 八〇三三一
專織各種最高等不退色花式布疋
敎授花樣新穎牌匠心獨運
洗洒不退不落陳套
第一廠馬浪路康悌路口南山里
第二廠薩坡賽路四五二號
營業部附設第一廠
療毒三傑
九一四內服新藥
九一四外用藥膏
九一四白濁新藥
上海中法大藥房

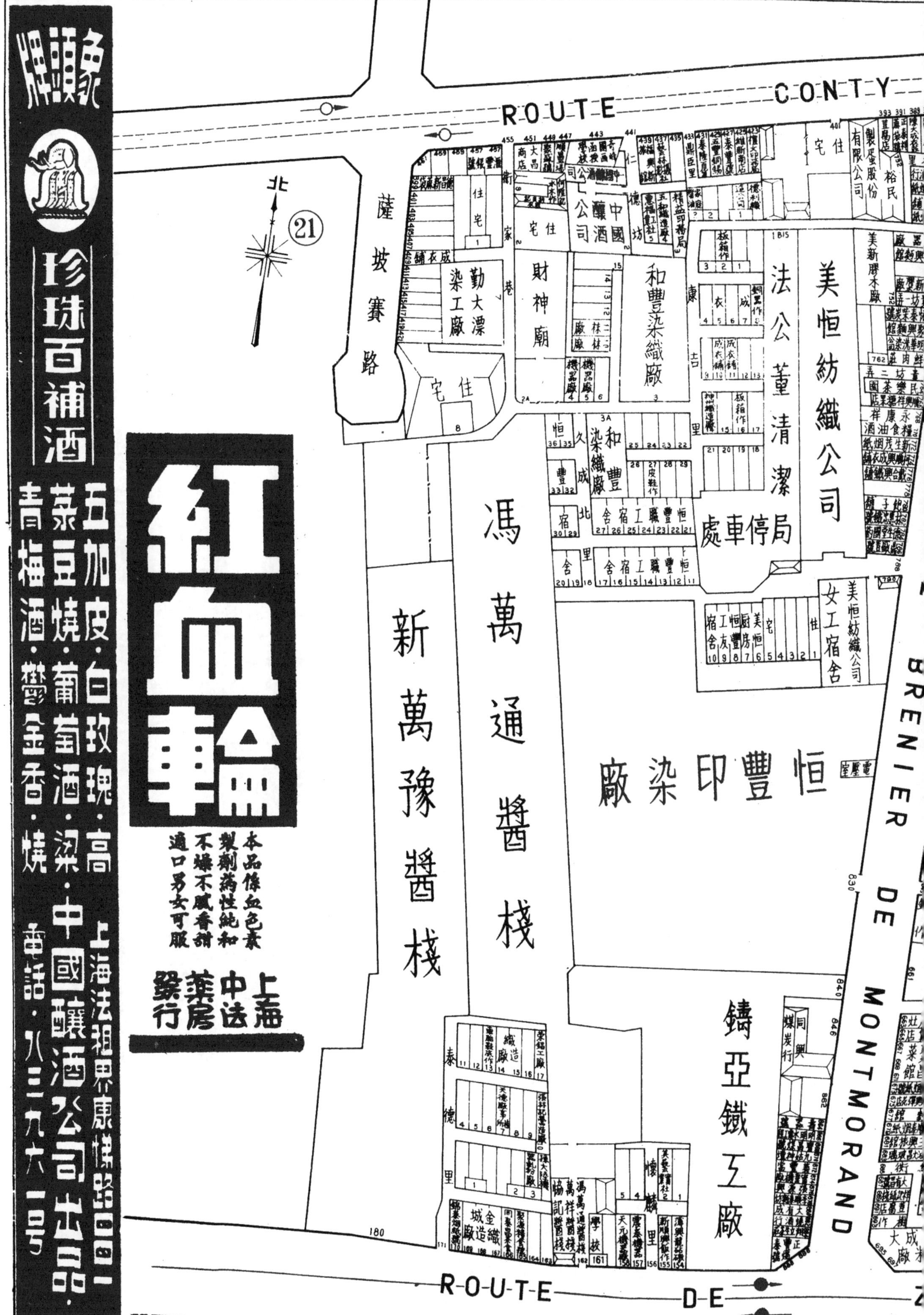
象頭牌
珍珠百補酒
五加皮·白玫瑰·高
菉豆燒·葡萄酒·粱·
青梅酒·鬱金香·燒
上海法租界康悌路四四一
中國釀酒公司出品·
電話·八三九六一號
紅血輪
本品係血色素製劑為性純和不燥不膩香甜適口男女可服
上海中法藥房發行
ROUTE CONTY
ROUTE DE
BRENIER DE MONTMORAND
北
21
薩坡賽路
中國釀酒公司
財神廟
勤大漂染工廠
和豐染織廠
法公董清潔局停車處
美恒紡織公司
美恒紡織公司女工宿舍
恒豐印染廠
馮萬通醬棧
新萬豫醬棧
鑄亞鐵工廠
有限公司
製蛋股份

經濟廣告一覽

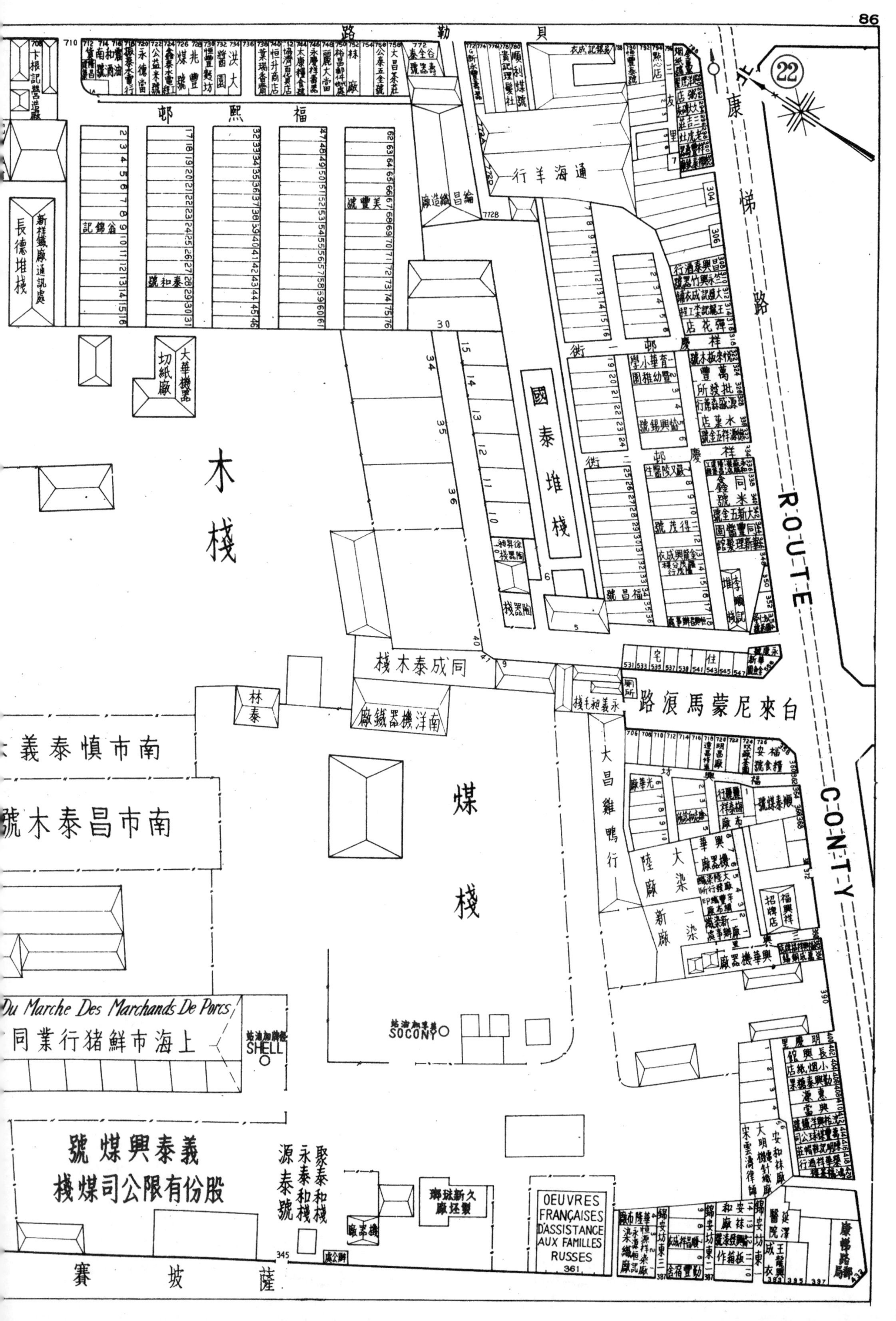

22
貝勒路
福熙邨
康悌路
ROUTE CONTY
通海羊行
論昌織造廠
美豐號
翁錦記
泰和號
長德堆棧
新祥鐵廠通訊處
大華機器切紙廠
木棧
國泰堆棧
祥慶邨
得茂號
福昌號
同成泰木棧
林泰
南洋機器鐵廠
永義和毛棧
白來尼蒙馬浪路
南市慎泰義
南市昌泰木號
煤棧
大昌雞鴨行
大陸染廠
新一染廠
興華機器廠
Du Marche Des Marchands De Porcs
上海市鮮猪行業同
SHELL
SOCONY
義泰興煤號
股份有限公司煤棧
源泰號
永泰和棧
聚泰和棧
OEUVRES FRANÇAISES D'ASSISTANCE AUX FAMILLES RUSSES
361
宋雲清律師
大明機針織廠
安和林廠
醫院
345
薩坡賽

RUE BRENIER DE MONTMORAND
白來尼蒙馬浪路
ROUTE DU PERE FROC
勞神父路
RUE LAFAYETTE
辣斐德路
RUE CHAPSAL
LAFAYETTE CINEMA
辣斐大戲院
大同附中
上海律師公會
INSTITUT PROPHYLACTIQUE MUNICIPAL
C.M.F. SERVICE SANITAIRE DISPENSAIRE
法工部局
上海市棉布業同業公會
棉布公所
私立聖德小學
中華聖公會諸聖堂
私立美新小學暨幼稚園
西成小學校暨西成幼稚園
東南醫院
東南高級職業學校
砂瓦泥土砂石堆栈
灰栈
炭栈
越興製革皮廠
許森記木號
胡裕昌木號
第二堆栈
瑞豐木號
南洋煤球股份有限公司製造廠

LIVEMIN

小牛肝臟濃縮複製。造血強身。功效勝於一切。專治各種貧血症。如響斯應。靈驗無比。分補針補粉補片。

利凡命

上海新亞藥廠製造　藥房均售

MIRAL BAYLE
貝勒路
辣斐德路
ENIER DE MONTMORAND
ROUTE LAFAYETTE
UE CHAPSAL
潤腸通便
菓汁煉製
味美效宏
果導
糖片
上海中法藥房發行
THE SHANGHAI CARD BOARD BOX FACTORY S.S. MOSHINSKY
順康木號
華北公寓
元大木行
萬和醬園
永豐字號
一心小學
西湖坊
永裕里
慈安里
慶和里
慈壽里
23
北

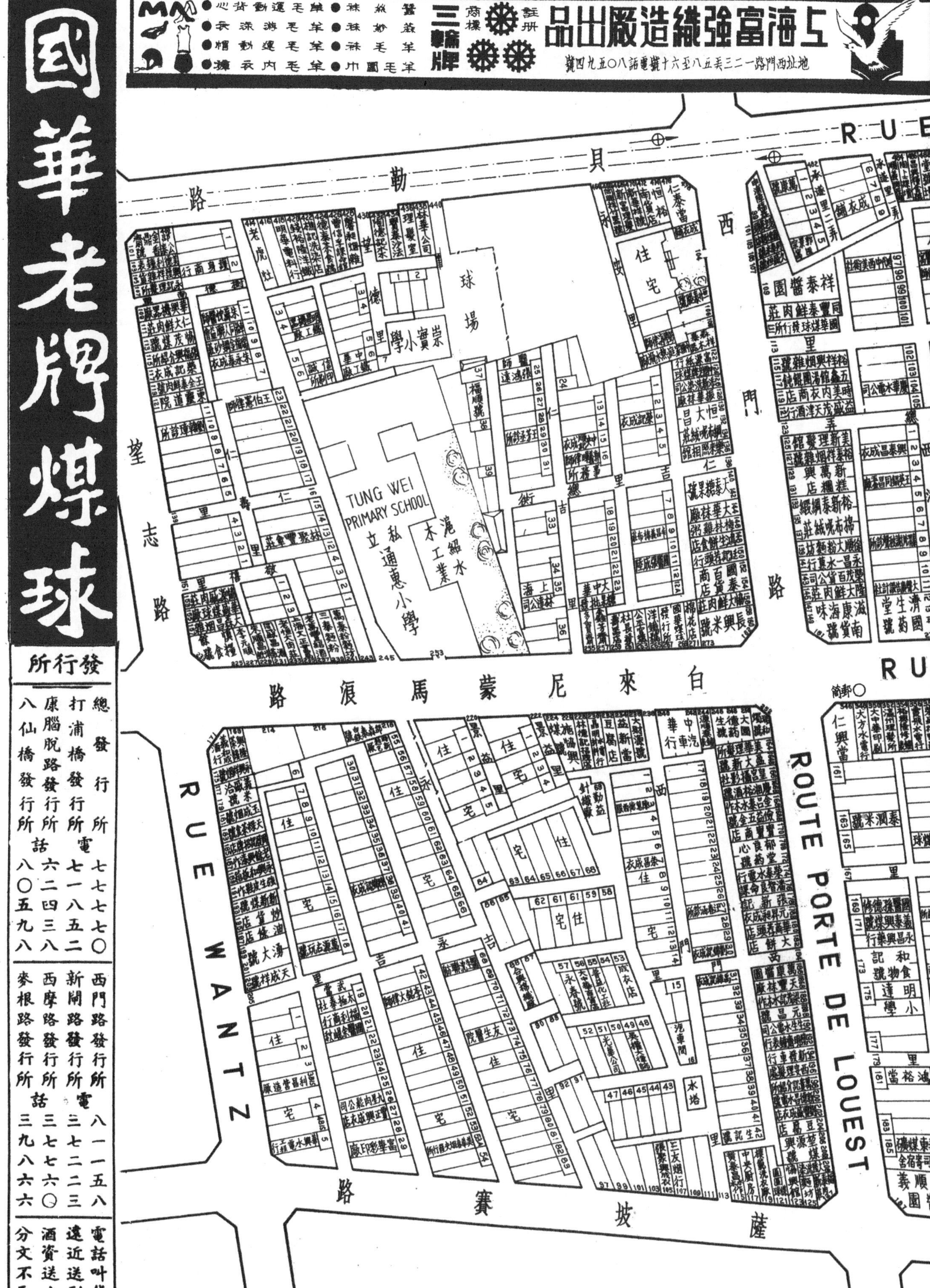

國華老牌煤球
發行所
總發行所 電話七七七七〇
打浦橋發行所 電話七一八五二
康腦脫路發行所 電話六二四三八
八仙橋發行所 電話八〇五九八
西門路發行所 電話八一一五八
新閘路發行所 電話三七二二三
西摩路發行所 電話三七七六〇
麥根路發行所 電話三九八六六
電話叫貨 遠近送到 酒資送力 分文不取
上海富強織造廠出品
註冊商標 三輪牌
地址西門路一二三美五八至六十號 電話八〇五九四號
蠶絲襪 麻紗襪 羊毛襪 羊毛圍巾
羊毛運動背心 羊毛游泳衣 羊毛運動帽 羊毛內衣褲
RUE
貝勒路
西門路
望志路
崇實小學
球場
TUNG WEI PRIMARY SCHOOL
私立通惠小學
滬紹水木工業
白來尼蒙馬浪路
RU
ROUTE PORTE DE LOUEST
RUE WANTZ
薩坡賽路

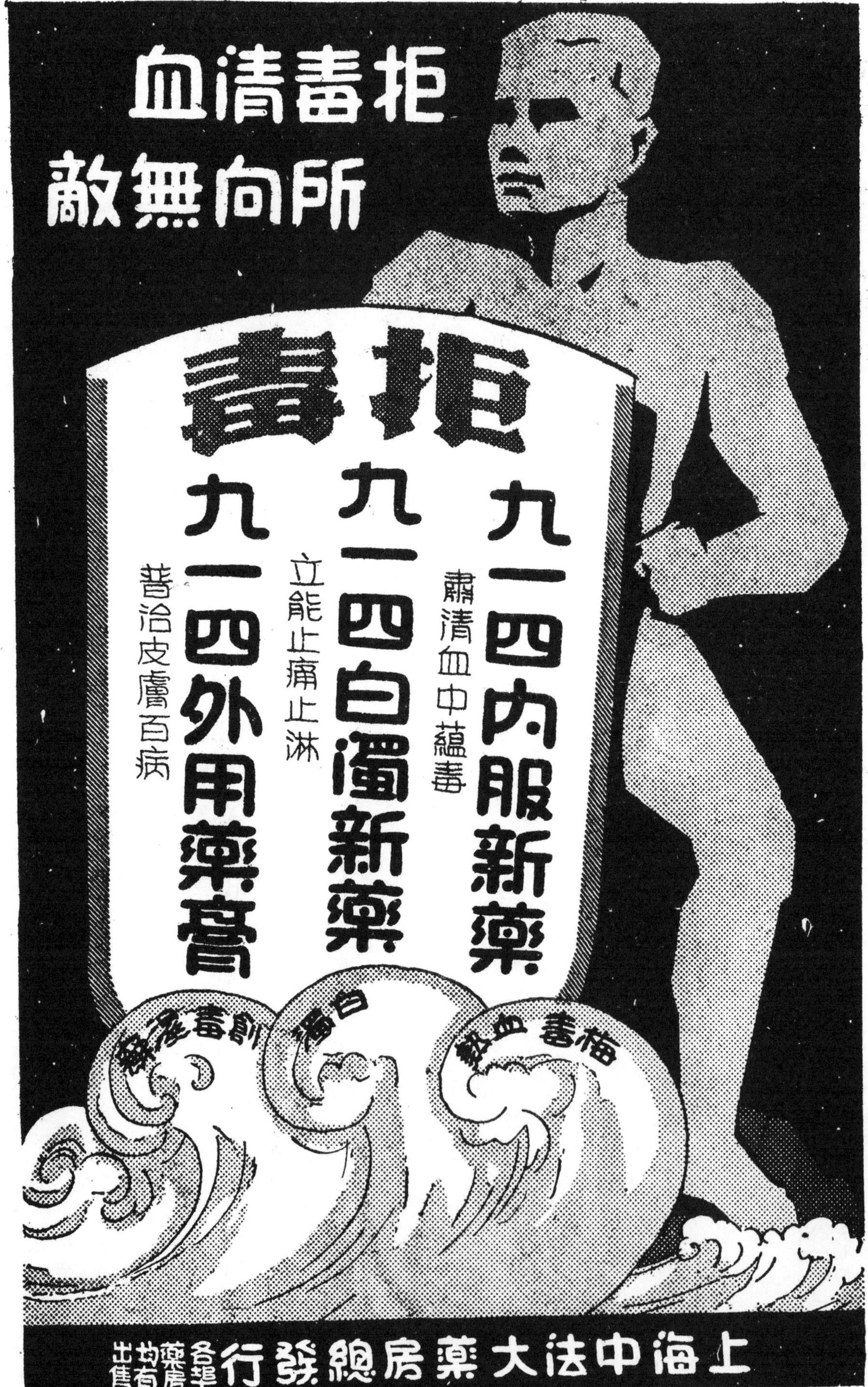

拒毒清血
所向無敵
拒毒
九一四内服新藥
肅清血中蘊毒
九一四白濁新藥
立能止痛止淋
九一四外用藥膏
普治皮膚百病
梅毒血熱
白濁
創毒瘡癬
上海中法大藥房總發行
各埠藥房均有出售

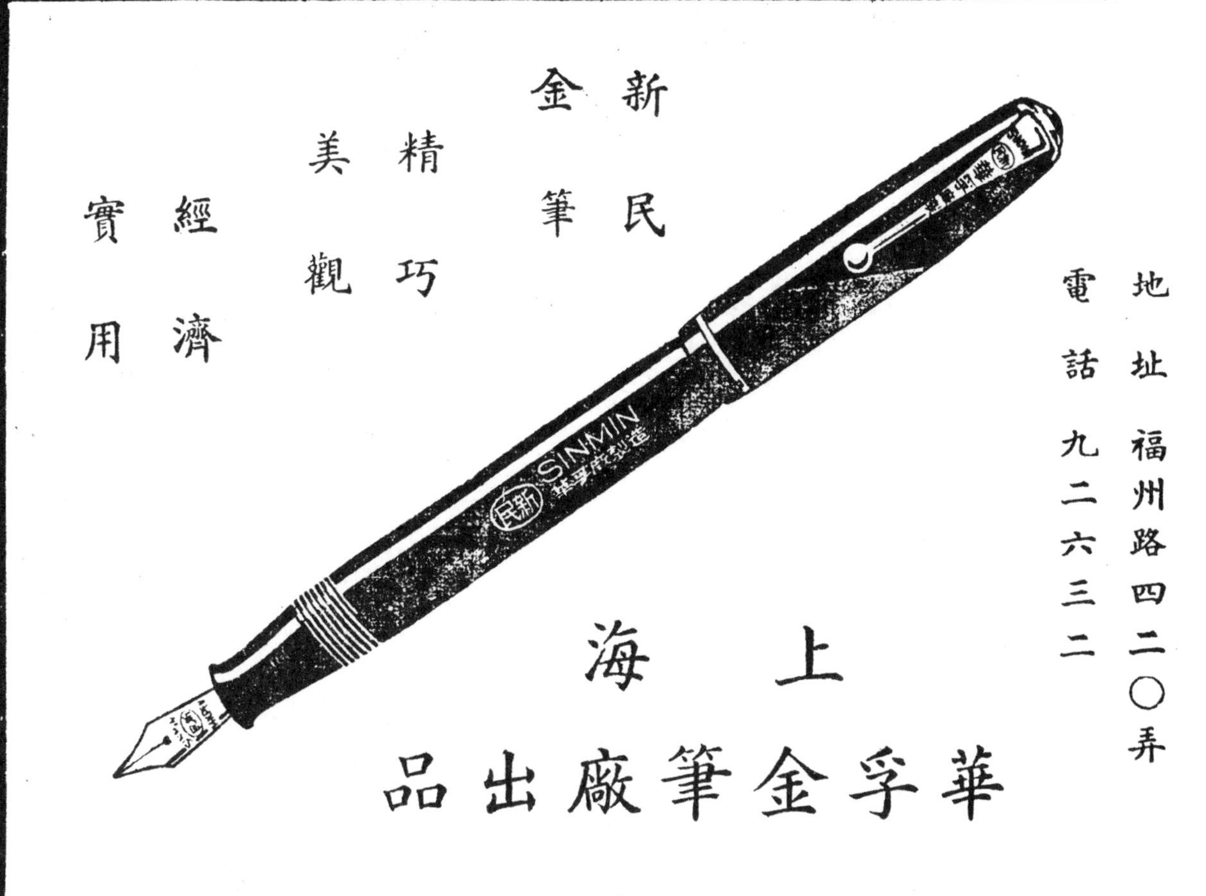

上海

廣昌製膠廠

國貨牛皮膠 註冊商標 工業必需品

本廠創設已有九年完全華商組織所有出品各種牛皮膠計分特號膠片頭號膠片膠粉等度數充足價廉物美已蒙國內各火柴廠及漂染草帽廠等無不贊許樂用近更推銷海外南洋等處發揚國貨之光

事務所法租界霞飛路四明里十七號

廠址滬西白利南路蘇家角

電話八三六六七號

電報掛號四一六五

通易信託股份有限公司

民國十年創立

實收資本一百三十六萬元

辦理各種信託

代理各種證券地產保險運輸及購銷貨物等業務

收受各種存款

普通存款分定期存款活期存款往來存款（備有大小支票任擇一種使用）三種信託存款分定期分紅存款定期保息存款活期加息存款特種信託存款四種

辦理各種放款

辦理抵押放款貼現放款往來抵押透支及押匯等業務

出租保管箱

購自美國最新式純鋼保管箱大小俱備租費低廉（全年租費自四元起）

各種章程 承索即奉

地址 上海北京路三八四號

電話 九〇一七七號轉接各部

電報掛號 華文 九三九三號 洋文 TUNG YIH

LLOT 路 羅
AUGUSTE BOPPE
RUE BRENIER DE MONTMORAND
RUE AMIRAL BAYLE
E WANTZ
白來尼蒙馬浪路
蒲柏路
望志路
貝勒路
志衛公司
製藥部
空地
斯盛中小學
新新小學校
大陸旅社
光齋小學
添源洋行
天興當
萬祥醬園
郵筒

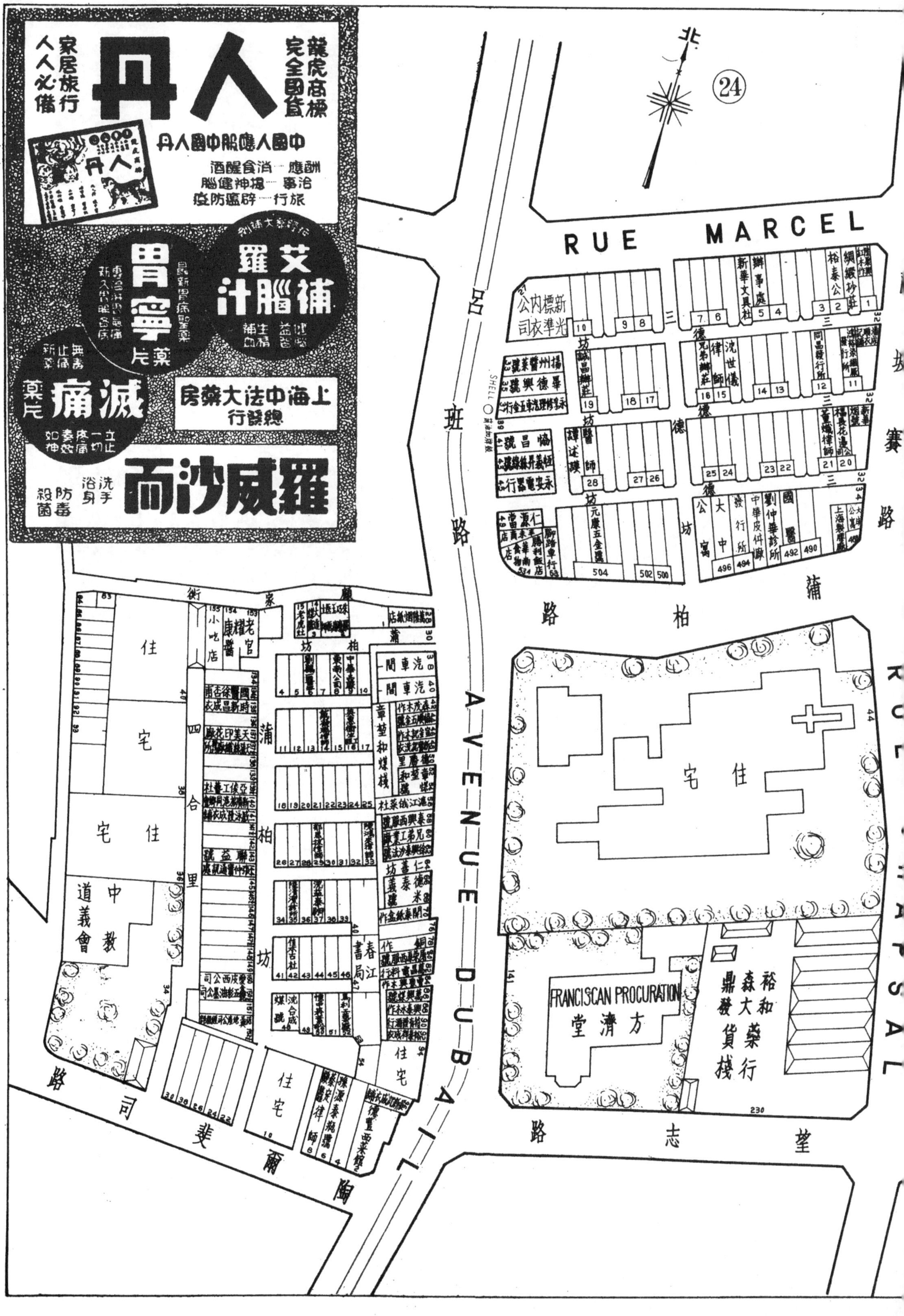

北

24

RUE MARCEL

呂班路

AVENUE DUBAIL

薩坡賽路

RUE CHAPSAL

蒲柏路

望志路

陶爾斐司路

四合里

蒲柏坊

住宅

FRANCISCAN PROCURATION

方濟堂

裕和 森大藥行 鼎發貨棧

春江書局

SHELL

和豐估衣商店

定貨迅速 隔日取貨 不限日期 色退還洋

二樓特闢營業部

皮貨部 料好價廉

原衣部 經濟便利

新裝部 式樣摩登

壽衣部 高尚湘繡 衾枕被褥

150 FOO-KIEN ROAD SOUTH OF FOO-CHOW ROAD TEL. 94535

上海四馬路石路口一百五十號 電話九四五三五

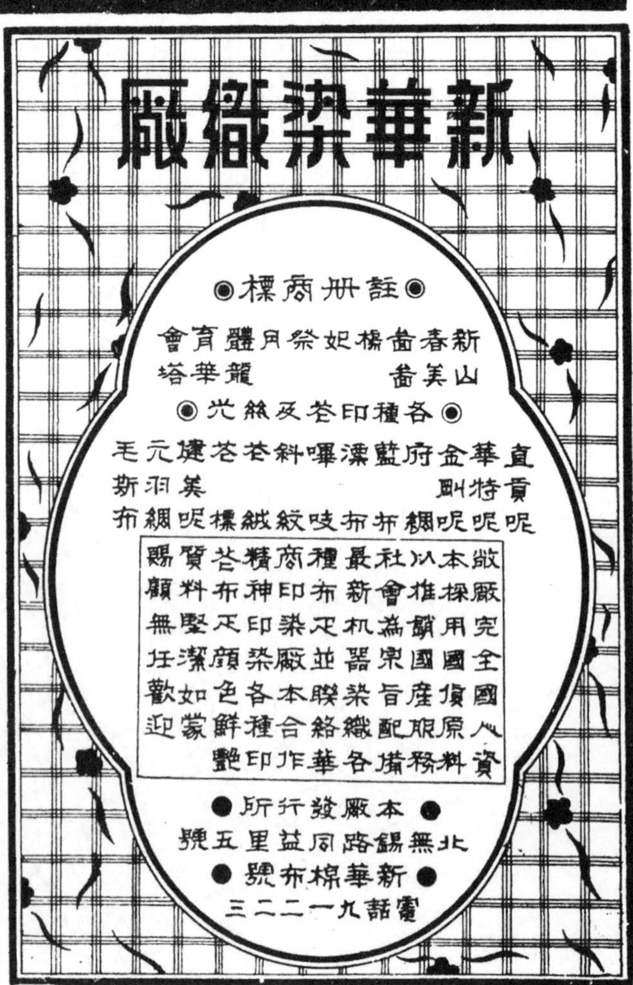

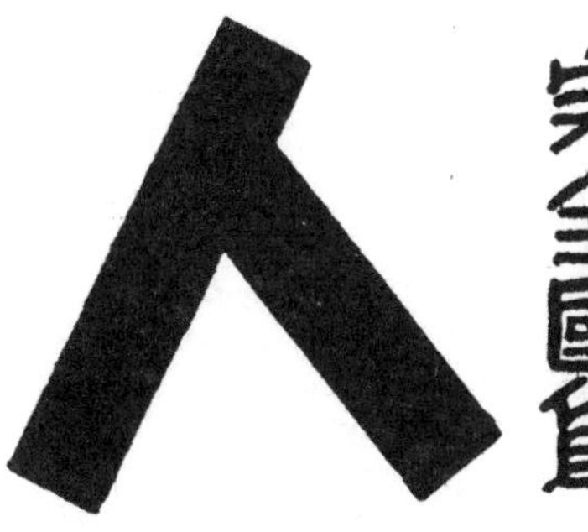

龍虎商標
完全國貨

家居旅行
人人必備

中國人應服中國人丹

酬應……消食醒酒
治事……提神健腦
旅行……辟瘟防疫

神經系大補劑
艾羅補腦汁
健腦益智
生精補血

胃寧藥片
最新胃病聖藥
專治肝胃氣痛
新久胃腸各病

減痛藥片
無毒止痛新藥
立止一切疼痛
奏效如神

上海中法大藥房
總發行

羅威沙而
洗手浴身
防毒殺菌

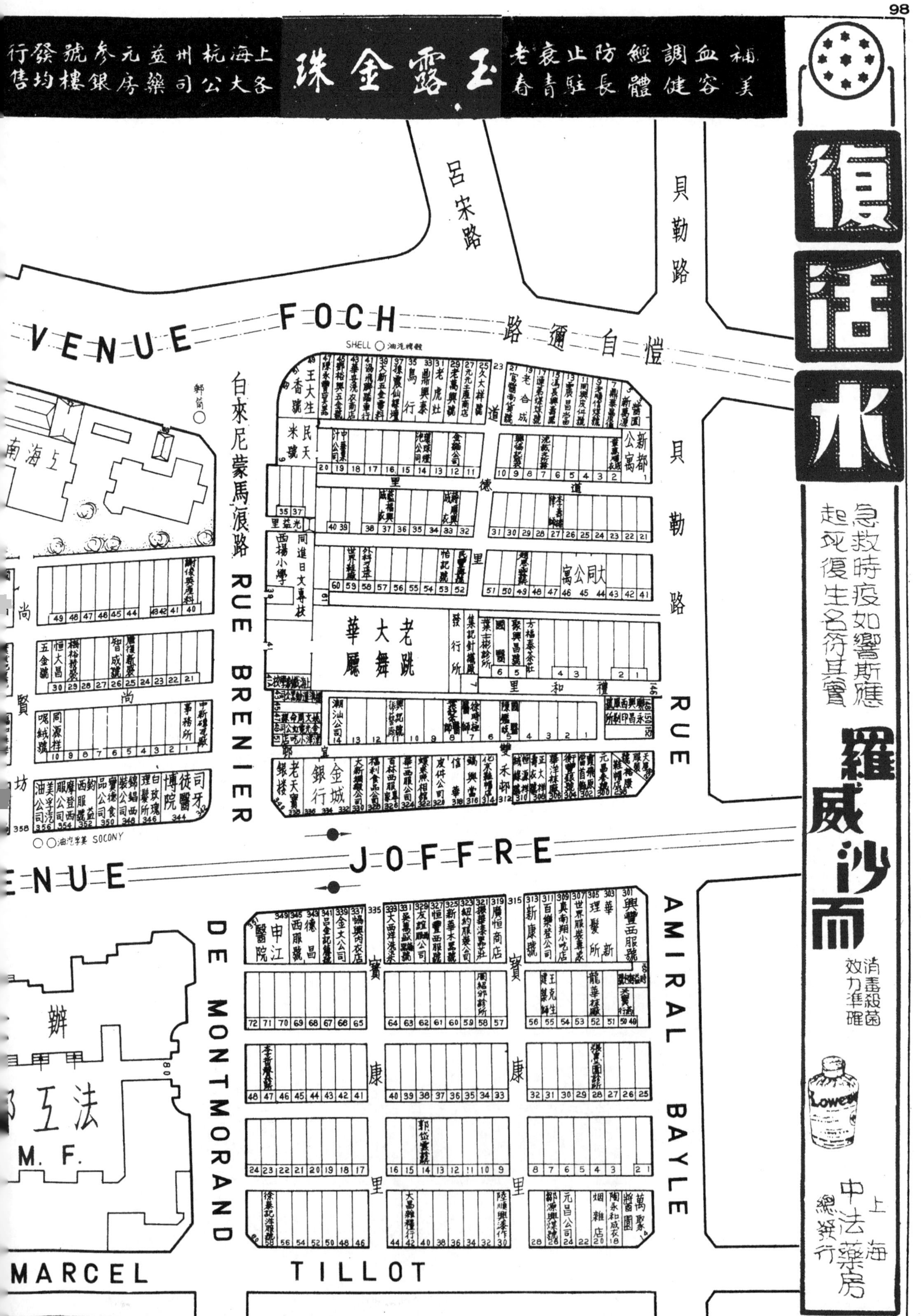

補血調經防止衰老
美容健體長駐青春
玉露金珠
上海杭州益元參號發行
各大公司藥房銀樓均售
復活水
急救時疫如響斯應
起死復生名符其實
羅威沙而
消毒殺菌
效力準確
上海中法藥房總發行
呂宋路
貝勒路
AVENUE FOCH
愷自邇路
白來尼蒙馬浪路
RUE BRENIER
JOFFRE
AVENUE
RUE AMIRAL BAYLE
DE MONTMORAND
MARCEL TILLOT
老大華跳舞廳
大同公寓
新都公寓
SHELL
SOCONY
M. F.
法工部

福利營業公司 代理部
電話一四〇三一號
兼理商業事務 代客採辦貨物
服務週到 取費低廉
北
25
療毒三傑
九一四 內服新藥
九一四 外用藥膏
九一四 白濁新藥
上海中法大藥房 發行
砂眼
古方晶眼藥水
上海中法大藥房 發行
福煦路
白爾部路
RUE PAUL BEAU
薩坡賽路
蒲石路
ROUTE BOURGEAT
RUE CHAPSAL
霞飛路
呂班路
麥賽而蒂羅路
RUE
SHELL
TEXACO
正記電筒池廠
住宅
生生高級助產職業學校
國珠玉古玩研究社
PAINT CHEMICAL PRODUCTS CO.
顧和洋行
法商法大汽車公司
金昌隆行
上海洋服公司
萬國鳥行
四明銀行霞飛路支行
大陸銀行支行
徐國華藥號

門市部 參燕部 南貨部 海味部 罐頭部 火腿部 批發部 出口部

上海

五馬路寶善街中三五六號

電話91301

福科營業股份有限公司

出版部

出版商用地圖—編印實用圖書

民國二十八年出版第一編第一特區公共租界

又一大貢獻

民國二十九年出版第二編第二特區法租界

上海行號參謀處 ◉ 上海人士指南針

地址 江西路四〇六號興業大樓四樓四二一號

電話 一四三〇三

上海市行號路圖錄

超越賜保命之臟器製劑

PLACEMON

登峰造極之大補品

胚生棠

成份名貴——根據最新學理。採用世界最近新發明之「胚胎素」爲主劑。配合腦下垂體。人參。肝膏。惟他命。燐。鐵。鈣鹽等物質。兼籌並蓄。切合人體需要。

配製嚴密——經名醫藥師嚴謹處方配合。悉心研究。越時二載。以及數十次動物試驗。醫師臨床實驗。功效確著。始克發行。

顯着功能——治未老早衰。神經及性神經衰弱。貧血萎黃。性能衰落。陰虧不育等症。均有獨特之功能。適應之廣。補力之大。非筆墨所能盡述。惟有服者知之。最易顯見之功能。可以減少白髮與面部皺。

各種特點——純淨糖衣片。男女均有服。入胃易消化。入腸易吸收。全片成份。分別輸送各部器官。較之服用其他一切賜保命製劑。有事半功倍之效。誠補品中之登峰造極者矣。

上海新亞藥廠最新貢獻

藥房均售

宇 46

AVENUE DUBAIL
呂班路
A LA ROTONDE RESTAURANT
ART STUDIO
洋立行昌
ART STUDIO
麥賽而蒂羅路
霞飛路
AVENUE JOFFRE
白爾部路
華龍路
ROUTE VOYRON
SHANGHAI CREDIT CORPORATION
POP'S PLACE
B.C. COFFEE
康綏公寓
漁陽里
鴻安坊
安麥坊
賽麥坊
顧家衙
花園
住宅
汽車間
煤棧
中國國貨銀行
霞飛市場
巴黎大戲院
PARIS THEATRE
空地
貝禘
26
艾羅補腦汁
風行四十餘年
神經系大補劑
寧神健腦
補血生精
上海中法大藥房總發行

潔而精川菜茶室
地點幽靜●大宴小吃
交通便利●四時咸宜
霞飛路後呂班路口
電話八二八一四一號
孩兒面
美容潤膚
白嫩除斑
中法大藥房發行
RUE PAUL BEAU
福煦路
AVENUE FOCH
巨籟達路
ROUTE RATARD
RUE DU LIEUTENANT PETIOT
蒲石路
ROUTE BOURGEAT
汪裕泰茶總棧
大昌堆棧
天德池浴室
同義小學
合成當
成大米廠
太和里
德福里
文蘭坊
住宅
空地
葉俊醫師
國醫沈仲慈
藝華水電行
景錫坊
貝禘坊
春陽里
廣昌當
順源醬園

允推第一
開胃潤腸
排洩內秘
日服一丸
腸胃積滯
飲食失調
功效準確
藥性和平

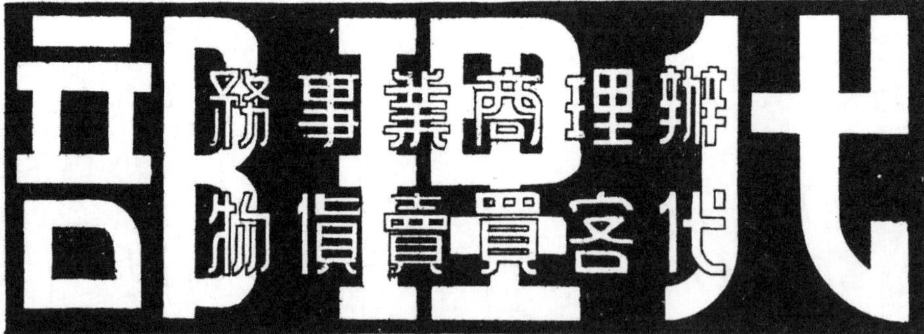

服務週到◉取費低廉

江西路四〇六號四樓四二一號

電話一四三〇三

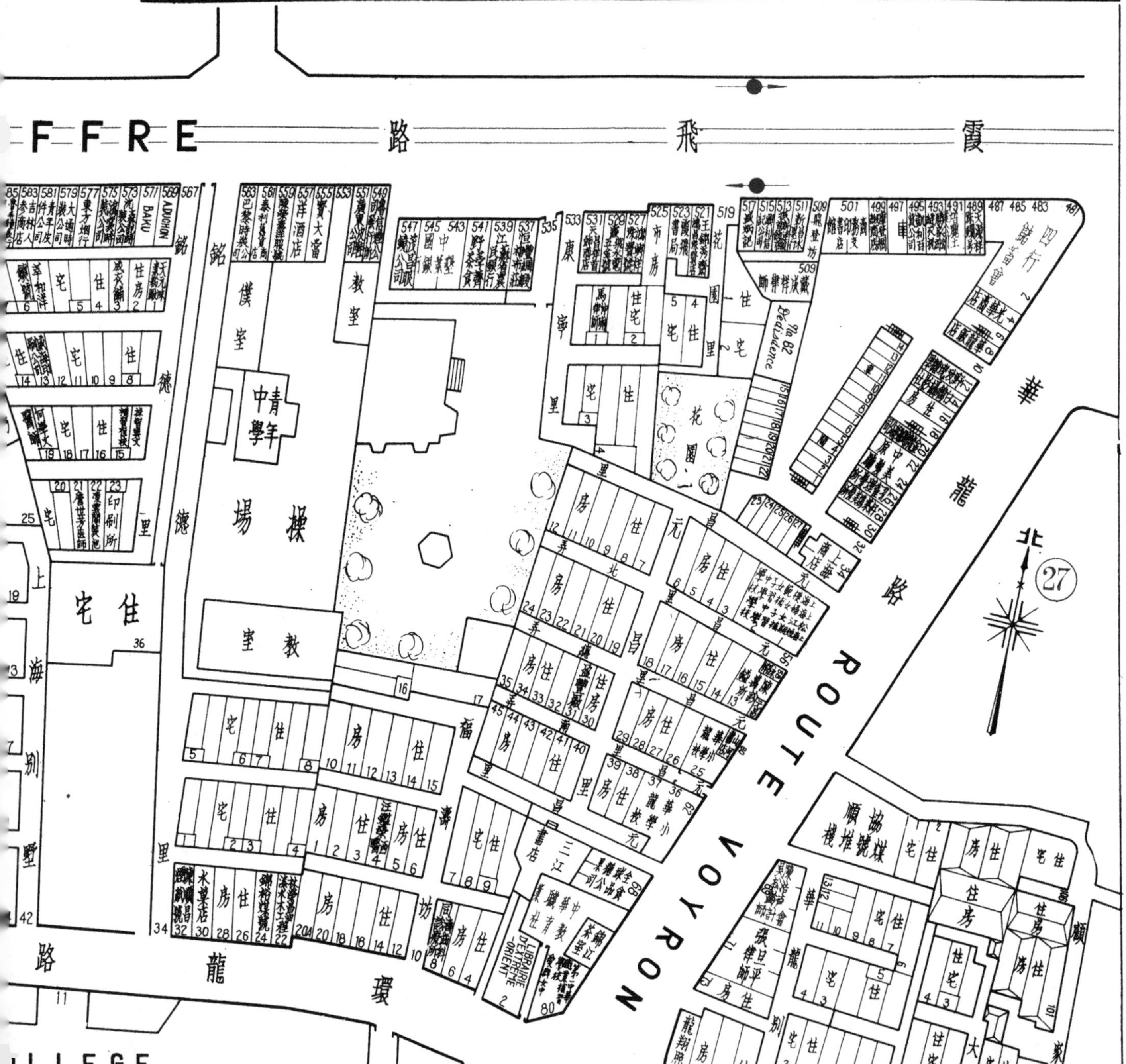
FFRE
霞飛路
ROUTE VOYRON
華龍路
環龍路
陶爾斐司路
LLEGE
FRANCAIS
操場
教室
27
北

霞飛路
AVENUE
馬斯南路
RUE MASSENET
環龍路
ROUTE VALLON
GENEVA
A.ZAISHIN
DONIQLLE
WOOL KNITTING FACTORY
VIENNA
JOSEPH'S
WARSAW FACTORY
合同百貨公司
馬斯南路郵局
華電氣通信有限股份公司
球場
車間
安樂坊
花園別墅
BILLARD ROOM
DE NTAL SURGEOM
MUN
國公園
艾羅補腦汁
健腦益智
生精補血
上海中法大藥房總發行
減痛藥片
不含毒質
立止一切疼痛
上海中法藥房發行

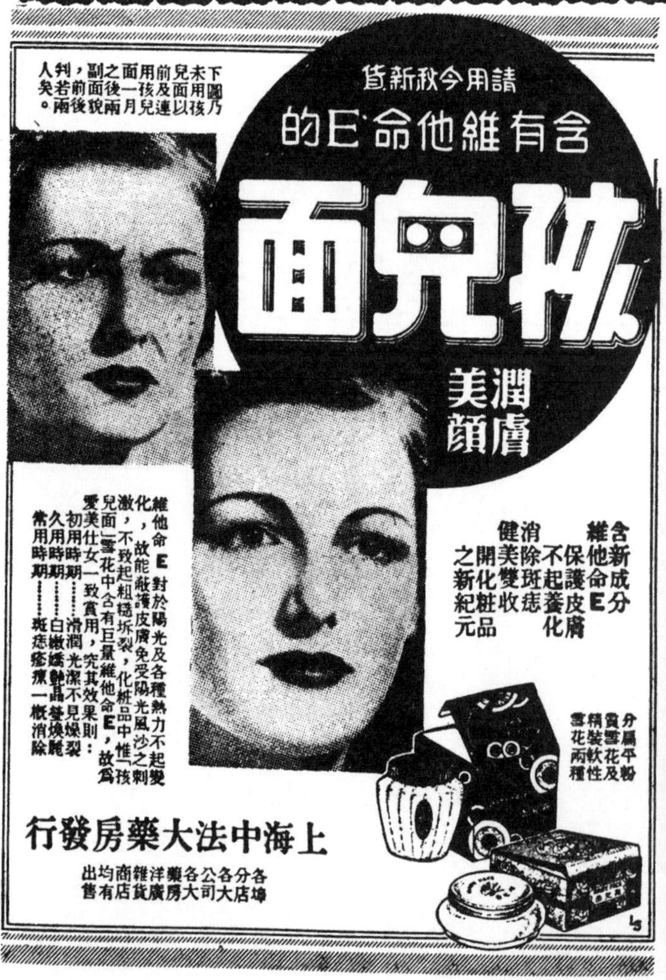

請用今秋新貨
含有維他命E的
孩兒面
潤膚美顏
下圖乃未用孩兒面以前及連用孩兒面一月之後兩副面貌，前後判若兩人矣。
維他命E對於陽光及各種熱力不起變化，故能敵護皮膚免受陽光風沙之刺激，不致起粗糙坼裂，化粧品中惟「孩兒面」雪花中含有巨量維他命E，故為愛美仕女一致賞用，究其效果則：
初用時期……滑潤光潔不見燥裂
久用時期……白嫩嬌艷晶瑩煥麗
常用時期……斑痣瘡疵一概消除
含新成分維他命E保護皮膚不起養化消除斑痣健美雙收開化粧品之新紀元
分扁平粉貨雪花及精裝軟性雪花兩種
上海中法大藥房發行
各埠分店各大公司各大藥房洋廣雜貨商店均有出售

神經系大補劑
艾羅補腦汁
諸虛百損都緣腦弱而來
腎虧肝旺咸以腦健而治
本劑效能平肝理胃，補腎益精，常服本劑，則心悸失眠憂鬱震怒陽萎遺精等症，自無由而生，抑且腦力充足，不畏繁劇，誠補劑中之聖品也！
奉贈衛生要旨
函索立即寄贈
大瓶二元
小瓶一元二角五分
T C YALE
上海中法大藥房發行

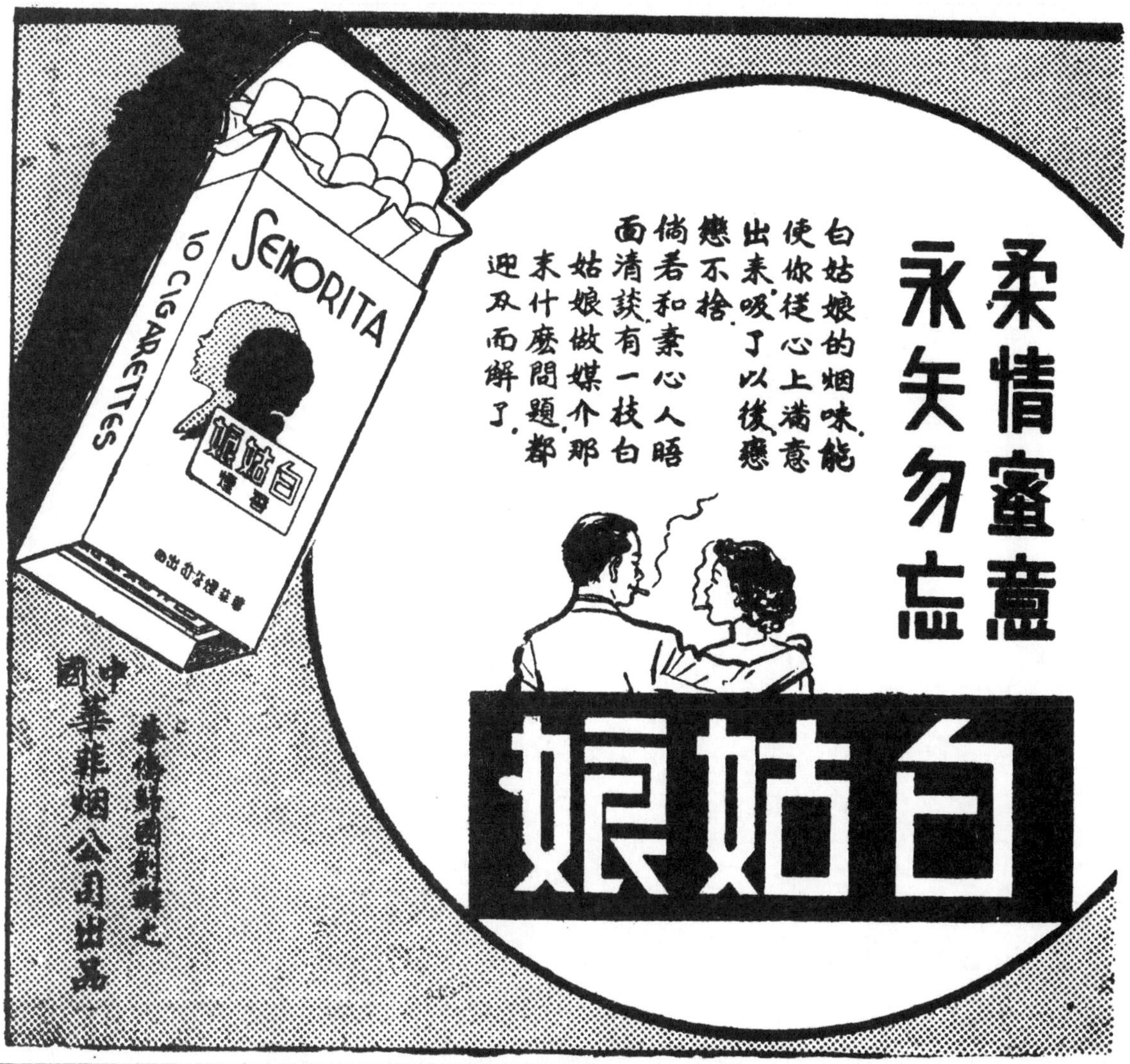

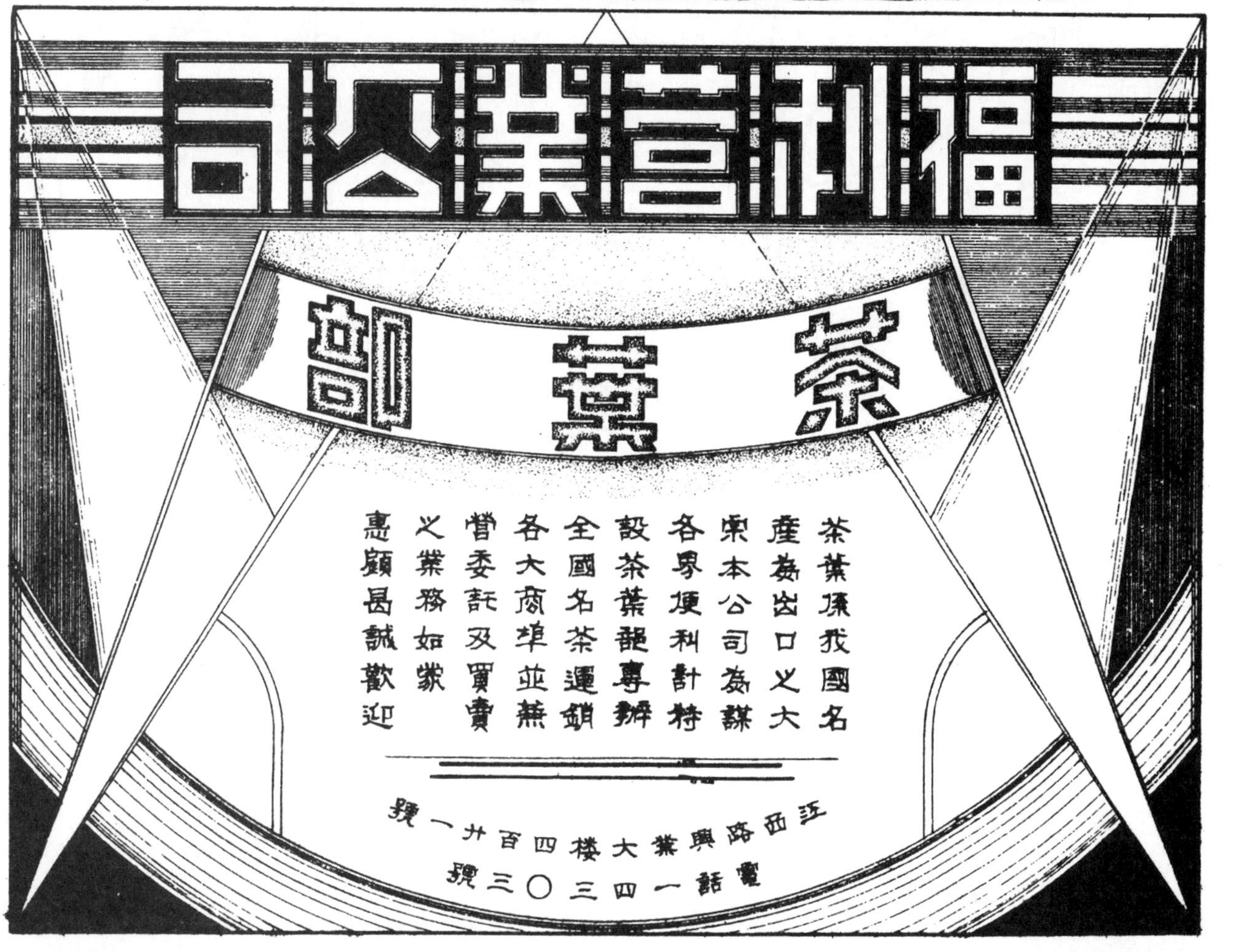

CHAPSAL
薩坡賽路
ROUTE LAFAYETTE
辣斐德路
DUBAIL
呂班路
法國公園
松韵别墅
巴黎新邨
新村
球場
教室
住宅
汽車間
車間
女子小學
協和齒科醫院

集成特効痱子粉
二天包癒●不靈還洋
集成大藥房發行
地址南京路抛球場
電話九一一四〇號
薩坡賽路
RUE
望志路
RUE WANTZ
仁愛會總院
西門路
ROUTE PORTE DE L'OUEST
呂班路
AVENUE
陶爾斐司路
ROUTE DOLLFUS
法工部局第一區路政處
SERVICE DES TRAVAUX
1ER ARRONDISSEMENT
住宅
中央汽水廠
恒盛糧食號
S.F.&CIE
Dr. J.G. KOPANEFF
SHELL
馬棚
馬棚
馬棚
28

沙利文
本廠
上等餅乾
原料精選
製法衛生
味美補身
老幼愛食
各食品店
均有出售
BAKERITE BISCUITS
BAKERITE CO. FEDERAL INC. U.S.A
沙利文
餅乾

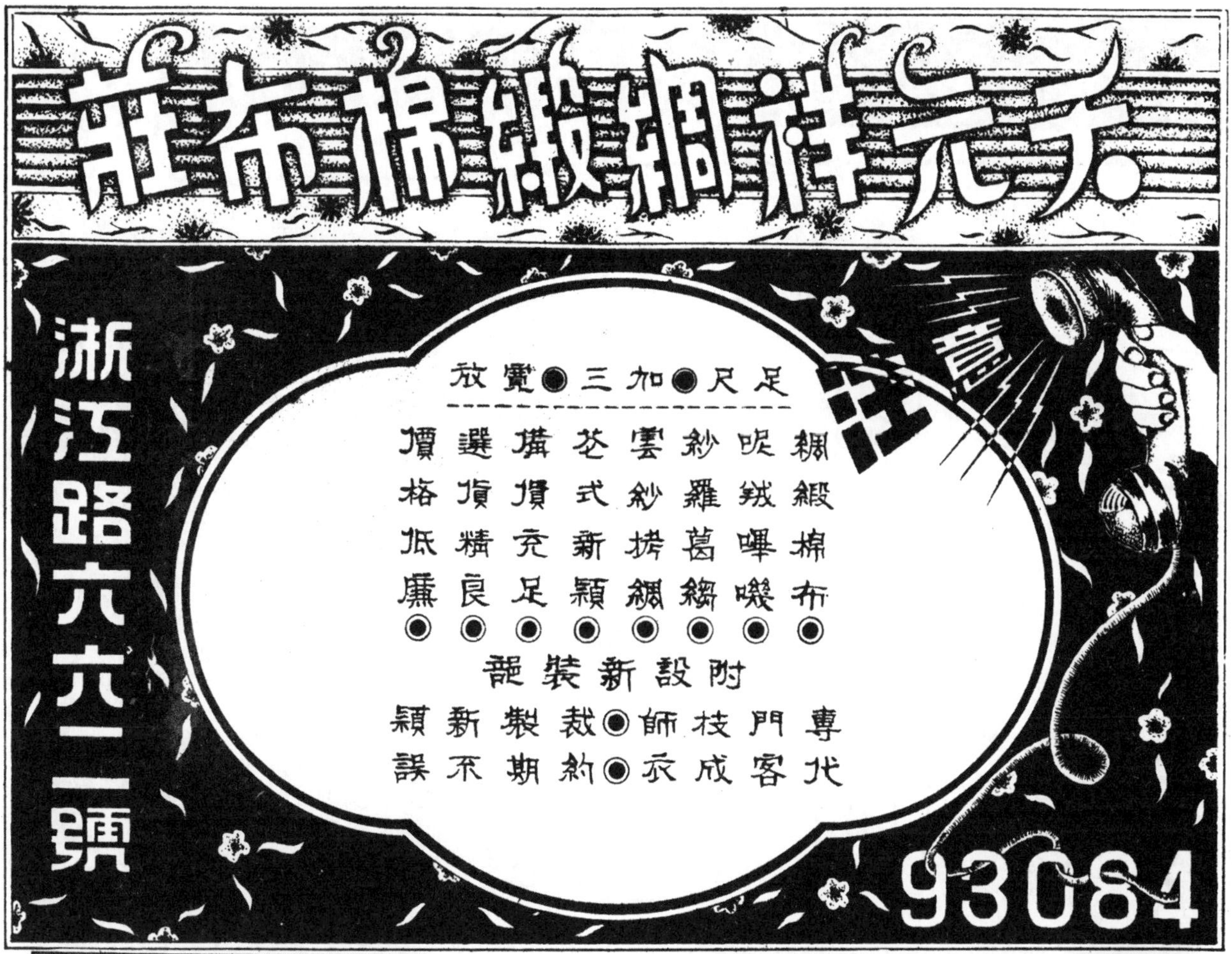

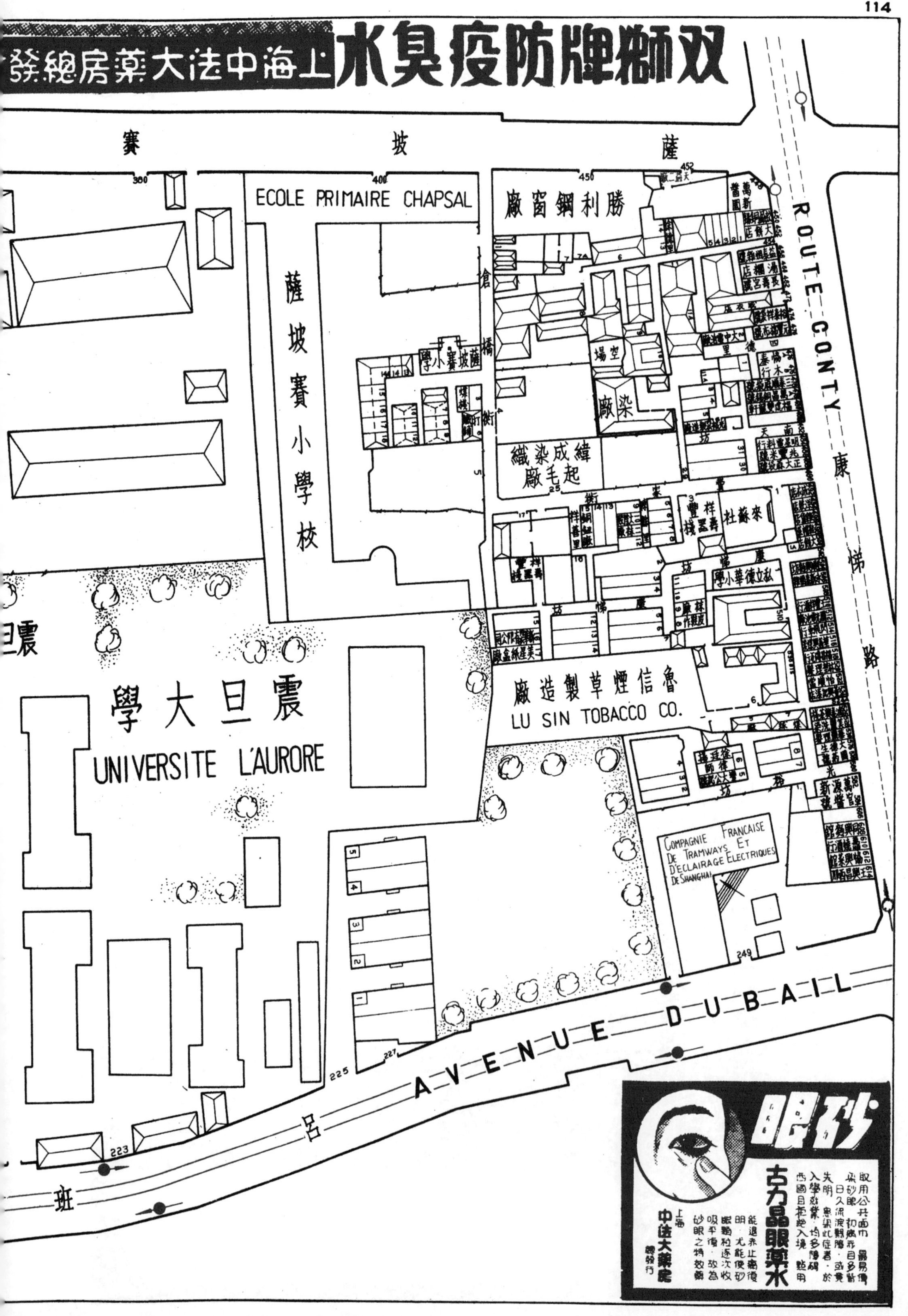
双獅牌防疫臭水
上海中法大藥房總發
賽
坡
薩
ECOLE PRIMAIRE CHAPSAL
勝利鋼窗廠
ROUTE CONTY
薩坡賽小學校
康
悌
路
緯成染織廠
起毛廠
魯信煙草製造廠
LU SIN TOBACCO CO.
震旦大學
UNIVERSITE L'AURORE
COMPAGNIE FRANCAISE DE TRAMWAYS ET D'ECLAIRAGE ELECTRIQUES DE SHANGHAI
AVENUE DUBAIL
呂
班
砂眼
克方晶眼藥水
上海中法大藥房總發行

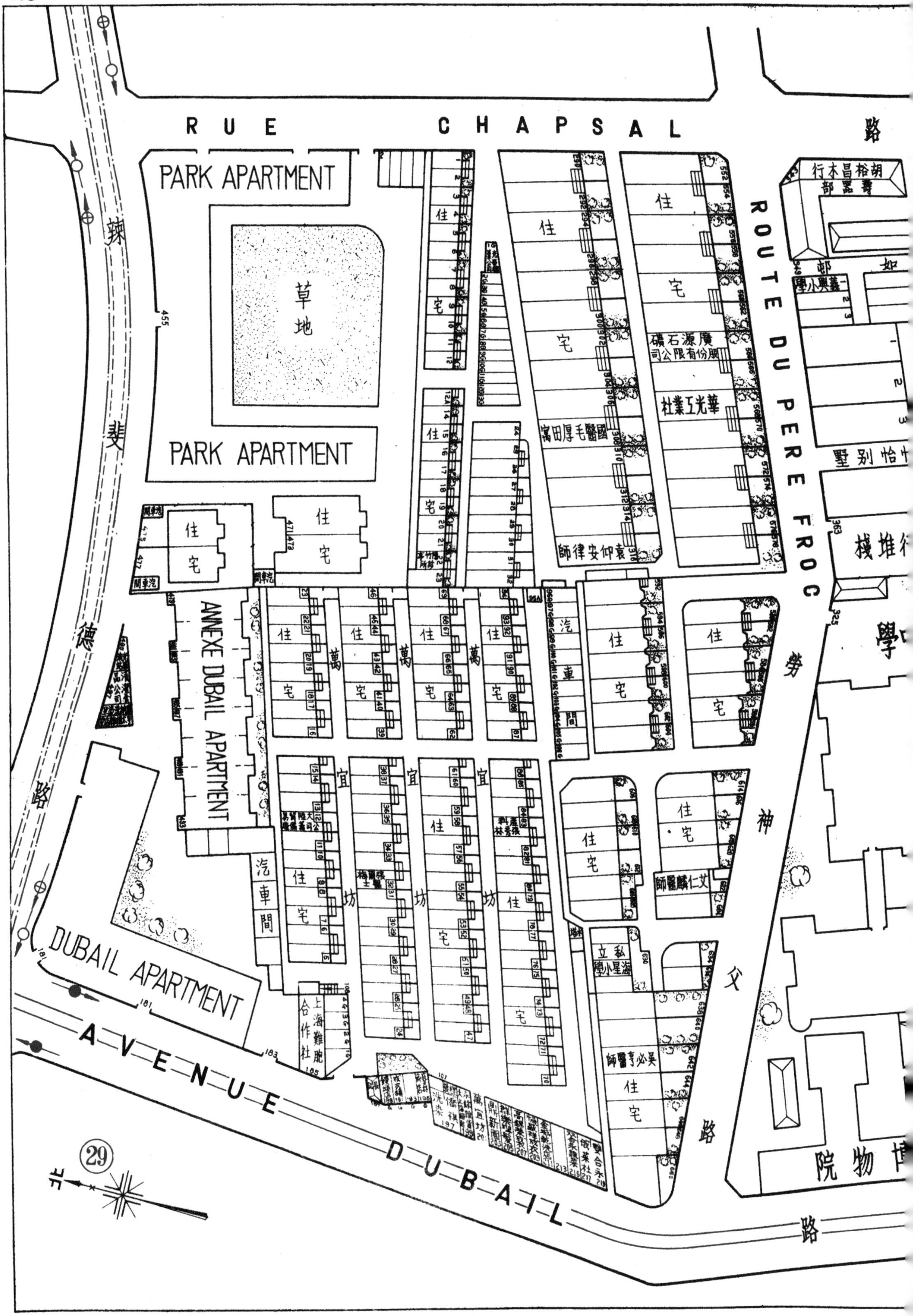

RUE CHAPSAL 路

PARK APARTMENT

草地

PARK APARTMENT

住宅

住宅

住宅

住宅

廣源石礦股份有限公司

華光工業社

國醫毛厚田寓

袁仰安律師

胡裕昌木行
壽器部

義興小學

如

怡別墅

堆棧

學

ROUTE DU PERE FROC

辣斐德路

ANNEXE DUBAIL APARTMENT

萬宜坊

萬宜坊

萬宜坊

住宅

汽車間

汽車間

文仁麟醫師

私立海星小學

吳必亨醫師

住宅

上海難胞合作社

DUBAIL APARTMENT

勞神父路

博物院

AVENUE DUBAIL 路

29

北

賀爾賜保命

補針
補丸

人體是座機器，牠的機件，完全是有機性化學成分所組合，非常複雜而奧妙，人體中的賀爾蒙，是各部機能的刺激素，宛比是機器的原動力，青年體力强壯，精神煥發，能够勇往直前，賀爾蒙當然充實・

「賀爾賜保命」是睪丸賀爾蒙結晶製劑，睪丸賀爾蒙是青春的熱力，為性神經衰弱和睪丸賀爾蒙缺乏引起之種種老衰病症合理的滋補劑・

機器時常要指油，人體時常要調補，這是同一的原理，倘使你覺得頭暈目眩，腰痠腿軟、精關不固，生殖無能，就在告訴你本身睪丸賀爾蒙缺乏，趕快調補起来、「賀爾賜保命」、質料新鮮濃厚、製法精密考究、靈驗價廉・

上海新亞藥廠製造　藥房均售

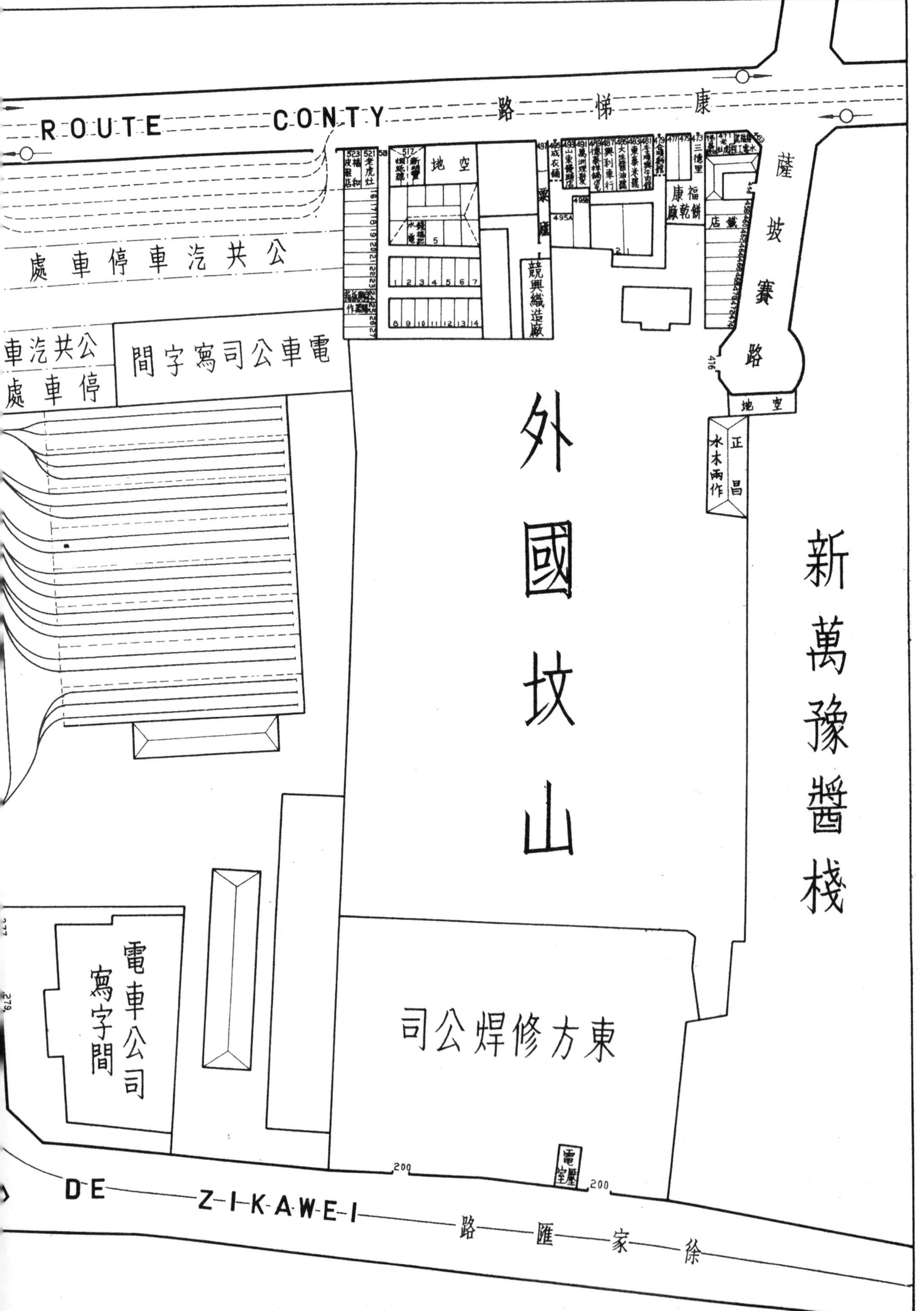

ROUTE CONTY
康悌路
公共汽車停車處
公共汽車停車處
電車公司寫字間
空地
競興織造廠
三德里
康福餅乾廠
鐵店
薩坡賽路
空地
正昌
水木兩作
外國坟山
新萬豫醬栈
東方修焊公司
電車公司寫字間
電壓室
200
200
DE ZI-KA-WE-I
徐家匯路

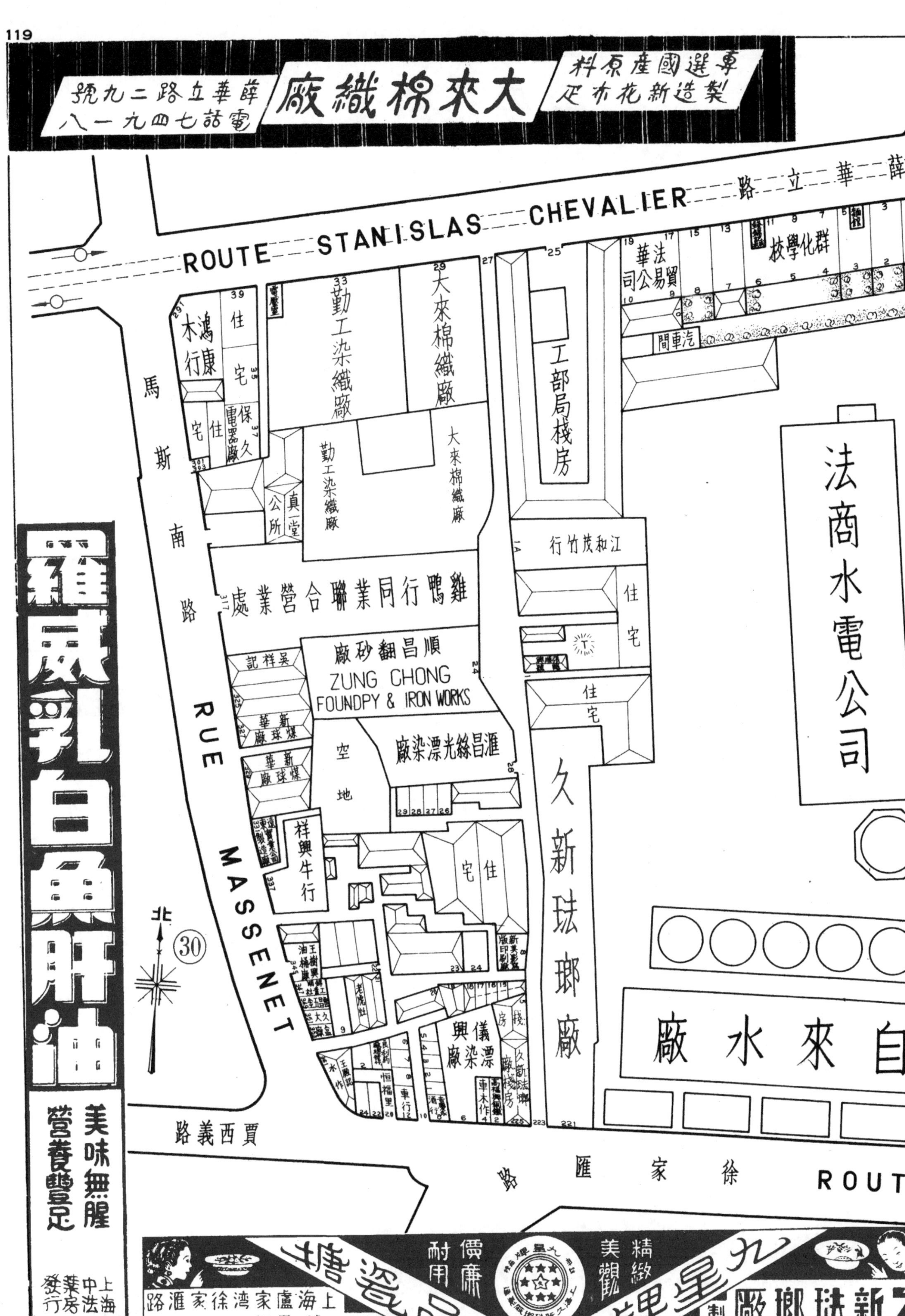
大來棉織廠
專選國產原料
製造新花布疋
薛華立路二九號
電話七四一九八
ROUTE STANISLAS CHEVALIER
薛華立路
馬斯南路
RUE MASSENET
賈西義路
徐家匯路
ROUT
大來棉織廠
勤工染織廠
工部局棧房
群化學校
華法貿易公司
汽車間
法商水電公司
鴻康木行
住宅
保久電器廠
真一堂公所
江和茂竹行
雞鴨行業同業聯合營業處
順昌翻砂廠
ZUNG CHONG
FOUNDPY & IRON WORKS
吳祥記
新華爆球廠
滙昌絲光漂染廠
空地
祥興牛行
久新琺瑯廠
住宅
儀興漂染廠
久新琺瑯棧房
自來水廠
北
30
羅威乳白魚肝油
美味無腥
營養豐足
上海中法藥房發行
搪瓷品
價廉耐用
精緻美觀
九星牌
久新琺瑯廠製
上海盧家灣徐家匯路二二一號
電話七四七八〇

上等香煙

銀行牌

中國南洋兄弟煙草公司

上海 WAFUN

會豐商店

星加坡分行

總店：北四川路二百六十號 電話：四三一三〇

分所：卡德路善浔里十五號 電話：三九〇三六

WOI FUNG SHEONG TIM

NO. 260 N. SZECHUEN ROAD

& R. 15 LANE 229. CARTER ROAD

TELEPHONE { 43130 39036

統辦環球藥品 廣東膏丹丸散

原庄一土樹油

立愈咳嗽

白松糖漿

西藏紅花油

WHITE PINE COUGH SYRUP

上海會豐總發行

以服務社會發展實業為宗旨

中國實業銀行

行址上海北京路一三〇號

辦事處法租界公館馬路

賈西義路 INI

大業工

三義製鍋翻砂廠 165

德華廠 161

老虎灶 159

東海坊

新平安記煤球公司 153

楊榮泰竹棧

空地

會慕分堂 53

同濟織網廠

天一電機針織廠 47

機器廠

中心貿易公司

空場

國泰煤球廠 19

積善坊 18

仁昌皂廠

王順興人力車

王松記桶廠

住宅

住宅 15

盧家街

信益里一街

板箱作 16A

昇昌翻砂廠

成衣鋪

信益里二街

光學 17

漢校 16

阿莫尼亞廠

操場

信益里三街

大衆用品社

昌啟里

振大機器

鐵工廠

機器廠

乾康醬棧

萬琛醬棧

乾康醬棧

新萬春醬棧

合豐企業有限公司染織廠

公大釘廠

邵萬生煤號

上海化工社

電氣室

法工部局垃圾車停車處

徐家匯路

ROUTE DE ZIKAWEI

北

31

徐家匯

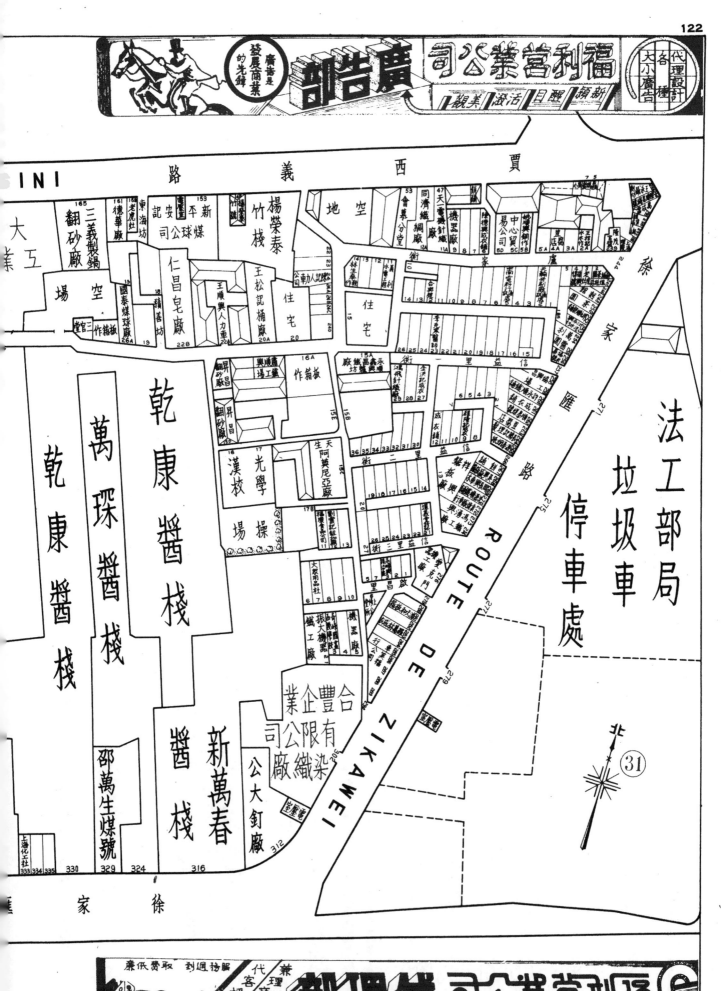

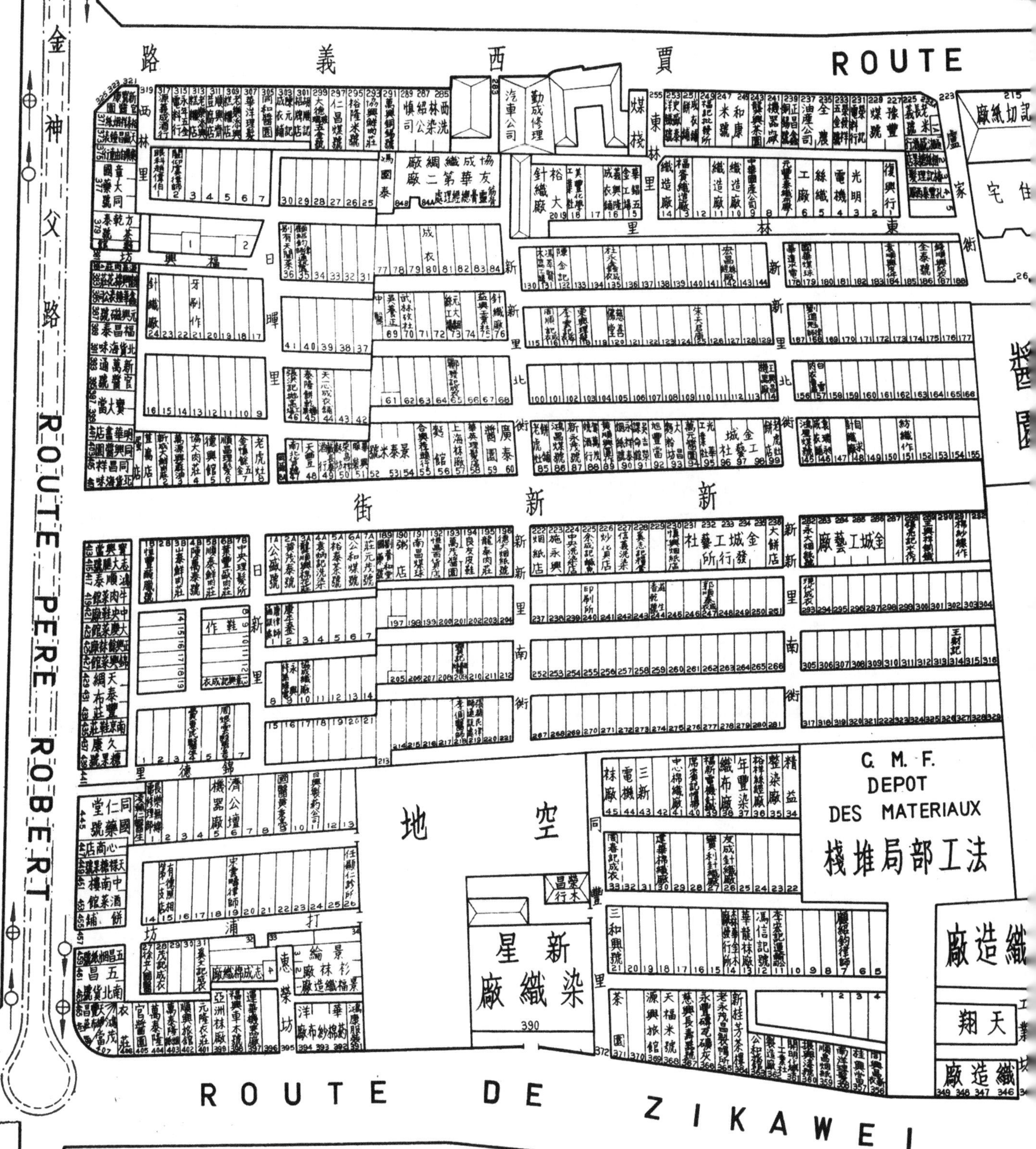

ROUTE
賈西義路
金神父路
ROUTE PERE ROBERT
汽車公司
勤成修理
協成織綢廠
友華第二廠
新新街
日暉里
新新里
北新街
南新街
金城工藝社
空地
C.M.F.
DEPOT
DES MATERIAUX
法工部局堆棧
新星染織廠
織造廠
天翔
打浦坊
錦德里
ROUTE DE ZIKAWEI

中國電影有史以來最偉大至尊無上傑構

攝製三年餘！

西施

耗資五十萬！

袁美雲（西施）梅熹（范蠡）

王元龍（伍子胥）李紅（鄭旦）領銜主演

卜萬蒼嘔心瀝血精心編導

任何巨片不足為豪

新華無敵貢獻

華洋大藥房

本藥房開設上海二馬路大新街口五五一號電話九二六二八號經售醫用藥品醫療器械繃帶材料化學藥品靈驗新藥並自製各種靈驗良藥甚多惟下列四種尤為名貴如蒙 賜顧竭誠優待

痔瘡良藥 掃痔兜

眼科特效藥 晶明

皮膚聖藥 掃皮靈

赤白痢疾新藥 脫痢靈

上海程裕新茶號

揀辦國產名茶 首創薄利多賣

註冊商標 新

名目摘要

西湖龍井 珠蘭毛尖
祁門烏龍 三燻茉莉
黃山毛峰 玳玳玫瑰
雲南普洱 貢白菊花

注意

本號每逢歲尾年頭
添助顧客興趣起見
特製美麗畫片日曆
專贈各界屆時報露

著名黃山毛峰茶
本號
獨家經理

電話購貨 不取送力

第一及第二發行所
上海五馬路貴興里 電話九一八七二

第三發行所
上海東新橋北首 電話九三八五八號

第四發行所
上海靜安寺路斜橋總會西首 電話三八〇六五號

事業的前進
先決問題
思想是否靈敏：體力是否健全
精神是否充沛：作事是否耐勞
健康為吾人最寶貴之財產失之則疾病侵身幸福受其剝削健康為何簡言之現於形者為體魄雄壯精神飽滿見之於生活方面者則為腸胃健全食慾振旺反之便為病象我國腸胃病最多大都由於缺少運動消化障礙而起致飲食減少體態羸瘦精神頹唐影響於事業非淺亟宜服良藥以求康健
食母生為最新酵母製劑內含多種維他命酵母能助長消化促進吸收蠕動代謝維他命能輸給營養補體強身故常服食母生體力自能強盛精神自能充沛事業因之成就且價格低廉是普魯化補劑
食母生
胃腸良藥
大眾補品
ZYMASUN
TRADE MARK
0.25 GM
300 TABLETS
ZYMASUN
Yeast Tablets
SINE LABORATORY CO., LTD.
食母生
信誼化學製藥廠監製
藥房均售

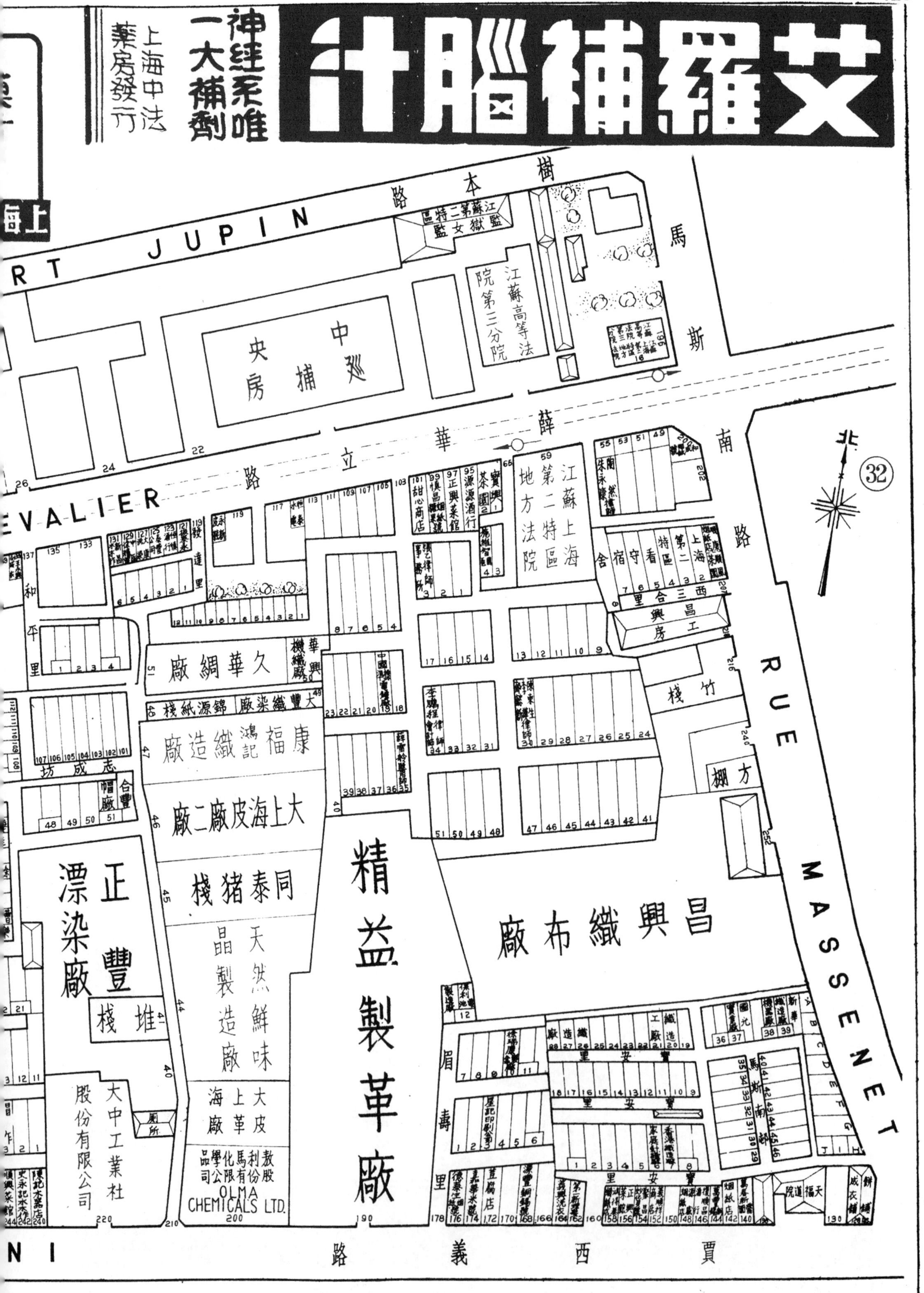

艾羅補腦汁
神經系唯一大補劑
上海中法藥房發行
上海
樹本路
RT JUPIN
江蘇第二特區監獄女監
江蘇高等法院第三分院
中央巡捕房
馬斯南路
薛華立路
EVALIER
江蘇上海第二特區地方法院
北
32
西三合里
昌興工房
竹棧
方棚
RUE MASSENET
和平里
志成坊
久華綢廠
華興機織廠
大豐織染廠
錦源紙棧
康福鴻記織造廠
大上海皮廠二廠
同泰豬棧
天然味鮮晶製造廠
上海大皮革廠
敖利馬化學品股份有限公司
OLMA CHEMICALS LTD.
精益製革廠
昌興織布廠
正豐漂染廠
堆棧
大中工業社股份有限公司
廁所
眉壽里
寶安里
天福道院
NI
賈西義路

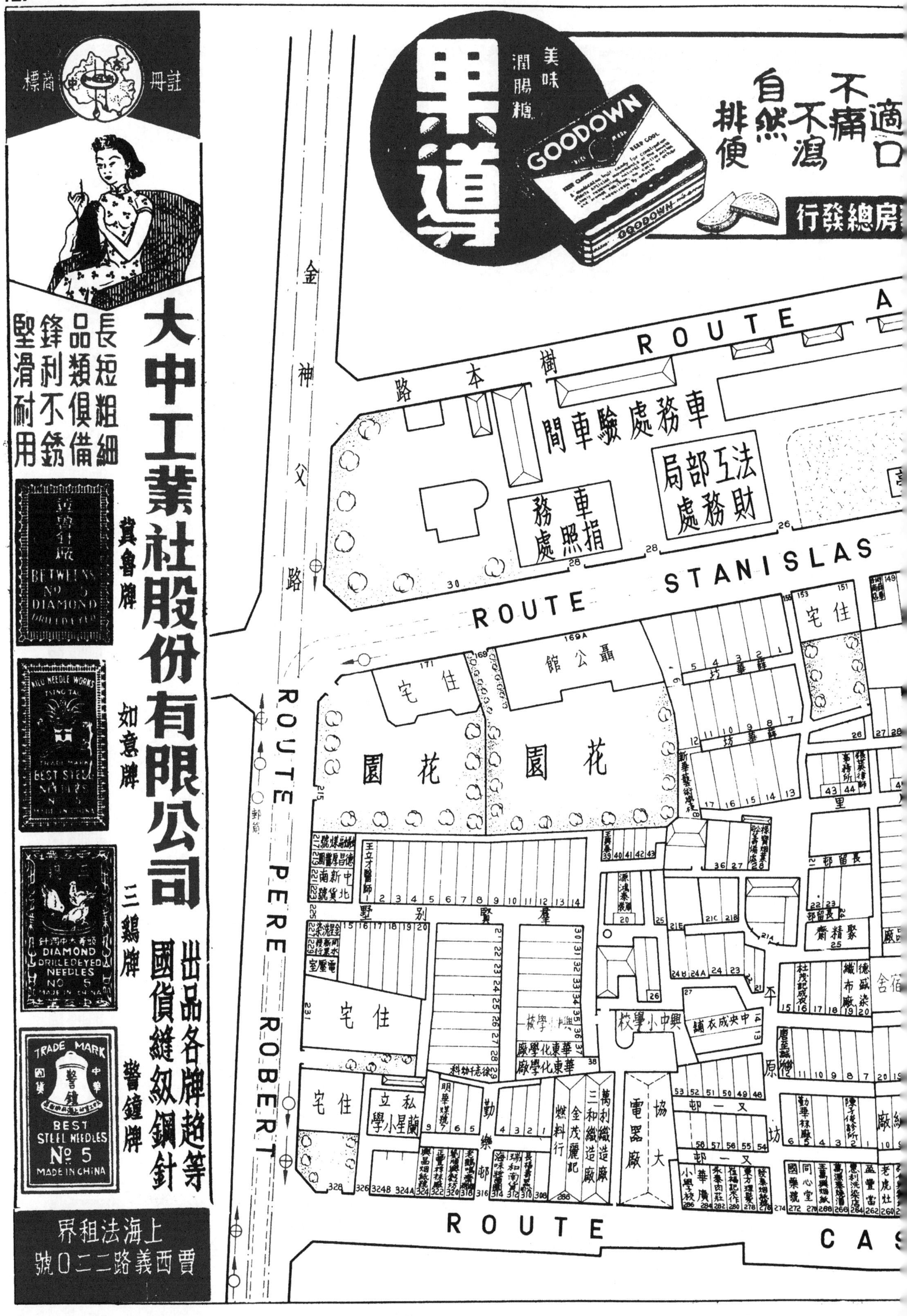

ROUTE A
樹本路
金神父路
車務處驗車間
法工部局財務處
車務處指照
ROUTE STANISLAS
住宅
聶公館
蔣華坊
花園
花園
住宅
ROUTE PERE ROBERT
郵筒
中南新北號貨
賢別野
興中小學校
中央成衣鋪
長留部
聚精齋
德盛染織布廠
宿舍
華東化學廠
華東化學廠
勤樂邨
私立蘭星小學
協大電器廠
萬利織造廠
三和織造廠
金茂麗記燃料行
又一邨
又一邨
原坊
ROUTE
CAS

Calcium Chloride Sol.

氯化鈣注射液　1—10%

主治　濕疹　丹毒　肋膜炎　肺胃出血　氣喘等

用法　靜脈注射每日或間日一次

Camphor in Oil

樟腦油注射液　10—20%

主治　心力衰弱　虛脫　肺炎　傷寒　急性中毒等

用法　用法肌肉注射一二公撮

Quinine Dihydrochl. Sol.

重鹽酸奎寧注射液　25—50%

主治　瘧疾　惡性瘧疾　再發性瘧　肺炎　脾腫大等

用法　筋肉或靜脈注射

Physiological Saline Sol.

生理食鹽水　三百至五百公撮

主治　霍亂　急性吐瀉症　大出血後　尿毒症等

用法　皮下或靜脈注射

Sod. Cacodylate Sol.

雙一烷砒酸鈉液　5—10%

主治　貧血　結核　溫疹　淋巴腺腫等

用法　皮下或肌肉注射

「百吉牌」注射藥出品啓事

茲啓者，年來隨衛生事業之演進，新藥供應，愈益浩繁，兼之新藥製造，不獨影響個人社會之健康，抑且關係國家資力之流危，爲謀供求平衡，藥物自給，特延專家煉製一應醫用原藥及各種注射針藥，舉凡消毒封藏各種手續均屬周到嚴密，售價特低，藉謀普及，茲將已經製造發售之注射藥品摘舉數種於後，其他各種臨診習用之注射藥品，一律齊備，切望新藥界諸大彥博，賜予採用，幸甚幸甚。（出品說明，均詳仿單，醫師函索，立即寄奉）。

上海　中法大藥房　發行

有美皆備　無麗不臻

摩登仕女均酷愛之

華成煙公司出品

上海天一機織印染廠

出品

各色縐布　各色細斜　安安藍布　納夫妥布　士林藍布　海昌藍布　愛國藍布　致美藍布　漂布漂斜　各色嗶嘰　各色貢呢　各色光斜　各色府綢　各色蘇紗　印花嗶嘰　印花直貢　印花色丁　印花絨布　印花府綢　印花蘇紗　印花不退色布　克羅綢　花羽綢

★　科學設計　永不退色　★
顏色鮮豔　經久耐用

商標

三俠　天倫　天天香　月宮扇　華麗緣　樊梨花　雙金錠　天一商標　交際花　金五塔　交好運　楊柳青　滿堂彩　長樂　晨曦

廠務部　梹榔路二一一
營業部　寧波路隆慶里
電話　九五二四四
　　　九〇一五三
電報掛號　九六一三

本廠專織各種府綢各種羢布斜紋細布線呢嗶嘰等精良布疋並承接定貨

商標　大妹妹　海狗　駱駝　銀弓

上海勤工勝記染織造廠

事務所　公共租界寧波路七十三號
廠　址　法租界薛華立路三十三號

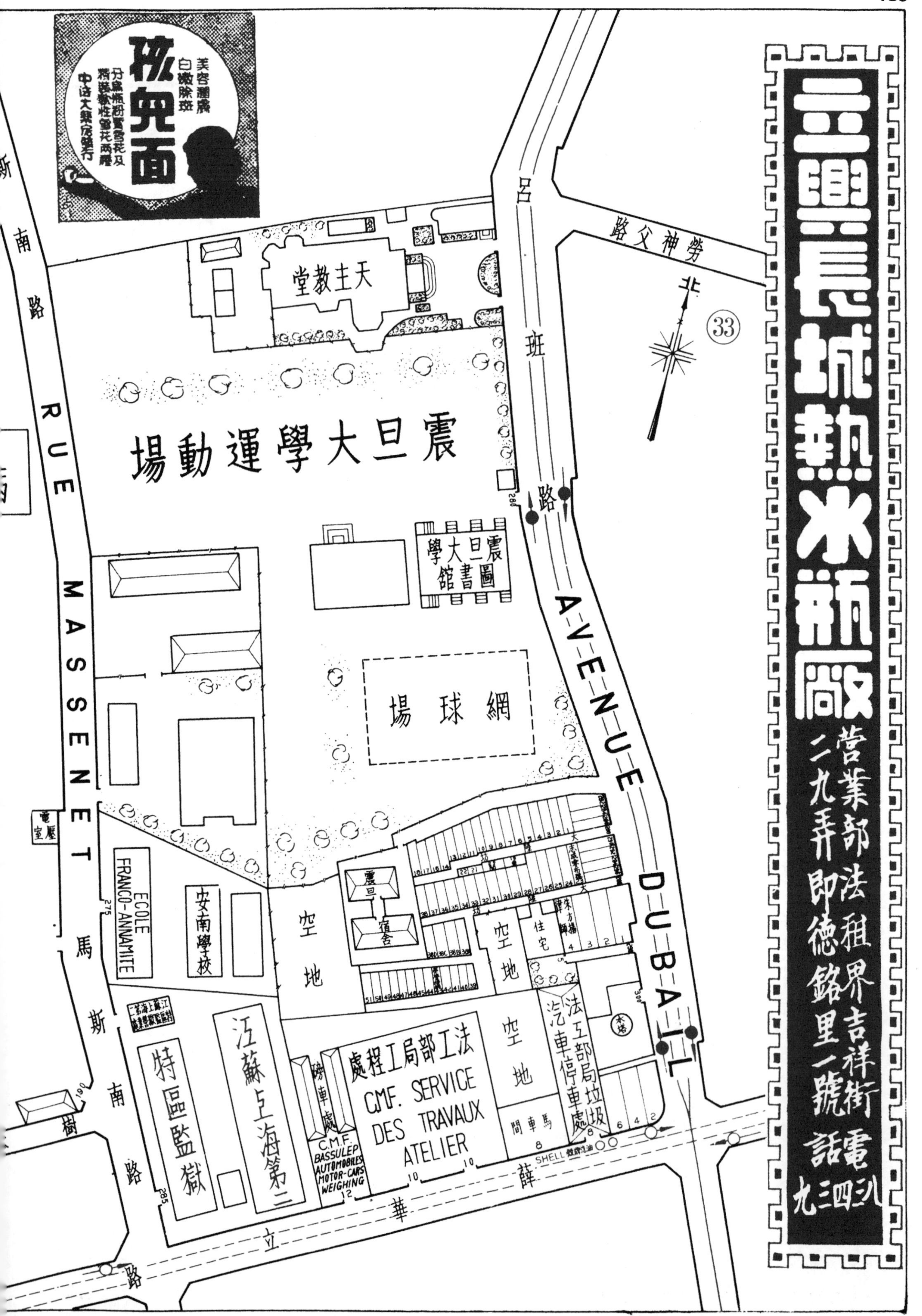
孩兒面
美容潤膚
白嫩除斑
中法大藥房發行
長城熱冰新廠
營業部法租界吉祥街
二九弄即德銘里一號
電話八四三九
呂班路
勞神父路
北
33
天主教堂
震旦大學運動場
震旦大學圖書館
網球場
AVENUE DUBAIL
RUE MASSENET
馬斯南路
電壓室
ECOLE FRANCO-ANNAMITE
安南學校
空地
震旦宿舍
住宅
法工部局垃圾汽車停車處
法工部局工程處
C.M.F. SERVICE DES TRAVAUX ATELIER
磅車處
C.M.F. BASSULEP AUTOMOBILES MOTOR-CARS WEIGHING
江蘇上海第二特區監獄
馬車間
SHELL
薛華立路
280
275
285
300

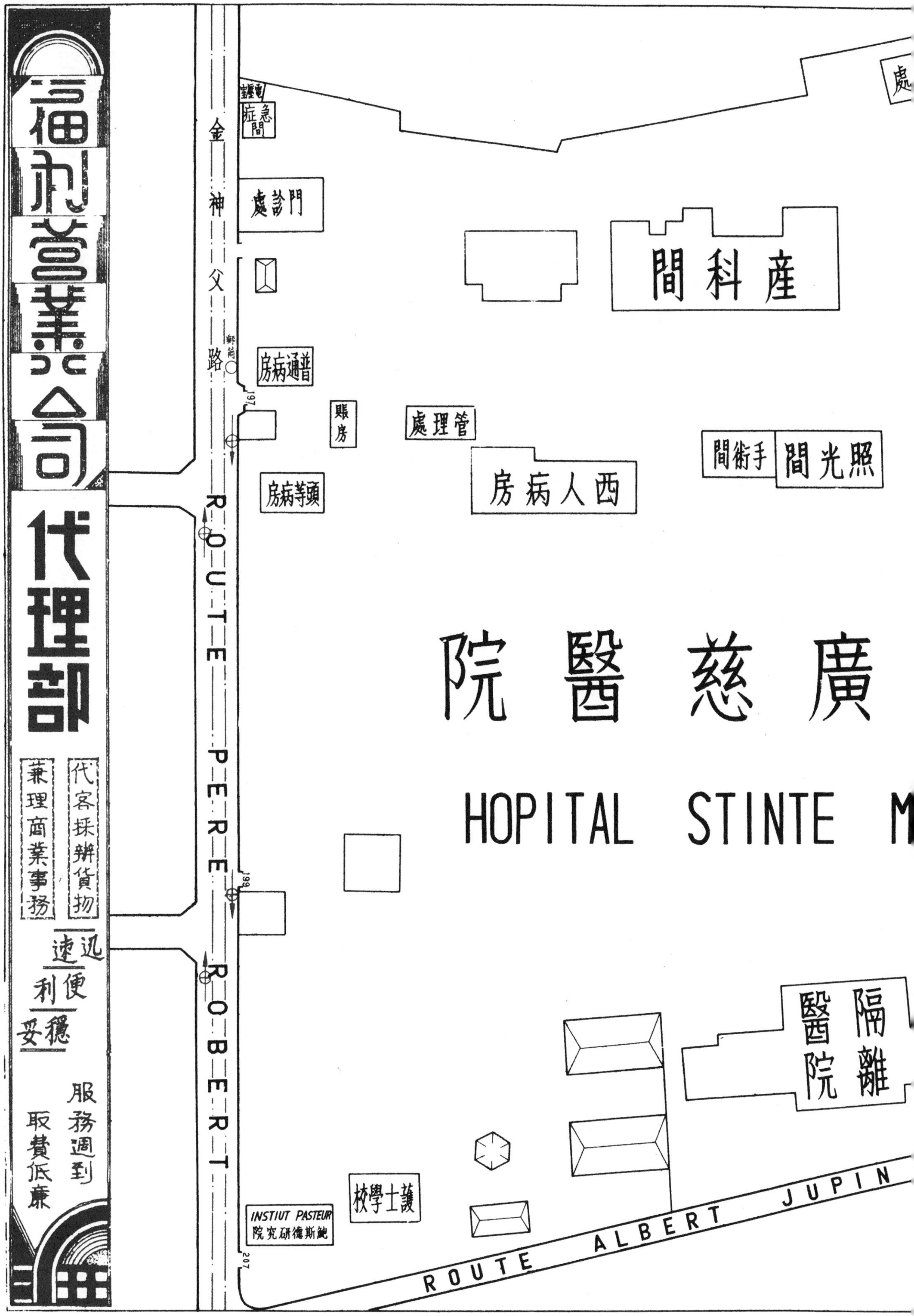

金神父路
ROUTE PERE ROBERT
郵筒
197
199
207
電鐘
急症間
門診處
產科間
普通病房
賬房
管理處
頭等病房
西人病房
手術間
照光間
處
廣慈醫院
HOPITAL STINTE M
隔離醫院
護士學校
INSTIUT PASTEUR
鈕斯德研究院
ROUTE ALBERT JUPIN

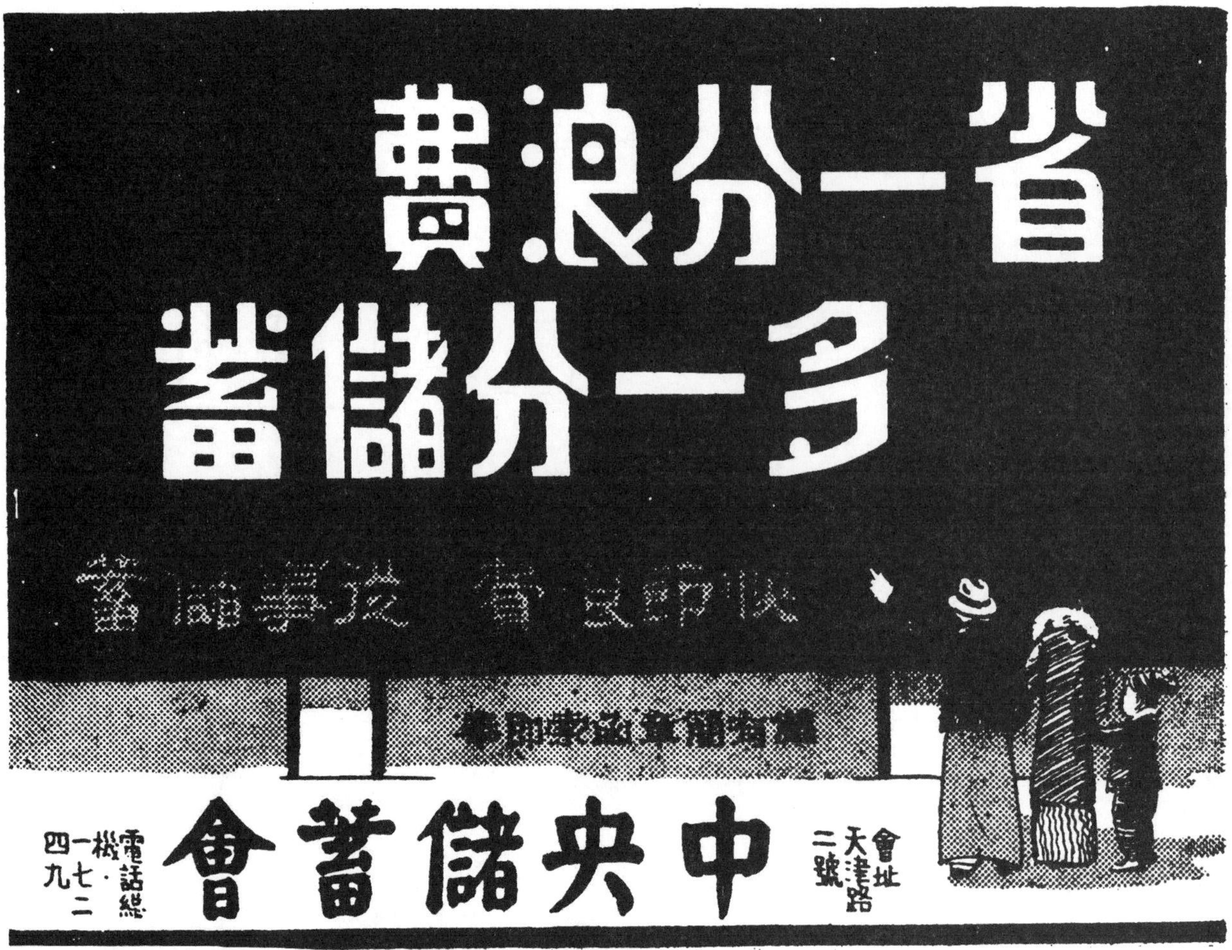

省一分浪費
多一分儲蓄

中央儲蓄會
會址天津路二號
電話總機・一七二四九

第一廠 勞神父路301號 電話八一四五六
第二廠 東京路澳門路口 電話三九九八四
第三門市部 勞神父路333號 電話八三一八〇

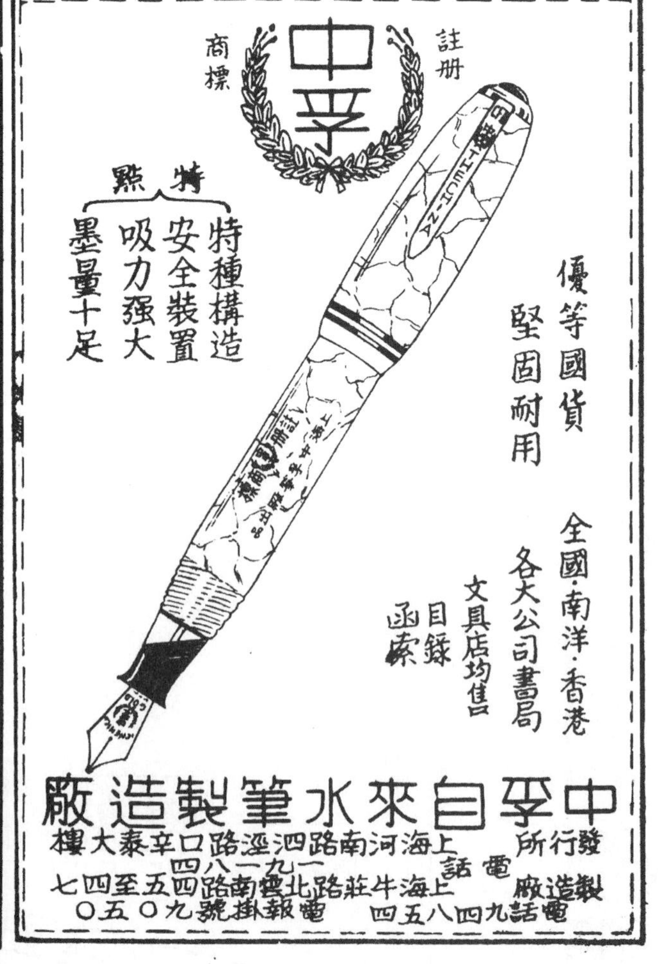

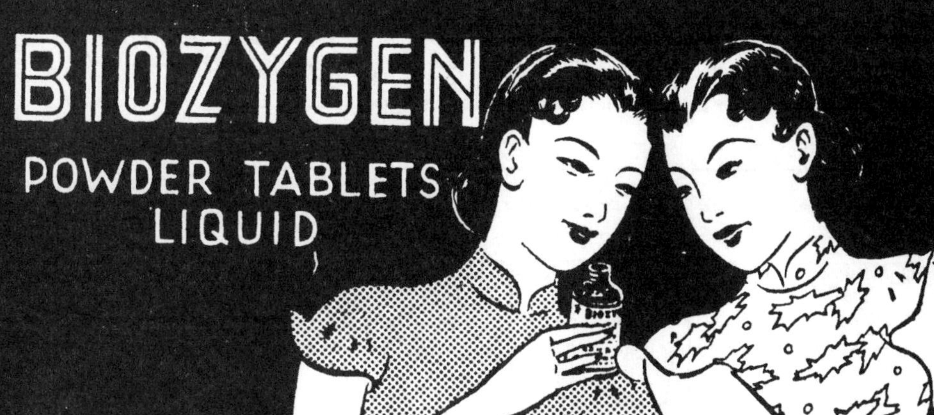

老牌酵母製劑

寶青春

補片 補粉 補汁

青春三友

一片一片復一片。
日日服之身康健。
以言味效固堪誇。
即論色香也無比。

補粉功能勝參苓。
可入咖啡牛乳飲。
潤腸開胃病無憂。
新陳代謝又調整。

調味補身推此汁。
夏日備之不可失。
持齋茹素亦相宜。
因其本是淨素質。

上海新亞藥廠製造

藥房均售

宇仁
28.

LAFAYETTE 辣斐德路

563 561 559D 559C 559B 559A 559 557 555 553B 553A 553 551

住宅 萬福坊 偉達坊 靜思廬 曉星小學

呂班路 AVENUE DUBAIL

224 238 256

新亞中學

德豐葡萄糖公司

周國樑醫師

球場 空地 墳地

83 87 89 91 93 95 97 99 101 103 105 107 109

PASSAGE PRIVE NO. 87—105

PASSAGE PRIVE NO. 111—129

111 113 115 117 119 121 123 125 127 129

汽車間

MASSENET

勞神父路

北

(34)

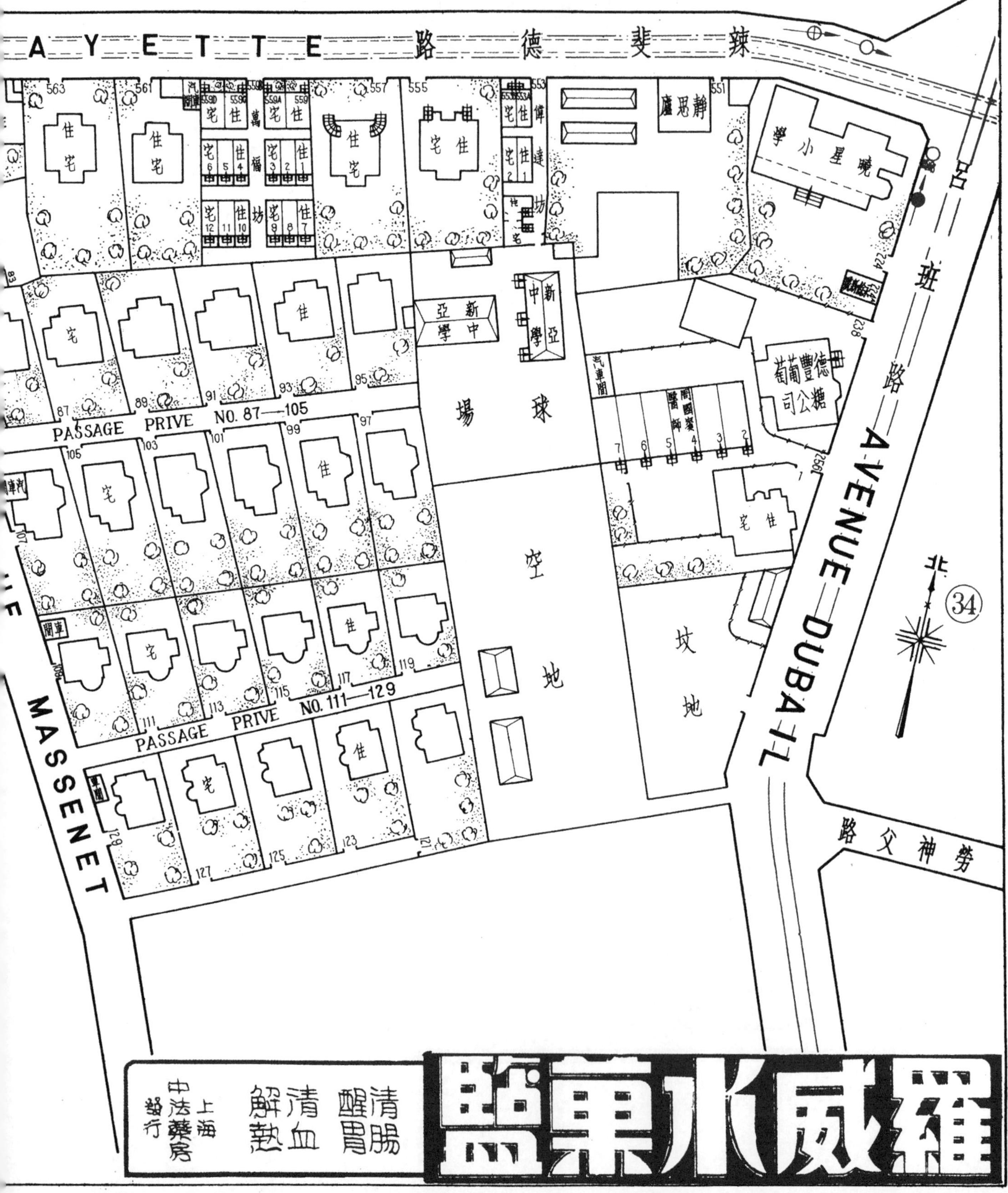

辣斐德路 ROUTE L

金神父路 ROUTE PERE ROBERT

辣斐坊

花園坊

國華煤球廠堆棧

中法聯誼會

渝洲飯店

汽水廠

水塔

汽車間

MADELON CAFE

電壓室

住宅

胃病聖藥

胃寧藥片

「胃寧」之主成分與主作用

胃液素……消化蛋白質
澱粉酵素……消化飯食
膵素……消化油分糖食
鎮痛劑……矯除肝胃氣痛
止酵劑……制止吞酸反胃
芳香劑……開胃增食
潤腸劑……通利大便

上海中法大藥房發行

經濟廣告一覽

法國
莫利愛路
馬斯南路
MASSENET
辣斐德路
ROUTE LAFAYETTE
RUE MOLIERE
高乃依路
RUE CORNEILLE
金神父
PENSION NOIVELLE PENSION FRANCISISE
修德堂
RECOLETOS PROCURATION
勵志英專學校
肇和中學
公和昌
民立女子中學
CITY EXPRESS CO.
開明蓋司煤公司
KAMINSKY COAL CORP.
SHELL
大合新邨
息廬
藝紅邨
和人醫院

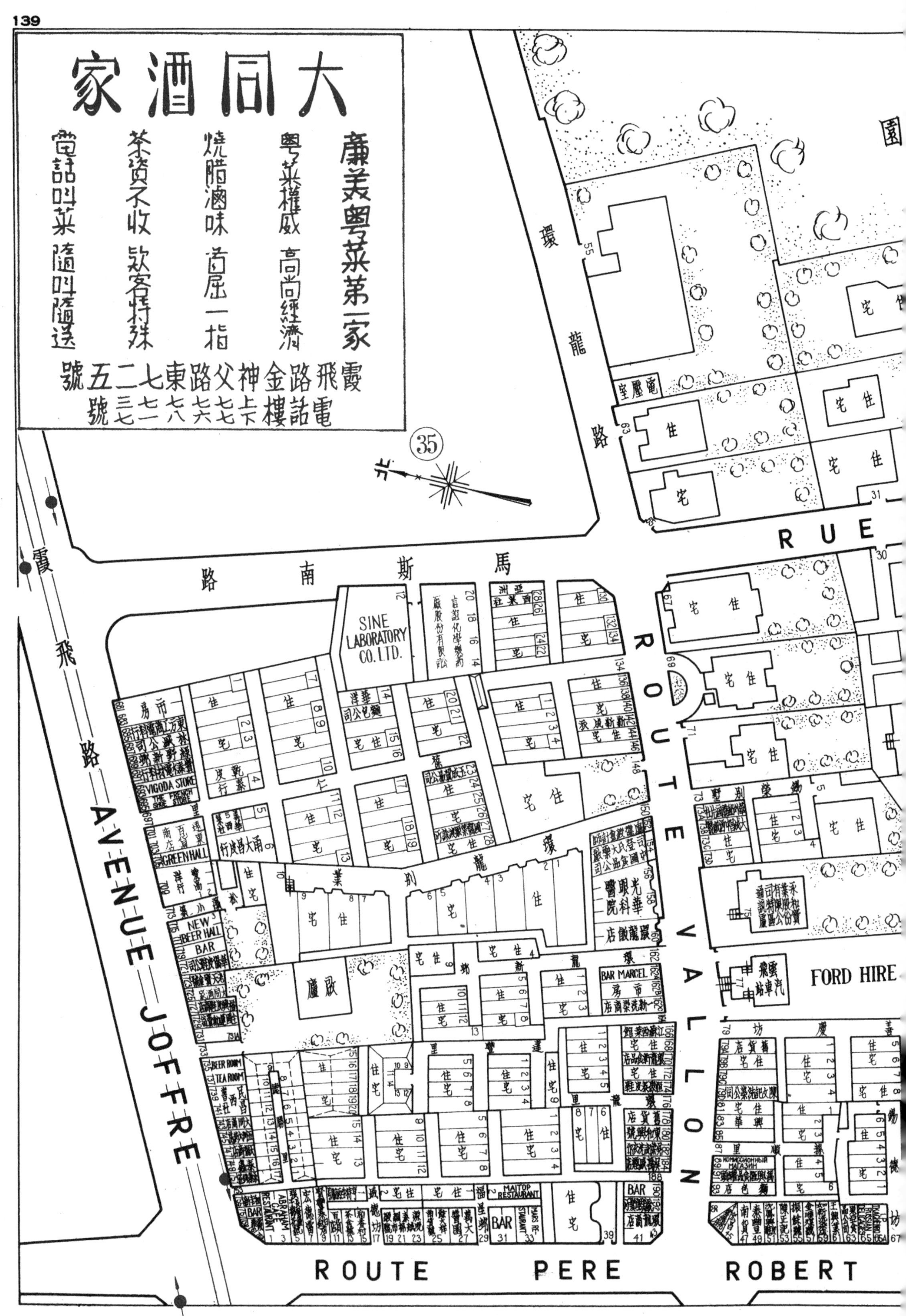
大同酒家
廉美粤菜第一家
粤菜權威 高尚經濟
燒腊滷味 首屈一指
茶資不收 欵客特殊
電話叫菜 隨叫隨送
霞飛路金神父路東七二五號
電話樓上七六六八一七三號
35
北
環龍路
馬斯南路
霞飛路
AVENUE JOFFRE
RUE
ROUTE VALLON
ROUTE PERE ROBERT
SINE LABORATORY CO. LTD.
VIGODA STORE
THE FRENCH SHOE STORE
GREEN HALL
NEW BEER HALL
BAR
BAR MARCEL
FORD HIRE
BEER ROOM
TEA ROOM
ABRAHAM CAFE
RESTAURANT
MAITOP RESTAURANT
環龍別業
新新龍環
光明眼科醫院
環龍飯店
電壓室

LIVEMIN

小牛肝臟濃縮複製。造血強身。功效勝於一切。專治各種貧血症。如響斯應。靈驗無比。分補針補粉補片。

利凡命

上海新亞藥廠製造　藥房均售

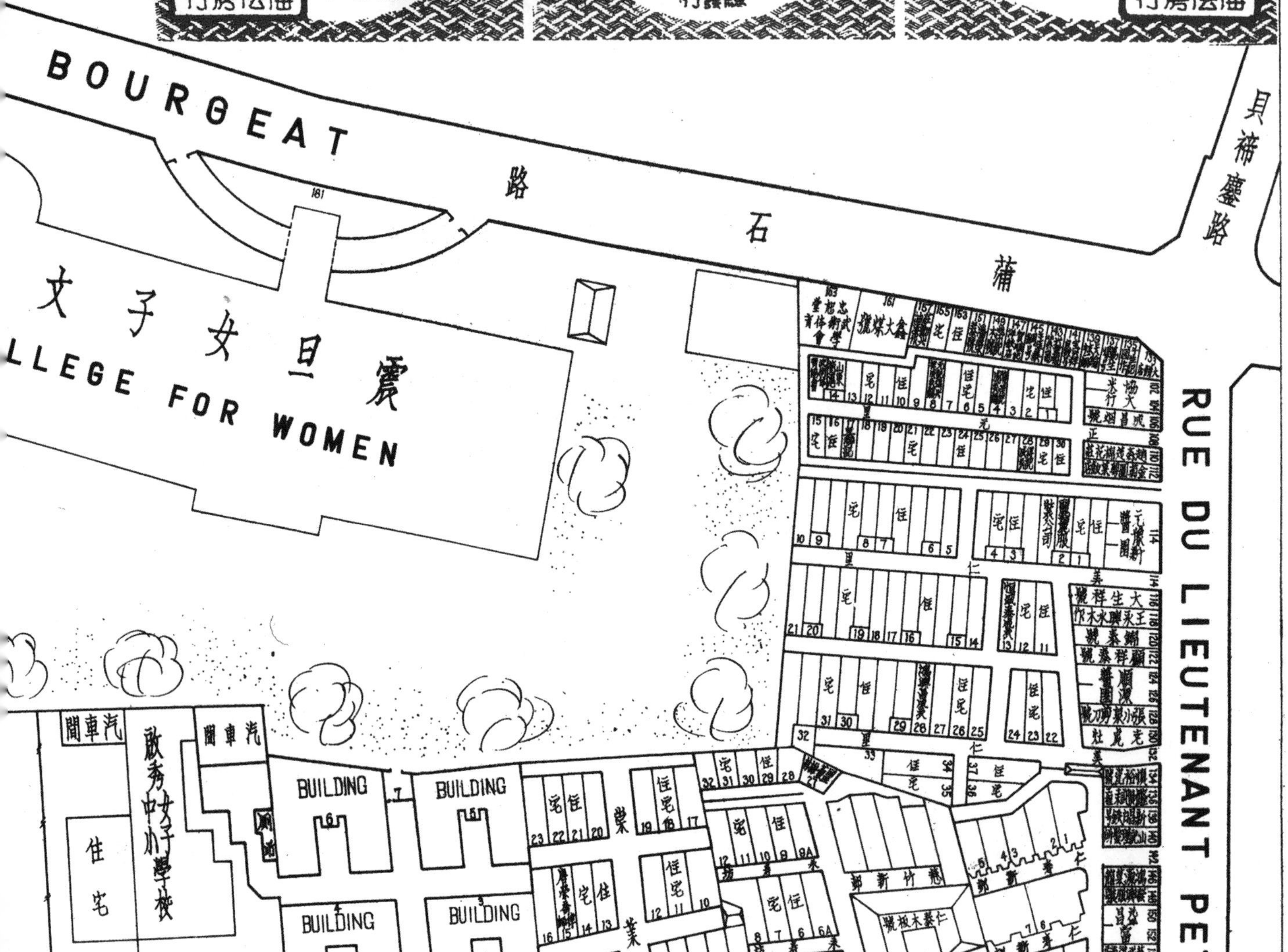

BOURGEAT 蒲石路

貝禘鏖路

震旦女子文理學院 ...LLEGE FOR WOMEN

RUE DU LIEUTENANT PETIOT

汽車間

啟秀女子中小學校

住宅

BUILDING

Librairie Française

ELITE BUTCHERY CO.

I.P. TKACHENKO

中大藥房

中國銀行霞飛路支行

JOFFRE 霞飛路

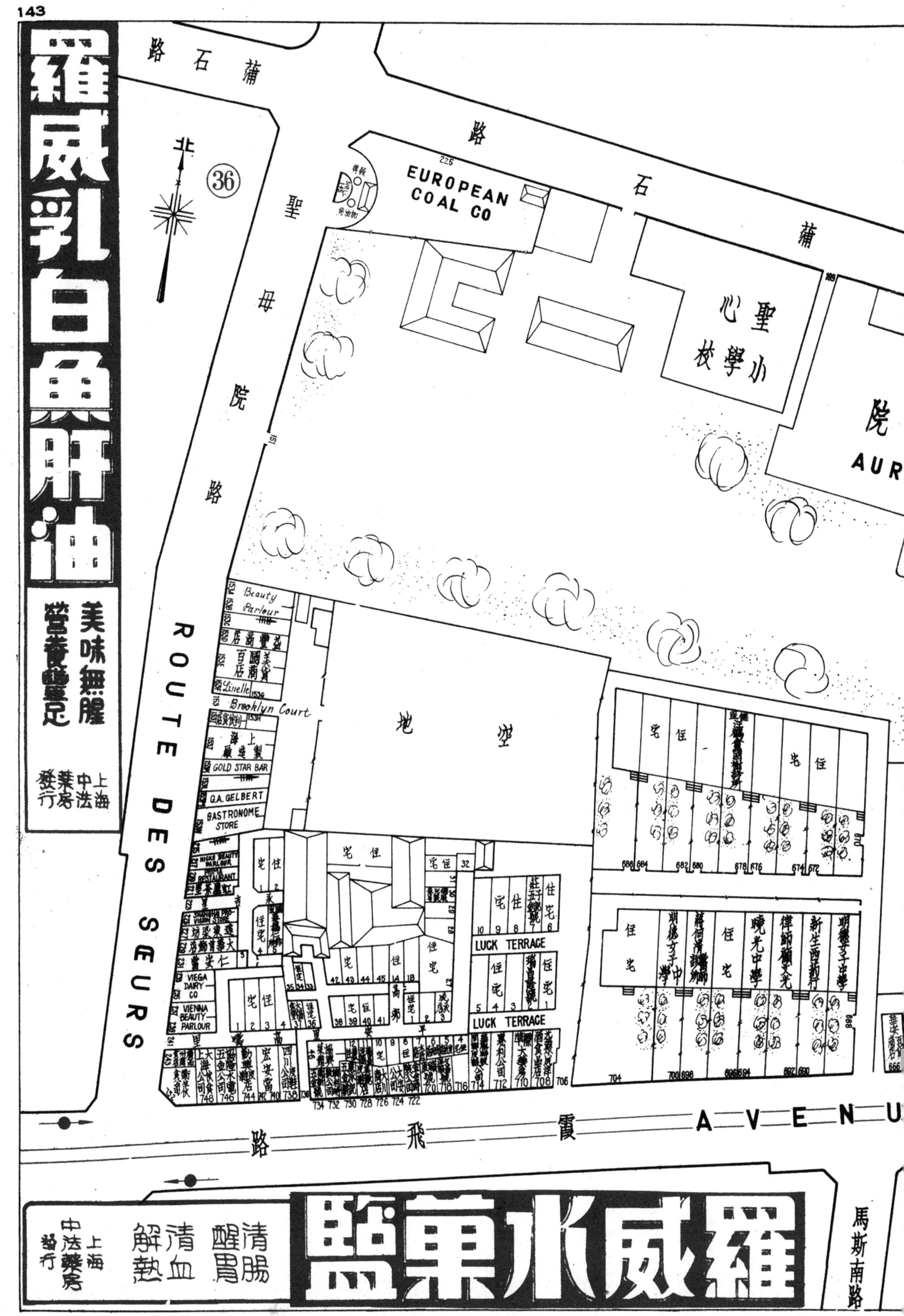
羅威乳白魚肝油
美味無腥
營養豐足
上海中法藥房發行
蒲石路
聖母院路
EUROPEAN COAL CO
聖心小學校
院
AUR
空地
ROUTE DES SŒURS
Beauty Parlour
Linelle
Brooklyn Court
GOLD STAR BAR
G.A. GELBERT
GASTRONOME STORE
LUCK TERRACE
VIEGA DAIRY CO
VIENNA BEAUTY PARLOUR
曉光中學
新生西藥行
霞飛路
AVENU
羅威水菓鹽
清腸醒胃
清血解熱
上海中法藥房發行
馬斯南路

丁香
茴香
薄荷
麝香
木香
胡椒
人丹原料全屬國產雖舶來品亦均採用之故其功效能超越舶來品也
桂皮
荳蔻
完全國貨
人丹
龍虎商標
甘草
砂仁
兒茶
冰片
生津止渴
免除口臭
辟瘟防疫
清脾醒胃
主治時疫惡疫
食傷嘔噁瀉洩
中暑神昏熱厥
立見轉危為安
衛生署成藥許可證成字第四六五號
行銷二十餘年
製法逐年改進
出品登峯造極
外貨望塵莫及
中華國貨
龍虎商標
人丹
上海中法大藥房總發行

UE FOCH
福煦路
成都路
37
北
巨籟達路
貝禘鏖路
蒲石路
RGEAT
九星大戲院
Kiu Sing Theatre
保安實業股份有限公司
振豐棉織工廠
振豐織造廠
五福地產公司
球場
空地
蓮花禪寺
華南汽車修理行
鼎泰陶器號
光華社

聖母院路

福煦路

A

中德醫院

空地

假山

中德助產學校

ROUTE RATARD

ROUTE DES SŒURS

遠廬

世界紅卍字會
上海分會

藝文印刷局

MEGENS FURNITURE

蒲石路

RUE

福利營業股份有限公司
代理報關結關手續
專辦進口出口事務
進出口部
服務
運到
取費
低廉
江西路興業大樓
四樓四二一號
電話一四三〇三

綢緞棉布
足尺加三
時式衣料應有盡有
定價低廉歡迎比較
地址 聖母院路巨籟達路口
電話 七五二九四號
福煦路
聖母院路
ROUTE DES SŒURS
巨籟達路
蒲石路
普恩濟世路
美通汽車公司
Bills Motors
大康汽車行
Continental Motors
上海汽車修理公司
職員宿舍
大滬溜冰場
GOLD DRAGON APARTMENTS
金龍公寓
CHANGE APARTMENT
SOCONY
38
北

大潤

AVENUE FOCH

亞爾培路

AVENUE DU ROI ALBERT

RATARD ROUTE

ROUTE J. PRENTICE

RUE BOURGEAT

MERCIER

信通汽車公司
Reliance Motors

恒通汽車公司
Metropoltan Motors Ltd.

Studebaker Service

金門大戲院
Golden Gate

大東醫園

明德里

有英小學

大夏中學

上海兒科療養院
Shanghai Kinder Sanatorium

茂生洋行堆棧

全昌修理汽車公司

同義中小學校

毛家駒律師

圖書館股份有限公司

KUNG KEE TRANSPORTATION & CO. AND CUSTOMS BROKERS

公記報關運輸公司

義昌煤號

科學印鐵廠

Scientific Tin-Plate Printing Co.

米壽里

煤棧

上海工業機器廠

寶錩汽車材料製造廠

合興柴棧

力士汽車公司
Richards Auto Works

BANTAM TEXACO GASOLINE CARS

AMERICAN "BANTAM"

RAWIZER & CO TAXACO

SOCONY

SHELL

公泰來司

Taylor Garage
泰來汽車總行

The Auto-Palace Co. Ltd.

英商利威有限公司
The Shanghai Horse Bazaar And Motor Co. Ltd.

英商龍飛汽車有限公司
100 Rte. Cardinal Mercier

VADIRON-B

五種維他命鐵質補精

維乙鐵

電話九一一四〇

服維乙鐵一瓶可抵
任何補品數十瓶

TEL.91140

集成大藥房發行

華東棉毛織造廠

廠址：阿拉白司脫路一四八至一五六號
總事務所：阿拉白司脫路一四八號
電話：四〇四五四·四四〇八六

本廠出品

泰山牌
海軍牌
烈馬牌

條素駱駝絨

（特點）
品質精良
色彩鮮明
幅面寬闊
售價低廉
交貨迅速

兼造泰山牌各色嗶嘰線呢等種類繁多不及備載如蒙 賜顧無任歡迎

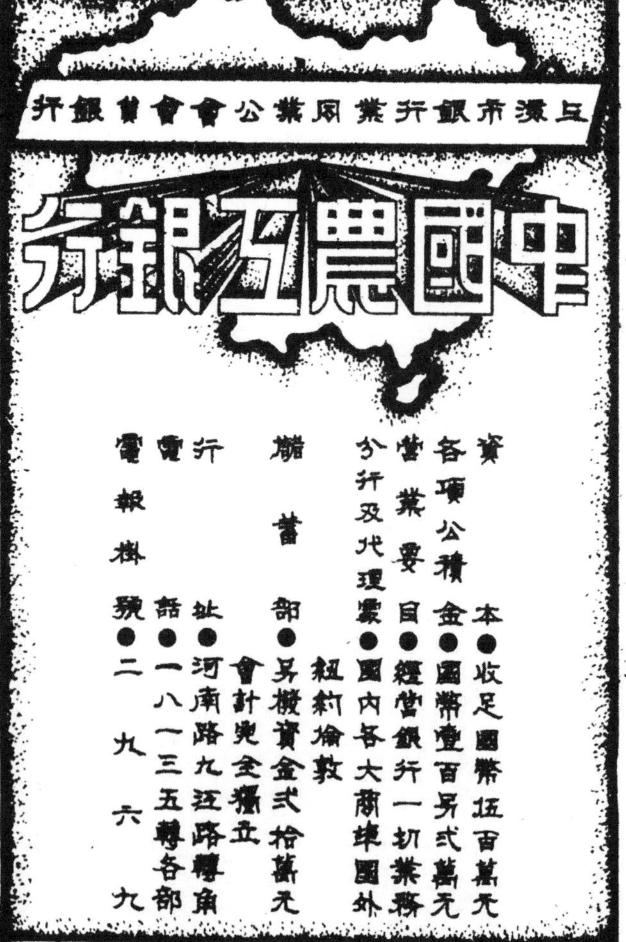

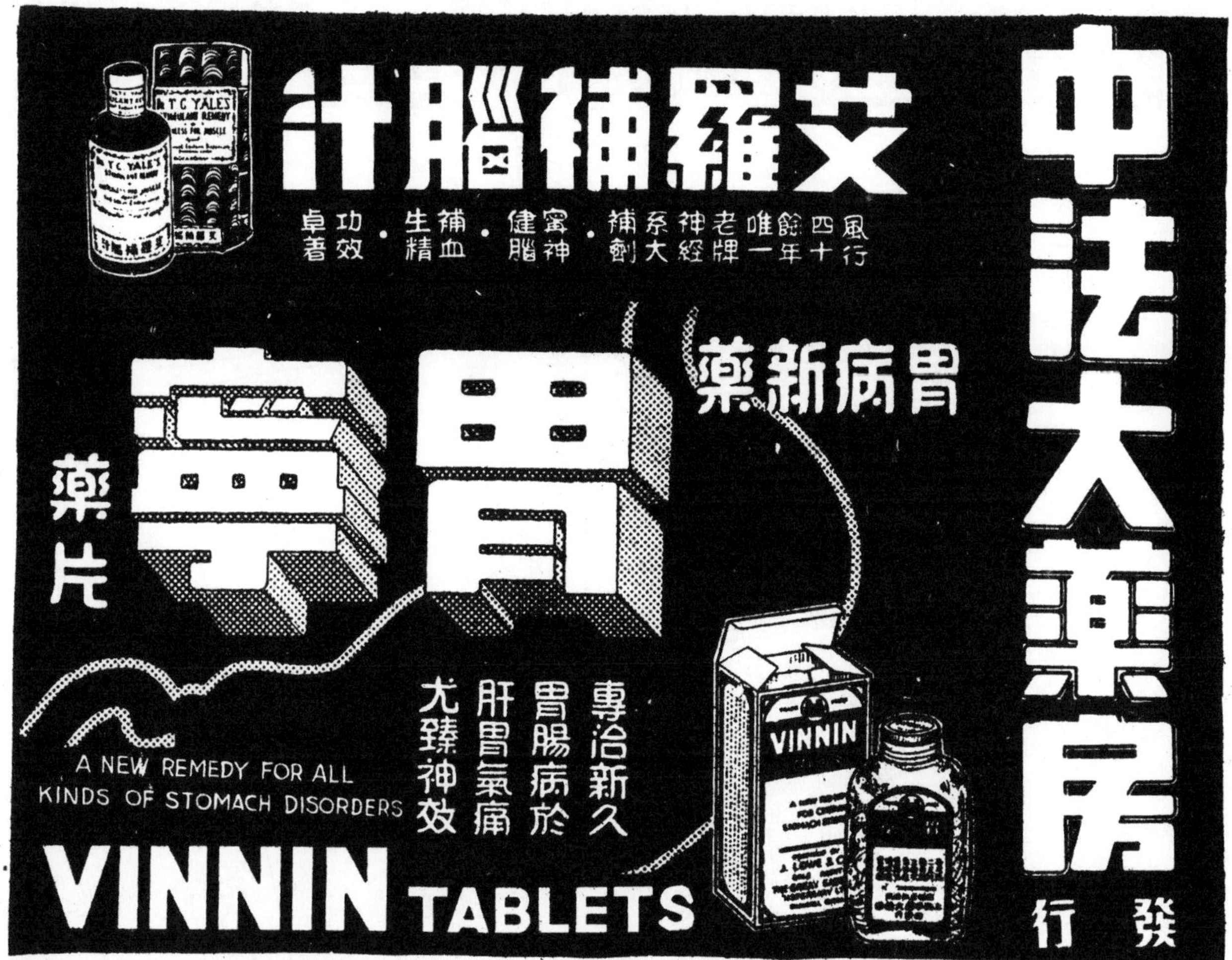

艾羅補腦汁
風行四十餘年 唯一老牌 神經系大補劑 · 寧神健腦 · 補血生精 · 功效卓著
胃病新藥
胃寧
藥片
專治新久胃腸病於肝胃氣痛尤臻神效
A NEW REMEDY FOR ALL KINDS OF STOMACH DISORDERS
VINNIN TABLETS
中法大藥房
發行

三星
註冊 商標
上海華興製帽工廠出品
國貨呢帽
質地優良
自製帽坯
式樣美觀
總廠檳榔路三一號電話三〇四〇六
分廠重慶會埧子十一號
發行所五馬路滿庭坊西廣福里七號電話九〇六一五
各大百貨商店均有代售

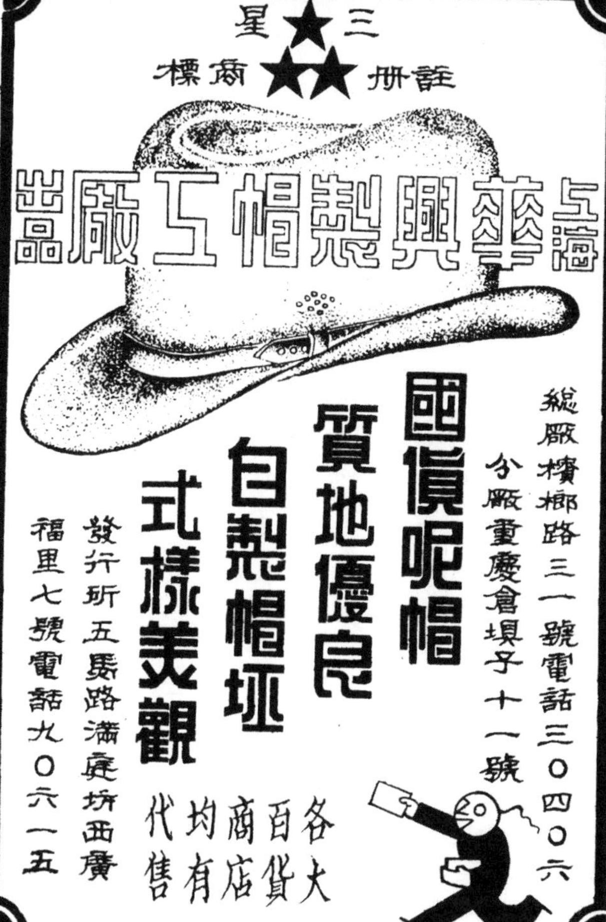

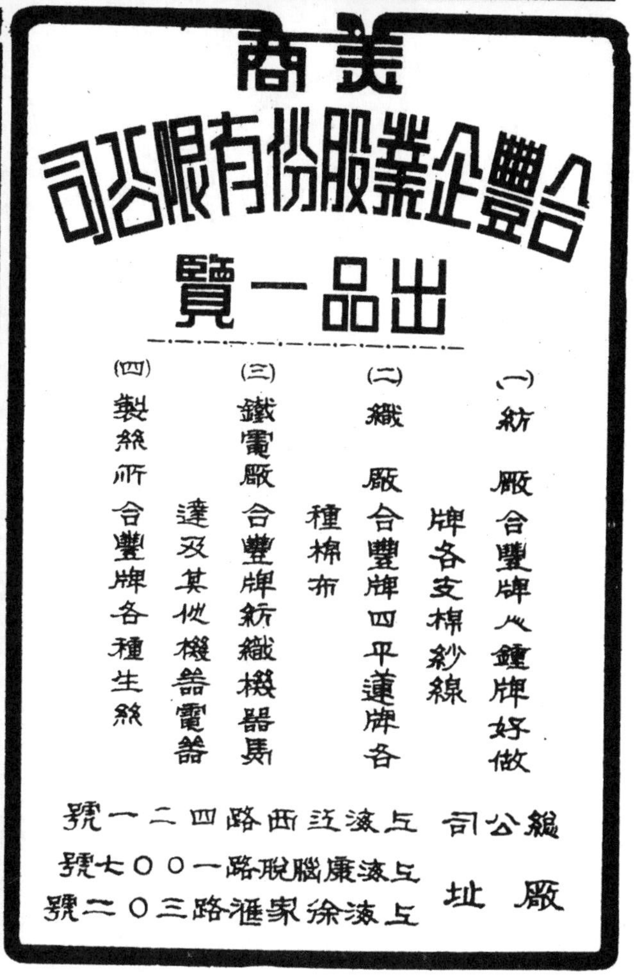

美商
合豐企業股份有限公司
出品一覽
(一)紡廠 合豐牌心鐘牌好做牌各支棉紗線
(二)織廠 合豐牌四平蓮牌各種棉布
(三)鐵電廠 合豐牌紡織機器馬達及其他機器電器
(四)製絲所 合豐牌各種生絲
總公司 上海江西路四二一號
廠址 上海康腦脫路一〇〇七號
上海徐家滙路三〇二號

福利營業公司建築部
設計現代最新建築
承攬各種建築工程
蒲石路
13 Floor
chay Marstors
汽車停車場
住宅
怡安坊
怡安坊一街
怡安坊二街
教堂
聖母院路
ROUTE DES SŒURS
北
39
Grosvenor House
沈嗣芳醫師
I.V. FOMIN WINES & LIQUERS
MANILA BAR
公信利司
VIEGA BEAUTY PARLOUR
ORIENTAL BAR
A.B. CAMPBELL GODOWN
汽車停車場
I.V. DOOKIN & CO.
PIERRE
ROSELAND
近世藥房
德士古汽油站
Texaco
G.S. TEPANOFF
I.J. FRADKIN
長春花店
MONIPUE
THE GLOBE
N.S. PETROFF & CO.
FLOWER SHOP
百靈洋行
廁所
霞飛路
F R E
羅威水菓鹽
清腸醒胃
清血解熱
上海中法藥房發行

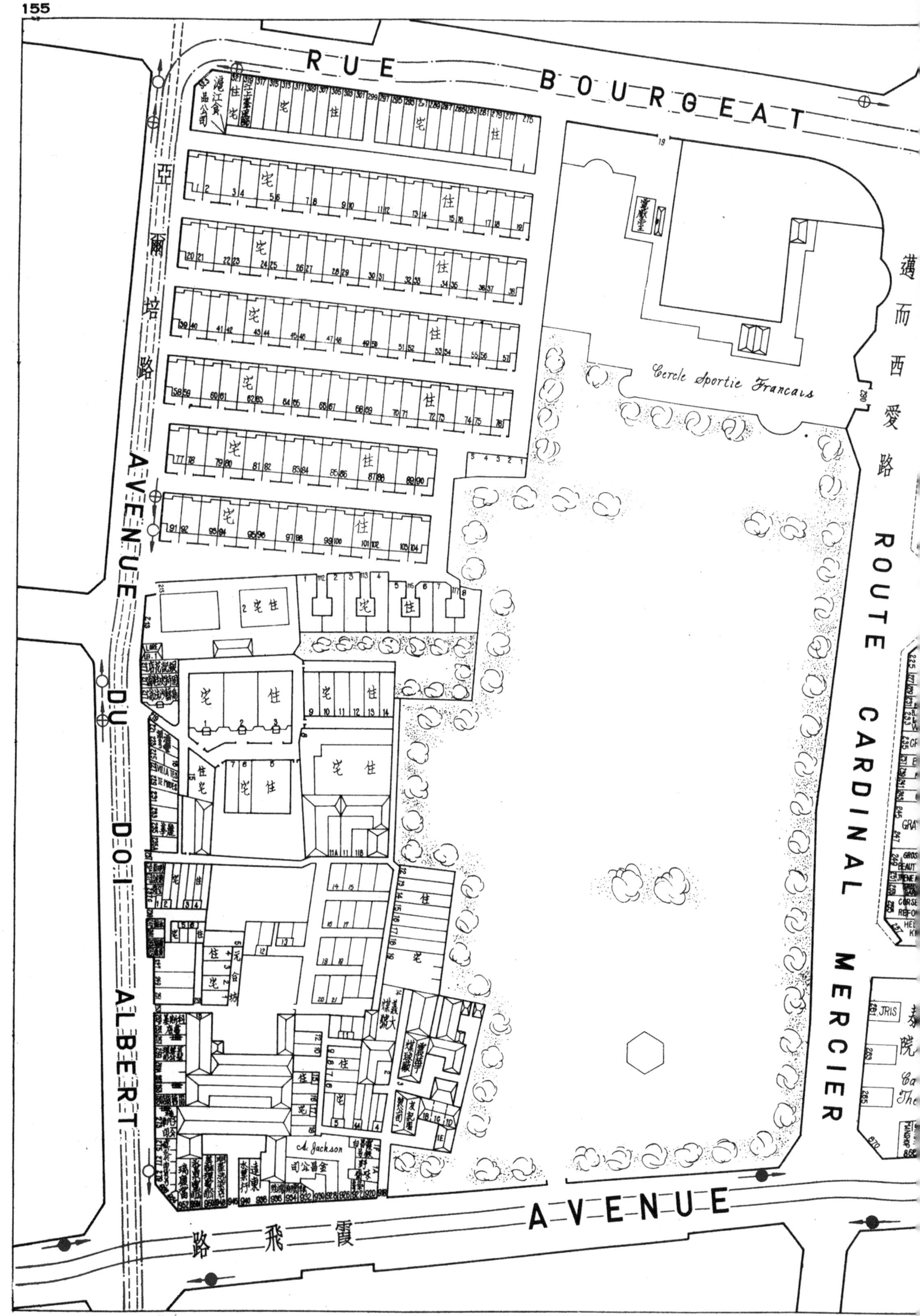
RUE BOURGEAT
AVENUE DU DOI ALBERT
亞爾培路
ROUTE CARDINAL MERCIER
邁而西愛路
AVENUE
霞飛路
Cercle Sportie Francais
A. Jackson

超越賜保命之臟器製劑

PLACEMON

登峰造極之大補品

胚生蒙

成份名貴—根據最新學理。採用世界最近新發明之「胚胎素」為主劑。配合腦下垂體。人參。肝膏。惟他命。燐。鐵。鈣葢等物質。兼籌並蓄。切合人體需要。

配製嚴密—經名醫藥師嚴謹處方配合。悉心研究。越時二載。以及數十次動物試驗。醫師臨床實驗。功效確著。始克發行。

顯著功能—治未老早衰。神經及性神經衰弱。貧血萎黃。性能衰落。陰虧不育等症。均有獨特之功能。適應之廣。補力之大。非筆墨所能盡述。惟有服者知之。最易顯見之功能。可以減少白髮與面部皺。

各種特點—純淨糖衣片。男女均有服。入胃易消化。入腸易吸收。全片成份。分別輸送各部器官。較之服用其他一切賜保命製劑。有事半功倍之效。誠補品中之登峰造極者矣。

上海新亞藥廠最新貢獻

藥房均售

宇
46

經濟廣告一覽

椰子香皂

清潔皮膚·白嫩皮膚
中央香皂廠
上海法界徐家滙徐虹路一六五號
發行所上海英租界山東路金壽里
電話九四二六四號

高塔牌

地址杜神父路一四九弄七五號
註冊商標
電話八二九二四
上海永安織造廠

上海華豐染織廠

總務處上海天津路二四六街四號

出品：織花線呢 士林色布 學生布 條子府綢 素府綢 校服布 藍色布 漂布 漂白斜紋 元色斜紋 嗶嘰 健美呢 條素絨 錫紋呢 大眾布

商標：醒鐘 華豐 美球 月美 健美 美亭 大路 金學生 團圓 撲蝶

電話九二六〇三·九一四六九

利生製針廠

註冊商標 △ 三角鋼針

針尖鋒利
針眼光滑
廠址上海金神父路四一〇弄五五號電話七一三〇九
總發行所華康號地址上海法租界永安街普安里十號
電話八七七四二號
國貨必光

心

註冊商標
國貨
一心牌牙刷
製造廠上海愚園路憶定盤路西諸安浜三一一號
發行所
上海法租界辣斐德路康福里一五號電話八九四〇四號

恒心商標

中國蓄電池廠
特許專利：核准免稅
超等國貨·電池·電筒·炭精
地址：
麥賽而蒂羅路二十號
電話：
八四二八九號

通和染織工廠

七夕會各種布疋
花式新穎
顏色不退
創辦最早
到處歡迎
批發所牯嶺路十八號
電話九〇八二〇
廠址白利南路薛薑宅

新光機製紗罩廠

地址：法租界貝勒路恒昌里三十九號
電話八三四二九

康元活動教育玩具

輔助教育

織昌新

牛皮膠公司

商標
使用於火柴原料商品
出品牛皮膠木砂紙
總廠
大西路哥倫比亞路西
發行所
貝勒路六八五弄一號
電話八一〇六一

中國上海天元 久記調味品廠

國民政府經濟部商標局註冊
王冠商標 百合商標 商標
味王 味鮮
總發行所
法租界霞飛路五四二弄十三號
電話八三七九六 八七二一七
製造廠
公共租界塘山路一一九八號
電話五二六七七
電報掛號九〇〇五

水菓糖中之大王

大王水菓糖
辣斐德路十弄七十九號
電話八三九八七
大成製糖廠出品

覺民眼鏡公司

唯一留美視學師
嚴康侯免費驗光
南京路七七四號
電話九一一二二

振豐棉織廠

廠址法界巨籟達路二一七號
電話八五六八一號
出品雅牌蘇紗汗衫
總發行所河南路西棋盤街三三號
電話九一三二七

國醫陳鼎昌

診所之馬路虞洽卿路平樂里五號半
電話九一三〇〇

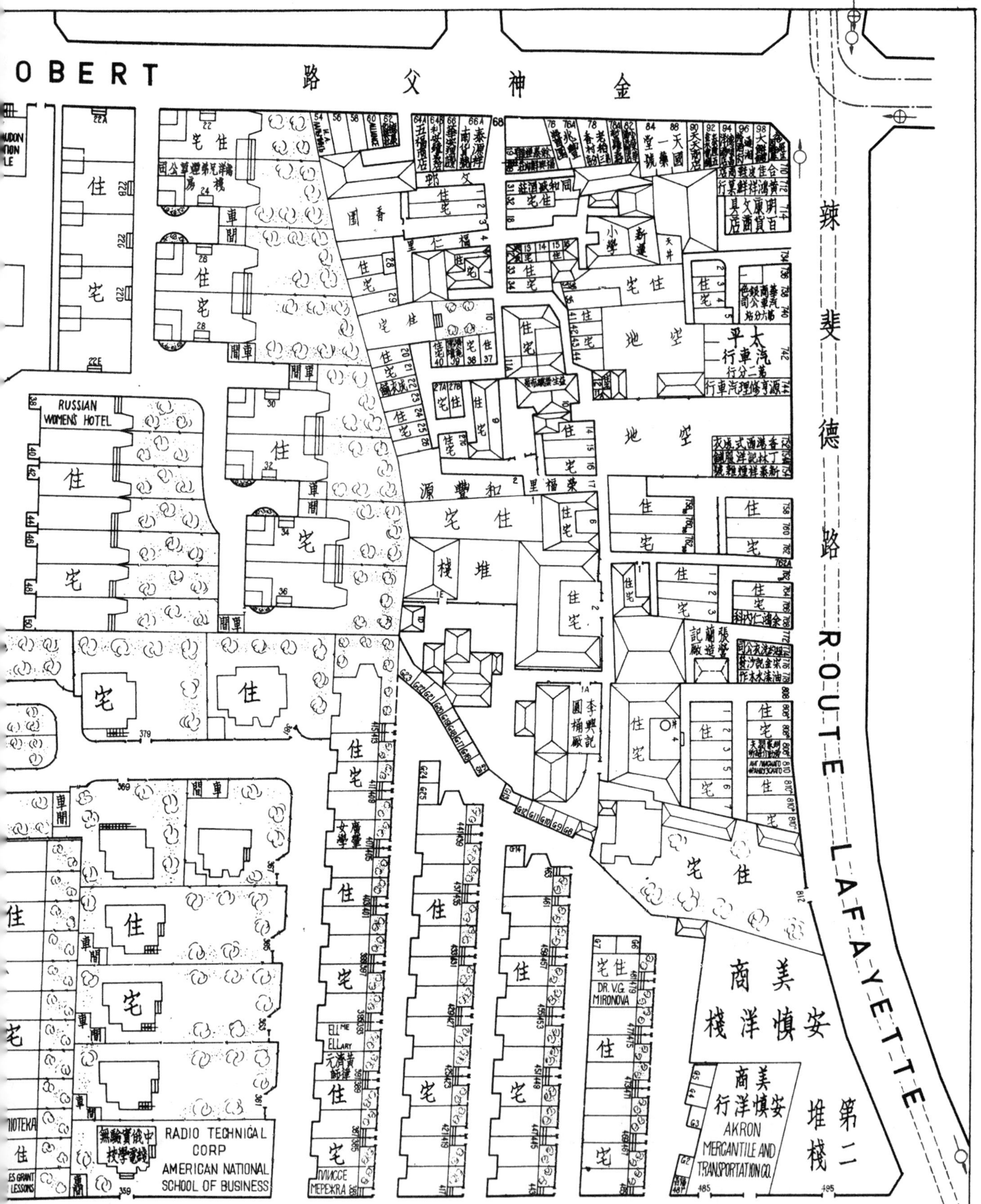

ROBERT 金神父路

辣斐德路 ROUTE LAFAYETTE

RUSSIAN WOMEN'S HOTEL

香園

福仁里

和豐源

榮福里

堆棧

空地

新建小學

太平汽車行 第二分行

李興記桶廠

張蘭記營造廠

美商安慎洋棧

美商安慎洋行 AKRON MERCANTILE AND TRANSPORTATION CO.

第二堆棧

DR. V.G. MIRONOVA

RADIO TECHNICAL CORP

AMERICAN NATIONAL SCHOOL OF BUSINESS

中華無線電技術學校

MERCIER 邁爾西愛路

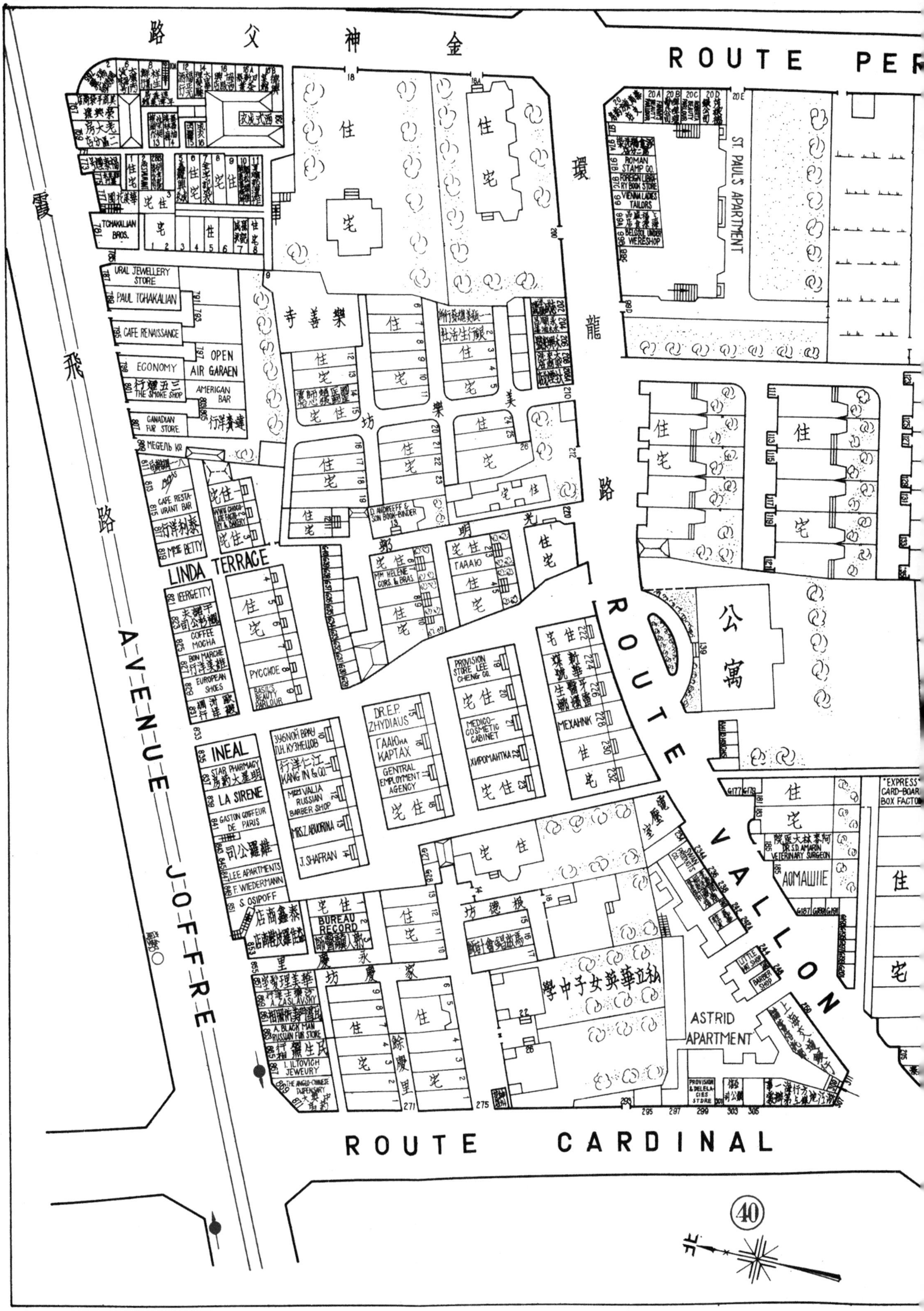

金神父路

ROUTE PER

霞飛路

AVENUE JOFFRE

環龍路

ROUTE VALLON

ROUTE CARDINAL

TCHAKALIAN BROS.

URAL JEWELLERY STORE

PAUL TCHAKALIAN

CAFE RENAISSANCE

OPEN AIR GARAEN

ECONOMY

三五烟行 THE SMOKE SHOP

AMERICAN BAR

CANADIAN FUR STORE

達賽洋行

MEGELЬ KO

CAFE RESTAURANT BAR

泰利洋行

MME BETTY

LINDA TERRACE

樂善寺

樂美坊

明光邨

D. ANDREEFF & SON BOOK-BINDER

MM HELENE CORS. & BRAS

ГААЛЮ

PYCCKOE

BASIL'S BEAUTY PARLOUR

COFFEE MOCHA

BON MARCHE

EUROPEAN SHOES

PROVISION STORE LEE CHENG CO.

MEDICO-COSMETIC CABINET

ХИРОМАНТКА

MEXAHИK

DR. E.P. ZHYDIAUS

ГААЛЮна КАРТАХ

GENTRAL EMPLOYMENT AGENCY

ЗУБНОЙ ВРАЧ П.Н. КУЗНЕЦОВ

江仁行 KANG IN & CO.

MM. VALIA RUSSIAN BARBER SHOP

MRS. Z. ABUORINA

J. SHAFRAN

INEAL

STAR PHARMACY

LA SIRENE

GASTON COIFFEUR DE PARIS

維羅公司

LEE APARTMENTS

F. WIEDERMANN

S. OSIPOFF

泰鑫商店

BUREAU RECORD

永慶里

家慶坊

餘慶里

A. ZASLAVSKY

A. BLACKMAN RUSSIAN FUR STORE

I. ILTOVICH JEWEURY

THE ANGLO-CHINESE DISPENSARY

私立華英女子中學

ASTRID APARTMENT

LITTLE ART SHOP

BARBER SHOP

PROVISION & DELELACIES STORE

ST. PAUL'S APARTMENT

ROMAN STAMP CO.

FOREIGN LIBRARY BOOK STORE

VIENNA LADIES TAILORS

BELOSTU UNDER WERESHOP

公寓

DR. S.D. AMARIN VETERINARY SURGEON

AOMAШIIE

"EXPRESS" CARD-BOARD BOX FACTORY

住宅

40

北

服務週到取費低廉
THE FOH LEE
TRADING CO. LTD.
福利營業股份有限公司
福利營業股份有限公司
營業種類
出版部 編印實用圖書
測繪部 測繪輿地圖形
建築部 承接建築工程
代理部 代辦商業事務
茶葉部 買賣各種茶葉
廣告部 辦理廣告事務
禮品部 出售禮品禮券
運輸部 代辦運輸事務
保險部 辦理各種保險
出口部 辦理出口事務
電話
14303
地址江西路興業大樓四二一至二號

政府註冊 胡慶餘堂雪記藥號啓事

本堂由杭分申二十餘年選售各品俱臻上乘泡製丸散膏丹及杜煎諸膠無不嚴格頂真是以遠近顧客均荷贊許逐年營業始終保持全國最高紀錄茲應顧客疊次要求特設**電話購貨部接方送藥部**便利顧客服務社會無論遠近不取送力手續簡便接送迅速如蒙惠顧請撥電話總線**九七三七四**立刻專差接送外埠郵購設有專部辦理迅速隨到隨寄通函詢問更屬歡迎再者本埠近來發現類似之牌號多家魚目混珠致勞 顧客函電垂詢殊覺抱歉務請認明**胡**字及**雪記**庶不致誤此啓

地址上海北京路石路西首

永新織造廠

註冊商標

廠主牌

廠址||上海法租界茄勒路三百廿六弄一號 電話一七五五二

發行所||上海法大馬路三〇八號 電話八四四四六轉

本廠出品廠主牌各種運動球帽球衫彩色運動背心游泳衣絲毛線襪新穎四季童帽等物精工製造品質優良堅固耐用歷年運銷國外南洋等地國內各省久已馳名近更悉心研究力圖精益如蒙賜顧另售批發格外克己請認明廠主牌商標庶不致誤

上海明藝針織廠出品

蟹美牌

首創玻璃紗襪

海鳥牌

註冊商標

中國唯一針織專家

蟹美牌標準蘇紗線襪

海鳥牌標準蘇紗線襪

貼脚耐用 洗不起毛

廠址 上海法租界菜市路

辣斐德路
金神父路
ROUTE PERE ROBERT
住宅
三井住宅
Y. Hanawa
花園
宋建淡井廟
愛咸斯西
TEXACO
廣毒三傑
九一四
内服新藥
九一四
外用藥膏
九一四
白濁新藥
上海中法大藥房
雙獅牌
牛肉汁
童雞汁
上海中法藥房發行

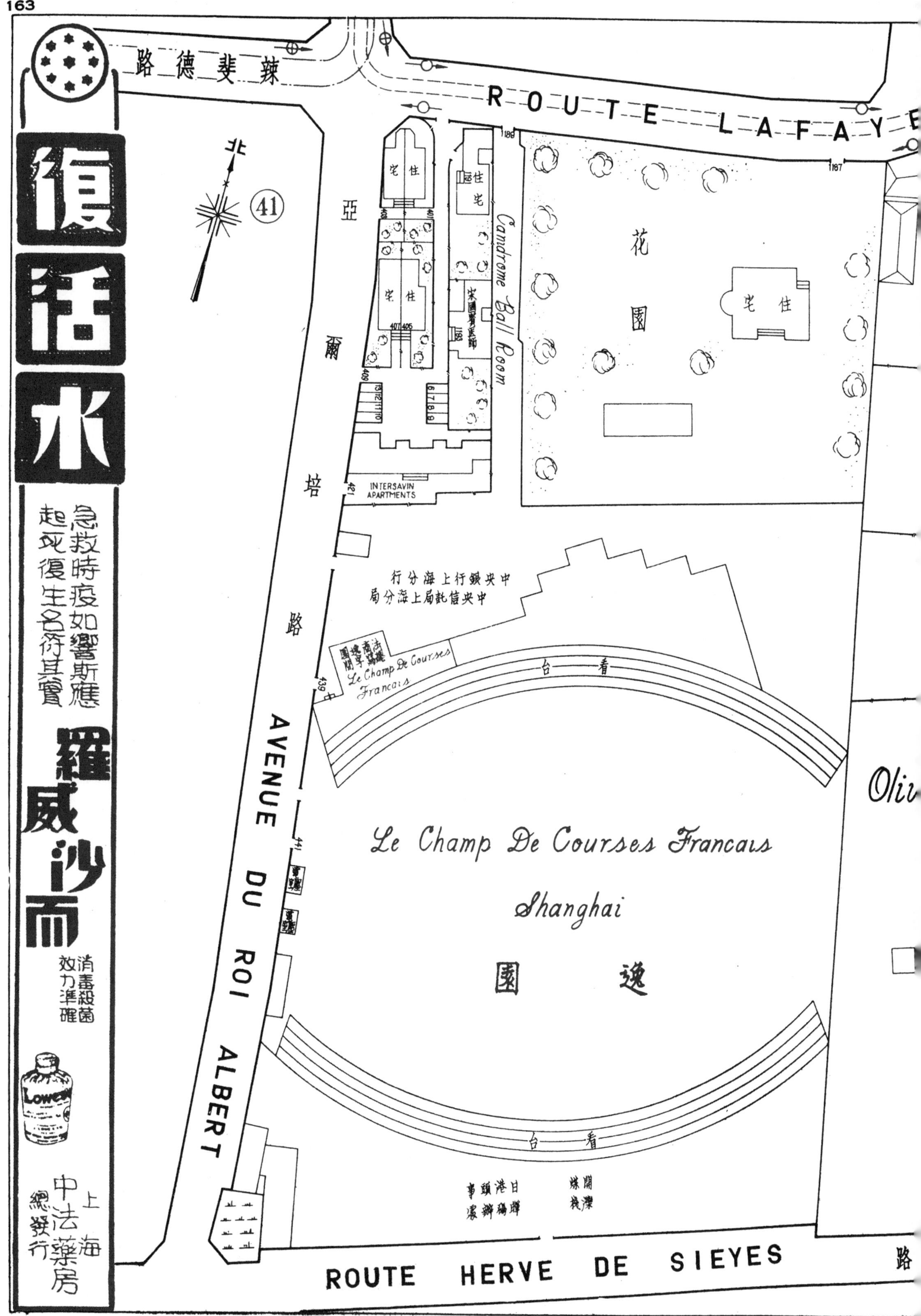

復活水
急救時疫如響斯應
起死復生名符其實
羅威沙而
消毒殺菌
效力準確
上海
中法藥房
總發行
辣斐德路
ROUTE LAFAYE
北
41
亞爾培路
住宅
Candrome Ball Room
INTERSAVIN APARTMENTS
花園
中央銀行上海分行
中央信託局上海分局
Le Champ De Courses Francais
看台
AVENUE DU ROI ALBERT
Le Champ De Courses Francais
Shanghai
逸園
開灤煤棧
ROUTE HERVE DE SIEYES
路
Oliv

乾豐染織廠

註冊商標

童五乾三龍豔
芝豐馬宮
兒牌牌畜畜極

出品：色色漂府貢羽健縐
美紋
布斜布綢緞綢呢呢

花色鮮艷
質地堅韌
經久耐用
永不退色

廠址極司非而路

新廠小沙渡路蘇浦路

發行所山東路二六號電話九五九二三

新生紗廠

紅卍字牌　註冊商標　金虎牌

工廠上海東京路七四八號電話三九九〇九

事務所上海河南路五〇一號電話九五〇三五

上海立德染織廠

註冊商標

福海圖

專門織染花色布疋
色彩鮮艷
洗晒不褪
質地堅牢
經久耐穿

一廠

憶定盤路呂西納路

A字二十四号

電話二三五五三

二廠

金神父路四一〇一弄

B字七十七号

電話七七六三五

發行所

河南路永寓里

第三十七号

電話

13648

有無線電報

6130

中國公勝棉毛織染廠

事務所上海北京路國華大樓二一二三號

電話九三〇九〇・九七六一〇

廠址上海大西路四百〇三弄十五號

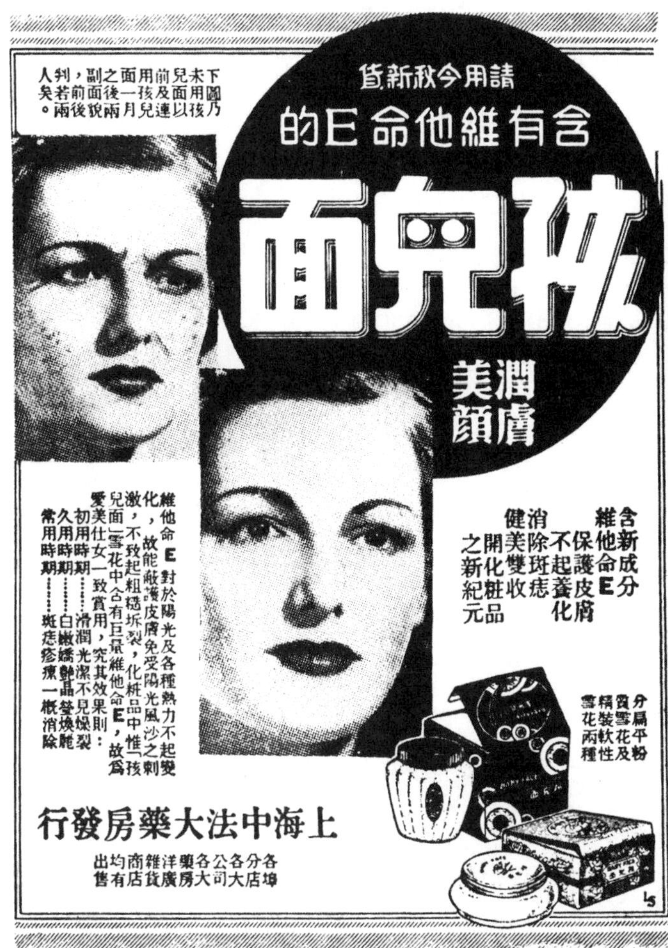

大興實業社

SHANGHAI FARM PRODUCTS CO.

順風牌

註冊商標　榮譽出品

中國首創主要工業原料

玉蜀黍澱粉

CORN STARCH　俗稱六谷粉

中國工廠
應用中國原料

紡織　印染　乾電　造紙　牙膏　製藥　餅乾　糖菓　葡萄糖　化粧品　中西食品

從此可不必仰求外貨

廠址虹橋路六十號電話七八二七七

發行所跑馬廳路四一六號電話三九七三二

總號　小東門大街　電話八〇六六九號

首創足尺加三

信大祥綢布莊

向抱薄利主義

新號　南京路浙江路東首　電話九六八六三號

禮品部	軸幛部	西裝部	送貨部
式樣美觀	代做代送	工價低廉	送力不取

ROUTE HERVE DE SIEYES
E VICTOR EMMANUEL III
ROUTE PERE ROBERT
OSEPH FRELUPT
金神父路
樹本路
薛華立路
江蘇高等法院
第三分院辦公處
魏利沃醫生
菜地
EMMANUAL COTTAGE
Emmenuel
公寓
汽車間
Cercle De La Police
法工部局
巡捕總會
中華學藝社
菜園
空地
住宅
木棧
材料處
越捕宿舍
操場
羅威乳白魚肝油
美味無腥
營養豐足
上海中法藥房發行

龍虎老牌
人丹
雲從龍，風從虎，象徵防治疹痘最高威權！
人丹能生津健胃，清暑消食，平時常服，能激發胃腸消化機能，促進防衛殺菌作用，有病投服，立見醒腦清心，辟除中毒作用，防疹治疫，洵屬神效無比，人人必備之品
各藥房各商店均有售
上海中法大藥房發行
愛咸斯路
亞爾培路
愛麥虞限路
福履理路
AVENUE DU ROI ALBERT
ROUTE
A
ZEN KA LONG CHEMIN
鄭家衕
Wee Apartments
務本女子中學
操場
中國科學社
明復圖書館
籃球場
空地
修理汽車行
上海新記煤業公司
俞順記營造廠
人力車停車場
江蘇省立上海中學第二部
玻璃花房
工部局花園
同記東棧
茶園
北
42

註冊商標

星牌良藥

TRADE MARK

上海新亞藥廠

THE NEW ASIATIC CHEMICAL WORKS, LTD., SHANGHAI.

本廠完全華人創辦為股份有限公司．成立迄今．已有十餘年之歷史．精製國產醫療藥物家用良藥．日新月異．精益求精．多至三四百種．無不功効靈驗．信譽卓著．深荷

名醫提倡採用．各界愛護 病家樂用．收効美滿．行銷國內外各大都市及南洋羣島．設有辦事處或特約經售．所以遐邇稱便．遠近馳名．並附

新亞化學藥物研究所．以求精究．新亞血清廠．精製各種血清防疫苗及牛痘苗等．新亞衛生材料廠．精製橡皮膏醫用器械等．新亞玻璃廠．製造安瓿針筒化學儀器．概以星內亞字為商標本公司向以發揚國貨造福人羣為宗旨．各種出品定價務求相宜．並備有價目表．及各藥說明書．荷蒙索閱．無任歡迎．

總公司：上海新閘路一〇三二號

上海新亞藥廠啟

寶青春 BIOZYGEN

超國產酵母製劑．開胃強身．改善營養．增加食慾．與體重．助化潤腸．調整胃腸諸疾患．味美易服．四時皆宜

（百吉商標）

水溶性樟腦强心劑

鈉康峯

(NA-CAMPHON)

(REGISTERED)

樟腦本天生，廣用於強心劑中，因其微量刺激心肌而起一種反射作用，普通皆溶於油中，以作皮下注射料。但吸收極遲緩，難以期其確效。加之局部反應，更天患者厭惡，油類吸入注出，醫家亦感麻煩。本品係應用新學理及製法，以天然樟腦製成康峯酸複鹽。本劑爲納康峯之濃厚水劑，專供注射之用。

性狀　本品爲樟腦複鹽之水溶液，計每公撮中含主藥〇·一五公分，相當於天然樟腦〇·一公分。

主治　心力衰弱，虛脫，肺炎，傷寒，枝氣管炎，一氧化炭或窒息瓦斯中毒，麻醉劑中毒，酒精中毒，神經錯亂及其他樟腦適應各症。

備有醫師用樣品，承索即奉

中法化學製藥廠製造

上海大西路一七九〇號

上海中法大藥房總發行

北京路八五一號

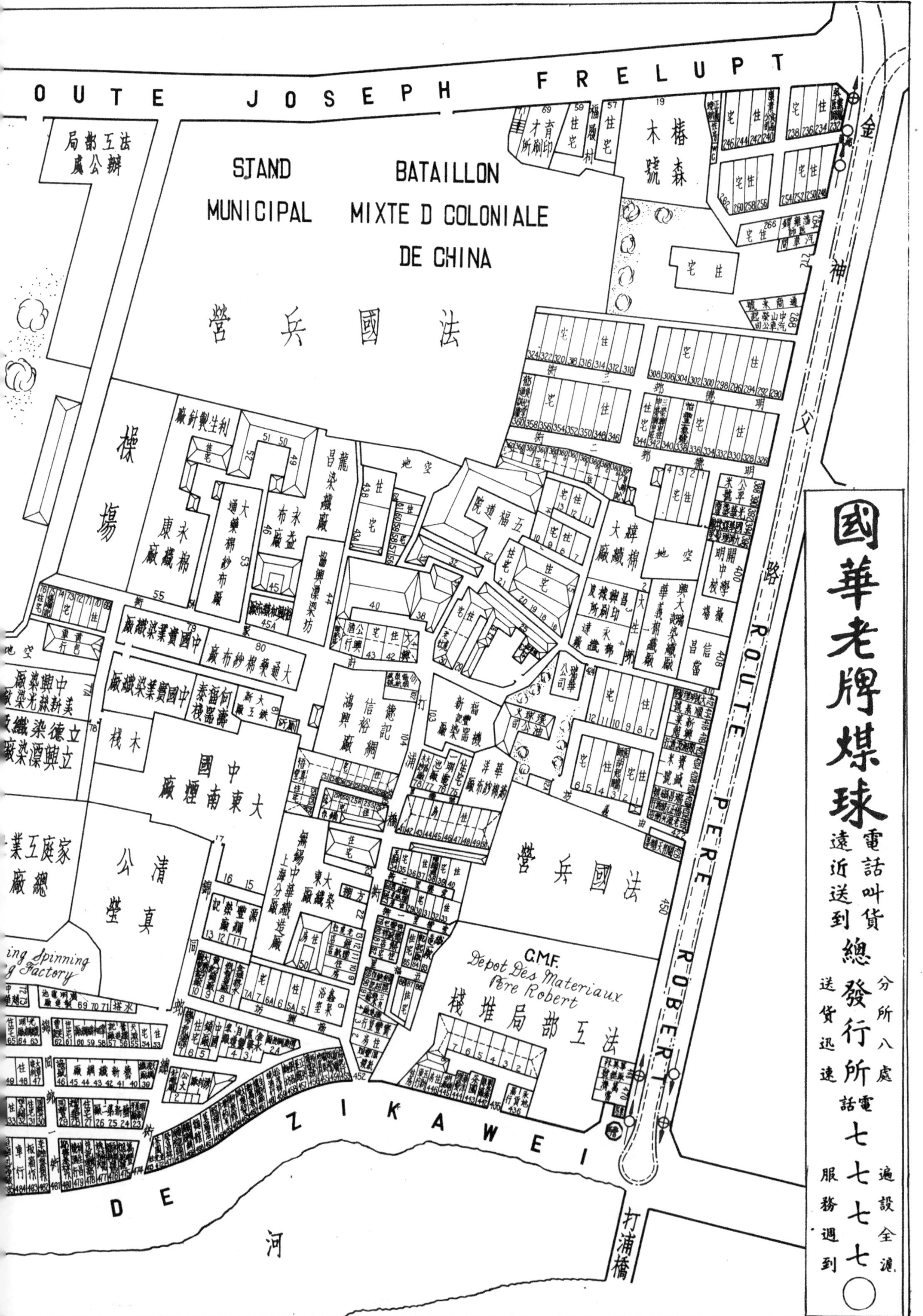

ROUTE JOSEPH FRELUPT
法工部局辦公處
STAND MUNICIPAL
BATAILLON MIXTE D COLONIALE DE CHINA
法國兵營
操場
利生製針廠
永康棉織廠
大通棉紗布廠
永益布廠
龍昌染織廠
協興漂染坊
五福道院
空地
中國實業染織廠
大通棉紗布廠
中國實業染織廠
木棧
中國大東南煙廠
家庭工業總廠
清真公堂
鴻興 信裕 德記 綢廠
華洋棉紗廠
大東染織廠
無錫中華織造廠上海分廠
法國兵營
C.M.F.
Dépot Dés Materiaux Père Robert
法工部局堆棧
ing Spinning
g Factory
椿森木號
育才印刷所
大緯棉織廠
空地
信昌當
金神父路
ROUTE PERE ROBERT
DE ZIKAWEI
河
打浦橋
國華老牌煤球
電話叫貨
遠近送到
總發行所
電話七七七七〇
分所八處
送貨迅速
遍設全滬
服務週到

43

北

福履理路

亞爾培路

AVENUE DU ROI ALBERT

法工部局堆棧

135

法工部局無綫電台

133

法工部局花園
辦公處

JARDINS PARCA & PL

部局花園

法工部局堆棧

723

住宅

751

遠東洋行
蒸溜廠

745

茂雄染織漂廠
股份有限公司

空地

煤棧

住宅

平和洋行
酒精棧

法工部局堆棧

749

清真公塋

空場

光達染織廠

清真公塋

781

滙達煙廠

783

史福記皮坊

785

厚生絲光染廠

清真公塋

堆棧

清真別墅

仁豐木號

梁新記兄弟牙刷廠

597A

上海鉄絲廠

火油廠

597B

慶豐醬園

福盛木材棧

622

618

616

597

空地

三江皮件廠

竹舖

586

570

568

558

義泰興精華煤球廠

徐家滙路

ROU

浜河

潘家木橋

賀爾賜保命

補針　補丸

人體是座機器，牠的機件，完全是有機性化學成分所組合，非常複雜而奧妙，人體中的賀爾蒙，是各部機能的刺激素，宛比是機器的原動力，青年體力强壯，精神煥發，能够勇往直前，賀爾蒙當然充實。

「賀爾賜保命」是睾丸賀爾蒙結晶製劑，睾丸賀爾蒙是青春的熱力，為性神經衰弱和睾丸賀爾蒙缺乏引起之種種老衰病症合理的滋補劑。

機器時常要揩油，人體時常要調補，這是同一的原理，倘使你覺得頭暈目眩，腰痠腿軟，精關不固，生殖無能，就在告訴你本身睾丸賀爾蒙缺乏，趕快調補起來，「賀爾賜保命」，質料新鮮濃厚，製法精密考究，靈驗價廉。

上海新亞藥廠製造　藥房均售

神經系大補劑

艾羅補腦汁

創製已歷四十餘年
風行全球無遠勿屆
服者何止千百萬人
補力偉大信孚中外

以歷史悠久大衆信仰之神經系大補劑洽時代巨輪醞釀產生之神經系各重症如響斯應百發百中頌聲載道久而彌彰

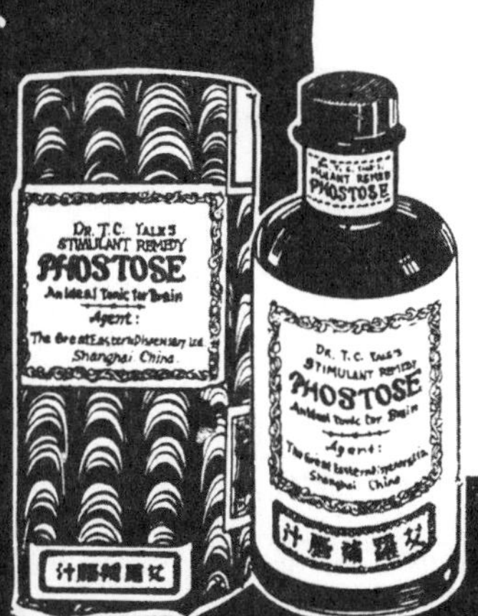

上海中法大藥房發行

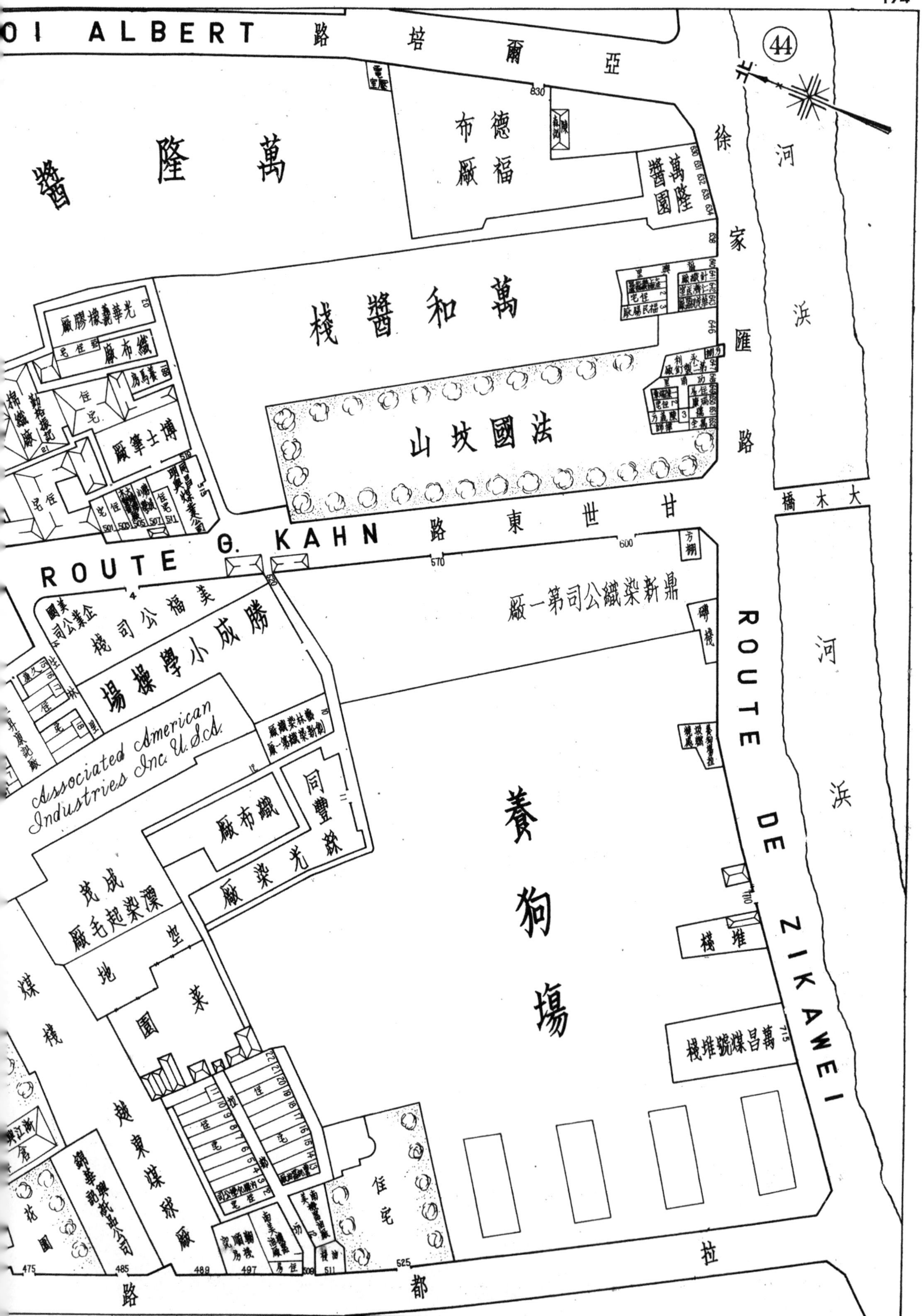
44
ALBERT
亞爾培路
萬隆醬
德福布廠
萬隆醬園
徐家匯路
河浜
萬和醬栈
法國坟山
甘世東路
ROUTE G. KAHN
大木橋
鼎新染織公司第一廠
ROUTE DE ZIKAWEI
勝成小學操場
美福公司栈
Associated American Industries Inc. U.S.A.
織布廠
同豐跺
光染廠
成茂漂染起毛廠
空地
菜園
養狗場
堆栈
萬昌煤號堆栈
煤栈
越東煤球廠
花園
拉都路

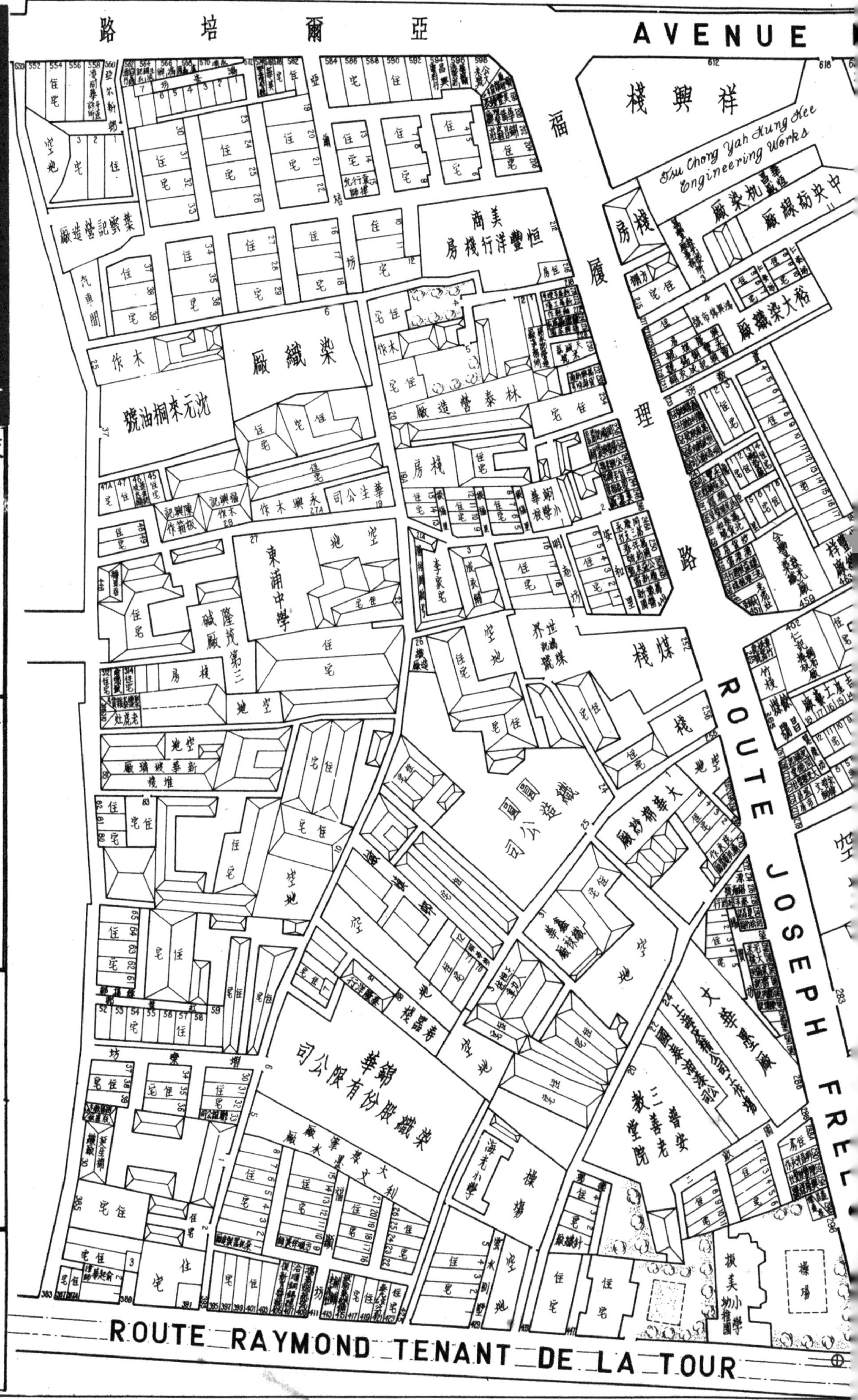

亞爾培路
AVENUE
福履理路
ROUTE JOSEPH FREL
ROUTE RAYMOND TENANT DE LA TOUR
祥興棧
Tsu Chong Yah Hung Kee Engineering Works
中央紡綫廠
裕大染織廠
美商恒豐洋行棧房
染織廠
沈元來桐油號
林森營造廠
華生公司
東浦中學
華錦染織股份有限公司
大華棉紡廠
文華豐染織廠

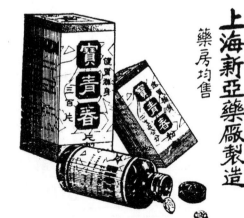

人丹
龍虎商標
完全國貨
家居旅行
人人必備

中國人應服中國人丹
酬應……消食醒酒
治事……提神健腦
旅行……辟瘟防疫

神經系大補劑
艾羅補腦汁
健腦益智
生精補血
胃寧藥片
最新胃病聖藥
專治肝胃氣痛
新久胃腸各病
減痛藥片
無毒止痛新藥
立止一切疼痛奏效如神
上海中法大藥房
總發行
羅威沙而
洗手浴身
防毒殺菌

亞爾培路
ROUTE HERVE DE SIEYES
ROUTE G. KAHN
西愛咸斯路
拉都路
公寓
美商瑞豐轉運公司
乾泰祥五金棧
空地
美商合羣公司棧房
運動場
中國小學
中國幼稚園
中國中學女子部
美商恒豐堆棧
比國鋼業聯合社堆棧
公益玻璃瓶廠
正記五金號
天一影片公司
公平鋼鐵股份有限公司
福源材棧
益威木號
壽器部
新華玻璃廠
樂園蘇藝種植場
新建染廠
明光針織廠
中國婦女補習學校
樂達中學校
樂園小學校
中國中學宿舍
中醫陳中權
陳天楓醫師

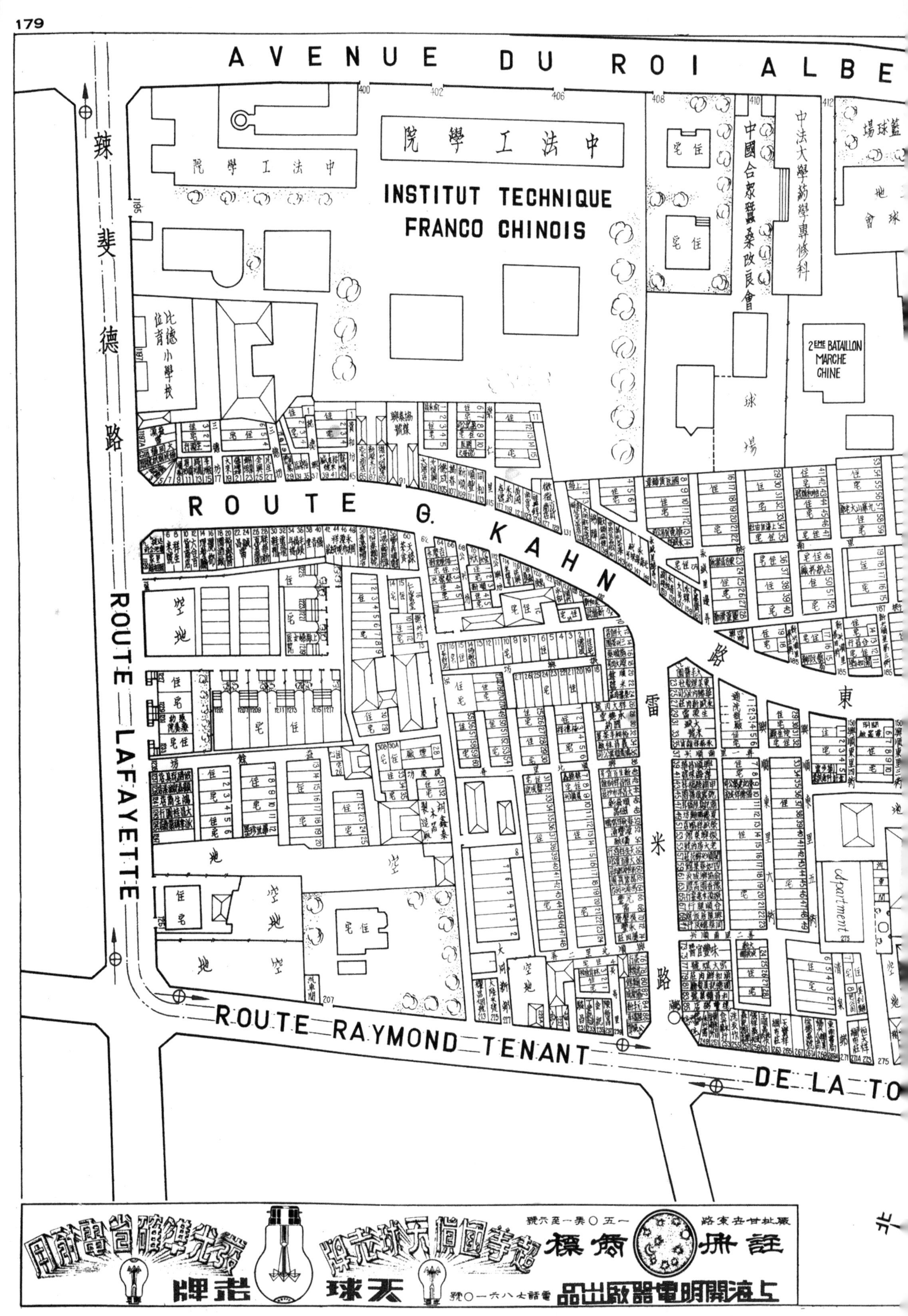
AVENUE DU ROI ALBE
中法工學院
INSTITUT TECHNIQUE FRANCO CHINOIS
中國合眾蠶桑改良會
中法大學藥學專修科
籃球場
球場
2EME BATAILLON MARCHE CHINE
比德小學校
辣斐德路
ROUTE G. KAHN
雷米路
ROUTE LAFAYETTE
ROUTE RAYMOND TENANT
DE LA TO
Apartment
廠址甘世東路一五〇一號至六號
註冊商標
超等國貨燈泡天球老牌
發光準確省電耐用
天球
老牌
上海開明電器廠出品
電話七一八六一〇號

附B106.

當歸兒

婦科要藥

婦人月經不調，能引起五種習見的病症：(一)貧血(二)不孕(三)體力倦怠(四)精神萎靡(五)身體衰弱。只要使月經通暢，一切疾病也就自然治愈了。調經的藥品很多，效力最確實的首推「當歸兒」，「當歸兒」是國產藥材，當歸完全有效成份製成的藥劑，具當歸固有的芳香，更因服用方法便利，效力尤為確實，可說是婦女界應時時備用的良友。

主治

月經不調，稀經散經，痛經，不姙，行經期的一般衰弱。

液劑 | 糖衣片

上海新亞藥廠製造

藥房均售

狼吞虎嚥
恣意大嚼
「胃寧」葯片
為之後盾
胃病聖藥
胃寧藥片
「胃寧」之主成分與主作用
胃液素……消化蛋白質
澱粉酵素……消化飯食
膵素……消化油分糖食
鎮痛劑……矯除肝胃氣痛
止酵劑……制止吞酸反胃
芳香劑……開胃增食
潤腸劑……通利大便
VINNIN
TABLETS
上海中法大藥房發行

霞飛路
亞爾培路
邁爾西愛路
環龍路
辣斐德路
AVENUE DU ROI ALBERT
ROUTE CARDINAL MERCIER
Auditorium
回力球場
花園
滬江療養院
Woo Chang Sanatorium And Hospital
蘭園游泳池
北
46
療毒三傑
九一四
內服新藥
九一四
外用藥膏
九一四
白濁新藥
上海中法大藥房

霞飛路
AVENUE JOF
ROUTE VALLON
拉都路
ROUTE RAYMOND TENANT DE LA TOUR
ROUTE LAFAYETTE
WEIDA HOTEL
紅血輪
本品係血色素
製劑藥性純和
不燥不膩香甜
適口男女可服
上海中法藥房發行
中南磅廠
向設南市數十年
現遷愛多亞路
自來火行東街口
電話八四八五九

LIVEMIN

小牛肝臟濃縮複製。造血強身。功效勝於一切。專治各種貧血症。如響斯應。靈驗無比。分補針補粉補片。

利凡命

上海新亞藥廠製造　藥房均售

丁香
茴香
薄荷
麝香
木香
胡椒
人丹原料全屬國產雖船來品亦均採用之故其功效能超越船來品也
桂皮
荳蔻
完全國貨
人
龍虎商標
甘草
砂仁
兒茶
冰片
丹
生津止渴
免除口臭
辟瘟防疫
清脾醒胃
主治時疫惡疫
食傷嘔噁瀉洩
中暑神昏熱厥
立見轉危為安
衛生署成藥許可證成字第四六五號
行銷二十餘年
製法逐年改進
出品登峯造極
外貨望塵莫及
中華國貨
龍虎商標
人丹
上海中法大藥房總發行

COAL YARD
ROUTE LORTON
AVENUE DU ROI ALBERT
KELMSOTT GARDEN NO. 1—15
BEDFORD TERRACE NO. 1—20
EDAN HOSPITAL SHANGHAI
怡和醫院
HUNG JAO Sanatorium
虹橋療養院
煤棧
民生簡便食堂
亨利公寓
振昌織染廠
霞飛路
亨利路
蒲石路
亞爾培路
勞爾東路
SLOVO
American Bar
Max Grill
Night Club
Peter Pan
羅威乳白魚肝油
美味無腥
營養豐足
上海中法藥房發行

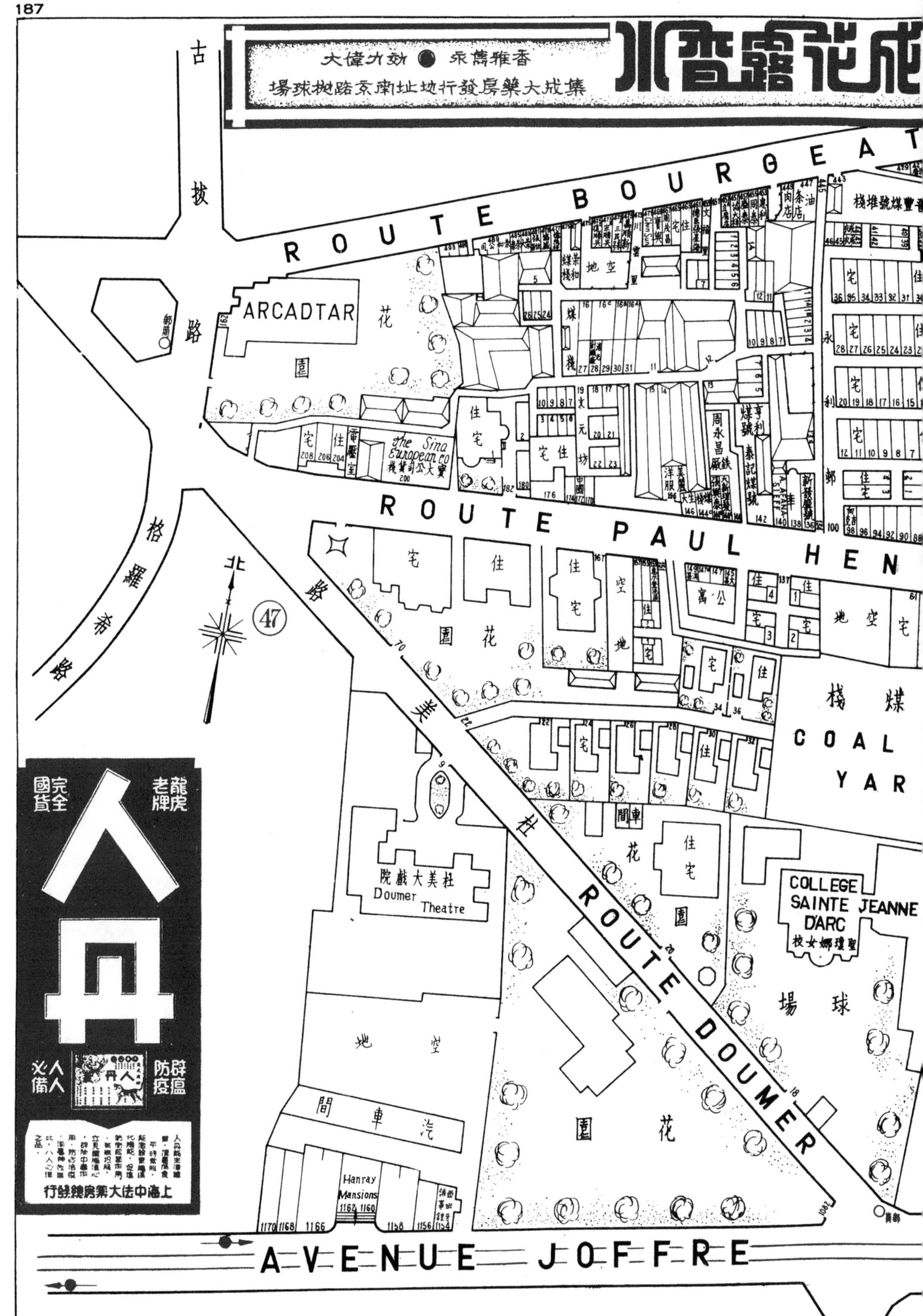

成花露香水
香雅雋永 ● 效力偉大
集成大藥房發行地址南京路抛球場
ROUTE BOURGEAT
ROUTE PAUL HEN
ROUTE DOUMER
AVENUE JOFFRE
古拔路
格羅希路
杜美路
ARCADTAR
花園
The Sina European co
寶大公司貨棧
煤棧
COAL YAR
空地
住宅
公寓
車間
杜美大戲院
Doumer Theatre
COLLEGE SAINTE JEANNE D'ARC
聖貞娜女校
球場
汽車間
Hanray Mansions
北
47
龍虎老牌
完全國貨
人丹
辟瘟防疫
人人必備
上海法中大藥房總發行

拒毒清血
所向無敵
拒毒
九一四內服新藥
肅清血中蘊毒
九一四白濁新藥
立能止痛止淋
九一四外用藥膏
普治皮膚百病
梅毒血熱
白濁
上海中法大藥房總發行
各埠藥房均有出售

實驗
保腎固精丸
健腦補血
保腎固精
愛華製藥社發行
亞爾培路
蒲石路
ROUTE BOURGEAT
巨籟達路
ROUTE RATARD
ROUTE LORTON
勞爾東路
美商麗安電器有限公司
CLAUDE
NEON LIGHTS
中西療養院
The
Sino Foreign
Clinic
江蘇銀行分支行
駐滬聯合辦事處
萬成公司
皐春小學
汽車間
麗雲別墅
萬茂木棧
木作
空地
胃寧
藥片
開胃健飯
鎮痛止酸
上海中法藥房發行
VINNIN

48

北

AVENUE DU ROI AL

福煦路

威海衛路

AVENUE FOCH

沙美住宅
S.S. SOMKEH

住宅

三元汽車公司

德南汽車公司
PACIFIC MOTORS
STEWART

中南銀行福煦路支行

模範商店

MODEL TERRACE

模範邨

花房

空地

四明商店

明邨

永樂小學校

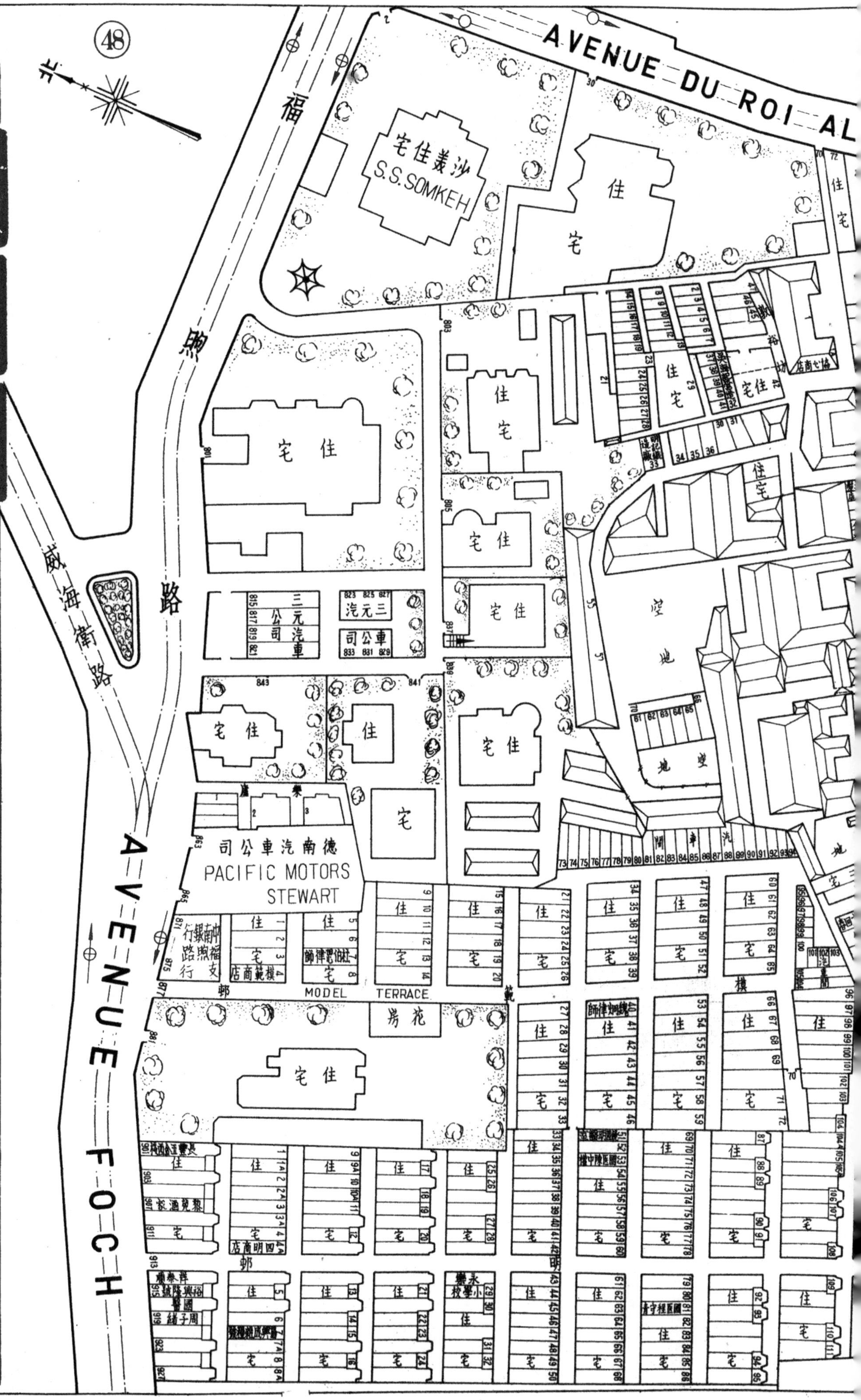

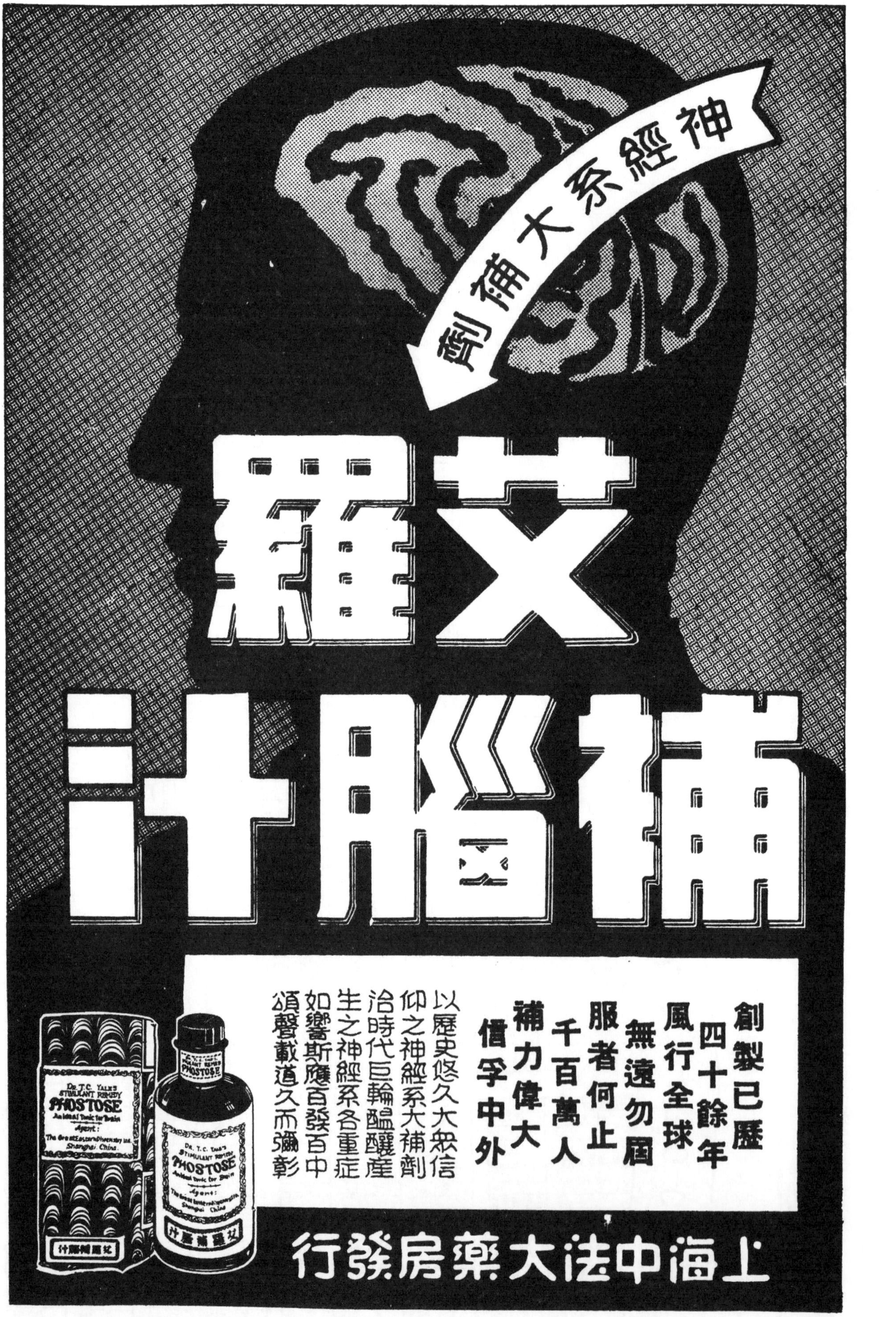

神經系大補劑

艾羅補腦汁

創製已歷四十餘年
風行全球無遠勿屆
服者何止千百萬人
補力偉大信孚中外

以歷史悠久大衆信仰之神經系大補劑治時代巨輪醞釀產生之神經系各重症如響斯應百發百中頌聲載道久而彌彰

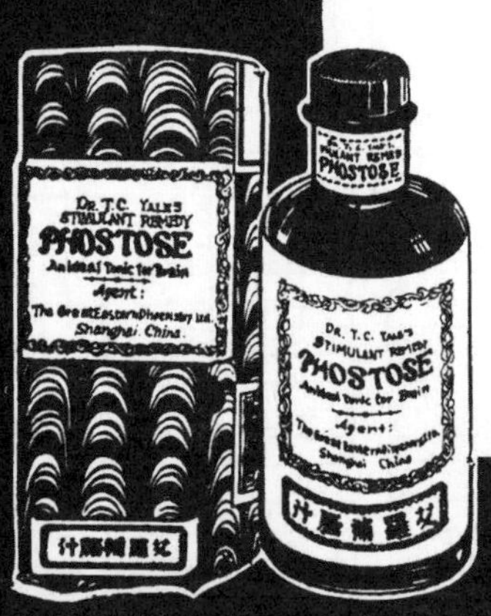

上海中法大藥房發行

萬金油

各公司藥房烟兌店均有出售

虎標萬金油專治百病外敷內服無不相宜現代家庭中均應常備此藥

虎標永安堂滬行

各公司藥房烟店均有售

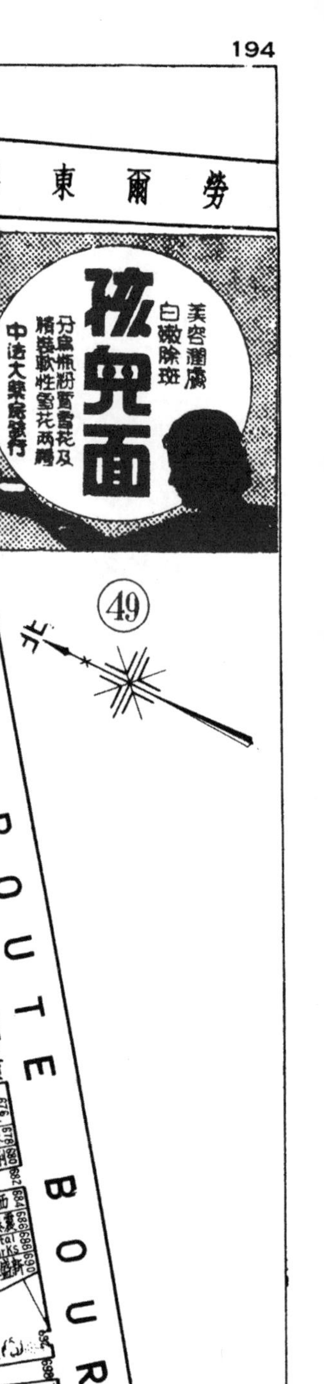
勞爾東路
蒲石路
ROUTE BOURGEAT
美容潤膚
白嫩除斑
孩兒面
分裝瓶粉雪花及
精裝軟性雪花兩種
中法大藥房發行
49

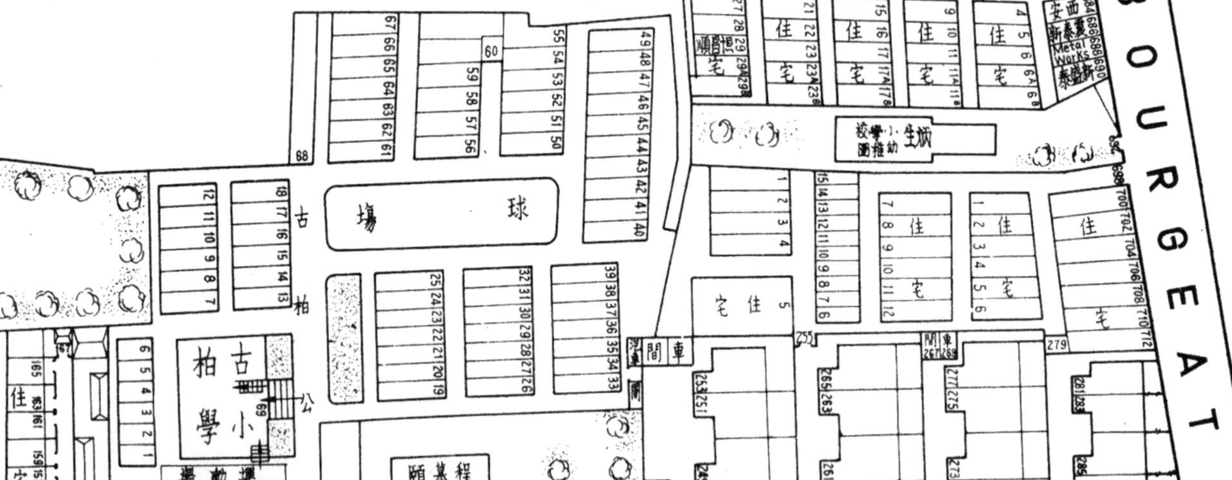
ROUTE LORTON
善道堂
住宅
空地
球場
古柏小學
正誼汽車公司
Jennys Motors
程慕頤化學醫驗所
Metal Works
RUE AMIRAL COURBET
清腸
醒胃
清血
解熱
上海
中法藥房
發行

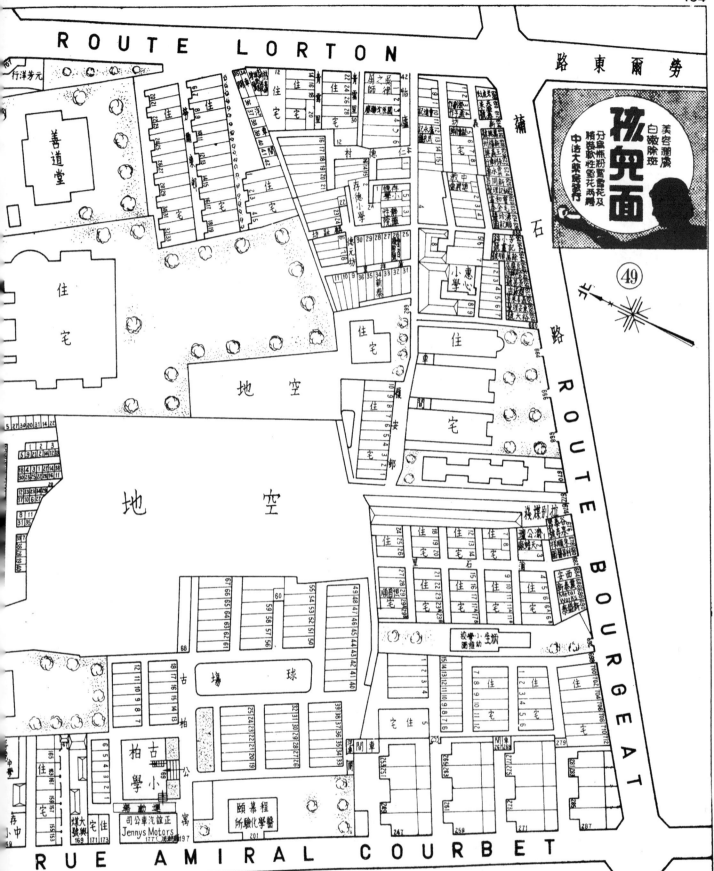

減痛
藥片
專治頭痛牙痛神經痛創傷痛筋骨痛月經痛及一切疼痛·
無毒止痛新藥
上海中法大藥房總發行
復活水
急救時疫如響斯應
起死復生名符其實
羅威沙而
消毒殺菌
效力準確
上海中法藥房總發行
羅補腦汁
神經系唯一大補劑
上海中法藥房發行
福煦路
AVENUE FOCH
ROUTE RATARD
古拔路
豐盧
魚池
花房
住宅
車間
安仁里
義品放款銀行貨棧
CRÉDIT FONCIER
D'EXTRÊME-ORIENT
GODOWN

龍虎商標
完全國貨

家居旅行
人人必備

中國人應服中國人丹

酬應……消食醒酒
治事……提神健腦
旅行……辟瘟防疫

神經系大補劑

艾羅補腦汁

健腦益智
生精補血

最新胃病聖藥
專治肝胃氣痛
新久胃腸各病

胃寧藥片

無毒止痛新藥

滅痛藥片

立止一切疼痛奏效如神

上海中法大藥房總發行

羅威沙而

洗手浴身
防毒殺菌

袁製

骨痛精

主治

瘋濕骨痛　骨節痠楚　手足拘攣
筋絡牽痛　寒濕凝筋　偏正頭瘋
腦骨刺痛　邪瘋感冒　酒瘋脚痛
肩背腰痛　鶴膝瘋痛　半身不遂
每瓶國幣壹元

袁製

解毒精

主治

小便破腫　包頭疳瘡　腎囊潰爛
魚口橫痃　尿管刺痛　初起淋濁
瘰癧串核　婦女陰瘡　圍肛痔瘡
遍體毒瘡　口鼻潰爛　梅毒穿頂
每瓶國幣壹元貳角

上海新西橋北

濟華堂大藥房

總發行

分設鎮江蘇州南京漢口蚌埠鹽城除州等處　各華藥房均有出售

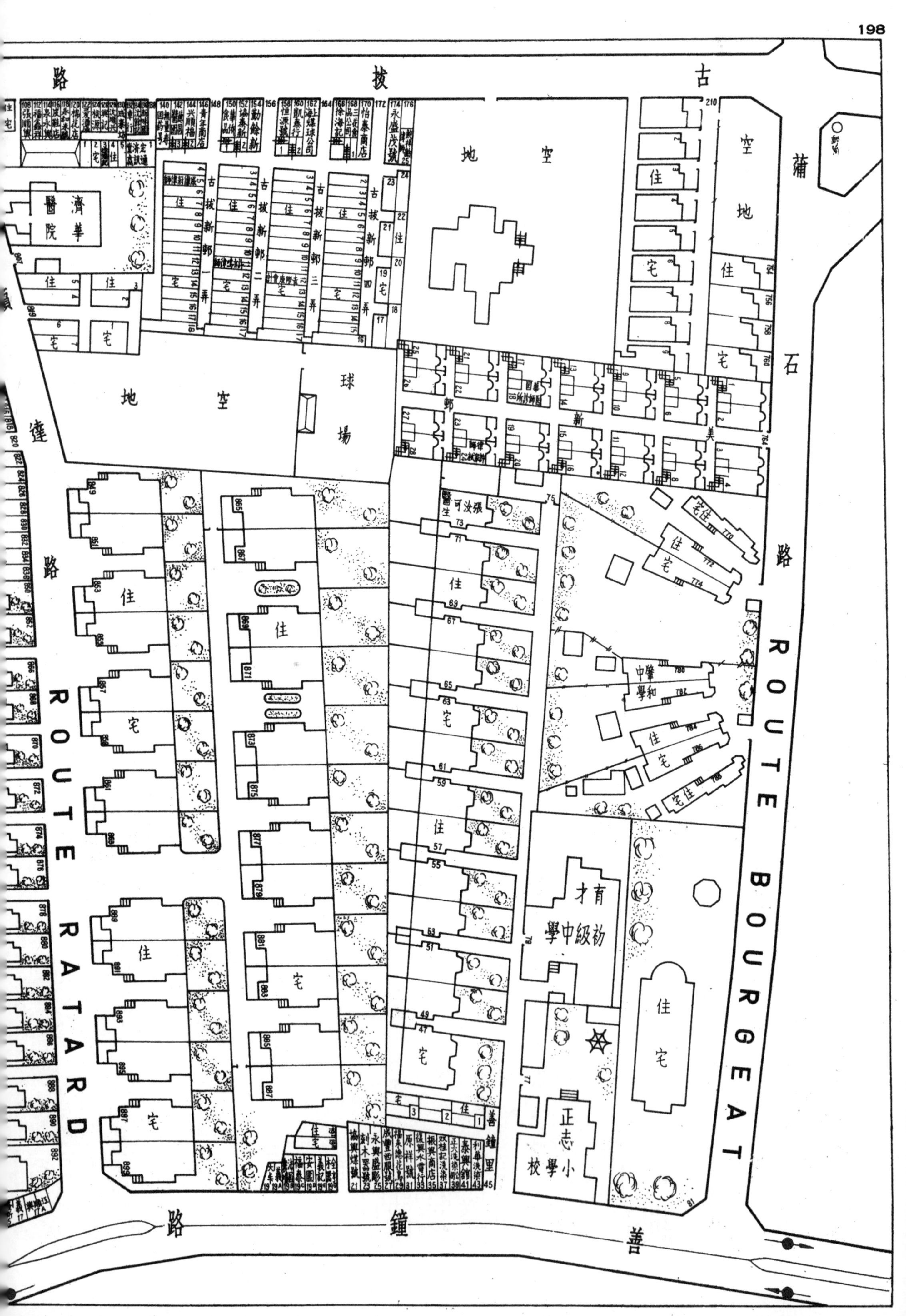

古拔路
蒲石路
ROUTE BOURGEAT
達路
ROUTE RATARD
善鐘路
空地
球場
濟華醫院
古拔新邨一弄
古拔新邨二弄
古拔新邨三弄
古拔新邨四弄
新美邨
張汝可醫生
中華和學
育才初級中學
正志小學校
善鐘里

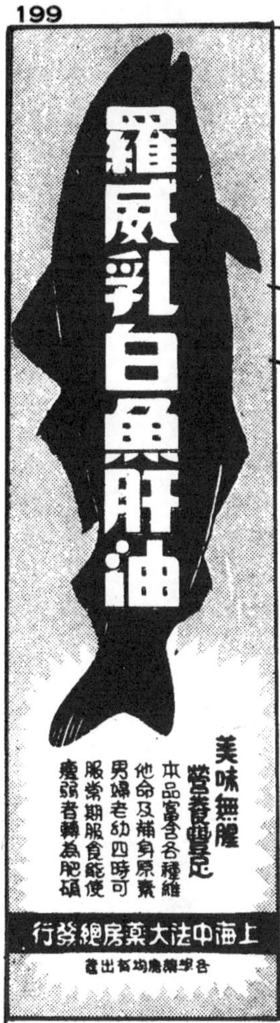

羅威乳白魚肝油
美味無腥
營養豐足
本品富含各種維他命及補身原素
男婦老幼四時可服
常期服食能使瘦弱者轉為肥碩
上海中法大藥房總發行
各埠藥房均有出售

50
RUE AMIRAL COURBET
AVENUE FOCH
福煦路
海格路
PYCCKOE
OGWECTBEHHOE
COGPAHIE
RUSSIAN
CLUB
ST. FRANCIS
XALIERS COLLEGE
FOR CHINESE
聖芳濟中學
大中華煤業公司
五豐煤棧
汽車公司
勤業
空地
樂仁醫院
花店

龍虎商標
完全國貨

家居旅行
人人必備

酬應……消食醒酒
治事……提神健腦
旅行……辟瘟防疫

双獅牌
殺蚊香
驅蚊避瘧
靈準無比

双獅牌
薄荷錠
開竅醒腦
驅風止痛

双獅牌
花露水
香韻馥郁
歷久不散

上海中法大藥房
總發行

LOWESOL

羅威沙爾

家庭衛生
常備要藥

殺菌消毒，深入腠理，冲入水中，洗手浴身，能預防一切創毒之傳染，並治療各種皮膚病，如疥癬鱗癬濕疹癢疹等，講究清潔衛生之家庭，必應常備。

全國各藥房均有出售

上海中法大藥房總發行

孩兒面

含有維他命新成分
潤膚美顏久負盛名

分扁瓶粉質雪花及
精裝軟性雪花二種

中法大藥房總發行

理想的止咳劑

咳停

KODIN
TABLETS

有痰皆化 無咳不停

上海中法大藥房
總發行

51
北
蒲石路
古拔路
杜美路
亨利路
霞飛路
ROUTE DOUMER
培恩安全玻璃公司
浦東中學
尚賢婦孺醫院
花園
GRESHAM APARTMENT
I.S.S. GASCOGNE APARTMENT
FAR EASTERN CREDIT CO.
Tiny Apartments
SHELL
TEXACO
SOCONY
MANON
GASCOGNE CAFE
孩兒面
中法大藥房發行
浦東銀行
總行 愛多亞路河南路口
分行 愛多亞路福煦路口
辦事處 愛文義路成都路口

ROUTE BOURGEAT
EUROPEAN COAL CO.
LITTLE FLOKS' GARDEN SCHOOL
汽車修理
空地
平房
善鐘路
ROUTE DE SAY ZOONG
ROUTE DE GROUC
ROUTE MAYEN
麥陽路
AVENUE JOFFR
SAVOY APARTMENT
Ever green
James Neil & Co
The Gentlemen
Trianon
The Lady
N.P. CHERNOV BEAUTY PARLOUR
Universite De Beaute
BIANNA
Empire
Chez Nicole
European Art
GAS
Knitwest
Alliance
Strgus
胡佩衡醫師
胡佩芬女醫師
高朗醫院
運動場
花園
住宅
車間

（百吉商標）

水溶性樟腦强心劑

鈉康峰

（NA-CAMPHON）

(REGISTERED)

樟腦本天生，廣用於強心劑中，因其微量刺激心肌而起一種反射作用，普通皆溶於油中，以作皮下注射料。但吸收極遲緩，難以期其確效。加之局部反應，更天患者懨惡，油類吸入注出，醫家亦感麻煩。本品係應用新學理及製法，以天然樟腦製成康峯酸複鹽。本劑爲納康峯之濃厚水劑，專供注射之用。

性狀　本品爲樟腦複鹽之水溶液，計每公撮中含主藥〇・一五公分，相當於天然樟腦〇・一公分。

主治　心力衰弱，虛脫，肺炎，傷寒，枝氣管炎，一氧化炭或窒息瓦斯中毒，麻醉劑中毒，酒精中毒，神經錯亂及其他樟腦適應各症。

備有醫師用樣品，承索即奉

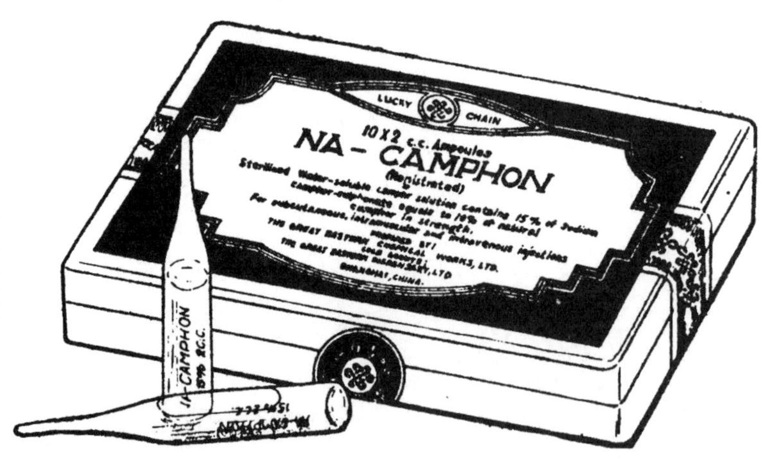

中法化學製藥廠製造

上海大西路一七九〇號

上海中法大藥房總發行

北京路八五一號

福利營業股份有限公司
江西路興業大樓四二一號
電話一四三〇三號
廣告部
廣告是發展商業的先鋒
設計商業圖案
新穎醒目
活潑美觀
收效宏大
代辦廣告事務
取費低廉
服務週到
迅速便利

TENANT DE LA TOUR
ROUTE LAFAYETTE
ROUTE REMI
PICHON
辣斐德路
雷米路
臺拉斯脫路
BELMONT APARTMENT
上海中南棉毛物品織造廠
LAFAYETTE GARDEN THEATRE
辣斐花園劇場
孫福記華勵工程處
SHANGHAI TELEPHONE CO
上海電話公司
雷米小學
ECOLE MUNICIPALE FRANCAISE
懷久女子中學
法國兵房
花園
球場
玻璨棚
SOCONY
TEXACO
52
艾羅補腦汁
健腦益智
生精補血
上海中法大藥房總發行

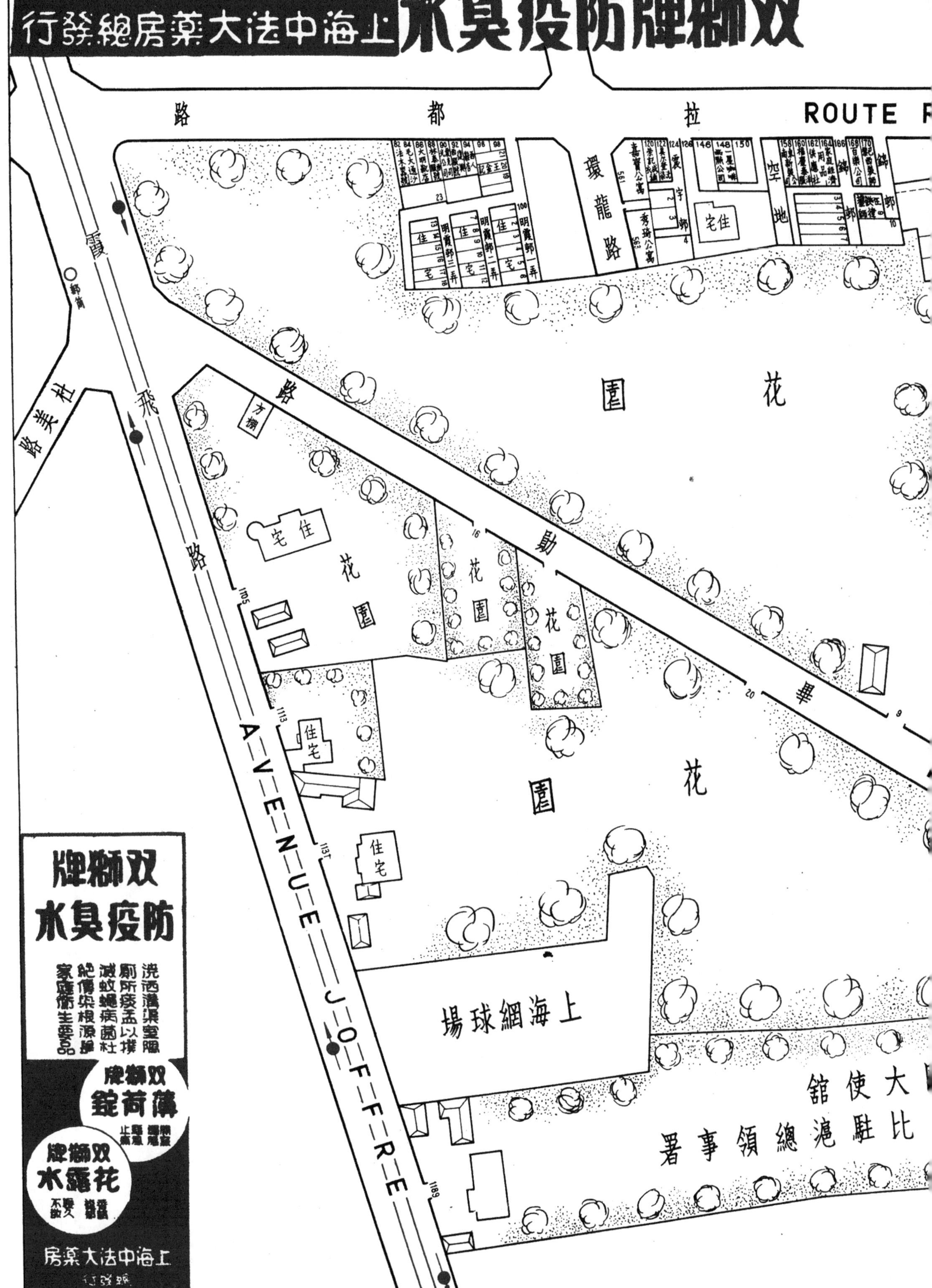

上海中法大藥房總發行
双獅牌防疫臭水
路 都 拉
ROUTE F
環龍路
空地
花園
霞飛路
杜美路
勛
畢
路
住宅
花園
上海網球場
比駐滬總領事署
大使館
AVENUE JOFFRE
双獅牌
防疫臭水
洗滌溝渠室內
廁所痰盂以撲
滅蚊蠅病菌杜
絕傳染根源為
家庭衛生要品
双獅牌
薄荷錠
双獅牌
花露水
上海中法大藥房
總發行

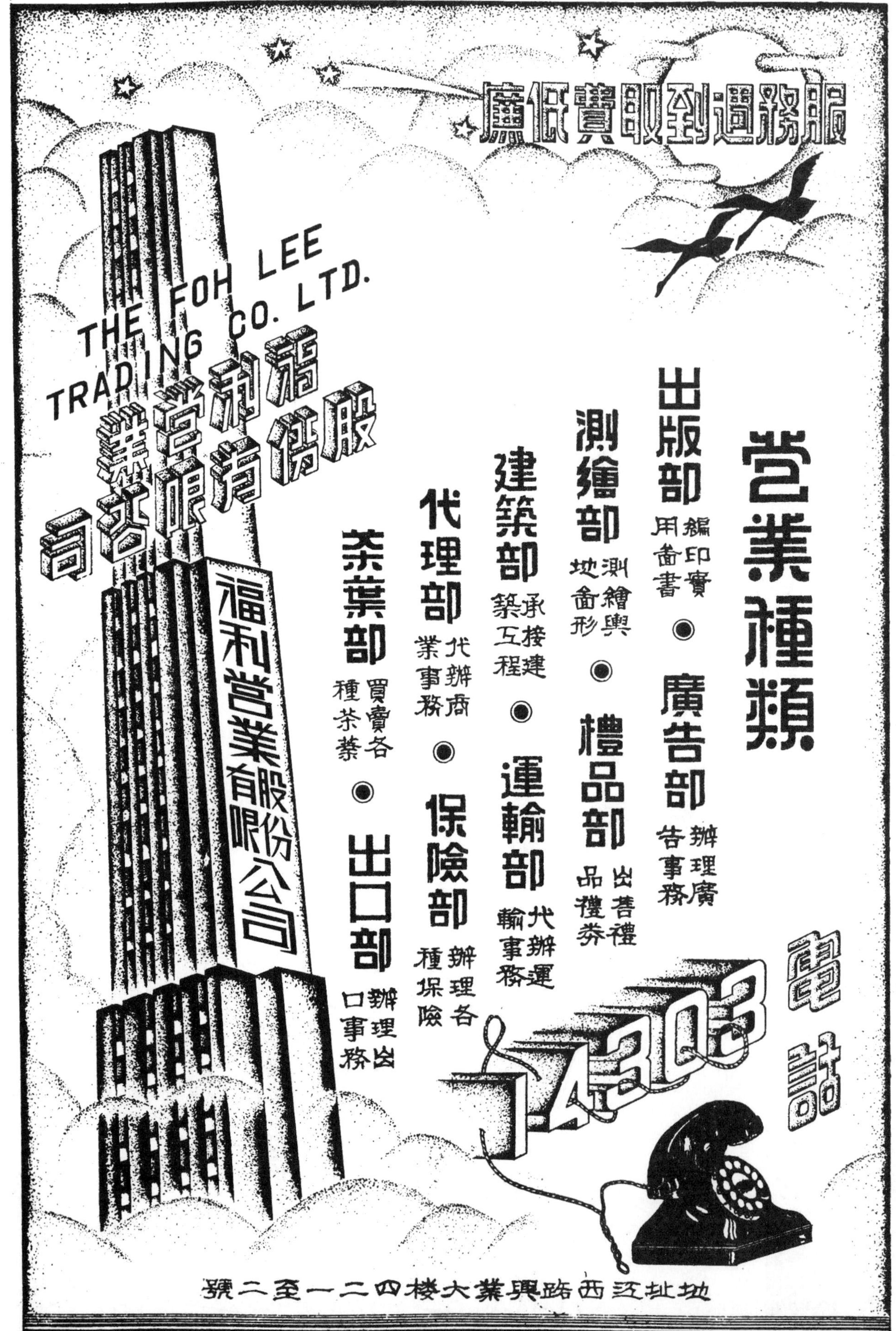

服務週到取費低廉
THE FOH LEE TRADING CO. LTD.
福利營業股份有限公司
福利營業股份有限公司
營業種類
出版部
編印實用圖書
廣告部
辦理廣告事務
測繪部
測繪輿地圖形
禮品部
出售禮品禮券
建築部
承接建築工程
運輸部
代辦運輸事務
代理部
代辦商業事務
保險部
辦理各種保險
茶葉部
買賣各種茶葉
出口部
辦理出口事務
電話
14303
地址江西路興業大楼四二一至二號

金城銀行

資本七百萬元

公積金三百六十七萬元

商業部——辦理存款放款滙兑及其他一切銀行業務

儲蓄部——辦理各種儲蓄存款資本另撥會計獨立

信託部——收受信託存款並承辦各種信託業務資本另撥會計獨立

總行——上海江西路二百號
電話一二四〇〇

滬區辦事處——靜安寺路卡德路口七八一號
愚園路極司非而路九號
八仙橋敏體尼蔭路一二五號
霞飛路馬浪路口

國内分行及辦事處——全國各地分行及辦事處共五十餘處

國外代理處——各大埠均有代理處

電報掛號——各地華文均七〇〇七
香港漢中爲六〇〇六
英文均爲 **Kinchen**

霞飛路
F F R E
JUBILLE COURT
ADEODATA HALL
花園
堆煤地
辣斐德路
體仁醫院
花園
空地
CHON
北
53
人丹
龍虎商標
完全國貨
家居旅行
人人必備
中國人應服中國人丹
艾羅補腦汁
胃寧藥片
滅痛藥片
上海中法大藥房
總發行
羅威沙而
洗手浴身
防毒殺菌
救一死
花柳毒症
性命交關
九一四
內服新藥
九一四
白濁新藥
九一四
外用藥膏
上海中法大藥房總發行

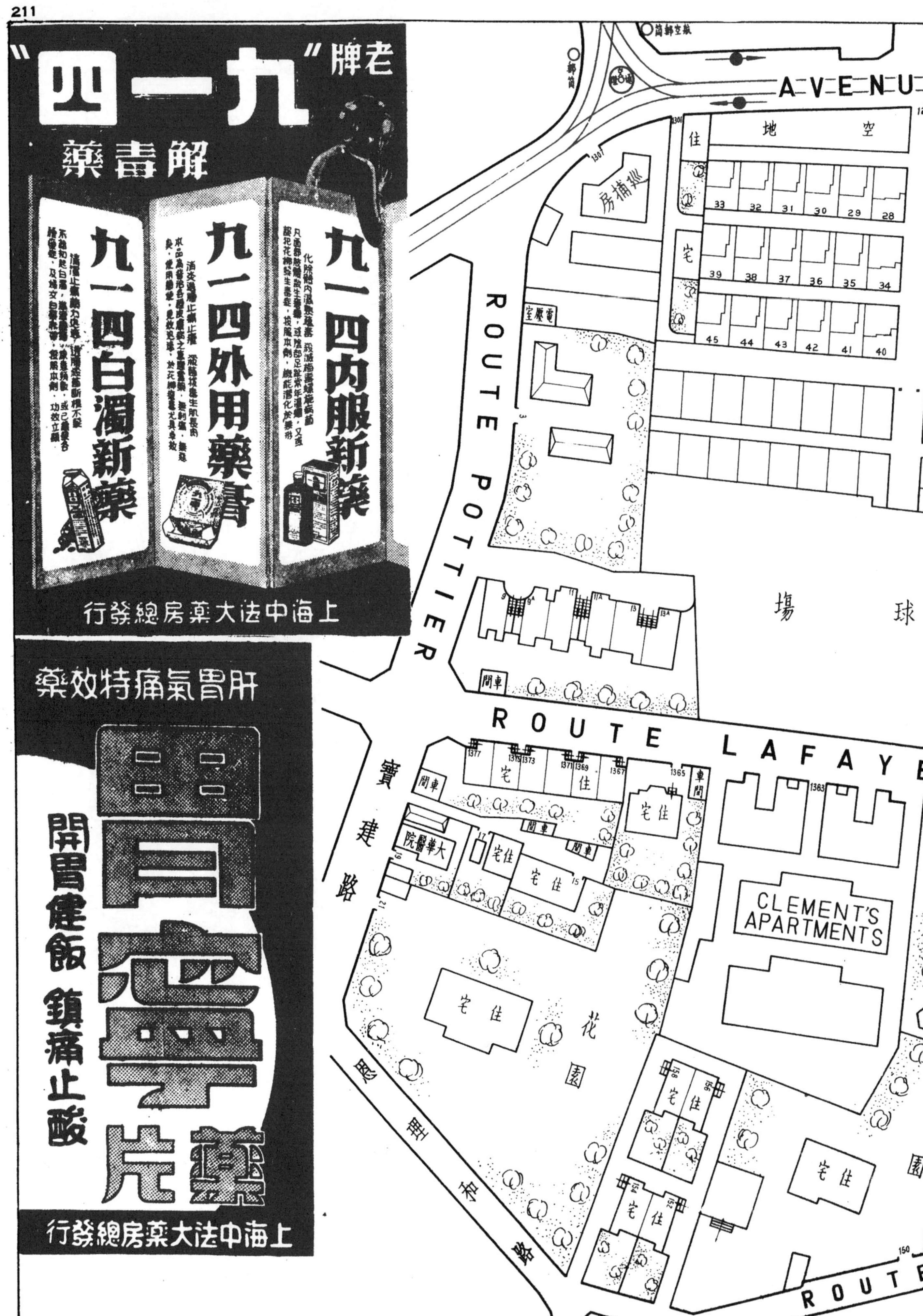
老牌"九一四"
解毒藥
九一四内服新藥
九一四外用藥膏
九一四白濁新藥
上海中法大藥房總發行
肝胃氣痛特效藥
胃寧藥片
開胃健飯 鎮痛止酸
上海中法大藥房總發行
AVENU
空地
巡捕房
電壓室
ROUTE POTTIER
球場
車間
ROUTE LAFAYE
寶建路
大華醫院
住宅
CLEMENT'S APARTMENTS
花園
ROUTE

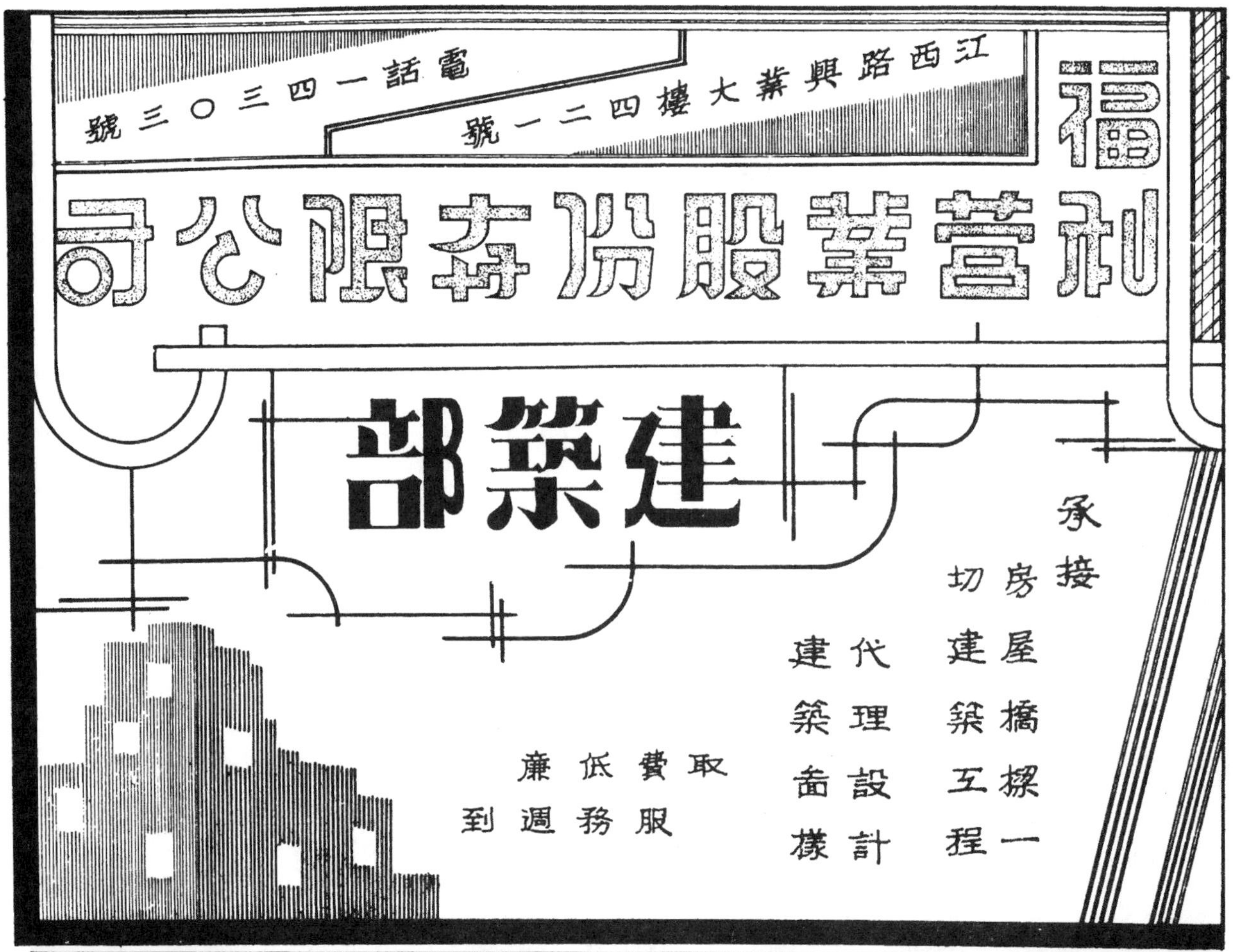

愛華製 揚製氣痛散 一服斷根 肝胃氣痛
RUE REMI
雷米路
ROUTE RAYMOND TENANT DE LA TOUR
拉都路
愛咸斯路
中國中學
運動場
JOSEPH TENNIS CLUB
空地
和源里
敦和里
家安里
文安坊
龍虎牌 人丹
辟瘟防疫
夏令必備
上海中法大藥房總發行
果導片糖
潤腸通便
菓汁煉製
上海
北
54

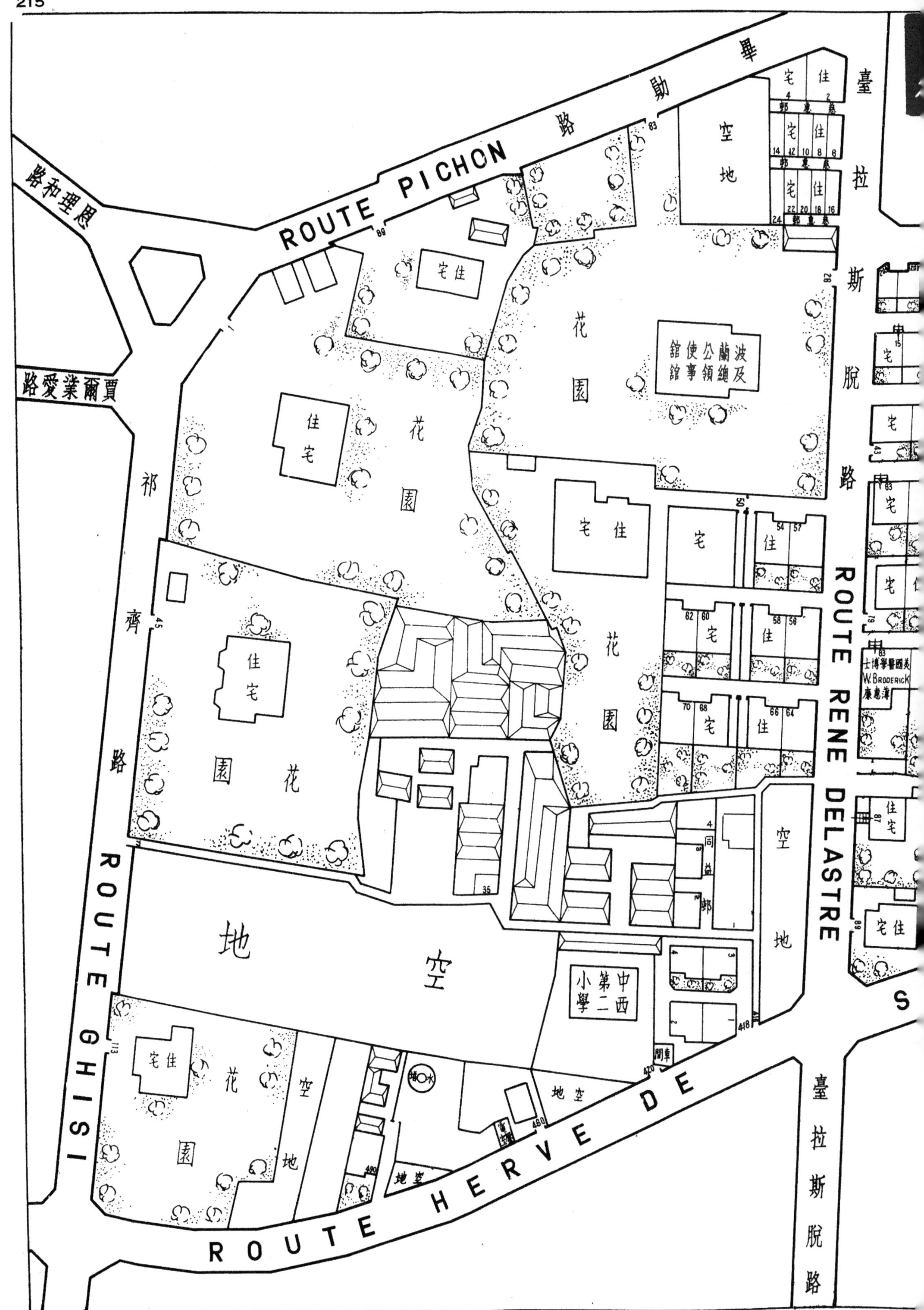
ROUTE PICHON
畢勛路
恩理和路
賈爾業愛路
祁齊路
ROUTE GHISI
臺拉斯脫路
ROUTE RENE DELASTRE
ROUTE HERVE DE
S
臺拉斯脫路
慈惠邨
波蘭公使館
及總領事館
花園
住宅
空地
同益邨
中西第二小學
車間
美國醫學博士
W. BRODERICK
康惠溥

「百吉牌」注射藥出品啓事

茲啓者，年來隨衛生事業之演進，新藥供應，愈益浩繁，兼之新藥製造，不獨影響個人社會之健康，抑且關係國家資力之流卮，爲謀供求平衡，藥物自給，特延專家煉製一應醫用原藥及各種注射針藥，舉凡消毒封藏各種手續均屬周到嚴密，售價特低，藉謀普及，茲將已經製造發售之注射藥品摘舉數種於後，其他各種臨診習用之注射藥品，一律齊備，切望新藥界諸大彥博，賜予採用，幸甚幸甚。（出品說明，均詳仿單，醫師函索，立即寄奉）。

Calcium Chloride Sol.

氯化鈣注射液 1—10%

主治 濕疹 丹毒 肋膜炎 肺胃出血 氣喘等

用法 靜脈注射每日或間日一次

Camphor in Oil

樟腦油注射液 10—20%

主治 心力衰弱 虛脫 肺炎 傷寒 急性中毒等

用法 用法肌肉注射一二公撮

Quinine Dihydrochl. Sol.

重鹽酸奎寧注射液 25—50%

主治 瘧疾 惡性瘧疾 再發性瘧 肺炎 脾腫大等

用法 筋肉或靜脈注射

Physiological Saline Sol.

生理食鹽水 三百至五百公撮

主治 霍亂 急性吐瀉症 大出血後 尿毒症等

用法 皮下或靜脈注射

Sod. Cacodylate Sol.

雙一烷砒酸鈉液 5—10%

主治 貧血 結核 溫疹 淋巴腺腫等

用法 皮下或肌肉注射

上海 中法大藥房 發行

上海市名會計師一覽

姚主教路216弄七號
王文楠會計師
電話七八三八〇

圓明園路一三三號
李鼎會計師
電話一八三三七

極司非而路四一號
李澂會計師
電話一二一三六

事務所梅白格路
平泉別墅三六二號
電話二二三〇〇一號
俞傳鼎律師
謝駕千會計師
通訊處雲南路仁濟善堂
電話九六五九三

邁爾西愛路275弄16號
馬啟錩會計師
電話七三九四二

九江路一五〇號五樓
陳述昆會計師
電話一七五二八

梅白克路九七弄六號
虞中望會計師
電話三二〇一七

四川路三三號七樓
裘宗琳會計師
電話一八八二六

主任會計師　潘序倫
立信會計師事務所
江西路四〇六號興業大樓四樓
電話一九五二五號

主任會計師　奚玉書
公信會計師事務所
河南路五〇五號錦興大樓一〇二號
電話九〇三四五號

北京路二八〇號
王思方會計師
電話一四八五六

北京路　鹽業大樓五樓
陳承蔭　律師
電話一四八五六

愛多亞路一二三號三樓
徐永祚會計師
電話八二〇六六

王海帆會計師　愛麥虞限路二號　電話七二一五一

55
北
西愛咸斯路
拉都路
ROUTE RAYMOND TENANT DE LA TOUR
福履理
法國兵營
花園
花園
花園
醒華小學
空地
空地
空地
草地
大同煤棧
永順木行
煤棧
小主人週刊社
慎記營造廠
信義營造廠
杜貴記營造廠
呂金記皮廠
磚瓦木棧
潘順興竹號
汪裕泰茶棧
棧房
住宅
羅威乳白魚肝油
美味無腥 營養豐足
本品富含各種維他命及補身原素 男婦老幼四時可服 常期服食能使瘦弱者轉為肥碩
上海中法大藥房總發行

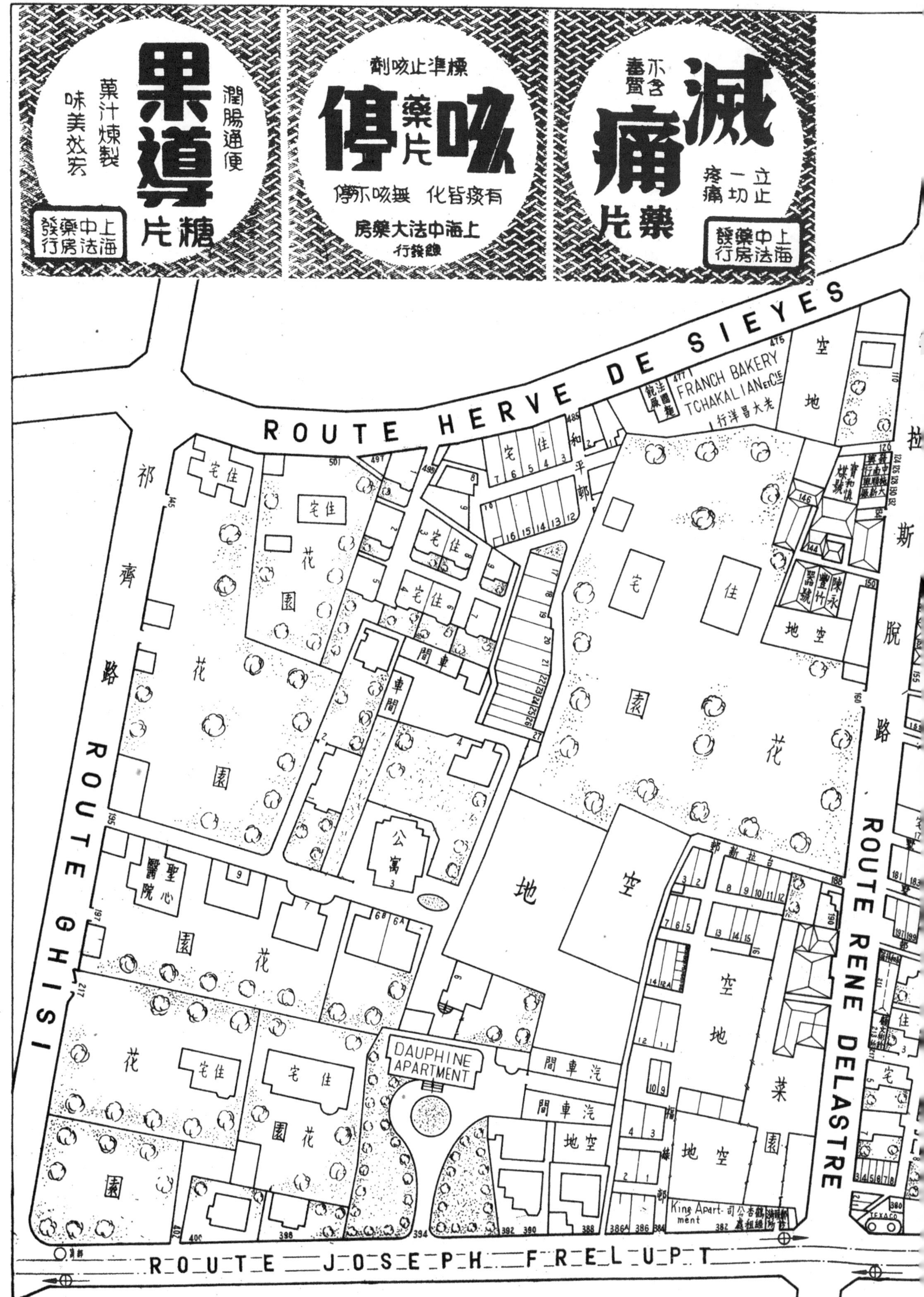

果導糖片
潤腸通便
菓汁煉製
味美效宏
上海中法藥房發行
標準止咳劑
咳停藥片
有痰皆化 無咳不停
上海中法大藥房
總發行
滅痛藥片
不含毒質
立止一切疼痛
上海中法藥房發行
ROUTE HERVE DE SIEYES
FRANCH BAKERY
TCHAKALIAN ET CIE
光大昌洋行
和平郵
祁齊路
ROUTE GHISI
拉斯脱路
ROUTE RENE DELASTRE
聖心醫院
公寓
DAUPHINE APARTMENT
King Apartment
汽車間
車間
住宅
花園
空地
菜園
TEXACO
ROUTE JOSEPH FRELUPT

中法大藥房

電話

九二三三一　九二三三二

九二三三三　轉接各部

電報掛號●五六七三

總發行所

上海北京路八五一號

製藥廠

上海大西路一七九〇號

本藥房創立迄今，垂五十年，除運售各國原料藥材醫療器械衛生用具外，並積極提倡國藥，研究仿製，先後發行自製靈效藥品化粧香品五百餘種，行銷全國及南洋各埠，卓著聲譽，茲例舉其最著者如下：

艾羅補腦汁	寧神安腦　益智補身
艾羅療肺藥	清肺祛痰　平喘止咳
羅威乳白魚肝油	美味無腥
羅威麥精魚肝油	補肺強身
象牌麥精魚肝油	益肺肥體
雙獅牌牛肉汁	大補氣血　強健筋骨
雙獅牌童鷄汁	開胃補體　調理最宜
九造真正血	補血生精　調和百骸
紅血輪	純血色素　不含鐵質
九一四內服新藥	肅清血毒
九一四外用藥膏	普治瘡癬
九一四白濁新藥	清淋止痛
龍虎人丹	辟瘟防疫　人人必備
救星復活水	祛痧救疫　起死回生
象牌急救時疫水	救治痧疫　神效無比
雙獅牌殺蚊香	殺蚊靈速　點燃耐久
雙獅牌薄荷錠	頭痛牙痛　塗搽立愈

雙獅牌花露水	清膚辟穢　退痱止癢
羅威沙而	痱疥瘡傷　洗之立效
雙獅牌防疫臭水	殺菌消毒　滅除蚊蠅
中國寶丹	內服鼻吸　急救痧疫
中法菓子露	清涼解渴　消暑佳品
羅威水菓鹽	化痰清血　降火利便
羅威匹靈	傷風發熱　一服即靈
古力晶眼藥水	退赤消腫　效驗如神
滅痛藥片	不含毒質　定痛如神
胃寧藥片	化食定痛　和胃整腸
孩兒面	粉質雪花　細膩芬郁
精裝孩兒面	軟性雪花　美容潤膚
象牌牙膏	潔齒固齒　防治蛀齒
發髮藥水	滋養髮根　禿髮重生
家庭藥庫	良藥齊備　小病自療
旅行藥庫	藥械廿種　取攜便利
嬰孩快樂片	化積消食　祛痰退熱

經濟廣告一覽
双錢牌 綉花線
永不退色
退色保換
澍雲豐線廠出品
發行所五馬路晴遠街十四號
電話九五三五四
經昌染織廠
廠址 徐家匯徐鎮路四〇一號
發行所 愛多亞路二六〇號二二六房間
電話一六五〇六
八仙橋恒茂里五一號
電話八六二七九
大成運動器具廠
是體育界公許
生華電器廠
德盛祥
綢布莊
大谷工業社
八仙橋恒茂里五一號
電話八六二七九
維新染織廠
商標
周薇星邦
調味珍品
味強
中國天福味強廠出品
老裕豐
酒行
地址
明珠牌 紅星牌
各種小燈泡
天和電器製造廠
施勤路文德里一號
電話八四六九四
品質精良 定價公道
馬正昌
棉織廠
電話 八三二九二
新橋
教育文具社
交通路五二一號
電話 九〇六五四
中華皮件廠
蒲柏路四九四號
電話 八〇八四二
漢達利
和記
料器號
老北門路三五號
電話八五六三九
上海
恒成油墨製造廠
國醫朱少雲
門診下午一時至四時
出診下午四時後

福履理路

拉都路

ROUTE RAYMOND TENANT DE LA TOUR

臺拉斯脫路

ROUTE RENE DELASTRE

徐家匯路

中國切紙公司棧房

源順公茶棧

板箱作

余沈律師

花園

周文記砂石廠

呂春記木作

任協記營造廠

鑑臣洋行第二棧

德裕祥棧

興和染織廠

竹棧

自修堂

葉順興

文記

中國標準出品有限公司

鼎豐繡花廠

紅木作

紅木作

新華機器工業社

永興洋行牛皮棧

上海木材煤料公司煤棧

上海殯儀館

織布廠

鴻昌染織廠

滬豐染織廠

常熟常豐染織廠上海分廠

養狗場

石子作

皮毛棧

華中煤棧

泰興義煤棧

皮坊

萬聚醬棧

泰山隆洋行

益豐搪瓷公司堆棧

金錢牌熱水瓶廠

SHANGHAI FUNERAL DIRECTORS

空地

北

56

ROUTE JOSEPH FRELUPT
祁齊路
ROUTE GHISI
空地
花園
住宅
SERVICE SANITAIRE
西門婦孺醫院
衛生總局
法國兵營
震昌木號壽器部
長源木號
開泰木號
空地
ROUTE DE ZIKAWEI
肇嘉浜

B106.

當歸兒

婦科要藥

婦人月經不調，能引起五種習見的病症：(一)貧血(二)不孕(三)體力倦怠(四)精神萎靡(五)身體衰弱。只要使月經通暢，一切疾病也就自然治愈了。調經的藥品很多，效力最確實的首推「當歸兒」，當歸兒是國產藥材當歸完全有效成份製成的藥劑，具當歸固有的芳香，更因服用方法便利，效力尤為確實，可說是婦女界應時時備用的良友。

主治

月經不調，稀經散經，痛經，不姙，行經期的一般衰弱。

液劑｜糖衣片

上海新亞藥廠製造

藥房均售

財政部註冊

領有銀行營業執照

存款

利息特優
保障隱固

往來

領用支票
無須介紹

擁三十萬資金

執銀號業權威

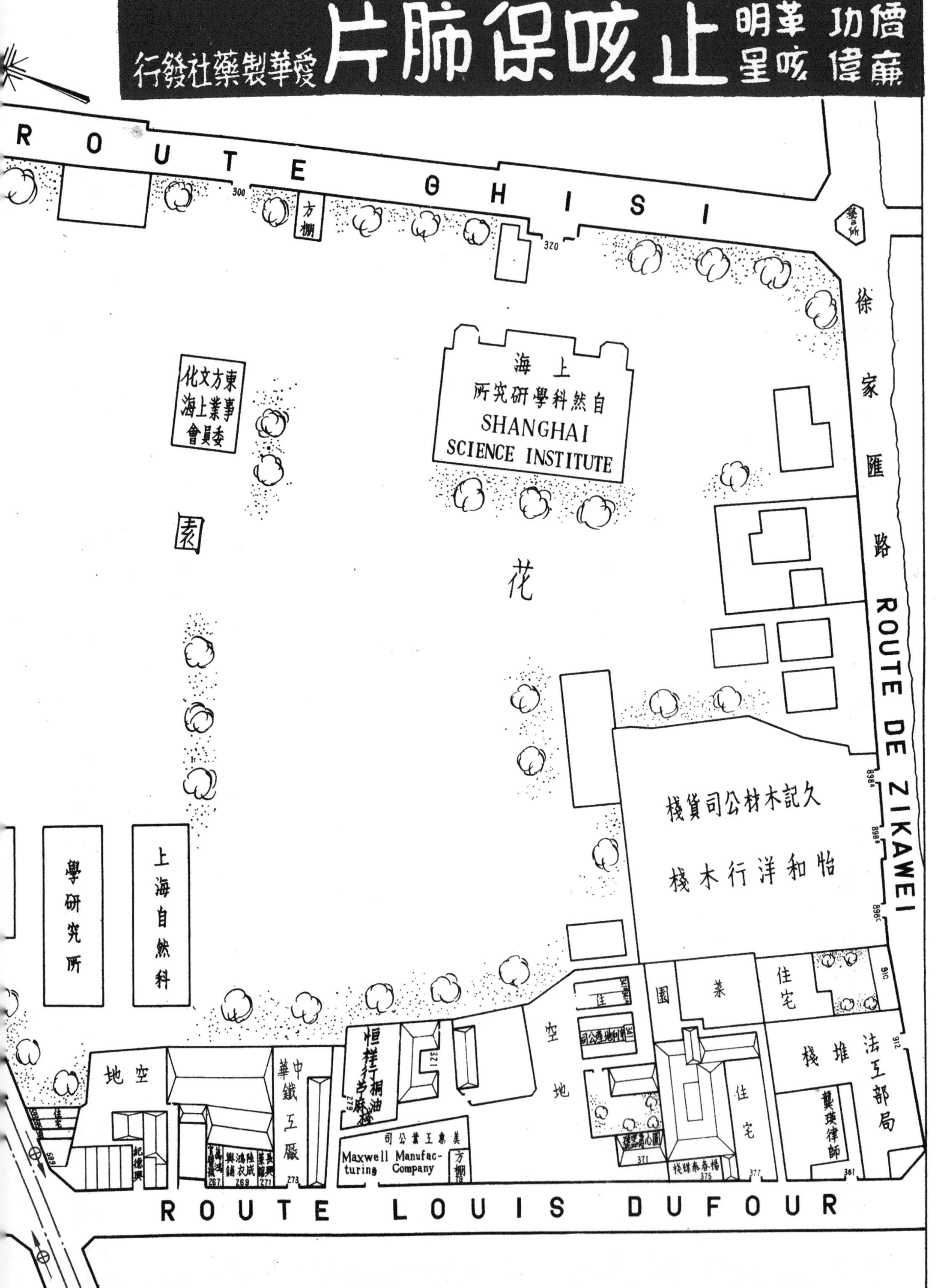
ROUTE GHISI
ROUTE DE ZIKAWEI
徐家匯路
ROUTE LOUIS DUFOUR
上海自然科學研究所
SHANGHAI SCIENCE INSTITUTE
東方文化事業上海委員會
花園
上海自然科學研究所
久記木材公司貨棧
怡和洋行木棧
法工部局堆棧
空地
中華鐵工廠
恒祥桐油麻袋
美惠工業公司
Maxwell Manufacturing Company
住宅
菜園
300
320
321
371
375
377
381
898A
898B
898C
910
912
267
269
271
273

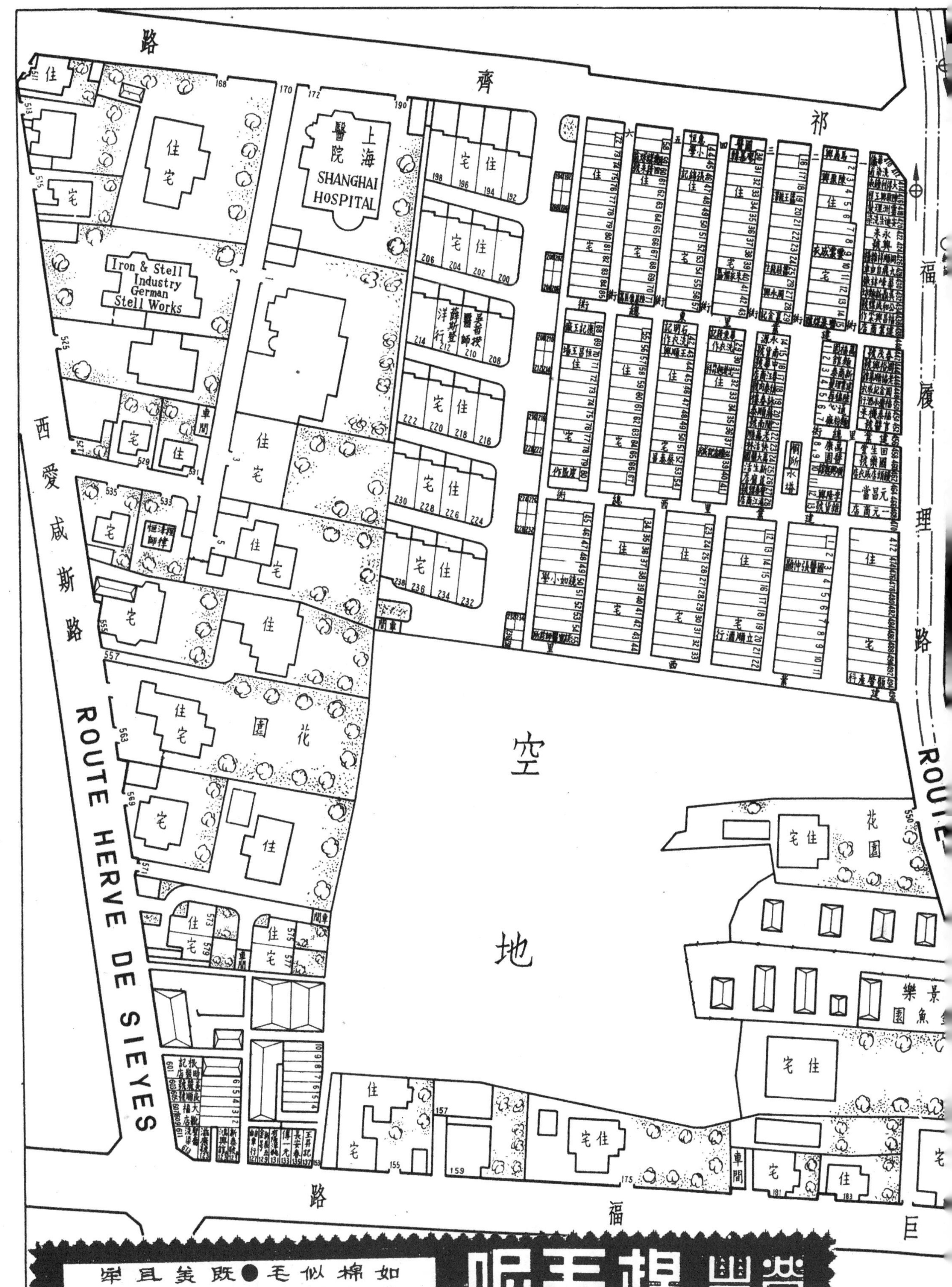

齊
路
上海醫院
SHANGHAI HOSPITAL
Iron & Stell Industry German Stell Works
西愛咸斯路
ROUTE HERVE DE SIEYES
祁
福履理路
ROUTE
空
地
花園
景樂魚園
路
福
巨

每日請用
美麗牙膏
1940
1940
SUN MON FRI SAT
1 2 7
8 14
15 21
22 28
29 30
My Dear
避疫美麗牙膏
潔白牙齒
消毒口腔
My Dear
DISINFECTING
DENTAL
CLEANSER
內含民誼紅色素
內含民誼紅色素
為顯呈面部之美請用美麗牙膏於潔齒固牙之外並療治牙齦腫痛及去除口臭喉腭諸疾
到處可買
電話購貨九二七二七
上海明星香水廠出品
上海中西大藥房發行

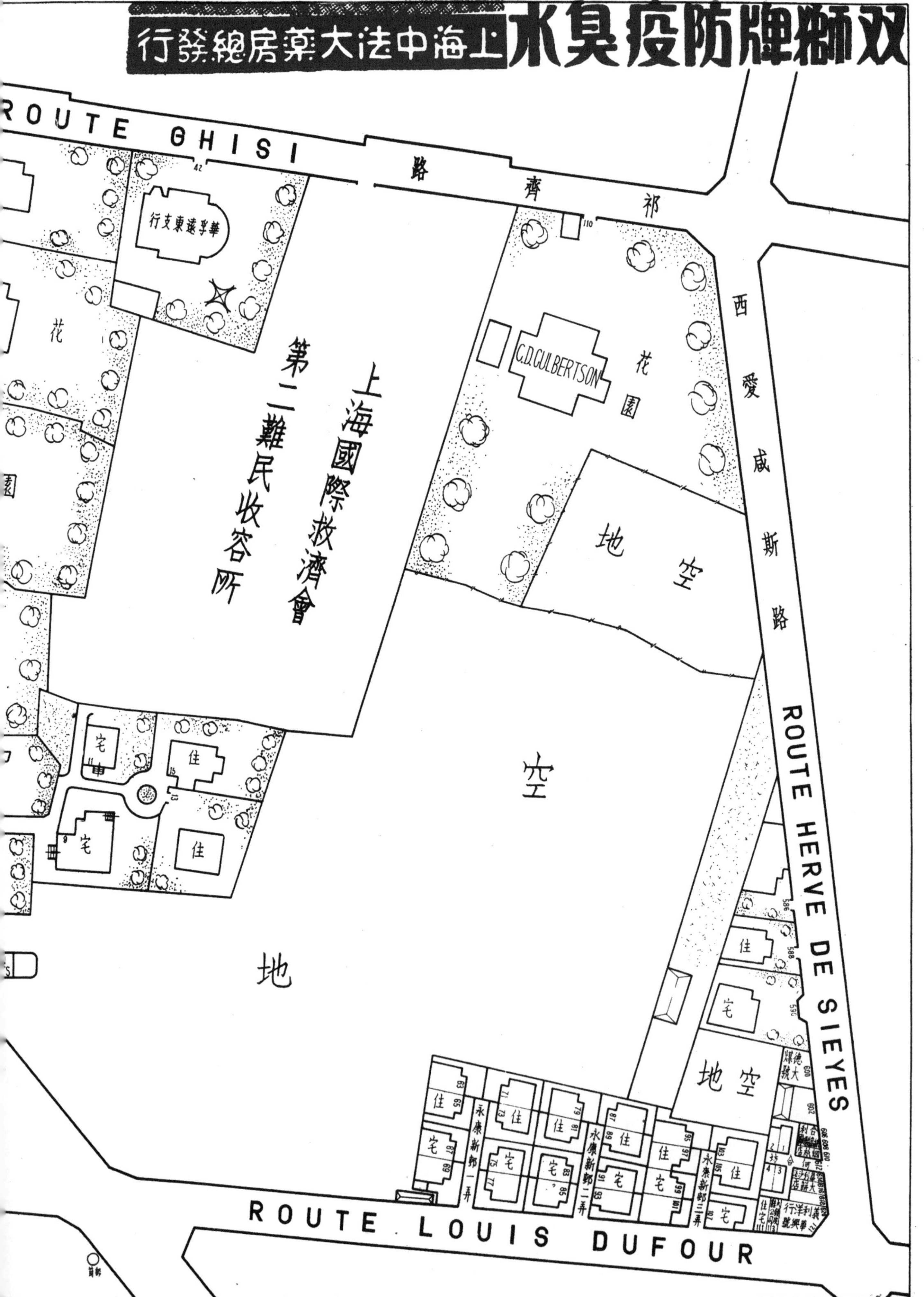
ROUTE GHISI
祁齊路
華孚遠東支行
花園
上海國際救濟會
第二難民收容所
C.D.CULBERTSON
花園
西愛咸斯路
ROUTE HERVE DE SIEYES
空地
空地
空地
住
宅
永康新邨一弄
永康新邨二弄
永康新邨三弄
ROUTE LOUIS DUFOUR

果導
美味潤腸糖
GOODOWN
菓汁煉製
香甜適口
不痛不瀉
自然排便
上海中法大藥房總發行
58
北
辣斐德路
建
寶
恩理和路
RUE HENRI RIVIERE
FRANCIS GARNIER
ROUTE
AVENUE
霞飛路
福
路
鴻英圖書館
上海法政學院
POL-LON
UG. FR-ONDORF
法商大使館
AMBASSADE DE FRANCE
大葡萄牙總領事署
花園

上海中西大藥房發行

痰敵

氣管發炎
咳嗆頻作

不即治愈積久
易成哮喘肺癆
唯有速服痰敵

痰敵主治

新久咳嗆
倒嗓咯血
哮喘氣急
肺癆肺癰

分片與露

ANTISPUTUM
痰敵
中西大藥房

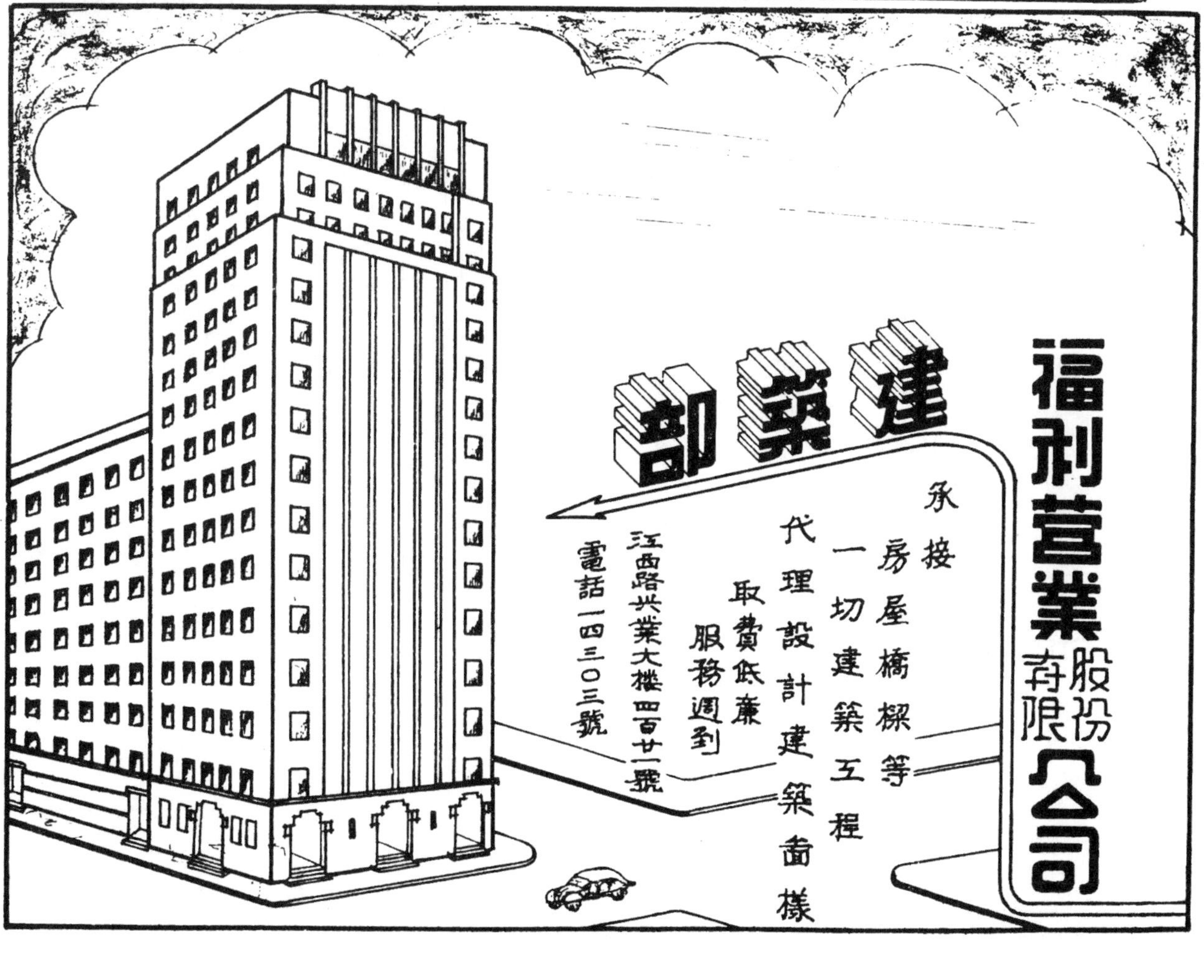

福利營業股份有限公司

建築部

承接
房屋橋樑等
一切建築工程
代理設計建築圖樣
取費低廉
服務週到

江西路興業大樓四百廿一號
電話一四三〇三號

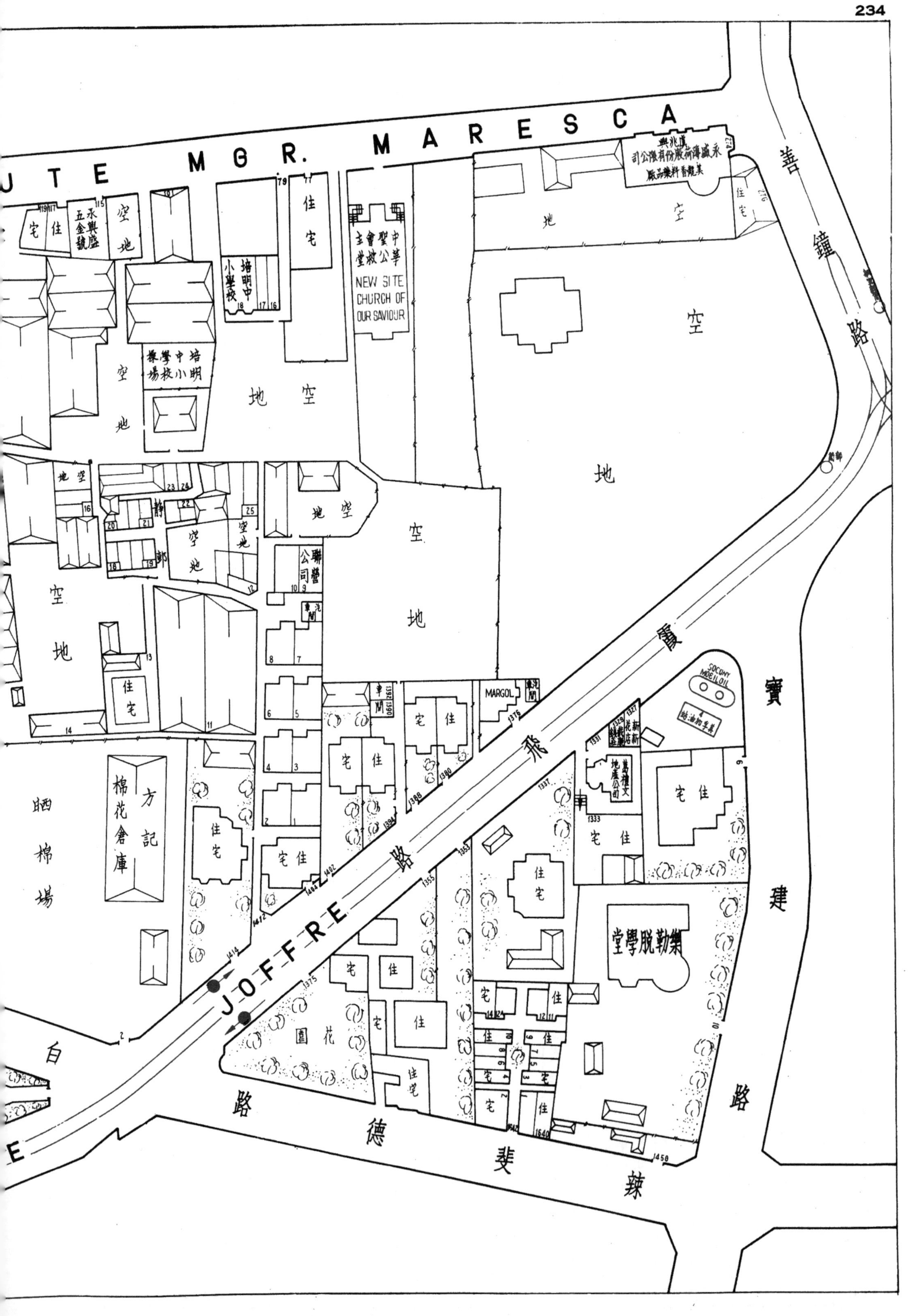
UTE MGR. MARESCA
善鐘路
廣兆興
永盛薄荷廠股份有限公司
美龍香料品廠
空地
住宅
永興盛五金號
培明中小學校
中華聖公會救主堂
NEW SITE CHURCH OF OUR SAVIOUR
培明中小學校操場
聯營公司
汽車間
MARGOL
霞飛路
JOFFRE
SOCONY MOBILOIL
樂勤脫學堂
寶建路
花園
辣斐德路
白
方記棉花倉庫
曬棉場

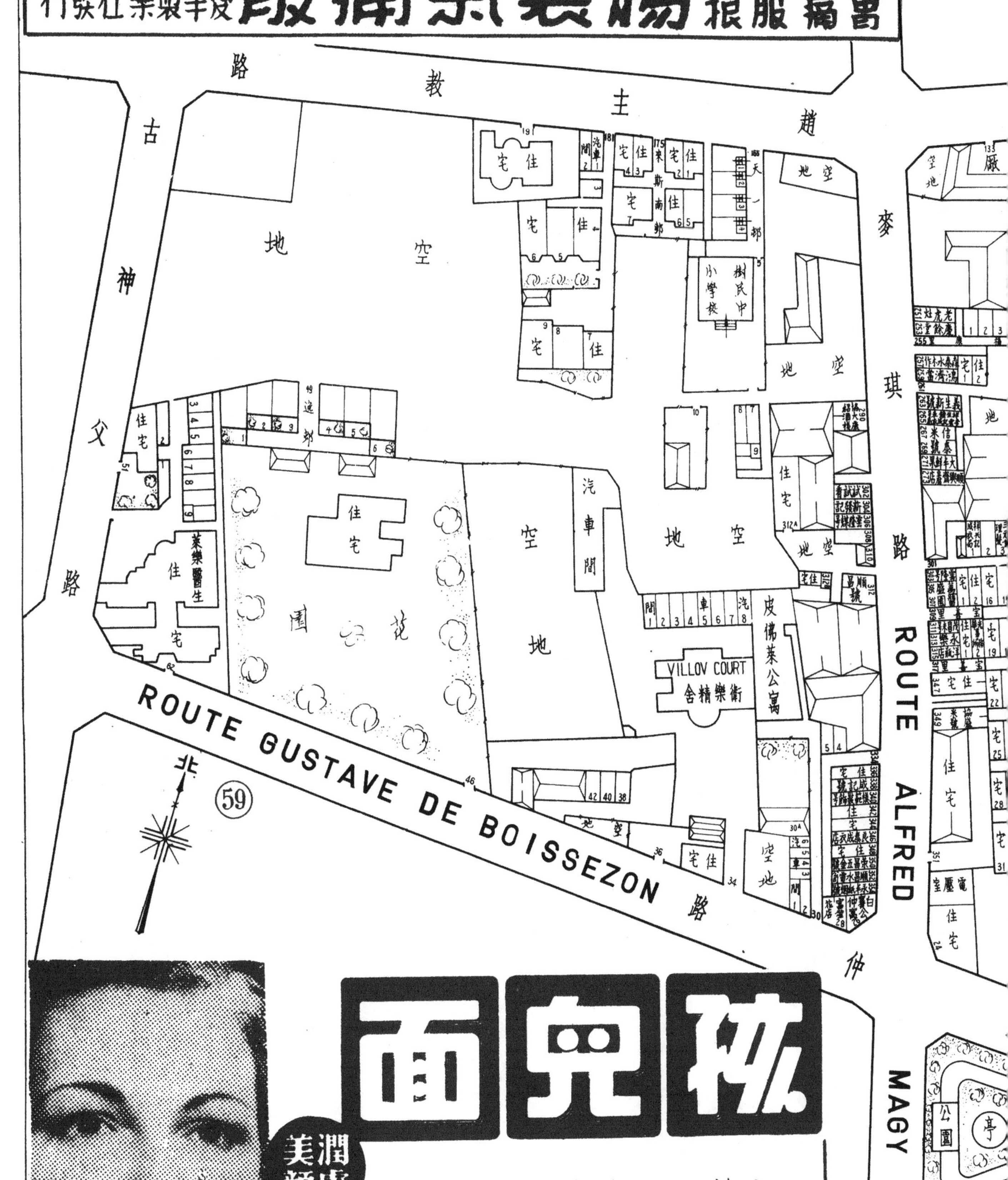
趙主教路
古神父路
麥琪路
ROUTE ALFRED MAGY
ROUTE GUSTAVE DE BOISSEZON 路
VILLOV COURT
衛樂精舍
皮佛萊公寓
樹民中小學校
萊樂醫生
花園
空地
住宅
汽車間
北
59
公園
亭

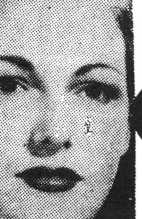

上海市公共租界英商公共汽車價目表

一路

站	站名							
2	兆豐花園							
3	憶定盤路	5						
4	靜安寺	8	5					
5	西摩路	12	8	5				
6	同孚路	15	12	8	5			
7	馬霍路	18	15	12	8	5		
8	浙江路	23	18	15	12	8	5	
9	大馬路外灘	25	23	18	15	12	8	5

二路

站	站名											
1	安和寺路											
2	大西路及哥倫比亞路	5										
3	憶定盤路	8	5									
4	靜安寺	12	8	5								
5	西摩路	15	12	8	5							
6	同孚路	18	15	12	8	5						
7	馬霍路	20	18	15	12	8	5					
8	大世界	23	20	18	15	12	8	5				
9	三茅閣橋	25	23	20	18	15	10	8	5			
10	三洋涇橋	28	25	23	20	18	12	10	8	5		
11	北京路	30	28	25	23	20	18	12	10	8	5	
12	四川路橋	33	30	28	25	23	20	18	12	10	8	5

五路

站	站名		
1	三茅閣橋		
2	北京路	5	
3	北火車站	8	5

九路

站	站名									
2	兆豐花園									
3	憶定盤路	5								
4	靜安寺	8	5							
5	西摩路	12	8	5						
6	同孚路	15	12	8	5					
7	馬霍路	18	15	12	8	5				
8	大世界	20	18	15	12	8	5			
9	三茅閣橋	23	20	18	15	10	8	5		
10	愛多亞路外灘	25	23	20	18	12	10	8	5	
11	北京路外灘	28	25	23	20	18	12	10	8	5

七路

站	站名					
1	南洋大學					
2	陳家宅	5				
3	地豐路	8	5			
4	靜安寺	12	8	5		
5	康家橋	15	12	8	5	
6	曹家渡	18	15	12	8	5

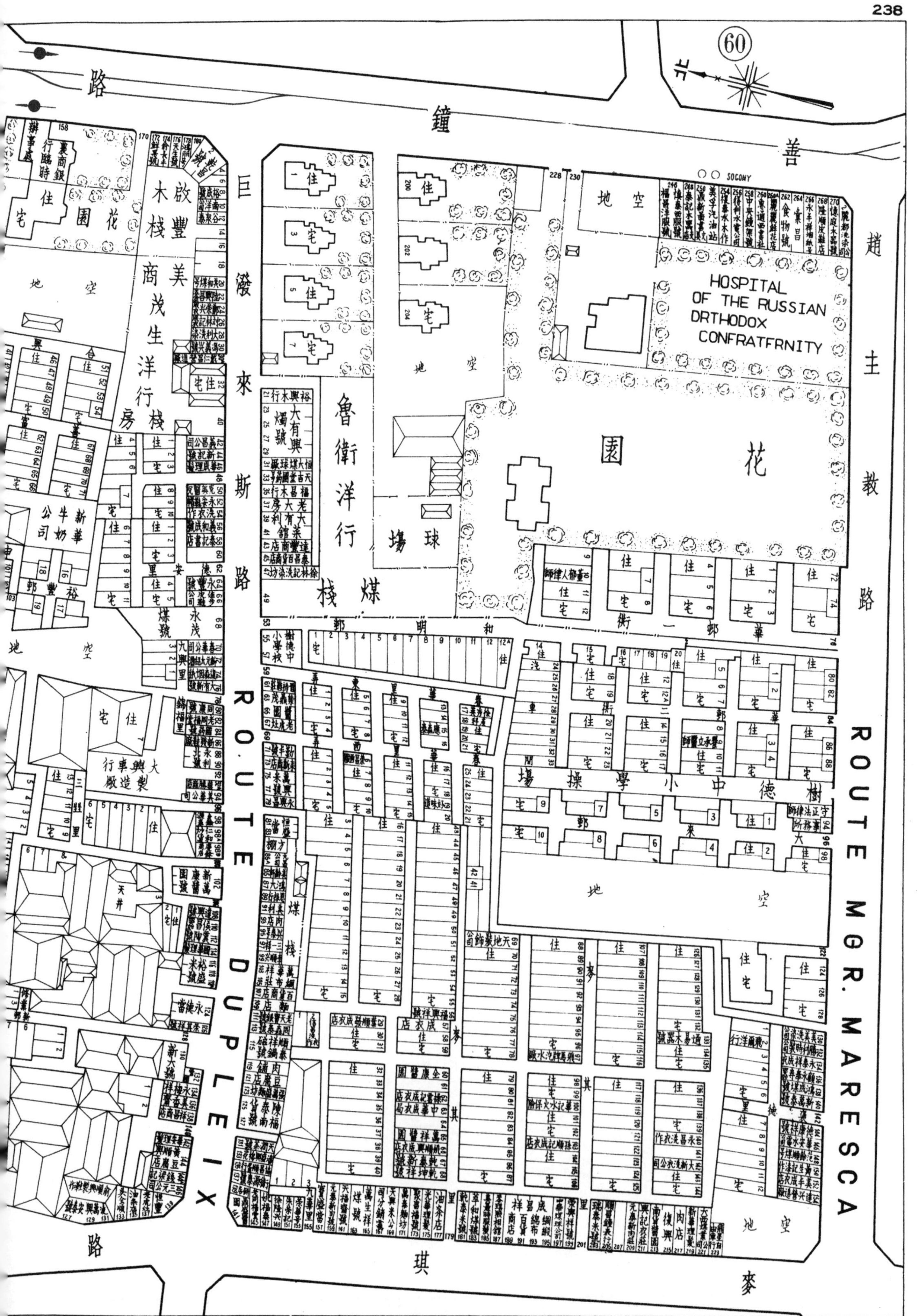

60
鐘
善
路
巨潑來斯路
ROUTE DUPLEIX
趙主教路
ROUTE MGR. MARESCA
SOCONY
HOSPITAL
OF THE RUSSIAN
DRTHODOX
CONFRATFRNITY
花園
空地
魯衛洋行
球場
煤棧
啟豐木棧
美商茂生洋行棧房
樹德中小學操場
琪
麥
路

ROUTE DE SAY-ZOONG
TEXACO
SHELL
THE PALMS
海格路
AVENUE HAIG
LOCK APARTMENTS
MODERN WORK SHOP
HAXIUEH AXIUE
LITTIE LADY
花園
空地
知足廬
蘇俄駐華總領事館
亭
三興號
住宅
莫釐三善堂
洞庭東山會館
GENERAL MAGAZINE
HAIG APARTMENTS
公寓
J.K.K. APARTMENT
瑞新順五金棧
和記堆棧
ROUTE ALFRED MAG

上海市公共租界英商公共汽車價目表

十路

站								站名
1								曹家渡
2	4							延平路
3	6	4						小沙渡路
4	8	6	4					麥特赫司脫路
5	10	8	6	4				北成都路
6	12	10	8	6	4			北泥城橋
7	15	12	10	8	6	4		盆湯弄
8	18	15	12	10	8	6	4	北京路外灘

二十路

站				站名
1				霞飛路
4	12			靜安寺
6	18	8		卡德路
9	28	18	12	北京路外灘

四十路

站							站名
3							憶定盤路
4	5						海格路及福煦路
5	8	5					西摩路
6	12	8	5				同孚路
7	15	12	8	5			馬霍路
8	18	15	12	8	5		浙江路
9	23	18	15	12	8	5	大馬路外灘

五十路

站					站名
5					同孚路福煦路轉角
6	5				同孚路靜安寺路轉角
7	8	5			馬霍路
8	12	8	5		浙江路
9	15	12	8	5	大馬路外灘

七十路

站				站名
4				靜安寺
5	5			膠州路康腦脫路口
6	8	5		海防路新加坡路口
7	12	8	5	小沙渡路勞勃生路口

兒童在高度線之下而不佔坐位者免費

上海市公共租界英商有軌電車價目表

一路 二路

二路	一路	站名												
•	1	靜安寺												
1	2	愛文義路赫德路轉角	5^{4}											
2	3	戈登路	5^{4}	5^{4}										
3	4	愛文義路卡德路轉角	8^{6}	5^{4}	5^{4}									
4	5	馬霍路	8^{7}	8^{7}	8^{5}	5^{4}								
5	6	虞洽卿路	12^{10}	8^{7}	8^{7}	8^{5}	5^{4}							
6	7	浙江路	12^{10}	12^{7}	8^{7}	8^{6}	5^{4}	5^{4}						
7	8	抛球場	16^{10}	12^{10}	12^{10}	8^{7}	8^{5}	5^{4}	5^{4}					
8	9	英大馬路外灘	16^{14}	16^{10}	12^{10}	12^{8}	8^{6}	8^{5}	5^{4}	5^{4}				
9	10	外白渡橋或外洋涇橋	16^{14}	16^{10}	12^{10}	12^{10}	8^{7}	8^{5}	8^{5}	5^{4}	5^{4}			
10	11	天潼路	18^{14}	16^{14}	12^{10}	12^{10}	12^{10}	8^{7}	8^{7}	8^{5}	5^{4}	5^{4}		
11	12	老靶子路	18^{14}	18^{14}	16^{14}	12^{10}	12^{10}	12^{10}	12^{7}	8^{7}	8^{5}	8^{5}	5^{4}	
12	13	横浜路	20^{15}	18^{15}	18^{14}	16^{14}	12^{10}	12^{10}	12^{10}	12^{8}	8^{7}	8^{5}	5^{4}	5^{4}
13	14	虹口公園	20^{17}	20^{16}	18^{14}	18^{14}	16^{10}	12^{10}	12^{10}	12^{8}	12^{8}	12^{7}	8^{7}	8^{5}	5^{4}

抛球場				
英大馬路外灘	5^{4}			
外洋涇橋	5^{4}	5^{4}		
新開河			3^{2}	
十六舖			4^{3}	3^{2}

三路

•	4	麥根路				
11	5	新閘橋	5^{4}			
10	6	北泥城橋	8^{5}	5^{4}		
9	7	英大馬路	8^{6}	8^{4}	5^{4}	
8	•	東新橋	12^{8}	12^{6}	8^{4}	5^{4}

五路

•	4	北火車站					
4	5	海寧路	5^{4}				
5	6	老垃圾橋	7^{5}	5^{4}			
6	7	英大馬路	8^{5}	7^{4}	5^{4}		
7	•	東新橋	12^{7}	8^{5}	8^{4}	5^{4}	
		八里橋街或同仁輔元堂					3^{2}
		西門					4^{3}	3^{2}

四路

•	5	提籃橋														
5	4	兆豐路	5^{4}													
4	3	莊源大弄	5^{4}	5^{4}												
3	2	外白渡橋	8^{5}	5^{4}	5^{4}											
2	1	英大馬路外灘	8^{5}	8^{5}	5^{4}	5^{4}										
1	•	外洋涇橋	8^{7}	8^{7}	8^{5}	5^{4}	5^{4}									
		老北門街						3^{2}								
		八里橋街						4^{3}	3^{2}							
		八仙橋小菜場						5^{4}	4^{3}	3^{2}						
		嵩山路						6^{5}	5^{4}	4^{3}	3^{2}					
		華龍路						8^{6}	6^{5}	5^{4}	4^{3}	3^{2}				
		金神父路						9^{7}	8^{6}	6^{5}	5^{4}	4^{3}	3^{2}			
		亞爾培路						10^{8}	9^{7}	8^{6}	6^{5}	5^{4}	4^{3}	3^{2}		
		杜美路						11^{8}	10^{8}	9^{7}	8^{6}	6^{5}	5^{4}	4^{3}	3^{2}	
		善鐘路						12^{9}	11^{8}	10^{8}	9^{7}	8^{6}	6^{5}	5^{4}	4^{3}	3^{2}
		善鐘路底海格路						13^{9}	12^{9}	11^{8}	10^{8}	9^{7}	8^{6}	6^{5}	5^{4}	4^{3}	3^{2}

六路圓路

北火車站																
海寧路	5^{4}															
老垃圾橋	7^{5}	5^{4}														
英大馬路	8^{5}	7^{4}	5^{4}													
棋盤街	12^{7}	8^{5}	8^{4}	5^{4}												
英大馬路外灘	12^{10}	8^{7}	8^{7}	8^{6}	5^{4}											
外白渡橋		12^{10}	12^{7}	8^{7}	8^{5}	5^{4}										
虹口菜市			12^{10}	12^{8}	8^{6}	5^{4}	5^{4}									
北四川路				12^{10}	12^{8}	8^{6}	8^{5}	5^{4}								
北火車站					12^{10}	12^{7}	8^{5}	8^{5}	5^{4}							
海寧路						12^{10}	12^{7}	12^{7}	8^{5}	5^{4}						
老垃圾橋							12^{7}	12^{7}	8^{5}	7^{5}	5^{4}					
英大馬路								12^{8}	12^{7}	8^{5}	7^{4}	5^{4}				
棋盤街									12^{8}	12^{7}	8^{5}	8^{4}	5^{4}			
英大馬路外灘										12^{10}	8^{7}	8^{7}	8^{6}	5^{4}		
外白渡橋											12^{10}	12^{7}	8^{7}	8^{5}	5^{4}	

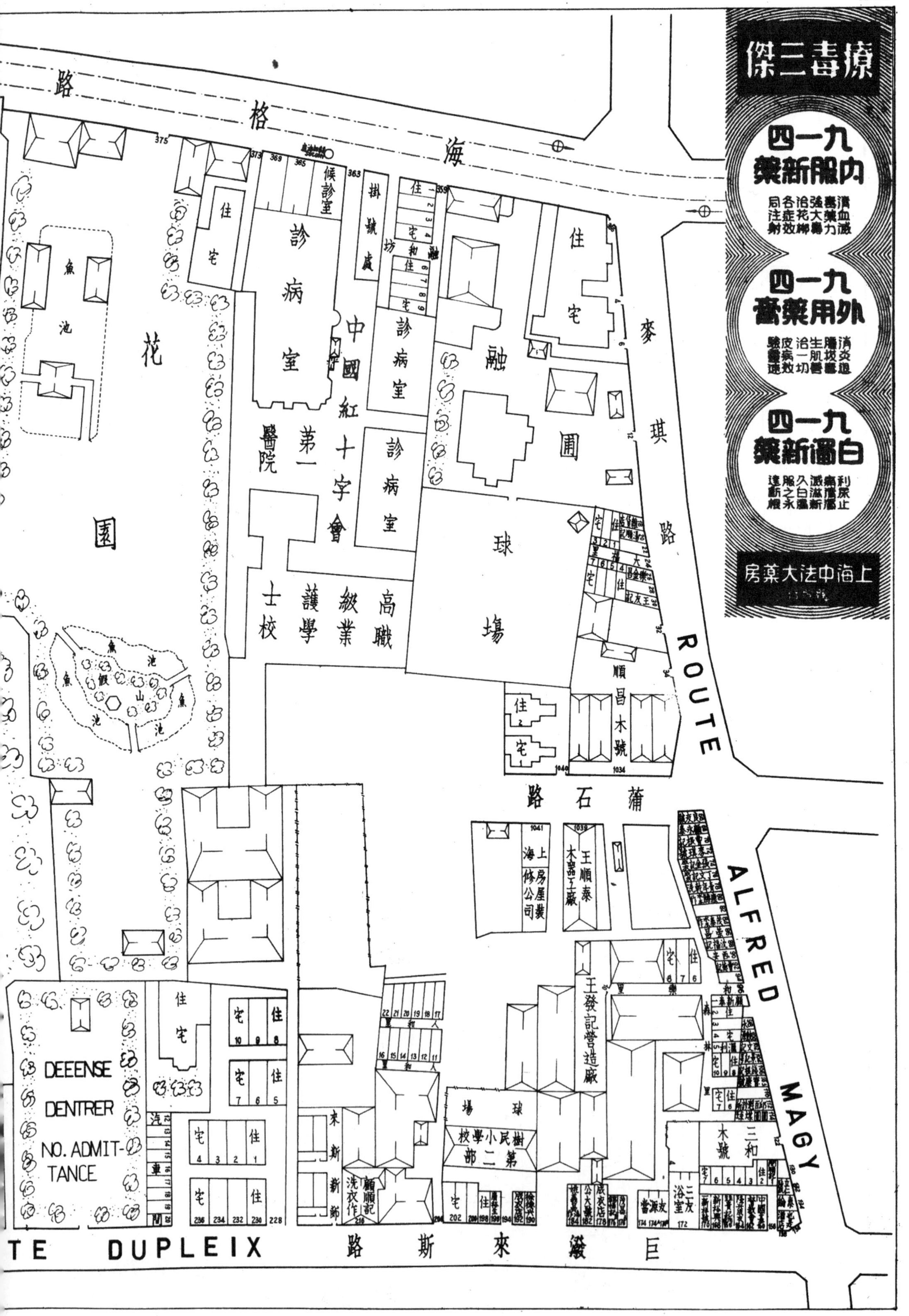

療毒三傑
九一四 內服新藥
九一四 外用新藥
九一四 白濁新藥
上海中法大藥房
海格路
麥琪路
ROUTE
蒲石路
ALFRED MAGY
TE DUPLEIX
巨潑來斯路
花園
魚池
假山
中國紅十字會
第一醫院
高職業護學士校
診病室
候診室
掛號處
融圃
球場
順昌木號
上海房屋修裝公司
王順泰木器工廠
王發記營造廠
樹民小學校第二部
三和木號
二友浴室
來斯新邨
洗衣作
顧順記
DEEENSE
DENTRER
NO. ADMIT-
TANCE

HAIG AVENUE
海格路
北
61
BROOKSIDE APARTMENTS
花園
住宅
J.MC.NEIL
巨潑來斯路
福開森路
425
433
435
337
322
318
312
284
260

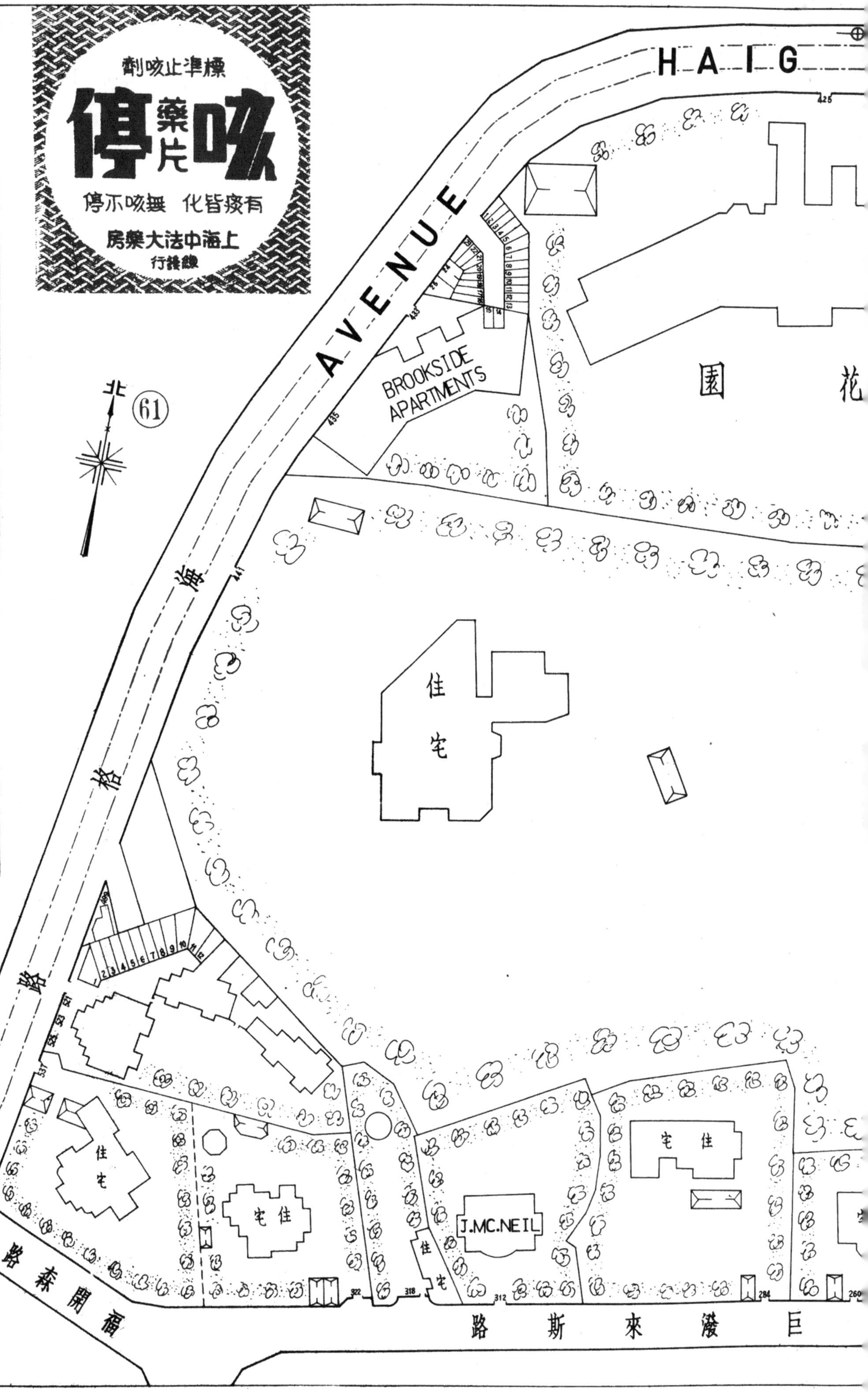

上海市公共租界英商有軌電車價目表

七路

·	4	北火車站									
4	5	5^{4}	海寧路								
5	6	7^{5}	5^{4}	老垃圾橋							
6	7	8^{5}	7^{4}	5^{4}	浙江路大馬路轉角						
7	8	12^{7}	8^{5}	8^{5}	5^{4}	拋球場					
8	9	12^{7}	12^{7}	8^{5}	5^{4}	5^{4}	英大馬路外灘				
9	10	12^{10}	12^{7}	12^{7}	8^{5}	5^{4}	5^{4}	外白渡橋			
10	11	12^{10}	12^{10}	12^{7}	8^{7}	8^{5}	5^{4}	5^{4}	莊源大弄		
11	12	12^{10}	12^{10}	12^{10}	12^{7}	8^{7}	8^{5}	5^{4}	5^{4}	兆豐路	
12	·	16^{10}	16^{10}	12^{10}	12^{7}	8^{7}	8^{5}	8^{5}	5^{4}	5^{4}	提籃橋

八路

10	·	楊樹浦底												
9	10	5^{4}	格蘭路											
8	9	8^{5}	5^{4}	三泰紗廠										
7	8	8^{7}	8^{5}	5^{4}	楊樹浦橋									
6	7	8^{7}	8^{7}	8^{6}	5^{4}	怡和紗廠								
5	6	12^{10}	12^{10}	8^{7}	8^{7}	5^{4}	提籃橋							
4	5	12^{10}	12^{10}	12^{7}	8^{7}	8^{5}	5^{4}	兆豐路						
3	4	16^{10}	12^{10}	12^{10}	8^{7}	8^{5}	5^{4}	5^{4}	莊源大弄					
2	3	16^{10}	12^{10}	12^{10}	12^{7}	8^{7}	8^{5}	5^{4}	5^{4}	外白渡橋				
1	2	16^{14}	16^{10}	12^{10}	12^{10}	12^{7}	8^{5}	8^{5}	5^{4}	5^{4}	英大馬路外灘			
·	1	16^{14}	16^{10}	16^{10}	12^{10}	12^{7}	8^{7}	8^{7}	8^{5}	5^{4}	5^{4}	外洋涇橋		
												3^{2}	新開河	
												4^{3}	3^{2}	十六鋪

九路

·	4	麥根路新閘路						
4	5	5^{4}	新閘橋					
5	6	8^{5}	5^{4}	北泥城橋				
6	7	8^{6}	8^{4}	5^{4}	浙江路大馬路			
7	8	12^{8}	12^{6}	8^{5}	5^{4}	拋球場		
8	9	12^{10}	12^{7}	8^{5}	5^{4}	5^{4}	英大馬路外灘	
9	·	12^{10}	12^{7}	12^{7}	8^{5}	5^{4}	5^{4}	外洋涇橋

十路

·	8	外洋涇橋						
8	9	5^{4}	英大馬路外灘					
9	10	5^{4}	5^{4}	外白渡橋				
10	11	8^{5}	5^{4}	5^{4}	天潼路			
11	12	8^{7}	8^{5}	8^{5}	5^{4}	老靶子路		
12	13	12^{8}	8^{7}	8^{5}	5^{4}	5^{4}	橫浜橋	
13	·	12^{10}	12^{8}	12^{7}	8^{7}	8^{4}	5^{4}	虹口公園

二十路

·	1	靜安寺											
1	2	5^{4}	愛文義路赫德路轉角										
2	3	5^{4}	5^{4}	戈登路									
3	4	8^{6}	5^{4}	5^{4}	愛文義路卡德路轉角								
4	5	8^{7}	8^{7}	8^{5}	5^{4}	馬霍路							
5	6	12^{10}	8^{7}	8^{7}	8^{5}	5^{4}	虞洽卿路						
6	7	12^{10}	12^{7}	8^{7}	8^{6}	5^{4}	5^{4}	浙江路					
7	8	16^{10}	12^{10}	12^{10}	8^{7}	8^{5}	5^{4}	5^{4}	拋球場				
8	9	16^{14}	16^{10}	12^{10}	12^{8}	8^{6}	8^{5}	5^{4}	5^{4}	英大馬路外灘			
9	10	16^{14}	16^{10}	12^{10}	12^{10}	8^{7}	8^{5}	8^{5}	5^{4}	5^{4}	外白渡橋		
10	11	16^{14}	16^{14}	12^{10}	12^{10}	12^{7}	12^{7}	8^{7}	8^{5}	5^{4}	5^{4}	莊源大弄	
11	12	16^{14}	16^{14}	12^{10}	12^{10}	12^{7}	12^{7}	12^{7}	8^{7}	8^{5}	5^{4}	5^{4}	兆豐路
12	·	16^{14}	16^{14}	16^{14}	12^{10}	12^{10}	12^{7}	12^{7}	8^{7}	8^{5}	8^{5}	5^{4}	5^{4} 提籃橋

上海市公共租界英商無軌電車價目表

十六路：十九路

		民國路									
1	·	三洋涇橋	3/2								
2	1	英大馬路	5/4								
3	2	老閘橋	8/5	5/4							
4	3	派克路	8/7	8/5	5/4						
5	4	愛文義路卡德路轉角	12/10	12/7	8/5	5/4					
6	5	麥特赫司脫路	16/10	12/10	8/7	8/5	5/4				
7	6	麥根路戈登路轉角	16/14	16/10	12/10	12/7	8/5	5/4			
8	7	紀念塔或宜昌路	20/16	16/14	16/10	12/10	12/7	8/6	5/4		
9	8	勞勃生路檳榔路或小沙渡口	20/16	20/16	16/14	16/14	12/10	12/8	8/6	5/4	
·	9	曹家渡	20/16	20/16	16/14	16/14	12/10	12/10	12/10	8/6	5/4

十八路

1	·	大世界							
2	1	英大馬路	5/5						
3	2	開封路	8/5	8/5					
4	3	北浙江路	12/7	8/5	8/5				
5	4	北河南路	12/8	12/7	8/5	5/4			
6	5	虹口菜市	12/10	12/10	8/5	8/5	5/4		
7	6	新記浜路	16/14	16/10	12/8	12/7	8/5	5/4	
·	7	岳州路	16/14	16/14	12/10	12/10	12/7	8/5	5/4

斜橋					
康悌路	3/2				
辣斐德路	4/3	3/2			
南陽橋	5/4	4/3	3/2		
甯波路	6/5	5/4	4/3	3/2	
大世界	7/6	6/5	5/4	4/3	3/2

十七路

1	·	大世界										
2	1	大新街	5/5									
3	2	英大馬路	8/5	8/5								
4	3	北四川路天潼路	12/8	8/5	5/4							
5	4	虹口菜市	12/10	12/7	8/5	5/4						
6	5	新記浜路	12/10	12/7	8/7	8/5	5/4					
7	6	昆明路	16/11	12/10	12/7	8/7	8/5	5/4				
8	7	塘山路保定路	16/14	16/10	12/10	12/8	8/5	8/5	5/4			
9	8	大連灣路	16/14	16/11	12/10	12/10	12/7	8/5	8/5	5/4		
10	9	韜朋路	20/16	16/14	16/10	12/10	12/10	12/7	8/5	8/5	5/4	
·	10	高郎橋	20/16	20/16	16/14	12/10	12/10	12/10	8/7	8/5	8/5	5/4

打浦橋							
第二特區法院	3/2						
薩坡賽路	4/3	3/2					
康悌路菜市路	5/4	4/3	3/2				
辣斐德路	6/5	5/4	4/3	3/2			
南陽橋	7/6	6/5	5/4	4/3	3/2		
甯波路	8/7	7/6	6/5	5/4	4/3	3/2	
大世界	9/8	8/7	7/6	6/5	5/4	4/3	3/2

二十路

·	1	兆豐花園											
22	2	憶定盤路	5/4										
21	3	愚園路六百另一弄	8/5	5/4									
20	4	靜安寺	8/7	5/4	5/4								
19	5	愛文義路赫德路	12/8	8/5	8/5	5/4							
18	6	新閘路小沙渡路	12/10	8/7	8/5	8/5	5/4						
17	7	西摩路靜安寺路	16/11	12/10	12/8	8/6	8/5	5/4					
16	8	威海衛路慕爾鳴路	16/14	16/10	12/10	12/8	8/6	8/5	5/4				
15	9	威海衛路成都路	16/14	16/11	16/10	12/10	12/8	8/6	8/5	5/4			
14	10	跑馬廳公寓	20/16	16/14	16/11	16/10	12/10	12/8	8/5	8/5	5/4		
13	11	大新街	20/16	20/16	16/14	16/10	16/10	12/10	12/8	12/7	8/5	5/5	
12	·	四馬路外灘	20/16	20/16	20/16	16/14	16/14	16/10	12/10	12/10	12/8	8/5	8/5

UPLEIX
巨潑來斯路
ROUTE ALFRED MAGY
麥琪路
MARESCA
趙主教路
古神父路
ROUTE P. HUC
LIBERTY APARTMENT
YAFA COURT
小學校
陳涇第二
艾羅補腦汁
風行四十餘年
神經系
大補劑
寧神健腦
補血生精
上海中法大藥房總發行

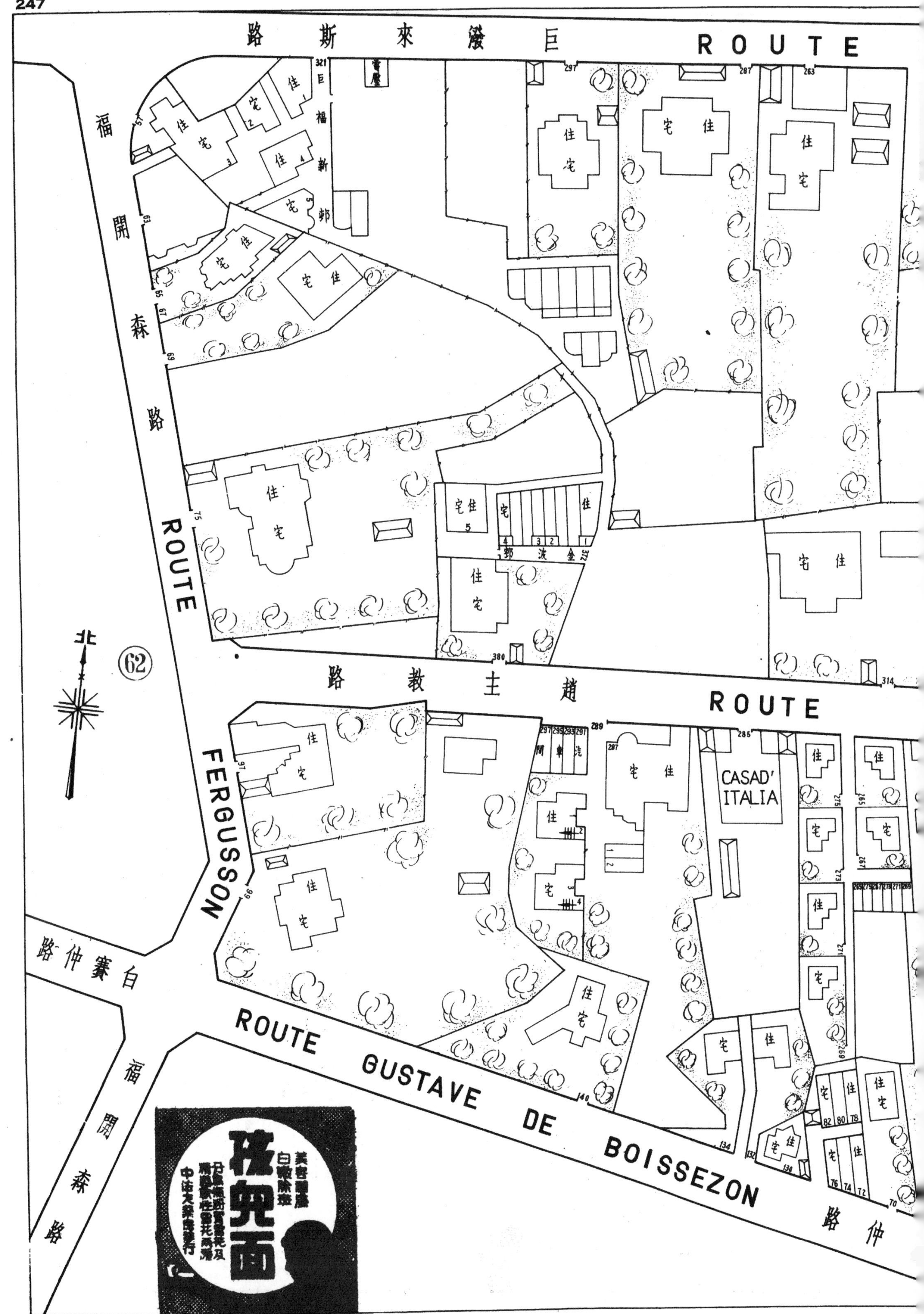

路斯來飛巨
ROUTE
福開森路
ROUTE
FERGUSSON
路教主趙
ROUTE
CASAD'ITALIA
白賽仲路
福開森路
ROUTE GUSTAVE DE BOISSEZON
仲路
62
北

上海市公共租界英商無軌電車價目表

二十一路

1	·													平涼路蘭路
2	1	5^{4}												韜朋路
3	2	8^{7}	5^{4}											大連灣路華德路
4	3	12^{8}	8^{6}	5^{4}										保定路塘山路
5	4	12^{8}	8^{7}	8^{5}	5^{4}									昆明路
6	5	12^{10}	12^{8}	8^{5}	8^{5}	5^{4}								新記浜路
7	6	12^{10}	12^{10}	12^{7}	8^{5}	8^{5}	5^{4}							虹口菜市
8	7	16^{10}	12^{10}	12^{10}	12^{8}	8^{7}	8^{5}	5^{4}						天潼路北四川路
9	8	16^{14}	16^{14}	12^{10}	12^{10}	12^{7}	8^{7}	8^{5}	5^{4}					老閘橋
10	9	20^{14}	16^{14}	16^{10}	12^{10}	12^{10}	12^{10}	12^{7}	8^{5}	5^{4}				派克路
11	10	20^{16}	20^{16}	16^{14}	16^{14}	16^{10}	12^{10}	12^{10}	12^{7}	8^{5}	5^{4}			愛文義路卡德路
12	11	20^{16}	20^{16}	16^{14}	16^{14}	16^{14}	12^{10}	12^{10}	12^{10}	8^{7}	8^{5}	5^{4}		麥特赫司脫路
·	12	20^{18}	20^{16}	20^{16}	20^{16}	16^{14}	16^{14}	16^{14}	16^{10}	12^{10}	12^{7}	8^{5}	5^{4}	麥根路戈登路

十四路

	-							民國路
1	·	3^{2}						鄭家木橋
2	10		5^{4}					英大馬路
3	9		5^{4}	5^{4}				老閘橋
4	8		8^{4}	5^{4}	5^{4}			天后宮橋
5	7		10^{6}	8^{4}	5^{4}	5^{4}		蓬路
·	6		10^{7}	10^{6}	8^{5}	5^{4}	5^{4}	北火車站

二十四路

·	4												小沙渡路勞勃生路
4	3	8^{5}											海防路
3	2	8^{5}	8^{5}										小沙渡路新閘路
2	1	12^{7}	8^{5}	5^{4}									靜安寺路
1	·	12^{8}	12^{6}	8^{4}	5^{4}								福煦路
						3^{2}							蒲石路
						4^{3}	3^{2}						霞飛路
						5^{4}	4^{3}	3^{2}					邁而西愛路
						6^{5}	5^{4}	4^{3}	3^{2}				馬斯南路
						7^{6}	6^{5}	5^{4}	4^{3}	3^{2}			薩坡賽路
						8^{7}	7^{6}	6^{5}	5^{4}	4^{3}	3^{2}		萊市路
						9^{8}	8^{7}	7^{6}	6^{5}	5^{4}	4^{3}	3^{2}	西門

十五路

							民國路
1	·	3^{2}					三洋涇橋
2	1	5^{4}					英大馬路
3	2	8^{5}	5^{4}				天潼路
4	3	8^{5}	8^{5}	5^{4}			乍浦路
5	4	12^{7}	12^{6}	8^{4}	5^{4}		海寧路狄思威路
·	5	12^{10}	12^{10}	12^{7}	8^{5}	5^{4}	岳州路

上海市法租界法商公共汽車價目表

二十一路

1	0	外洋涇橋								
2	24	5	三茅閣橋							
3	23	8	5	大世界或八仙橋						
4	22	10	8	5	葛羅路愷自邇路					
5	21	10	8	5	3	貝勒路西門路				
6	20	10	8	6	4	3	辣斐德路呂班路(法國公園)			
7	19	10	8	7	5	4	3	辣斐德路金神父路		
8	18	10	9	8	6	5	4	3	愛麥虞限路(金谷村)	
0	17	10	9	9	7	6	5	4	3	打浦橋

二十二路

1	0	外洋涇橋										
2	24	5	三茅閣橋									
3	23	8	5	大世界或八仙橋								
4	22	10	8	5	愷自邇路葛羅路							
5	21	12	10	8	5	同孚路						
6	20	12	10	8	7	3	亞爾培路蒲石路					
7	19	12	10	9	8	5	3	辣斐德路亞爾培路				
8	18	12	11	10	9	6	5	3	拉都路西愛咸斯路			
9	17	13	12	11	10	7	6	5	3	福履理路臺拉斯脫路		
10	16	14	13	12	11	8	7	6	4	3	福履理路巨福路	
11	15	14	14	13	12	9	8	7	5	4	3	福履理路汶林路
0	14	14	14	14	13	10	9	8	6	5	4	3	交通大學或徐家匯

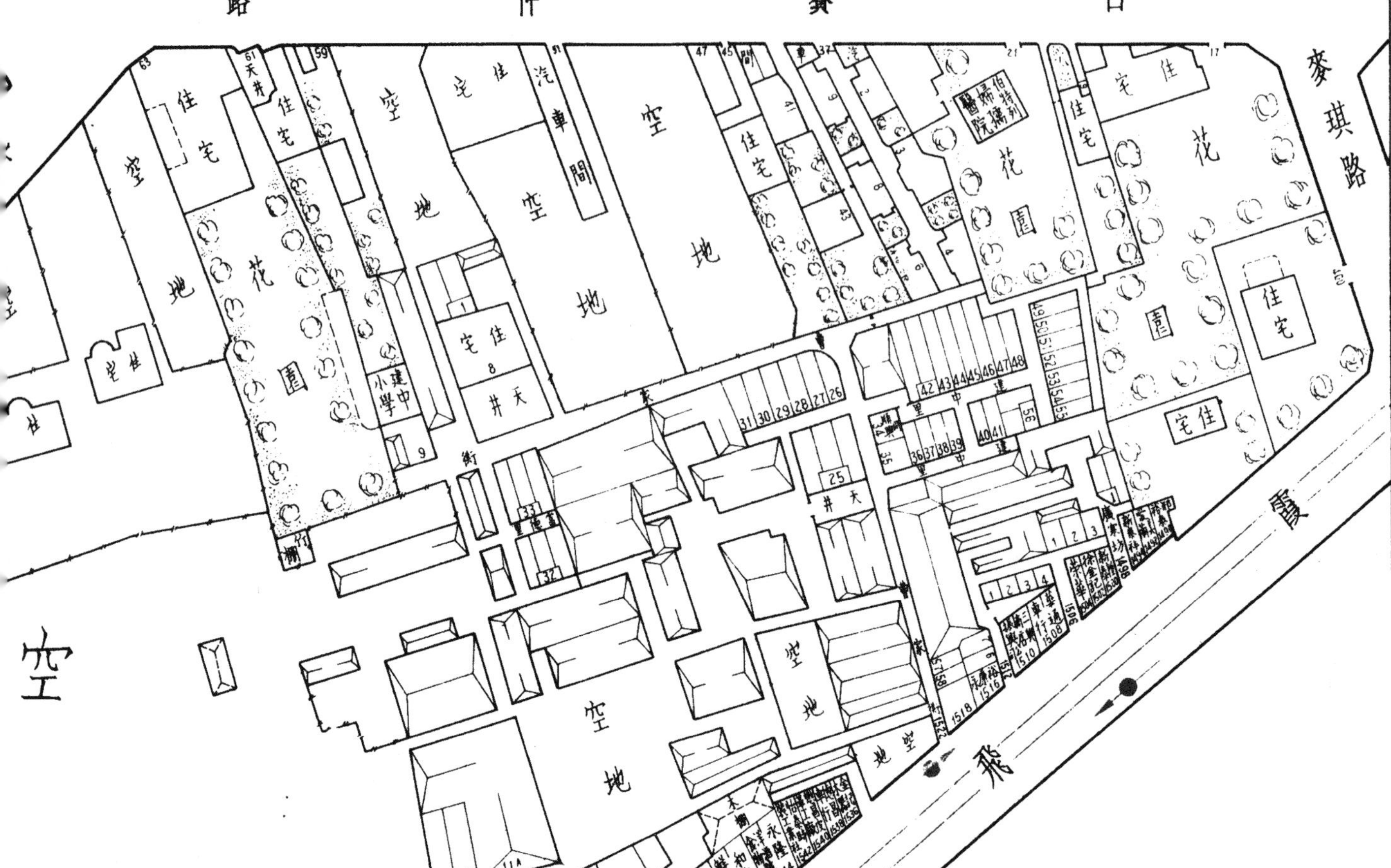

白賽仲路
麥琪路
霞飛路
AVENUE JOFFRE
LINCOLN APARTMENTS

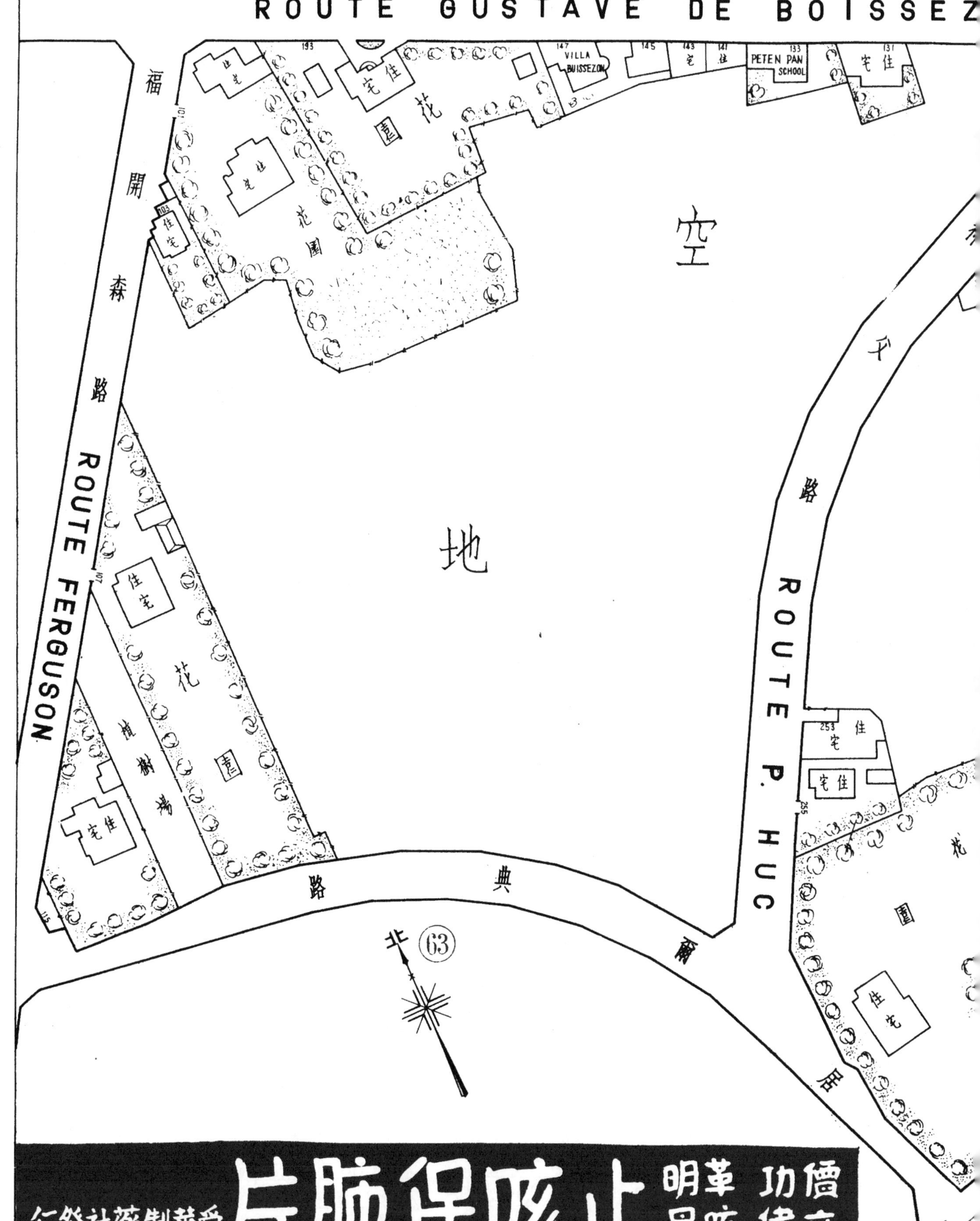
ROUTE GUSTAVE DE BOISSEZ
福開森路
ROUTE FERGUSON
ROUTE P. HUC
居爾典路
空地
花園
住宅
植樹場
VILLA BUISSEZON
PETEN PAN SCHOOL
193
147
145
143
141
133
131
253
255
63
北

上海市法租界法商有軌電車價目表

二路　一路

1	0	十六鋪																
2	32	新開河	2 (3)															
3	31	法大馬路口	3 (4)	2 (3)														
4	30	老北門街	3 (4)	2 (4)	2 (3)													
5	29	八里橋街	4 (5)	3 (4)	3 (4)	2 (3)												
6	28	八仙橋小菜場	5 (6)	4 (5)	4 (5)	3 (4)	2 (3)											
7	27	嵩山路	6 (8)	5 (6)	5 (6)	4 (5)	3 (4)	2 (3)										
8	26	華龍路	7 (9)	6 (8)	6 (8)	5 (6)	4 (5)	3 (4)	2 (3)									
9	25	金神父路	8 (10)	7 (9)	7 (9)	6 (8)	5 (6)	4 (5)	3 (4)	2 (3)								
10	24	亞爾培路	9 (11)	8 (10)	8 (10)	7 (9)	6 (8)	5 (6)	4 (5)	3 (4)	2 (3)							
11	23	杜美路	9 (12)	9 (11)	8 (11)	8 (10)	7 (9)	6 (8)	5 (6)	4 (5)	3 (4)	2 (3)						
12	22	善鐘路	10 (13)	9 (12)	9 (12)	8 (11)	8 (10)	7 (9)	6 (8)	5 (6)	4 (5)	3 (4)	2 (3)					
13	21	趙家街	10 (14)	10 (13)	9 (13)	9 (12)	8 (11)	8 (10)	7 (9)	6 (8)	5 (6)	4 (5)	3 (4)	2 (3)				
14	20	高恩路	11 (15)	10 (14)	10 (14)	9 (13)	9 (12)	8 (11)	8 (10)	7 (9)	6 (8)	5 (6)	4 (5)	3 (4)	2 (3)			
15	19	福開森路	11 (15)	11 (15)	10 (15)	10 (14)	9 (13)	9 (12)	8 (11)	8 (10)	7 (9)	6 (8)	5 (6)	4 (5)	3 (4)	2 (3)		
16	18	台斯德郎路	11 (15)	11 (15)	11 (15)	10 (15)	10 (14)	9 (13)	9 (12)	8 (11)	8 (10)	7 (9)	6 (8)	5 (6)	4 (5)	3 (4)	2 (3)	
0	17	徐家滙	11 (15)	11 (15)	11 (15)	11 (15)	10 (15)	10 (14)	10 (13)	9 (12)	8 (11)	8 (10)	7 (9)	6 (8)	5 (6)	4 (5)	3 (4)	2 (3)

三路

1	0	小東門				
2	8	新開河	2 (3)			
3	7	老北門	3 (4)	2 (3)		
4	6	東新橋街	4 (5)	3 (4)	2 (3)	
0	5	西門	5 (6)	4 (5)	3 (4)	2 (3)

九路　八路　二B路

1	0	十六鋪		
2	32	新開河	2 (3)	
0	31	外洋涇橋	3 (4)	2 (3)

小孩未滿六歲抱坐膝上者免費

四路

8	0	提籃橋																	
7	8	和平路	5 (4)																
6	7	北豐路	5 (4)	5 (4)															
5	6	華記路	5 (4)	5 (4)	5 (4)														
4	5	莊源大弄	5 (4)	5 (4)	5 (4)	5 (4)													
3	4	逢路	8 (5)	8 (5)	5 (4)	5 (4)	5 (4)												
2	3	禮查飯店	8 (5)	8 (5)	5 (4)	5 (4)	5 (4)	5 (4)											
1	2	英大馬路外灘	8 (5)	8 (5)	8 (5)	5 (4)	5 (4)	5 (4)	5 (4)										
3	1	洋涇浜	8 (5)	8 (5)	8 (5)	8 (5)	5 (4)	5 (4)	5 (4)	5 (4)									
4	30	老北門街									2 (3)								
5	29	八里橋街									3 (4)	2 (3)							
6	28	八仙橋小場									4 (5)	3 (4)	2 (3)						
7	27	嵩山路									5 (6)	4 (5)	3 (4)	2 (3)					
8	26	華龍路									6 (8)	5 (6)	4 (5)	3 (4)	2 (3)				
9	25	金神父路									7 (9)	6 (8)	5 (6)	4 (5)	3 (4)	2 (3)			
10	24	亞爾培路									8 (10)	7 (9)	6 (8)	5 (6)	4 (5)	3 (4)	2 (3)		
11	23	杜美路									8 (11)	8 (10)	7 (9)	6 (8)	5 (6)	4 (5)	3 (4)	2 (3)	
12	22	善鐘路									9 (12)	8 (11)	8 (10)	7 (9)	6 (8)	5 (6)	4 (5)	3 (4)	2 (3)
0	21	善鐘路底一海格路									9 (13)	9 (12)	8 (11)	8 (10)	7 (9)	6 (8)	5 (6)	4 (5)	3 (4)	2 (3)

上海市法租界法商有軌電車價目表

五路

3	0											北火車站
4	3	5^{4}										海甯路
5	4	7^{5}	5^{4}									老垃圾橋
6	5	8^{5}	7^{4}	5^{4}								南京路
7	6	12^{7}	8^{5}	7^{4}	5^{4}							東新橋
5	29					2^{3}						八里橋街或同仁輔元堂
6	28					3^{4}	2^{3}					西門
7	27					4^{5}	3^{4}	2^{3}				白雲觀
8	26					5^{6}	4^{5}	3^{4}	2^{3}			斜橋
9	25					6^{8}	5^{6}	4^{5}	3^{4}	2^{3}		貝勒路
0	24					7^{9}	6^{8}	5^{6}	4^{5}	3^{4}	2^{3}	盧家灣

六路

1	0										十六鋪
2	32	2^{3}									新開河
3	31	3^{4}	2^{3}								法大馬路口
4	30	3^{4}	2^{4}	2^{3}							老北門街
5	29	4^{5}	3^{4}	3^{4}	2^{3}						八里橋街同仁輔元堂
6	28	5^{6}	4^{5}	4^{5}	3^{4}	2^{3}					西門
7	27	6^{8}	5^{6}	5^{6}	4^{5}	3^{4}	2^{3}				白雲觀
8	26	7^{9}	6^{8}	6^{8}	5^{6}	4^{5}	3^{4}	2^{3}			斜橋
9	25	8^{10}	7^{9}	7^{9}	6^{8}	5^{6}	4^{5}	3^{4}	2^{3}		貝勒路
0	24	9^{11}	8^{10}	8^{10}	7^{9}	6^{8}	5^{6}	4^{5}	3^{4}	2^{3}	盧家灣

七路

1	0													十六鋪
2	32	2^{3}												新開河
3	31	3^{4}	2^{3}											法大馬路口
4	30	3^{4}	2^{4}	2^{3}										老北門街
5	29	4^{5}	3^{4}	3^{4}	2^{3}									八里橋街
6	28	5^{6}	4^{5}	4^{5}	3^{4}	2^{3}								八仙橋小菜場
7	27	6^{8}	5^{6}	5^{6}	4^{5}	3^{4}	2^{3}							嵩山路
8	26	7^{9}	6^{8}	6^{8}	5^{6}	4^{5}	3^{4}	2^{3}						華龍路
9	25	8^{10}	7^{9}	7^{9}	6^{8}	5^{6}	4^{5}	3^{4}	2^{3}					金神父路
10	24	9^{11}	8^{10}	8^{10}	7^{9}	6^{8}	5^{6}	4^{5}	3^{4}	2^{3}				亞爾培路
11	23	9^{12}	9^{11}	8^{11}	8^{10}	7^{9}	6^{8}	5^{6}	4^{5}	3^{4}	2^{3}			杜美路
12	22	10^{13}	9^{12}	9^{12}	8^{11}	8^{10}	7^{9}	6^{8}	5^{6}	4^{5}	3^{4}	2^{3}		善鐘路
0	21	10^{14}	10^{13}	9^{13}	9^{12}	8^{11}	8^{10}	7^{9}	6^{8}	5^{6}	4^{5}	3^{4}	2^{3}	海格路善鐘路底

十路

1	0										十六鋪
2	32	2^{3}									新開河
3	31	3^{4}	2^{3}								法大馬路口
4	30	3^{4}	2^{4}	2^{3}							老北門街
5	29	4^{5}	3^{4}	3^{4}	2^{3}						八里橋街
6	28	5^{6}	4^{5}	4^{5}	3^{4}	2^{3}					八仙橋小菜場
7	27	6^{8}	5^{6}	5^{6}	4^{5}	3^{4}	2^{3}				嵩山路
8	26	7^{9}	6^{8}	6^{8}	5^{6}	4^{5}	3^{4}	2^{3}			呂班路
9	25	8^{10}	7^{9}	7^{9}	6^{8}	5^{6}	4^{5}	3^{4}	2^{3}		辣斐德路
0	24	9^{11}	8^{10}	8^{10}	7^{9}	6^{8}	5^{6}	4^{5}	3^{4}	2^{3}	盧家灣

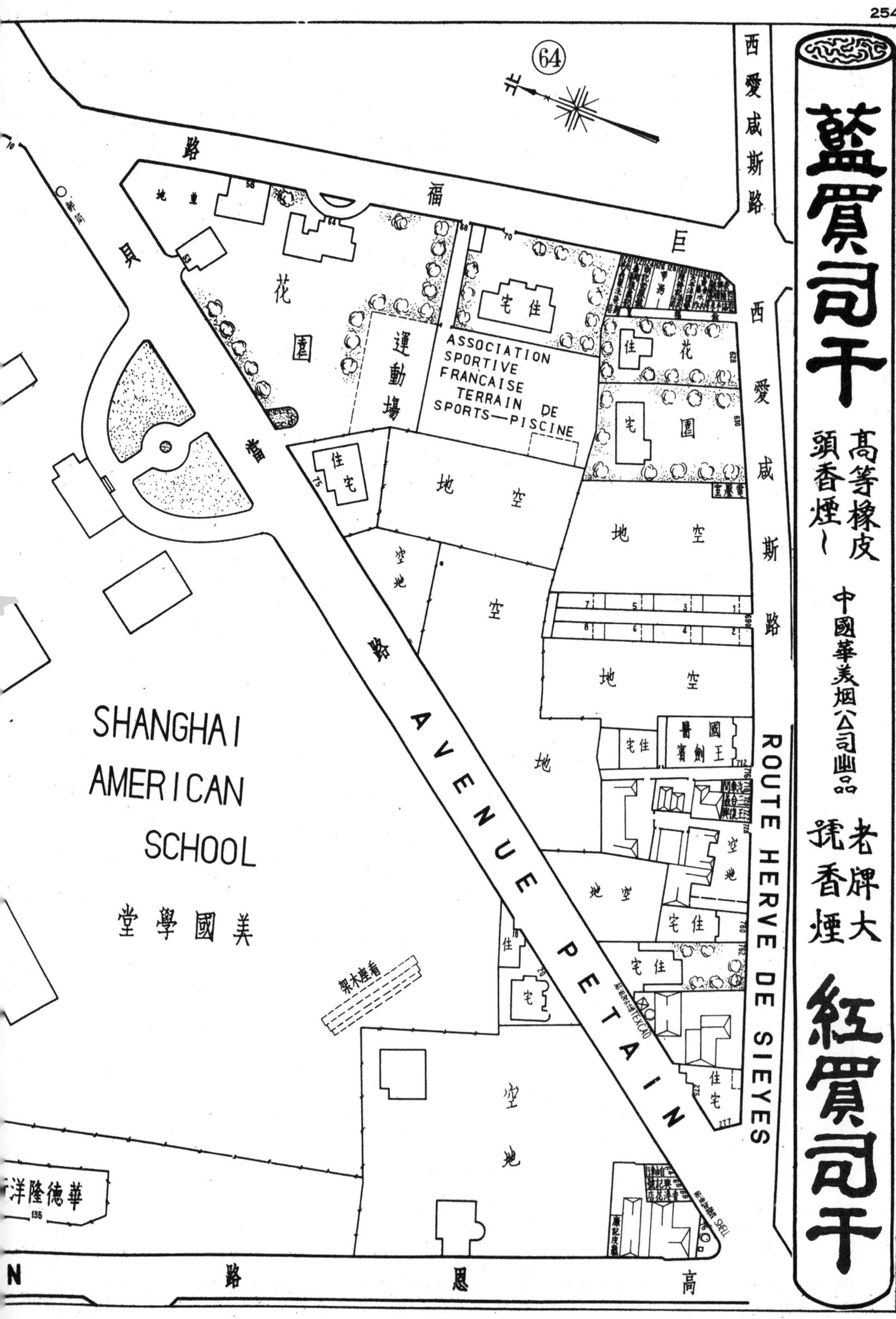

64
北
巨福路
貝當路
西愛咸斯路
花園
運動場
ASSOCIATION SPORTIVE FRANCAISE TERRAIN DE SPORTS—PISCINE
住宅
空地
SHANGHAI AMERICAN SCHOOL
美國學堂
看座木架
AVENUE PETAIN
ROUTE HERVE DE SIEYES
王劍賓
國醫
華德隆洋
135
SHELL
高恩路
N

ROUTE LOUIS DUFOU
住宅
花園
空地
空地
霞
飛
路
新
上
海
住宅
花園
CULTY DAIRY CO. LTD.
可的牛奶公司
電話室
AVENUE JOFFRE
ROUTE ANDRE C
1469
1478
1517
1591
1569

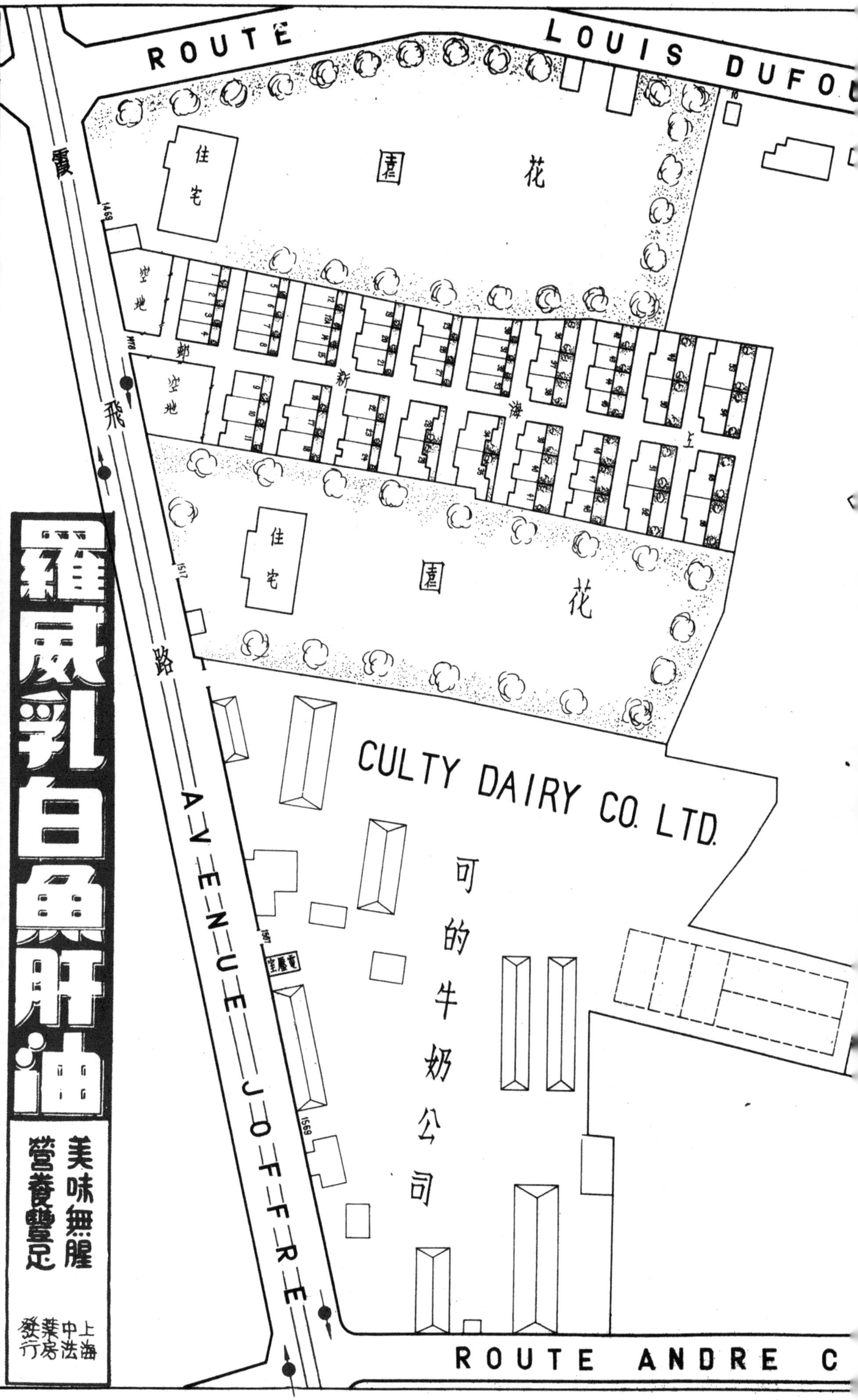

上海市法租界法商無軌電車價目表

十七路

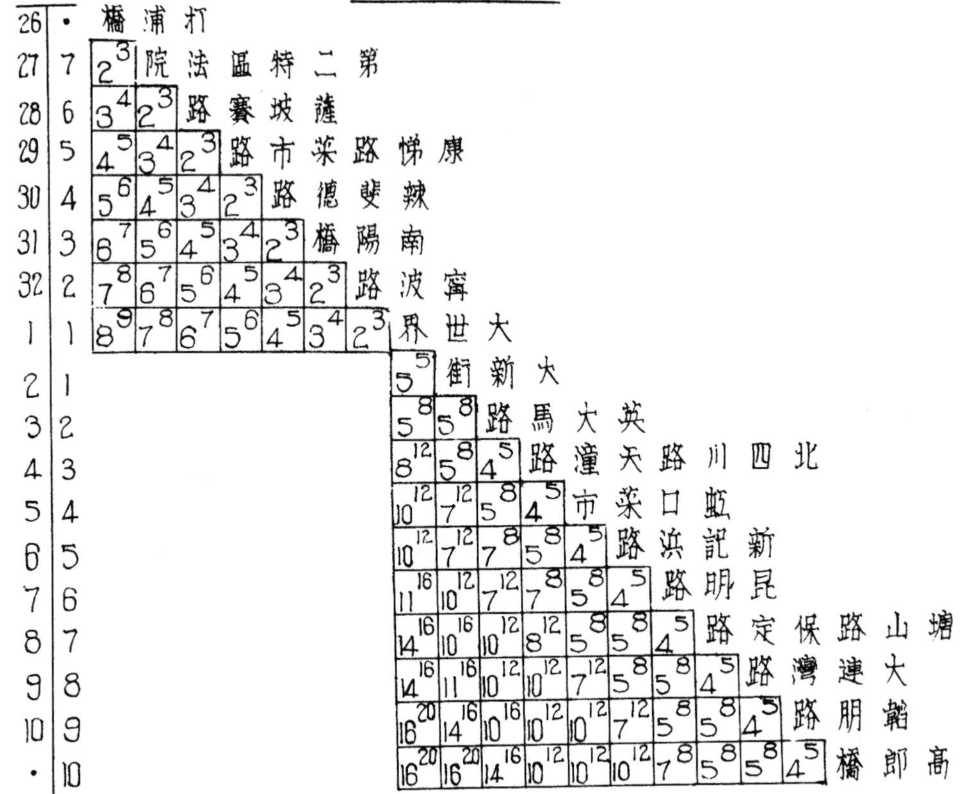

26	·																		打浦橋
27	7	2^{3}																	第二特區法院
28	6	3^{4}	2^{3}																薩坡賽路
29	5	4^{5}	3^{4}	2^{3}															康悌路菜市路
30	4	5^{6}	4^{5}	3^{4}	2^{3}														辣斐德路
31	3	6^{7}	5^{6}	4^{5}	3^{4}	2^{3}													南陽橋
32	2	7^{8}	6^{7}	5^{6}	4^{5}	3^{4}	2^{3}												甯波路
1	1	8^{9}	7^{8}	6^{7}	5^{6}	4^{5}	3^{4}	2^{3}											大世界
2	1								5^{5}										大新街
3	2								5^{8}	5^{8}									英大馬路
4	3								8^{12}	5^{8}	4^{5}								北四川路天潼路
5	4								10^{12}	7^{12}	5^{8}	4^{5}							虹口菜市
6	5								10^{12}	7^{12}	7^{8}	5^{8}	4^{5}						新記浜路
7	6								11^{16}	10^{12}	7^{12}	7^{8}	5^{8}	4^{5}					昆明路
8	7								14^{16}	10^{16}	10^{12}	8^{12}	5^{8}	5^{8}	4^{5}				塘山路保定路
9	8								14^{16}	11^{16}	10^{12}	10^{12}	7^{12}	5^{8}	5^{8}	4^{5}			大連灣路
10	9								16^{20}	14^{16}	10^{16}	10^{12}	10^{12}	7^{12}	5^{8}	5^{8}	4^{5}		鄧脫路
·	10								16^{20}	16^{20}	14^{16}	10^{12}	10^{12}	10^{12}	7^{8}	5^{8}	5^{8}	4^{5}	高郎橋

十八路

7	0												岳州路
6	7	4^{5}											新記浜路
5	6	5^{8}	4^{5}										虹口小菜場
4	5	7^{12}	5^{8}	4^{5}									海甯路北河南路
3	4	10^{12}	7^{12}	5^{8}	4^{5}								北浙江路
2	3	10^{12}	8^{12}	5^{8}	5^{8}	5^{8}							西藏路開封路
1	2	14^{16}	10^{16}	10^{12}	7^{12}	5^{8}	5^{8}						南京路
1	1	14^{16}	14^{16}	10^{12}	8^{12}	7^{12}	5^{8}	5^{5}					大世界
2	32								2^{3}				甯波路霞飛路
3	31								3^{4}	2^{3}			南陽橋
4	30								4^{5}	3^{4}	2^{3}		辣斐德路
5	29								5^{6}	4^{5}	3^{4}	2^{3}	康悌路
0	28								6^{7}	5^{6}	4^{5}	3^{4}	2^{3} 斜橋

二十四路

1	0												西門
2	31	2^{3}											菜市路
3	30	3^{4}	2^{3}										薩坡賽路
4	29	4^{5}	3^{4}	2^{3}									馬斯南路
5	28	5^{6}	4^{5}	3^{4}	2^{3}								邁爾西愛路
6	27	6^{7}	5^{6}	4^{5}	3^{4}	2^{3}							霞飛路
7	26	7^{8}	6^{7}	5^{6}	4^{5}	3^{4}	2^{3}						蒲石路
1	25	8^{9}	7^{8}	6^{7}	5^{6}	4^{5}	3^{4}	2^{3}					福煦路
2	1								4^{5}				靜安寺路
3	2								4^{8}	4^{5}			小沙渡路新閘路
4	3								6^{12}	5^{8}	5^{8}		海防路
0	4								8^{12}	7^{12}	5^{8}	5^{8}	小沙渡路勞勃生路

藥房

名稱	地址	電話
一心堂藥局	北四川路一一八二號	四五五二三
九福製藥公司	台克路二五〇號	九二〇四二
大中藥行	廣東路二八〇號	九五九六六
臨時辦事處	漢口路六四九衖一九號	九二七七五
大生藥房	南京路四一〇號	九二四七九
大公藥房	福州路四七四號	九七二五一
大世界藥房	愛多亞路四七七號	八〇九三六
大同藥房	浙江路六六號	九六〇六三
大美藥房	南京路一六九號	一二八五〇
大英醫院藥房	百老匯路九一號	四〇四三三
大衆藥房	霞飛路六〇一號	八四四三三
大陸藥房	河南路一二〇號	一三九〇一
支店	蓬路七九二號	四五一六五
大華生記藥房	福建路二二號	九〇五二七
分行	極司非而路五號	三五三九一
大新藥房	西摩路二五五號	三一四四六
中西大藥房	福州路三一三號	九四〇二〇
大世界支店	虞洽卿路九號	九六五一五
大西路支店	憶定盤路六七二號	二三六五三
戈登路支店	靜安寺路一〇八八號	三八八〇〇
卡德路支店	卡德路二六三號	三四〇五一
同孚路支店	福煦路五五四號	三七五〇二
康腦脱路支店	康腦脱路六七四號	六二六四三
斜橋總會支店	靜安寺路成都路口	三九〇五九
勞勃生路支店	戈登路一一六八號	六二五〇八
新閘橋支店	新閘路三九七號	三三九九一
靜安寺支店	海格路四二號	三七四四七
中和大藥房	麥根路五八號	三四九八四
中英大藥房	河南路二三五號	九二四六〇
支店配方部	霞飛路八九六號	七七一〇五
配方部	赫德路一六二號	三九九〇六
中央大藥房	河南路二三五號	九二四六〇

正泰木號壽器部
地址福履理路六一三號巨福路口電話七五六二一 事務所辣斐德路一二九號平濟利路口電話八七二三五
65
北
巨福路
徐家匯路
肇嘉浜
ROUTE DE ZIKAWEI
2 EME BATAILLON DE MARCHE DE CHINE
法國兵營
中國合衆蠶桑改良會
桑園
樹園
菜園
正泰木號
法工部局工程處西棧
草地
空地
老德記汽水瓶堆棧
堆棧
有利洋行工場
恒新染織廠
慶豐染織廠
同新染織廠
好友工廠
寶豐布廠
大華毛織公司製造廠
黃德泰機器廠
白利愛絲織廠
陳涇廟
陳涇第一小學校
徐永祚會計師
住宅
高恩路

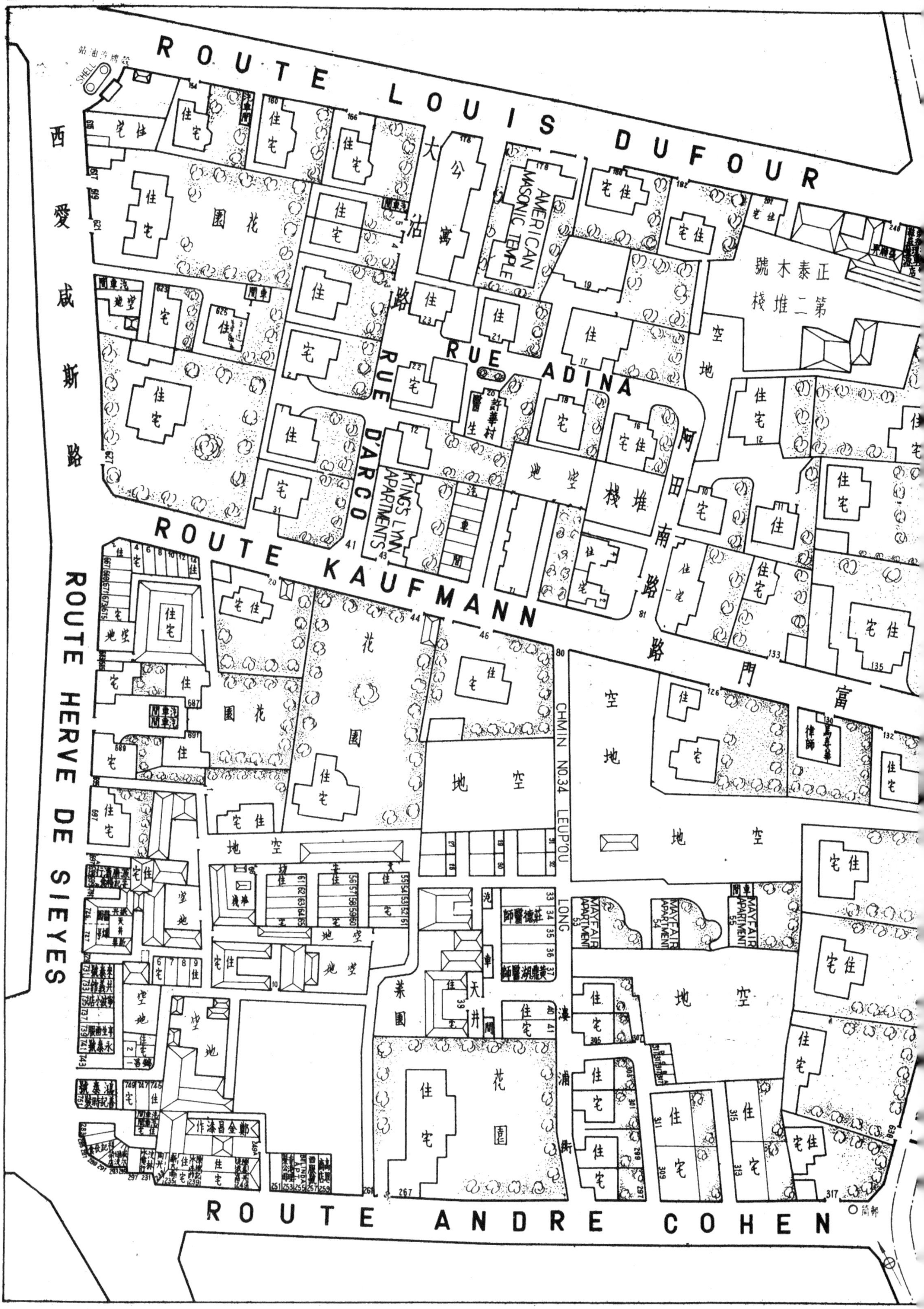

ROUTE LOUIS DUFOUR

ROUTE KAUFMANN

ROUTE ANDRE COHEN

ROUTE HERVE DE SIEYES

西愛咸斯路

大公寓

沾路

RUE ADINA

RUE D'ARCO

阿田南路

富門路

AMERICAN MASONIC TEMPLE

KINGS LYNN APARTMENTS

CHMIN NO.34 LEUP'OU

LONG

MAYFAIR APARTMENT

正泰木號

第二堆棧

堆棧

許華生醫村

萬華律師

莊德醫師

黃鼎湖醫師

鄭昌泰作

花園

空地

住宅

菜園

天井

濮浦街

SHELL

名稱	地址	電話
中法大藥房	北京路八五一號	九二三三三
大世界分店	愛多亞路七六〇號	九三五六八
卡德路支店	卡德路一號	三八三一一
新世界分店	靜安寺路三六號	九二八五九
漢口路分店	漢口路五四〇號	九二一〇七
靜安寺分店	靜安寺路一五六七號	三四八三二
中匯大藥房	霞飛路六四四號	七三四四二
中歐大藥房	廣東路二八二號	九〇四四九
中德藥房	愛文義路六八九號	三四四八四
仁濟藥房	北四川路九八八號	四六六五三
公達藥房	靜安寺路七八二號	三七二三五
天一大藥房	華格臬路八仙坊一四一號	八一〇四八
天華藥房	愚園路二三九號	三二五八九
五洲大藥房	福州路二二一號	一九七五九
西區分店	小沙渡路康腦脫路轉角	三六七五〇
第一分店	北蘇州路四五〇號	四二四四一
第四分店	海格路四號	三五二三六
第五分店	南京路五八八號	九四〇六七
第六分店	愛多亞路一四五二號	三四〇三四
菜市路支店	菜市路四號	八〇八一四
霞飛路支店	霞飛路七四五號	七七四六六
太平洋大藥房總發行所	威海衛路一九〇弄一〇號	三六七四六
分店	福煦路一八五號	八七八二一
太和大藥房	福州路三〇五號	九〇九二一
日夜大藥房	新橋街七五號	八七四四八
父子藥房	法租界寧波路六四號	八二三五七
世界藥房	同孚路二七五號	三四〇四〇
北四川藥房	華德路四三號	五二一六七
卡德大藥房	卡德路一八號	三五六六八
正威大藥房	九江路六六二號	九二五二五
西區支店	卡德路二號	三九五四七
永生西藥行	交通路六二號	九〇八四七
永安藥房	廣西路四三七號	九四六三二
永和藥房	貴州路一〇五號	九五三三四
永明大藥房	霞飛路七六〇號	七三六三二

名稱	地址	電話
光華目藥房	環龍路一五六號	七五六三四
回生堂藥房	北四川路一〇七五號	四六〇三二
同仁藥房	貴州路一三五號	九五四六八
安立思藥行	北京路一五六號	一三二五二
安和堂藥房	廣東路三五二衖一五號	
旭和藥房	霞飛路九三一號	七二四六八
百中堂藥房	敏體尼蔭路鈞福里一三八號	
百齡行	四川路三二〇號	一四六六一
百靈藥社	北海路二三一號	九三八〇四
好友大藥房	山東路一七號	九二八四五
老德記大藥房	南京路一五一號	一〇〇七二
利生藥房	辣斐德一二三六號	七八七六五
利亞大藥房	靜安寺路一一八〇號	三〇三一〇
利康大藥房	新閘路二一一號	九三五八〇
利濟大藥房	南京路八一一號	九四三四九
呂班協記藥房	呂班路一六五號	八二三〇二
成都華洋大藥房	九江路二八〇號	九一〇五四
良濟藥房	霞飛路六一九號	八〇九六四
宏興藥房	南京路七四三號	九五四〇四
亞東大藥房	霞飛路一九一八號	七二七六三
來福藥行	漢口路四四一號	九五一九二
依達大藥行	漢口路四四一號	九五四九四
協隆新藥行	法大馬路三九六衖二八號	八五七二六
和平藥房	蒲石路三七號	八七九九〇
屈臣氏大藥房	南京路七一號	一八八四九
西區支店	靜安寺路一一七五號	三〇八八五
霞飛路支店	霞飛路九六五號	七六二七二
明星藥房	霞飛路八三七號	七一八一〇
明華藥房	麥根路五三號	三七四五三
曹家渡支店	白利南路支路九號	二〇二九三
新閘路支店	新閘路四三五號	三二九二七
徐家匯支店	海格路一一六三號	七六三七八
東方祥記藥房支店	金神父路二〇號	七五〇七七
東方藥房	霞飛路五九六號	八三三二二
東南大藥房	廣東路五四六號	九六五六五

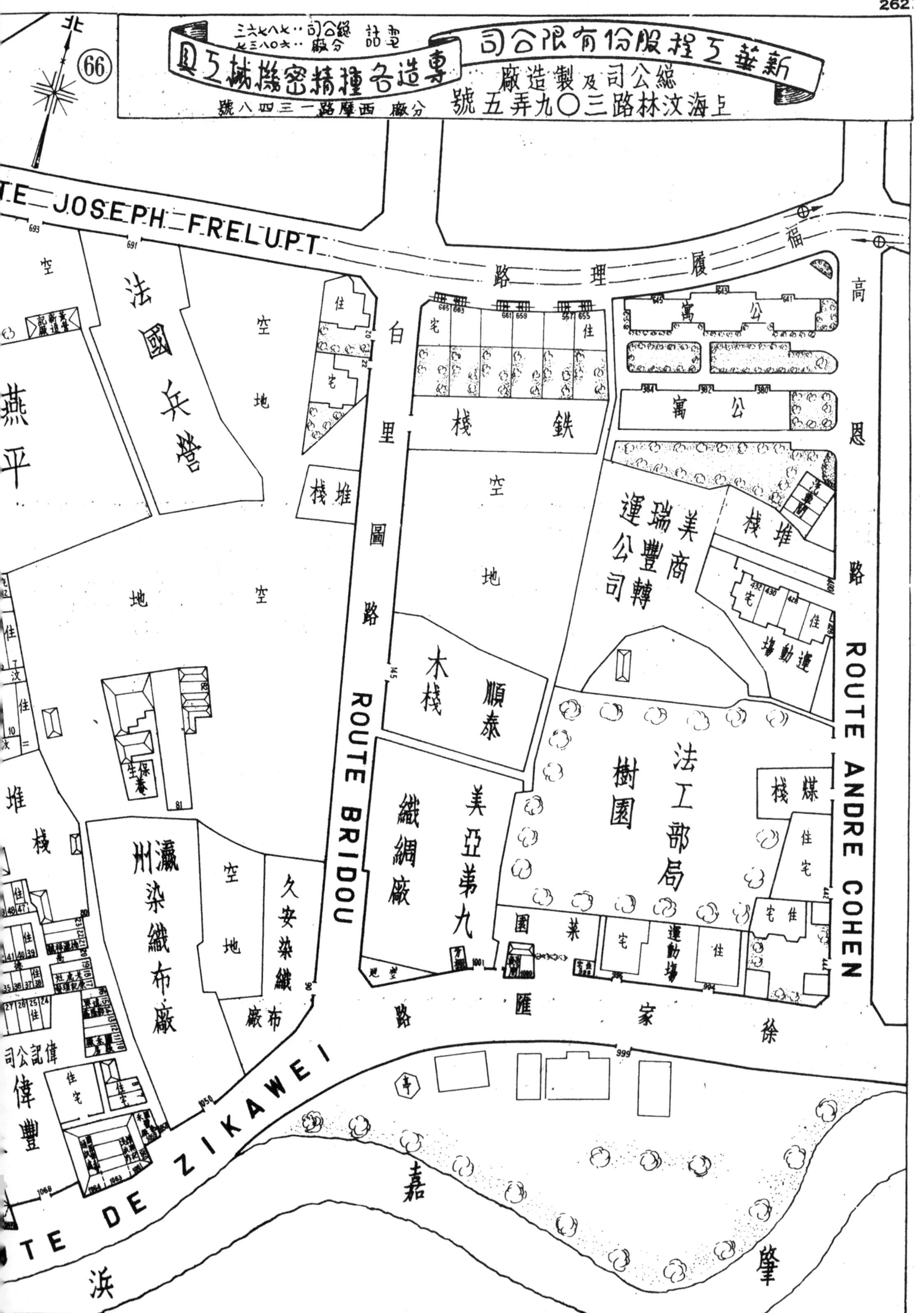
66
北
新華工程股份有限公司
總公司及製造廠
上海汶林路三〇九弄五號
分廠 西摩路一三四八號
專造各種精密機械工具
ROUTE JOSEPH FRELUPT
福履理路
法國兵營
空地
燕平
白里圖路
ROUTE BRIDOU
鉄棧
堆棧
公寓
美商瑞豐轉運公司
運動場
順泰木棧
法工部局樹園
煤棧
美亞第九織綢廠
瀛州染織布廠
久安染織布廠
保生
偉記公司
偉豐
高恩路
ROUTE ANDRE COHEN
徐家匯路
ROUTE DE ZIKAWEI
肇嘉浜

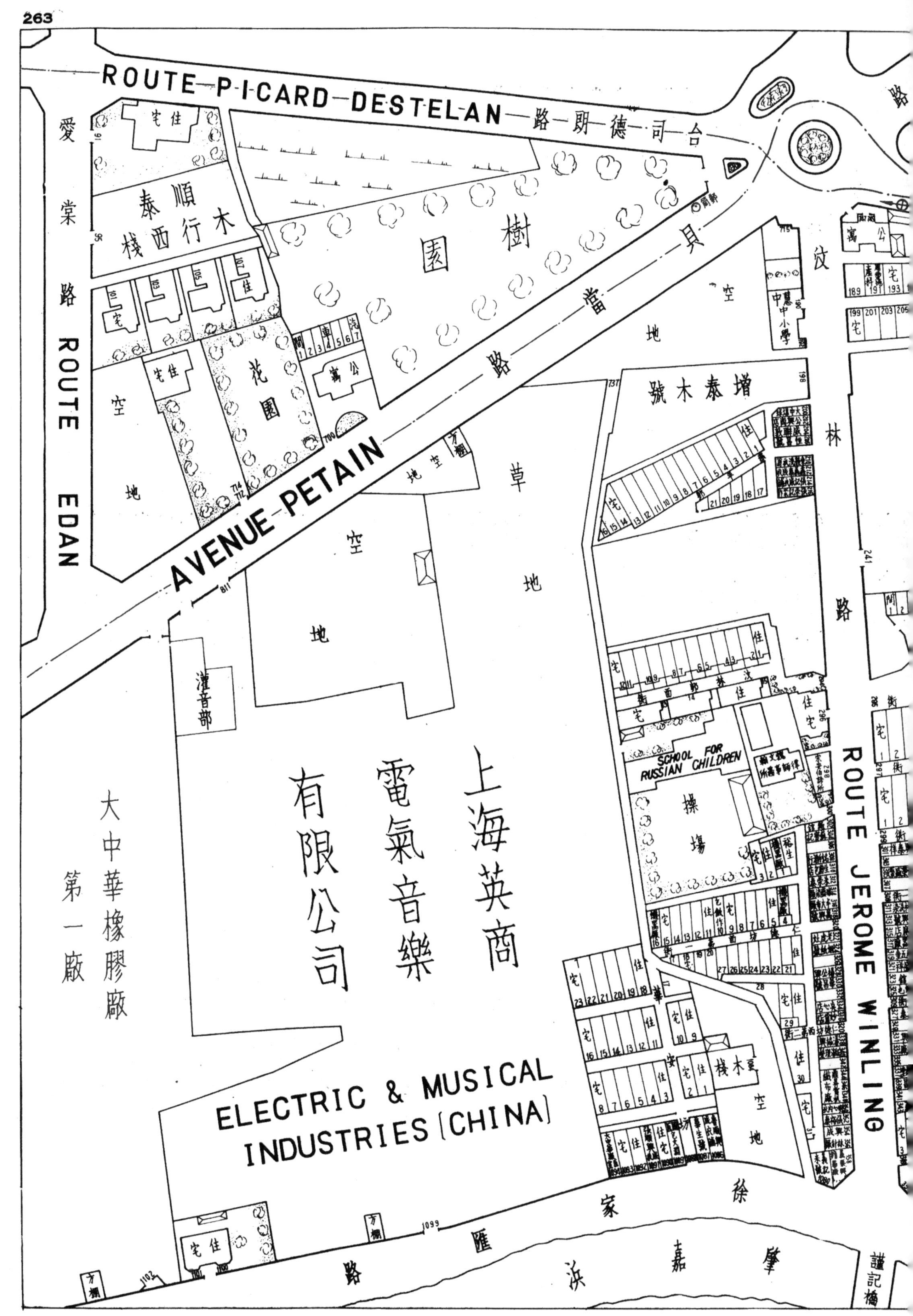
ROUTE PICARD DESTELAN
台司德朗路
AVENUE PETAIN
貝當路
ROUTE EDAN
愛棠路
ROUTE JEROME WINLING
汶林路
徐家匯路
肇嘉浜
泰順木行西棧
樹園
花園
公寓
車間
空地
草地
增泰木號
中慧中小學
灌音部
上海英商電氣音樂有限公司
ELECTRIC & MUSICAL INDUSTRIES (CHINA)
大中華橡膠廠第一廠
SCHOOL FOR RUSSIAN CHILDREN
操場
謹記橋

名稱	地址	電話
法國普世大藥房	霞飛路九四九號	七四二九七
法蘭西大藥房	霞飛路六一九號	八〇九六四
虎標永安堂大藥房	寧波路五九五號	九三一五九
近世大藥房	霞飛路七七二號	七五四九八
金城發記藥房	福煦路九五〇號	三九九四二
金鷹藥房	四川路六三九號	一七〇九七
長春堂滬號	廣東路三六九弄一九號	九四八七五
俄國公衆大藥房	亨利路二三號	七五六六六
信誼大藥房	霞飛路八一二號	七一八〇六
厚生堂大藥房	密勒路一〇四號	四〇四二六
南洋藥房	南京路五〇六號	九三九四六
威利藥房	雲南路二五九號	九五五八七
姚佐頓大藥房	海口路九號	九二六七五
姚益元藥號	康腦脫路五〇〇號	三九〇六〇
星康公司	乍浦路三一六號	四五四一七
科發藥房	南京路二二六號	一八七九〇
靜安寺路支店	靜安寺路七七四號	三三〇五七
美康藥房	康腦脫路七二〇號	六〇四〇五
美達藥房	霞飛路六六四號	七一三七〇
美德藥房	愛文義路一四九七號	三一二〇九
英法大藥房	雲南路八七號	九一六四七
英美大藥房	山東路四八號	九〇八五六
英華鈞記藥房	聖母院路六六號	七三七二七
原料大藥房	吳淞路二五二號	四六九一一
乾坤藥行	九江路五八三號	九七七四〇
國泰星記藥房	麥高包祿路一六二號	八一六六〇
國際大藥房	福煦路四五八號	三三六七七
支店	同孚路九四號	三七五四〇
國聯大藥房	憶定盤路三三〇號	二一〇六二
崇濟藥房	福煦路一〇三七號	七四〇五二
康悌專門配方藥房	福煦路八五二號	三九二五二
採芝堂藥房競記	廣東路七一四號	九七四〇五
遠東德法製藥社	北海路二六五號	
惠利藥房	大西路八〇一號	二一一四八
惠臨大藥房	愚園路三五三號	二一二〇七

名稱	地址	電話
普利藥房	呂班路九號	八一四八三
普利藥房西號	霞飛路八八一號	七六〇四一
普濟藥房	靜安寺路一二六一號	三三四三三
翔華大藥房	勞勃生路一三〇二號	三七七六三
華中大藥房	吳淞路六〇六號	四二一四八
華友藥房	南京路一四六街一二號	一一二八七
華安藥房	麥根路二〇九街七號	六〇二六三
華西大藥房	法大馬路二九五號	八三〇一一
華成大藥房	呂班路三號	八一九四九
華法大藥房	成都路四九號	三四五六一
華信堂大藥房	崑山路一七二弄五六號	四一三二三
華洋大藥房	九江路五五一號	九二六二八
華英藥房	南京路五四六號	九三三四〇
華美大藥房	福山路三五六號	九一一八三
華康藥房	福煦路六八七街三〇號	七六七六八
華發大藥房	靜安寺路七五一號	三六三三九
華新大藥房	霞飛路二七九號	八二九三〇
華德大藥房	西摩路一號	三三〇四六
華德大藥房	小沙渡路一一三六號	三五〇四七
華興大藥房	愛文義路三一四號	三一九五〇
華懋大藥房	靜安寺路一一三一號	三二二二七
集成藥房	南京路二八六號	九一一四〇
雲南日月藥房	山東路三四五號	九六五一一
匯山大藥房	匯山路五七號	五一六八二
匯康西藥行	廣東路三〇〇街一六號	九三四八一
慎源泰記藥行	薩坡賽路一六號	八五四三八
愛多大藥房	愛多亞路一四〇八號	三六九一二
愛美麗大藥房	漢口路七一六號	九四四七一
新生大藥房	辣斐德路一二四八號	七六〇五四
新劑專門配方藥房	白克路四〇九號	三二九二四
海愛醫藥社	芝罘路三〇街一二號	九六四九〇
聖喬其藥房	靜安寺路一五九九號	三五一八八
萬利大藥房	南京路一五三號	一九九三四
萬利大藥房駐滬經理處	寧波路四五〇號	九〇四三〇
萬國藥房有限公司	福州路三二八街八號	九〇一二四

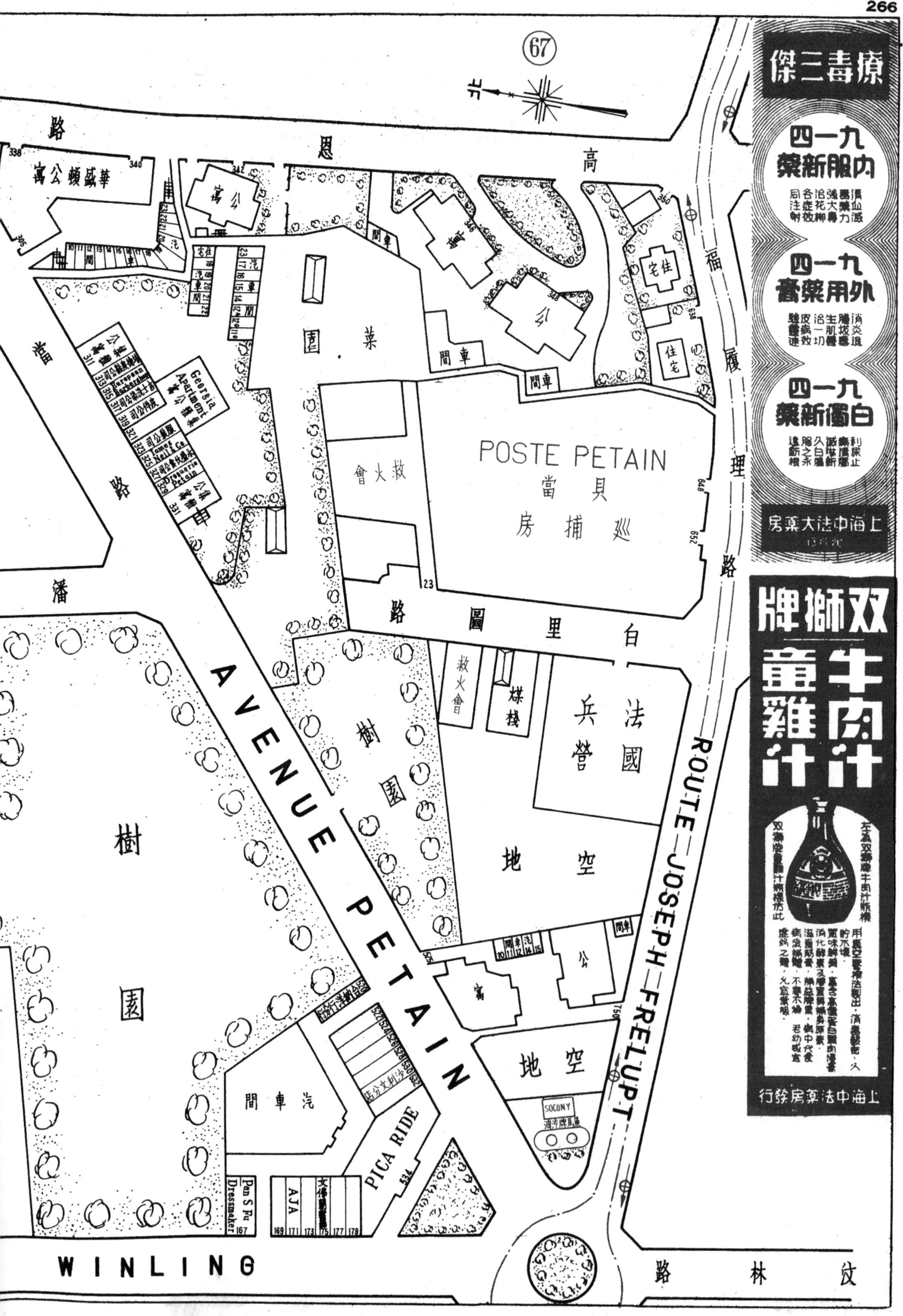
67
北
高恩路
華盛頓公寓
公寓
汽車間
住宅
菜園
Georgia Apartment
European Barbershop
James Neil & Co.
Droguerie Petain
當路
潘
POSTE PETAIN
貝當巡捕房
救火會
白里圖路
煤棧
法國兵營
空地
樹園
AVENUE PETAIN
ROUTE JOSEPH FRELUPT
福履理路
SOCONY
PICA RIDE
Pan S Fu Dressmaker
AJA
WINLING
汶林路
療毒三傑
九一四 內服新藥
九一四 外用藥膏
九一四 白濁新藥
上海中法大藥房
双獅牌
牛肉汁
童雞汁
上海中法藥房發行

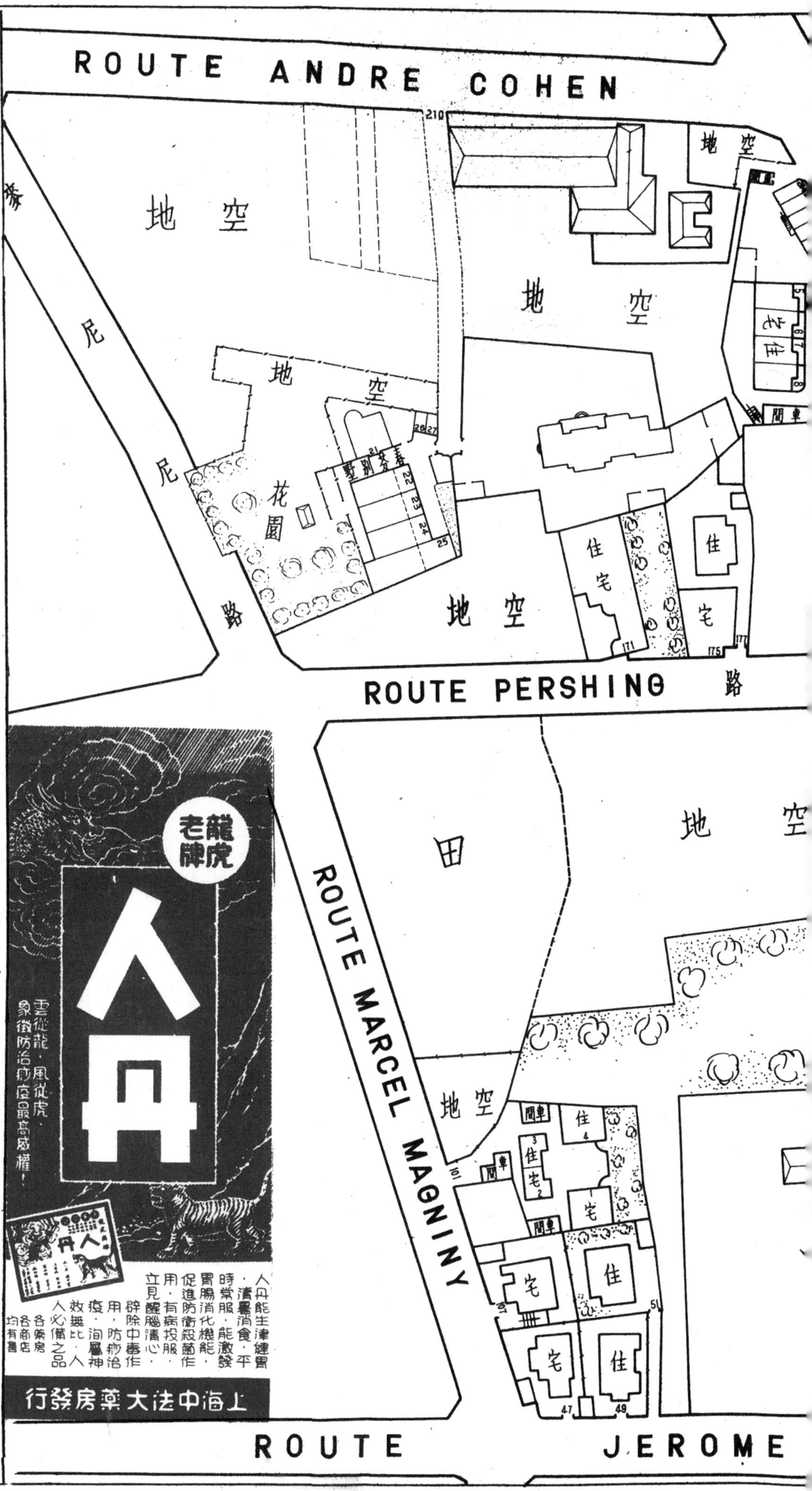

ROUTE ANDRE COHEN
空地
空地
空地
空地
空地
空地
尼
尼
路
花園
別墅
住宅
住宅
車間
ROUTE PERSHING 路
田
ROUTE MARCEL MAGNINY
ROUTE JEROME
龍虎老牌
人丹
雲從龍，風從虎，
象徵防治痧瘟最高威權！
人丹能生津健胃，清暑消食，平時常服，能激發胃腸消化機能，促進防衛殺菌作用，有病投服，立見，醒腦清心，辟除中毒作用，防痧治疫，洵屬神效無比，人人必備之品
各藥房
各商店
均有售
上海中法大藥房發行

名稱	地址	電話
達利藥房	愚園路九八〇衖	二二一六二
慈佑大藥房	愛文義路一三六一號	三〇七七六
福華大藥房	吉祥街二一號	八六四四六
福煦大藥房	霞飛路九〇一號	七二九〇〇
福爾大藥房	泗涇路三六號	一四二五六
廣光堂大藥房	蓬路二八一號	四一四二五
廣濟藥房	百老匯大廈一號	四一八八四
分行	靜安寺路九四〇號	三二八五九
維也納大藥房	華德路四三號	五二一六七
德華藥房	威海衛路二二九衖八號	三五六八七
歐亞大藥房	愛文義路一三二號	九〇二六九
標準藥房	霞飛路七一〇號	七二四〇六
蓬萊大藥房	霞飛路五六二號	八〇七七一
養生大藥房	靜安寺路七八三號	三五五二〇
衛爾康藥房	愛文義路二九四號	三〇九二八
濟生堂藥房	蓬路一二〇號	四一二五六
濟倉藥房	貴州路一三六號	
濟華堂藥房	雲南路四七號	九五六二〇
環球藥房	靜安寺路一七八六號	二二一三五
聯昌德藥房	福建路五九一號	九五八六七
韓奇逢藥房	靜安寺路二七〇衖一號	三七二二八
邇遐齋藥局	河南路二八三號	九四一四四
寶崙大藥房	辣斐德路一一八〇號	七六二八一
寶華大藥房	浙江路一〇八衖二五號	九〇七二五
門市部		
寶德鑫記大藥房	廣東路五五六號	九六三二九
辦香廬藥房	菜市路六七號	八一〇五三
顧增祥父子藥房	山西路二七七號	九一六五二
靈學會藥店	法租界寧波路六四號	八二三五七
	山西路二二〇號	九四六五四

名稱	地址	電話
上海汽車行	漢壁禮路八七號	四〇二三八
上海汽車公司	巨籟達路四二三號	七三〇三五
大來汽車公司	七浦路四九五號	四四〇〇〇
大康汽車有限公司	麥特赫司脫路四八七號	三二〇〇〇
大華汽車有限公司	西摩路三一三號	三〇七一一
大福汽車公司	勞勃生路四六一號	三三〇三六
中山汽車行	金神父路二八八號	七三〇八三
中和汽車有限公司	白克路五五六號	三五五〇〇
中華汽車公司	白來尼蒙馬浪路二四〇號	八五二六六
友寧汽車公司	虞洽卿路一七六號	九五一一二
友華汽車公司	愛文義路八〇六衖一一號	三五四八三
月宮汽車公司	愛多亞路二二〇號	一六三三四
世界汽車公司	愛多亞路三九七號	八四九四八
卡德汽車公司	白克路七三二號	三一六九九
四川汽車公司	霞飛路五三六號	八一三七一
交通汽車行	聖母院路二九號	七一〇〇〇
光塗汽車有限公司	白爾部路蒲石路角	八二五二二
光華汽車服務行	四川路一四〇號	一五九八四
同發汽車公司	勞勃生路四六四八號	三五二七五
同興汽車公司	新永安街五五號	八一〇七五
江蘇汽車公司	貴州路一二五號	九〇〇〇五
李連記汽車公司	慕爾鳴路二二〇衖五號	三三〇二六
亞洲汽車有限公司	福煦路一〇五號	八四〇〇〇
汽車服務公司	拉都路一六九號	七六八一六
協記汽車公司	愛多亞路五五二號	九一四九六
協興公汽車公司	蘇州路七五五號	九四六九九
協興汽車行	愛多亞路二九三號	八六六三三
東方汽車有限公司	貝勒路四三九號	八〇三六六
東新汽車有限公司	愛多亞路二九九號	八三六九〇
法大汽車公司	霞飛路四二四號	八四一〇五
法大汽車公司分站	福履理路一一二號	七六一六五
長豐汽車公司	貝勒路八八六號	八四九一九
南方汽車有限公司	愛多亞路七三九號	八〇〇〇八

E COHEN
高恩路
68
北
潘尼尼路
地空
樹園
園樹
園樹
住宅
住宅
住宅
住宅
菜園
PERSHING
潘馨路
ROUTE MARCEL MAGNINY
地空
花園
亭子
車間
住宅
住宅
住宅
菜園
地空
地空
JEROME WINLING
路林纹
羅威乳白魚肝油
美味無腥
營養豐足
上海中法藥房發行

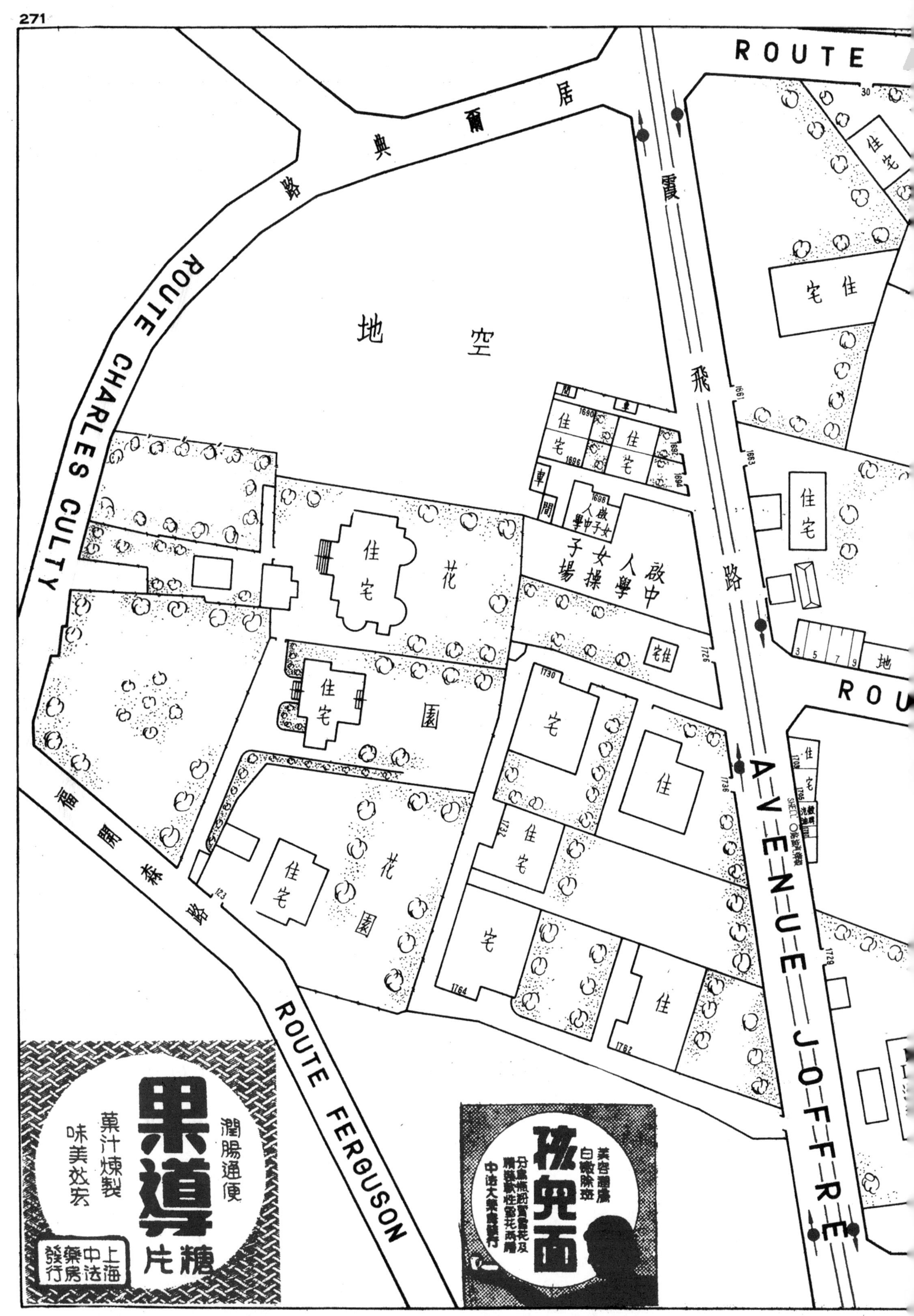
ROUTE
居爾典路
ROUTE CHARLES CULTY
霞飛路
AVENUE JOFFRE
空地
住宅
花園
車間
啟人女子中學
啟人女子中學操場
福開森路
ROUTE FERGUSON
ROU
1661
1663
1690
1692
1694
1696
1698
1726
1730
1732
1736
1729
1764
1762
123
30
3
5
7
9
果導糖片
潤腸通便
菓汁煉製
味美效宏
上海中法藥房發行
孩兒面
美容潤膚
白嫩除斑
中法大藥房發行

名稱	地址	電話
美華汽車公司	寧波路六一九號	九三三九九
飛利汽車公司	小沙渡路三八三號	三三〇〇四
飛星汽車公車	靜安寺路七〇二號	三〇〇二四
泰來汽車有限公司	邁爾西愛路九六號	七〇〇五〇
康天寧汽車公司	大西路三六號	二一九四九
祥生汽車有限公司	北京路八〇〇號	四〇〇〇〇
祥泰出租汽車公司	威海衛路五六六號	三四六五七
揚子汽車公司	亞爾培路二七三號	七〇〇三三
揚豹汽車公司	巨籟達路四二三號	七三一三五
華洋汽車公司	貝禘鏖路一六四號	八五九三三
華麗汽車公司	九江路六一七號	九一六四四
雲飛汽車公司	靜安寺路一七一六號	三〇一八九
新上海汽車公司	靶子路四二七號	四五二四四
新聞汽車公司	麥特赫司脫路三九一號	三〇〇〇三
新興汽車公司	吳淞路一八四號	四〇七〇〇
福州汽車公司	福州路七一五號	九〇二三三
銀色汽車公司	戈登路四〇五號	三〇〇三〇
億太汽車公司	湖北路一八八號	九三〇〇〇
德國汽車公司	愛文義路一一八三號	三一〇〇〇
興發惠記汽車行	武昌路二八一衖四七號	四三三八四
公和祥碼頭分站	東百老匯路六一〇號	五一八五五

搬場汽車

名稱	地址	電話
上天搬場公司	白克路二九四號	三〇〇九二
上海搬場公司	漢口路一二五號	一一〇〇〇
中國搬場汽車有限公司	福煦路五三〇號	三〇四三四
公大搬場公司	北河南路二八八號	四一九三八
太平搬場公司	北京路七九〇號	九〇〇〇〇
永安搬場公司	愛文義路一〇四號	九二九九二
吉利搬場汽車公司	貝勒路五一號	八三一一一
寧波搬場公司	敏體尼蔭路三五三號	八〇〇〇〇
興隆搬場公司	跑馬廳路三九七號	三三五七一

轉運公司

名稱	地址	電話
丁配祥	天潼路五四六街二五號	四三七四七
丁萬記	平涼路五七街三號	五二六二六
三友汽車運輸行	平涼路五一號	五一二八六
三友運貨汽車公司	勞勃生路四六〇四號	三〇八五三
三江運輸公司	老永安街一三街六號	八二一四五
三泰汽車運貨公司	赫德路五四四街一一一號	三〇八二六
三益公司	海寧路九四二街一〇號	四六一〇八
三義汽車運輸公司	龍門路一七街五四號	九七〇二八
三達公司運輸部	博物院路一四號	一四三二五
三興運輸公司	漢口路四四一號	九二九六一
三興運輸汽車公司	蘇州路六一七號	九二八六一
三興駁船卡車運輸公司	山東路一九街六號	九三五九四
三鑫協記汽車公司	勞勃生路四〇九號	三一二八四
上海中央企業公司	仁記路一一九號	一〇六四二
上海市內河運輸工人互助社	蘇州路七六一號	九〇六四四
上海合衆運輸公司	天津路四〇五號	九五二二八
上海郵運公司	天潼路七二七街一二六號	四三七一四
上海運輸公司	漢口路九七號	一一四六〇
匯山碼頭分辦事處	楊樹浦路八號	五〇三七一
上海駁運公司	廣東路五一號	一一四五五
上海轉運公司	蓬路一五〇號	四二二六六
上海轉運公司	聖母院路一五三號	七三四二六
久記運貨汽車行	甯波路六七號	一二三六六
久新運輸公司	廣東路二八六街一一號	九一一四五
久豐泰記運輸公司	河南路一四二號	一八二五九
大中運輸公司	天津路四〇〇號	九七五八六
大元運輸公司	四川路三三號	一二〇一〇
大孚營業公司	福州路二二一號	一四三五二
大利運輸公司	甯興街二六一街二〇號	八七四一二
大利運輸總公司	貴州路九號	九五六一一
大來汽車運輸公司	平涼路五四號	五二一四八
大來恆海陸運輸公司	四川路一一〇號	一四六五四
大來飛快運輸汽車公司	湖北路一三一號	九四五三八

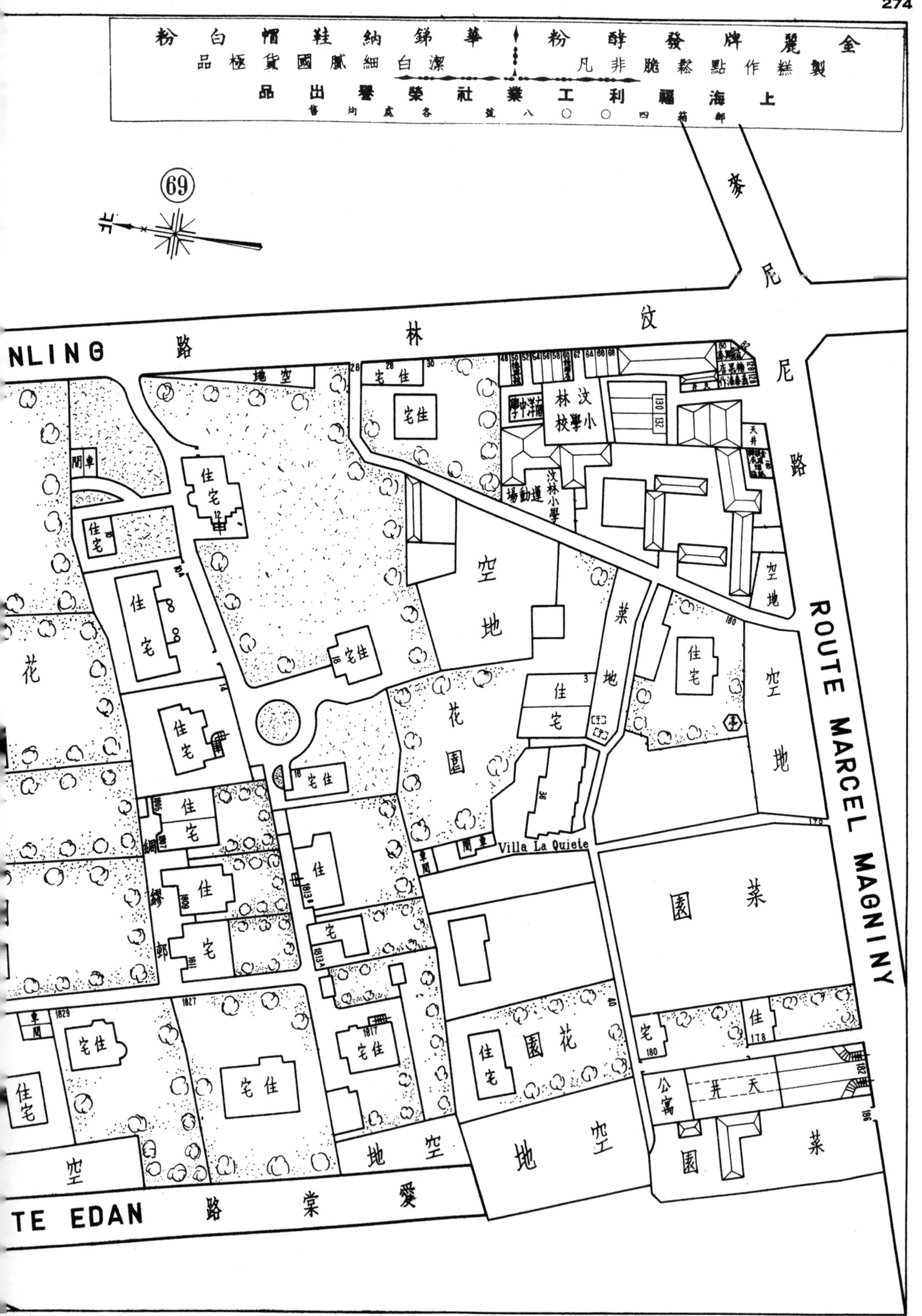

金麗牌發酵粉
製糕作點鬆脆非凡
華錫納鞋帽白粉
潔白細膩國貨極品
上海福利工業社榮譽出品
郵箱四〇〇八號 各處均售
69
北
麥尼尼路
汶林路
NLING
ROUTE MARCEL MAGNINY
愛棠路
TE EDAN
Villa La Quiete
汶林小學校
汶林小學運動場
空地
菜地
花園
住宅
車間
天井
公寓
菜園

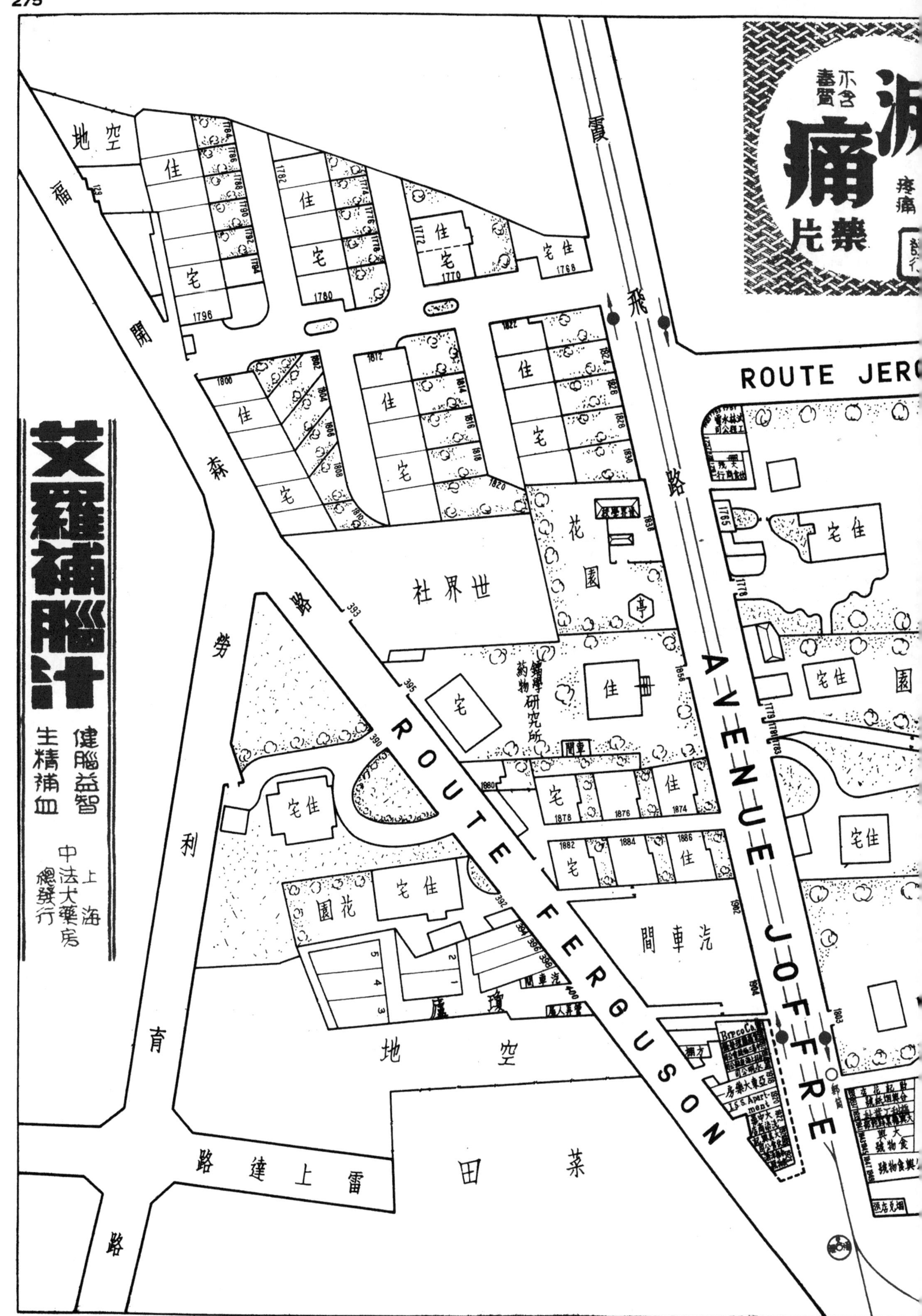

ROUTE JERO
AVENUE JOFFRE
ROUTE FERGUSON
霞飛路
福開森路
勞利育路
雷上達路
世界社
花園
藥物研究所
汽車間
空地
菜田
艾羅補腦汁
健腦益智
生精補血
上海
中法大藥房
總發行
痛
片藥

名稱	地址	電話
大來運輸公司	新開河三一號	八二三九八
大和公司	廣東路一七號	一一九八七
大和運輸公司	外灘七號	一二〇四三
大昌新運輸公司	山西路一三三街一三七號	九六四七六
大東運輸公司	寧波路三四九號	九六五五四
大美轉運公司	漢口路一二六號	一一七五五
大美轉運公司	鄭家木橋街一〇三號	八四四一六
大衆合記運輸公司	四川路一四九號	一〇九〇五
大衆運輸公司	廣東路二〇號	一二三九二
大通汽車運貨行	四川路一二六街三四號	一七八九二
大通海陸滬揚聯運公司	天津路二六〇號	九六五〇四
大通運輸公司	四川路一四九號	一二二二四
大通轉運公司	福州路八九號	一二六四〇
大陸公記運貨汽車公司	新永安街一四號	八〇四九四
大陸託運公司	愛多亞路一一〇號	一四一六三
大陸運輸公司	南京路三五三街一四號	九三七二五
大華京滬杭運輸總公司	九江路七〇一號	九四五六三
大華運輸汽車行	愛多亞路五二四街四一號	九五五一二
大源聯運號	九江路三七三號	九三一二八
大運公司	山東路二二九號	九一九〇四
大運輸船運輸公司	蘇州路七三一號	九三四七六
大達轉運公司	北京路五一〇號	九五九三九
大福運輸公司	雲南路三五〇號	九二四四六
大興公司	四川路二九九號	一六七〇二
大龍託轉公司	愛多亞路一三四號	一三六四三
大來運輸總公司	福州路一七號	一〇四二六
大鑫運輸公司	福州路八九號	一三八五六
大鑫運輸公司	漢口路一二六號	一八五三六
中一運銷社	漢口路四五五街五號	九七六二五
中孚轉運公司	江西路五一街一二號	一〇四〇二
中和公司	九江路四五號	一六一七八
中和運輸有限總公司	外灘二七號	一九〇〇四
中法快運社上海分社	江西路六六街二號	一〇九五五
東區辦事處	四川路三三號	一〇二三四
中南快運社	九江路二一〇號	一二六四七

名稱	地址	電話
中南捷運公司	北京路二六六號	一〇七五〇
中南運輸公司	北蘇州路六一八號	四六五四五
中原運輸公司	貴州路一七〇號	九六三二一
中國便利公司	漢口路一二六號	一八六二六
中國國貨聯合運輸處	江西路三一六號	一一八二一
中國捷運公司	四川路三二〇號	一〇七五〇
中國運輸公司	廣東路四四號	一五九九五
中國聯運社	愛多亞路一一九號	八四一九三
中華捷運公司	江西路二六四號	一一九〇五
中華運輸公司	福建路三〇五街一六號	九七一六七
中華運輸公司	四川路一四九號	一三八五三
中華興記轉運公司	直隸路二〇三號	九一五〇七
中聯運輸公司	江西路三一六號	一六〇三四
五友轉運公司	廣東路一二三號	一三七五九
五興記汽車行	武昌路三五一號	五二一七二
五興運輸公司	小裕興街一三號	八七九一六
五豐水陸運輸公司	北京路三一六街三六號	一〇七三八
元大郵運號	寧波路四八八號	九二一五六
元康運輸公司	茂海路四一街一〇號	五二〇二七
公和汽車運輸公司	愛多亞路五五二號	九六二三五
公和轉運公司	福州路五六六街一三號	九六八六一
公記運輸公司	鄭家木橋街一〇三號	八八〇一六
公記報關運輸公司	巨籟達路六三五街一號	七四〇一二
公記運輸公司	外灘七號甲	一一七三八
公記駁運號	新永安街三六號	八六二九〇
公衆運輸公司	博物院路一二八號	一九〇八二
公興汽車運輸行	平涼路五五號	五〇八七八
公興汽車運輸公司	愛多亞路一三九號	八七〇五五
公鑫記運輸車行	成都路一〇二二號	三八九〇三
友誼信託社	天津路三〇五街六號	九〇六三九
天源運輸公司	勞勃生路四六六一號	三二二九七
天豐轉運公司	天津路一七九街一七號	九二八五七
比商安泰洋行	圓明園路九七號	一〇六二七
加納力轉運公司	博物院路一七號	一六六七九
史發記	普陀路六街二一號	六二四七三

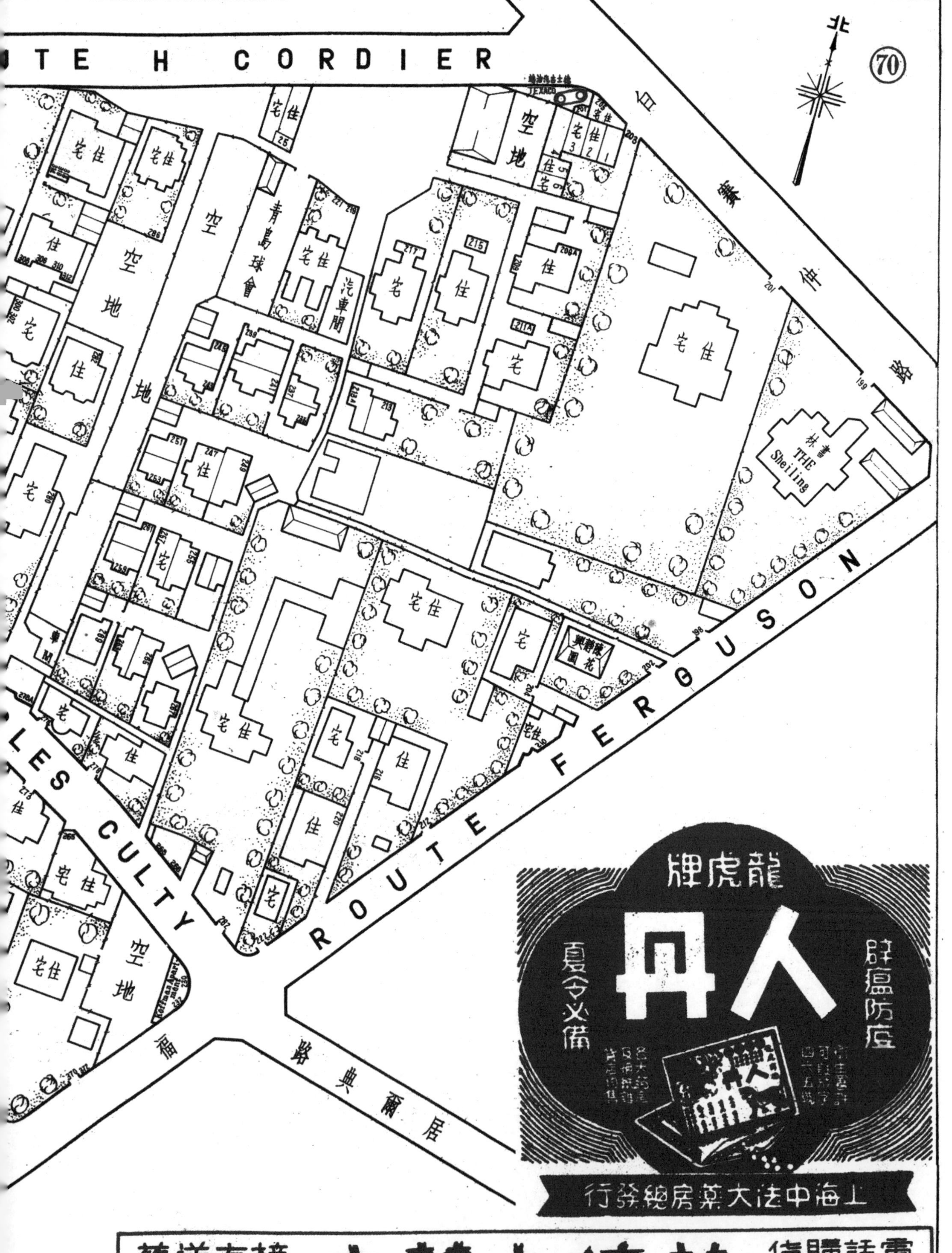

UTE H CORDIER
白賽仲路
北
70
TEXACO
青島球會
汽車間
空地
住宅
林書
THE Sheiling
興靜園花
ROUTE FERGUSON
LES CULTY
居爾典路
福
龍虎牌
人丹
夏令必備
辟瘟防疫
上海中法大藥房總發行

高逖愛路

雷上達路

ROUTE P LEGENDRE

居爾典路

ROUTE

勞利育路

森路

空地

住宅

小正
學

利利
牧場

木作場

木棚

蘆棚

上海
兒童
教養院

新邨

假山

DAISY APARTMENT

401

351

341

380

400

370

372

374

376

378

20

60

2

4

6

8

7

10

16

18

25

30

31

32

33

34

35

46

48

50

名稱	地址	電話
正昌運輸公司	新永安街一五街五號	八八一三八
正豐運輸總公司	四川路六八一號	一九八二八
正誼運輸公司	天主堂街二五街一三號	八五八三三
永一運輸公司	北浙江路四一二街一三號	四五三〇五
永大行	福州路二七二街一二號	九四四一九
永大商業運輸公司	白克路二二八街六號	九五一五二
永大運輸總公司	四川路一二五街二〇號	一〇六〇九
永亨海陸運輸行	敏體尼蔭路五八街五六號	八〇九六九
永和運輸公司	寧波路二一九號	九三七九一
永利運輸公司	天潼路五四六街二二〇號	四三二七二
永泰海陸運輸公司	九江路七三〇號	九七五八五
永泰轉運公司	天津路四二六街五號	九七一一二
永記運輸公司	愛多亞路二七四號	一〇三五六
永記運輸公司	天津路二三六號	九七六五八
永記運輸公司	磨坊街七九號	八三〇七二
永盛星記海陸運輸公司	金隆街四八號	九七四八一
永順興婺記	廣東路二八六街一二號	九二九五〇
永達公司	天津路一七八號	九六二八二
永興協記航運公司	漢口路一二六號	一八六二六
永豐源運輸公司	紫來街一號	八七一八四
玉記行	福州路一七號	一〇二〇二
生昌運輸公司	北蘇州路五一四號	四五四四二
生昌運輸公司	北蘇州路五〇四號	四五三八三
中沙運輸公司	江西路一一四號	一一八二〇
立大運輸公司	九江路四五六號	九五六三八
立大運輸公司	寧波路二二二號	九一〇七九
立成駁運行	四川路三三號	一四六一〇
交通公司	白克路六四五號	六〇八五四
交通和記運輸總公司	九江路七〇〇號	九一七八三
交通運輸公司	北山西路八號	四一八五〇
交通聯運公司	四川路六五〇號	一九〇七四
光華善記汽車運輸行	四川路一二六街三四號	一五八〇五
光華運輸行	四川路一二六街三四號	一三七〇〇
分行	麥特赫司脫路五九一號	三〇七二一
全中運輸公司	天津路四〇五號	九六六一〇

名稱	地址	電話
合大新記運輸總號	蘇州路七六一號	九六八五四
合茂轉運公司	華記路八九號	五二四八一
合記運輸公司	貴州路一號	九二二一八
合衆運輸公司	江西路二六四號	一一八三七
合衆轉運公司	愛多亞路三九號	八六五五六
合衆彙記運輸處	九江路三六五號	九四八一五
合興公司	天津路四〇五號	九三一五〇
合興運輸公司	河南路二〇二號	一四九八七
合豐汽車運輸公司	愛多亞路一四七號	八一五六三
同生郵運公司	交通路一七街四號	九一六二二
同孚公司	江西路六〇號	一〇四九二
同利汽車轉運公司	法租界舟山路五號	八八四二三
同利聯運公司	愛多亞路一一七號	八四五三三
同和運輸公司	界路一九三街一四號	四三七四八
同昌公記汽車運輸行	廈門路八二號	九五〇九一
同興運輸汽車公司	四川路一二六街二一號	一九一七七
好華駁運公司	江西路六二號	一七三六三
安利汽車轉運公司	廣東路六四號	一六四〇七
安泰運輸公司	界路二二三街三號	四〇五九一
安康洋行	沙遜大廈	一〇七一九
安慎洋行	廣東路二〇號	一一一二五
安達利運輸公司	九江路四七一號	九六四八三
安達勒運輸公司	滙山路四五號	五〇八二二
有利捷運公司	愛多亞路九九八號	九一六〇三
有利捷運公司辦事處	法租界外灘四號	八六六〇六
朱策記運輸行	新閘路一四七街四八號	九二五七六
江北實業公司分公司	百老匯路二六九號	四五六七三
江北實業公司	漢口路一二五號	一七一三〇
江南汽車運輸公司	梅白格路二三九號	三一一〇五
江南轉運公司	四川路一四九號	一七八六七
江陰裕汽車轉運公司	貝勒路六九七號	八二七九八
百成公司	江西路四〇六號	一七一五九
亨時轉運公司	北京路一〇〇號	一八四五五
克利汽車運輸公司	漢口路四四一號	九七三一三
利民運輸公司	南京路三五三街一號	九七四一五

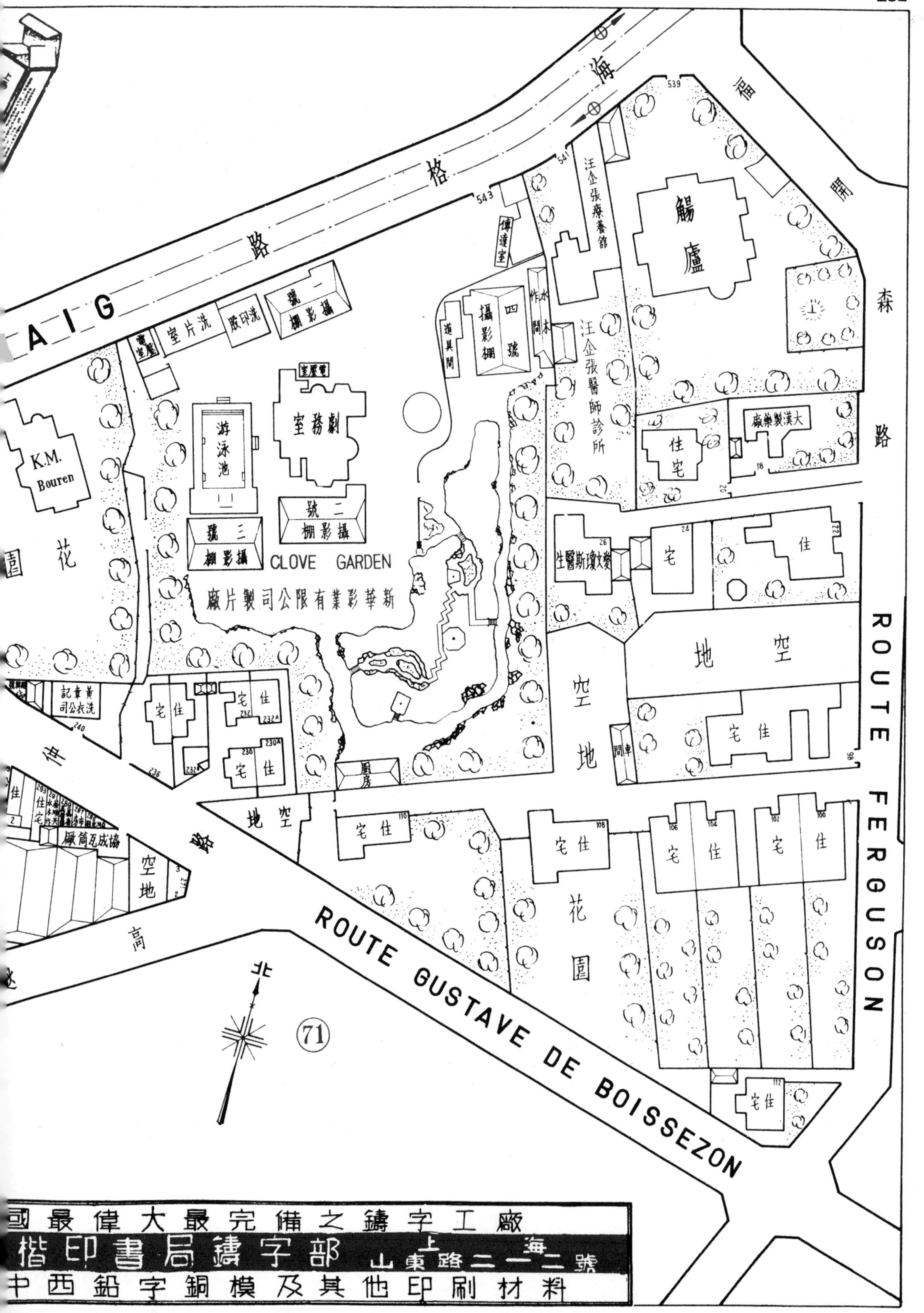
海格路
HAIG
福開森路
ROUTE FERGUSON
ROUTE GUSTAVE DE BOISSEZON
CLOVE GARDEN
新華影業有限公司製片廠
一號攝影棚
二號攝影棚
三號攝影棚
四號攝影棚
洗片室
洗印所
電壓室
劇務室
游泳池
傳達室
道具間
汪企張療養館
汪企張醫師診所
觴廬
大漢製藥廠
住宅
空地
車間
愛文斯醫生
花園
廚房
K.M. Bouren
黃章記洗衣公司
協成瓦筒廠
北
(71)
國最偉大最完備之鑄字工廠
楷印書局鑄字部 上海山東路二一二號
中西鉛字銅模及其他印刷材料

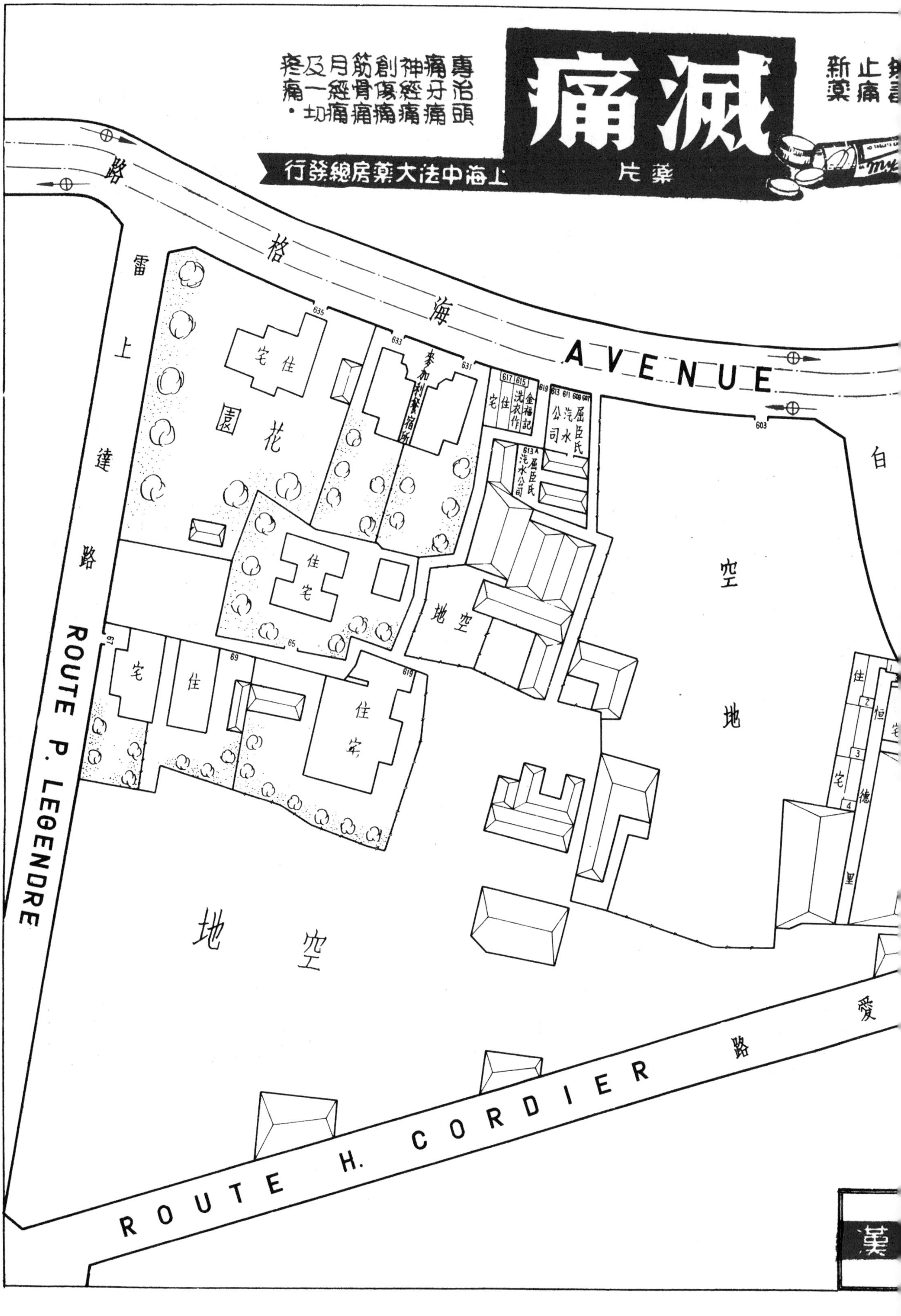

減痛
藥片
止痛
新藥

海格路
AVENUE
雷上達路
ROUTE P. LEGENDRE
ROUTE H. CORDIER
愛
路
花園
住宅
住宅
住宅
住宅
住宅
住宅
空地
空地
空地
麥加利餐宿所
住宅
洗衣作
金福記
屈臣氏汽水公司
屈臣氏汽水公司
恒德里
白
635
633
631
617
615
619
613
611
609
607
613A
603
67
69
65
619
1
2
3
4
漢

名稱	地址	電話
利和運輸公司	法租界外灘四九號	八六七四二
利昌股份有限公司	九江路二九五號	九三三七三
利通貿易公司	江西路一四一號	一八四三六
利新運輸公司	九江路四六七號	一六四九九
吳金記	四川路一二六街一一號	一八三二六
吳恆記	漢口路一二六號	一〇二〇九
宏利運輸公司	博物院路一二八號	一七〇七〇
李錦記運輸汽車行	法租界舟山路六號	八五七〇四
沈長記運輸公司	愛多亞路一一〇號	一四五四三
沈金記汽車運輸公司	北山西路九街一六號	四三九六四
良友運輸公司	漢口路一二六號	一四〇二九
亞細亞商運公司	廣東路六四號	一七一七四
協大運輸公司	北京路一九九號	一二三八一
協大運輸公司	成都路一〇四四號	六二三五五
協利運輸公司	南京路六一四號	九四六一三
協和永記帆船號	新橋街一三一街八號	八一五四三
協記行	江西路一四街一號	一二二五八
協記運輸公司	泗涇路三六號	一七〇一八
協記運輸公司	寧波路四七號	一四一〇二
協記運輸公司	福建路四五一號	九五八七六
協記駁運所	老北門大街六八號	八八〇一九
協通運輸公司	蘇州路五五三號	九四三四二
協隆履記運貨汽車行	新閘路三三二街四號	三五一五七
協新航運公司	法大馬路二五號	八四七五八
協源運輸公司	永安街二號	八七八三三
協興昶記汽車行	青島路四四號	三七〇九九
協興運輸公司	九江路四四四街五號	九五五三八
協興輪船轉運公司	蘇州路七四五號	九一八六二
協豐海陸運輸行	廣東路二三七街二九號	一九一七二
和泰運駁行	江西路四三三街三號	一九九〇五
和記運輸公司	福州路八九號	一九一四三
和興運輸公司	交通路五八號	九四二一六
和興聯運總公司	九江路三四二號	九五三五一
坤記運輸報關行	江西路一四一號	一四四一二
怡太運輸公司	四川路三三號	一〇三二〇

名稱	地址	電話
怡和運輸股份有限公司	福州路八九號	一一八一三
昇大洋行	寧波路二〇號	一二六五三
昌和洋行	齊物浦路公共碼頭	五一五七六
支店	東有恒路二一三號	五〇三五三
昌盛榮記運輸公司	滙山路三七二街四三號	五二五五二
昌興捷運公司	外灘北京路九七號	一九四九〇
明利運輸公司	圓明園路九七號	一〇四四一
東方轉運公司	四川路二二〇號	一〇八八七
東亞水陸運輸公司	北蘇州路六一二號	四二六〇五
東亞捷運公司	九江路四五號	一六七〇九
分公司	格羅希路四〇號	七三二五四
東亞運輸公司	九江路三四二號	九二九六八
東城號	江西路一一〇號	一六〇九五
分號	勞合路八一號	九〇八二九
東華海陸運輸總公司	九江路四〇八號	九五二四一
東興合記汽車公司	中央大廈	一九三七六
注其德運輸公司	天津路四〇五號	九三〇三五
花學武	馬浪路六六三號	八四四二九
金林隆記轉運公司	河南路五七五街二五號	九四〇七〇
金龍洋行	九江路一一三號	一三八八八
長發公司	福州路八九號	一四五八一
長豐洋行	四川路六六六號	一五五六〇
俞和記運輸公司	東百老滙路六四九街六〇號	五二七九三
信大祥記運輸公司	福州路八九號甲	一〇九〇四
信孚運輸公司	九江路七〇八號	九二二四〇
信義運輸公司	白克路一七街六號	九〇七八〇
信豐福記公司	漢口路二八六號	九〇七六六
南通航運公司	愛多亞路一二三號	八七一九九
南通運輸公司	民國路一六五號	八二一九〇
姜記汽車公司	北蘇州路九九六街一九號	四一四四五
建業運輸公司	九江路二八〇號	九五五三六
恆利運輸公司	北蘇州路四九六號	四五四〇二
恆孚運輸公司	天潼路七二七街三八號	四六六七八
恆昇貿易公司	南京路二三三號	一二六二二
恆順運駁公司	福州路五六六街九號	九〇〇一一

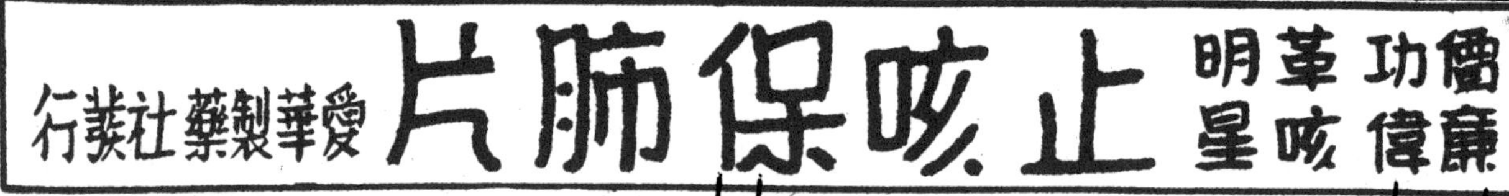

居爾典路

雷上達路

勞利育路

ROUTE CAMILLE LORIOZ

海格路

I G

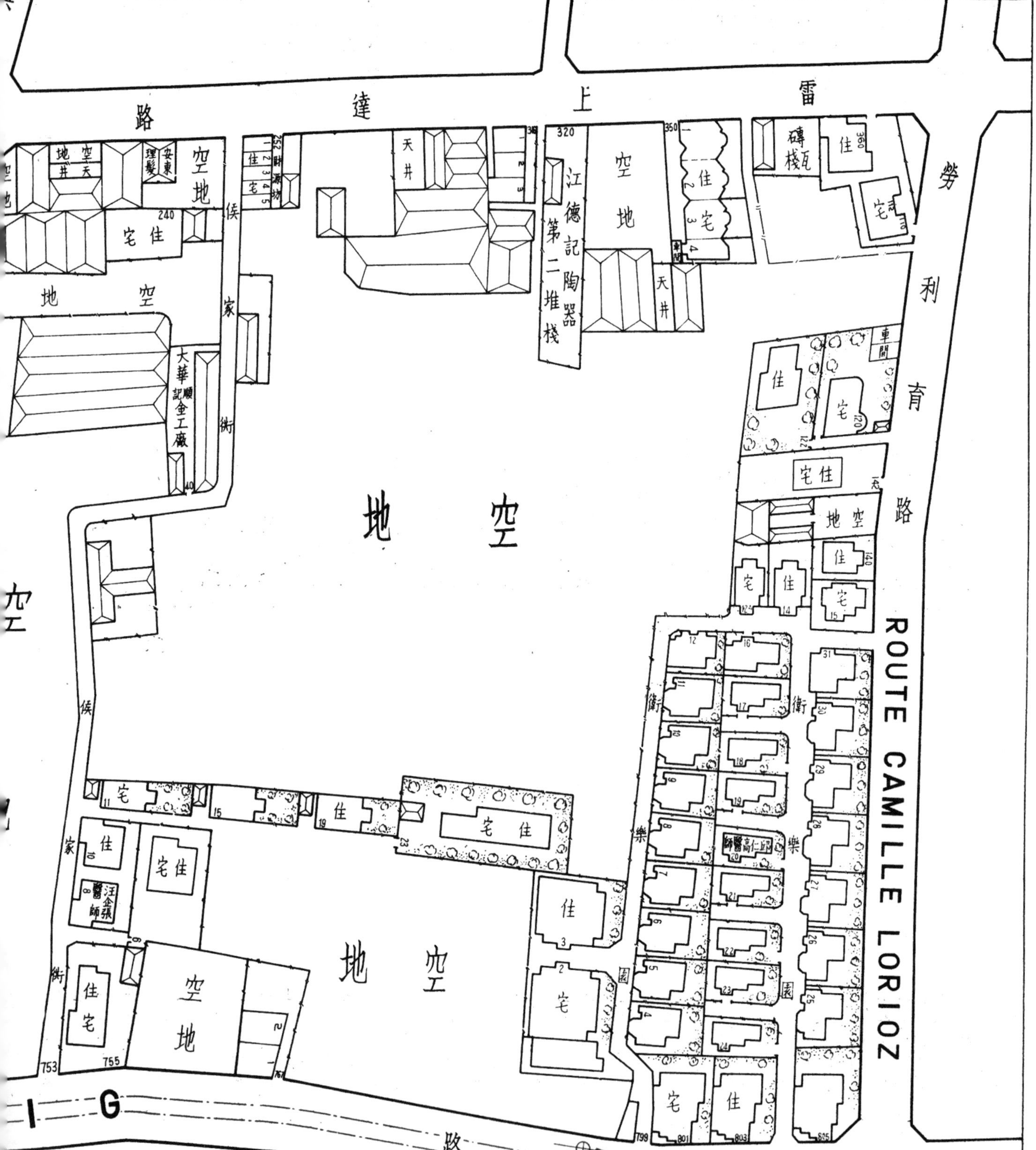

侯家街

樂衛

空地

住宅

天井

江德記陶器第二堆棧

大華記金工廠

顧

安東理髮

磚瓦棧

汪金張醫師

高仁厚醫師

車間

園

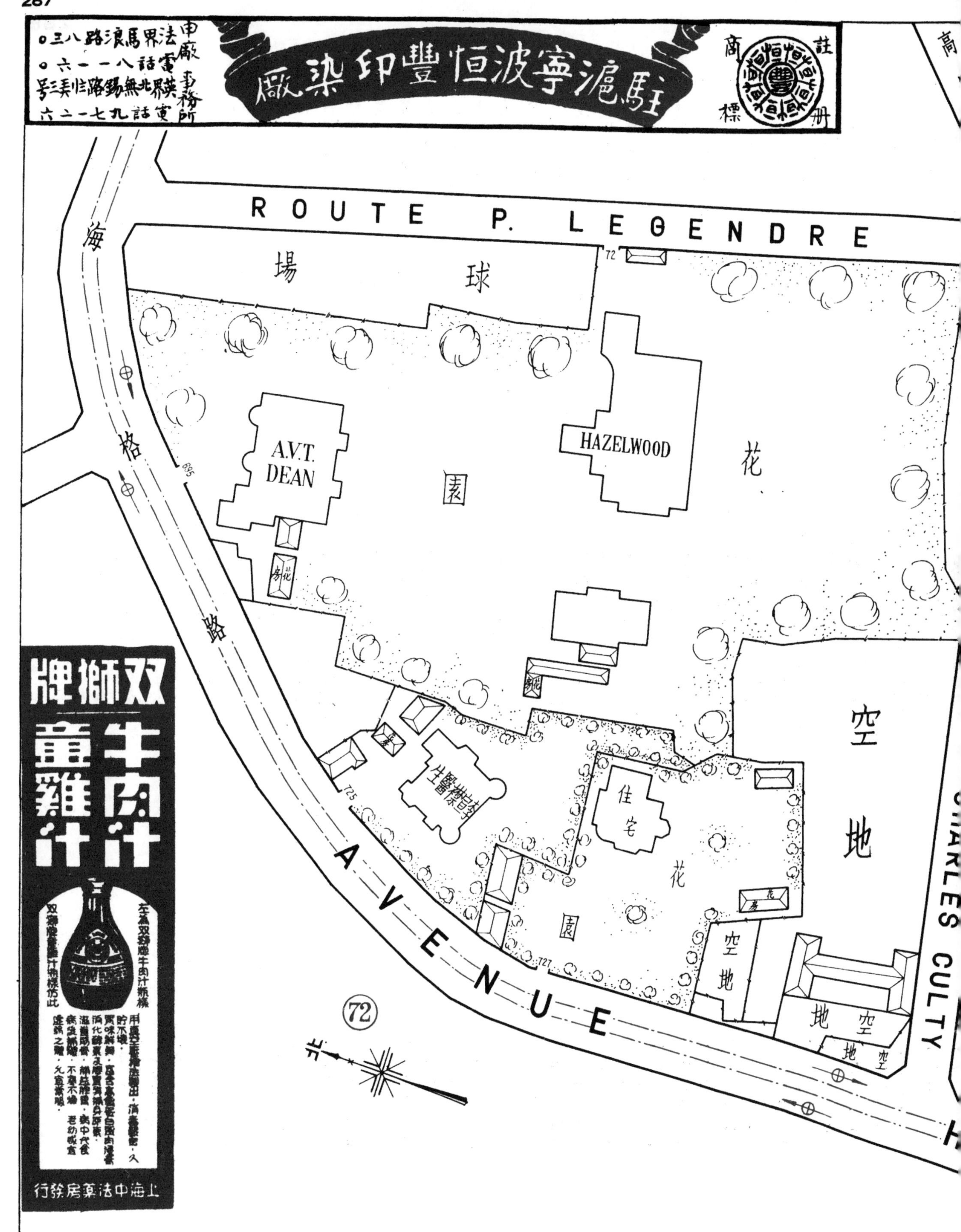
駐滬寧波恒豐印染廠
註冊商標
申廠
法界馬浪路八三〇
電話八一一六〇
事務所
英界北無錫路仁美三號
電話九七一二六
ROUTE P. LEGENDRE
球場
海格路
A.V.T. DEAN
園
HAZELWOOD
花
花房
725
727
72
空地
住宅
花園
CHARLES CULTY
AVENUE
72
北
双獅牌
牛肉汁
童雞汁
左為双獅牌牛肉汁瓶樣
双獅牌童雞汁瓶樣仿此
上海中法藥房發行

名稱	地址	電話
恆豐轉運公司	北蘇州路九九八號	四六九九四
施福記運貨汽車公司	北山西路二八四號	四〇〇七九
施毅德洋行	福州路八九號	一六六七二
春茂運輸車行	新永安街二四號	八二六二七
昭和海運公司	漢口路一三〇號	一八六五〇
昭華洋行分行	四川路六七九號	一八三八二
洽興航運公司	愛多亞路一三九號	八三一七四
盈記郵運公司	北山西路五二二街七號	四二九八二
盈豐信記運輸公司	天津路一一〇街五號	九二六四一
盈豐運輸公司	廣西路一六二街七號	九六四一六
紅和洋行	北京路三五六號	九三七四四
美亨洋行	勞合路八一號	九七五一七
美商恆豐汽車運輸公司	寧波路三六五號	九三五九六
美發運輸公司	廣東路一三六號	一四六二九
美華運輸公司	九江路三三〇號	九五九一四
英興洋行	四川路二一五號	一六一四九
茂成轉運公司	昌平路二三九號	三一九一〇
茂泰洋行	漢口路一二五號	一一〇〇〇
運輸部	楊樹浦路二三一〇號	五〇七六二
茂通榮記水陸運輸公司	民國路三八八號	八一五九五
茂霖海陸運輸公司	浙江路二二九街一四號	九五〇五九
茂豐運輸公司	法大馬路三八九街八號	八六六七二
飛運公司	博物院路一三一號	一六〇四七
飛輪運輸公司	寧波路五四〇號	九六一八二
香港貿易運輸公司	漢口路一一五號	一七一八三
唐金記汽車運輸公司	愛多亞路二九七號	八二五六五
徐錦發汽車轉運公司	徐家匯路一二七號	八六八四〇
振昌號	愛多亞路一六〇號	一八六二四
振興駁運公司	漢口路四五五街一五號	九四八一三
晉茂恆	漢口路二八六號	九一八三二
晉泰公司	山東路五三街六號	九三八三一
晉興公	廣東路二四〇號	一三二一四
桃源洋行	北京路三五六號	九五三六〇
泰山運輸公司	福州路八九號	一二一九一
泰成轉運公司	東棋盤街二五號	一〇三八六

名稱	地址	電話
泰昌洽記運輸公司	北京路五三三號	九六七一四
泰美洋行	東百老匯路六八七號	五〇九一八
泰記運輸公司	洋行街五七號	八七六三五
般福記汽車運輸公司	界路二四一號	四六九八二
海上運輸行	紫來街一三街八號	八七三九五
海寧運輸公司	泗涇路二四號	一七〇四一
浪花公司	天潼路三〇〇號	四〇八四八
益成運輸公司	老永安街六街六號	八六七四一
益和行	浙江路四三〇號	九七六七七
袁志記運輸公司	愛多亞路五五二號	九五三〇二
郝林記	漢口路四四一號	九三〇二九
馬克報關轉運公司	廣東路一七號	一二七五八
高桂記轉運車行	漢口路四四一號	九二〇〇二
偉大運輸公司	九江路七二七號	九七四四七
偉林運輸公司	福州路二六九街一〇號	九五四一五
健記號	南京路一一九號	一八九五八
國泰汽車運輸行	漢口路四四一號	九六五〇五
國際運輸公司	蘇州路七五九號	九三八六二
虹口分行	狄思威路一六號	五二二九四
國際運輸會社	福州路八九號	一八三一〇
支店	楊樹浦路三四〇號	五一〇六六
密勒轉運公司	北京路一〇六號	一五六九〇
捷安運輸公司	江西路四二一號	一八八五八
捷順運輸公司	法大馬路七九號	一六七六三
清記公司	七浦路二〇七街三〇號	四一一六二
淞滬運船公司	東棋盤街三七街六號	一九七一九
淩鳳記轉運公司	李梅路七〇號	八四三六六
祥泰運輸公司	仁記路一一九號	一八八〇九
祥泰轉運公司	廈門路二三〇街一七號	九六六五五
竟成汽車運輸公司	成都路一〇二八街四號	三八八一三
通利公司	民國路一六五號	八六五一三
通孚內地貿易公司	天津路二五六號	九六八〇六
通利汽車運貨公司	麥特赫司脫路六一三號	三三七三八
通利新記運輸公司	漢口路四二一號	九二六二〇
通成運輸公司	九江路三二六號	九六六七六

得利車行
行址靜安寺對面
高等脚踏車
電話三三五九六
ROUTE EDAN
愛棠
ROUTE PROSPER PARIS
姚主教路
ROUTE MARCEL MAGNINY
麥尼尼路
海格路
VILLA MOGALI
N.H. LACEY
茂齡新邨
稅務司梅樂和住宅
南洋模範中學
法國兵營
南洋中學操場
運動場
南洋模範女子部
花園
空地
菜園
住宅
中國晒圖公司
專晒各種圖樣出品精良
服務週到電話接送迅速非常
地址南京路八十八號二樓
電話一一八五〇號

雷上達路
勞利育路
ROUTE CAMILLE LORIOZ
AVENUE HAIG
霞飛路
怡昌泰營造廠
住宅
花園
磚瓦棧
空地
公寓
汽車間
菜地
新華公司
董恒昌
棧房
別墅
霞飛別墅
作業蔵
天井
林泰隆廠
王效文律師
江順興腳踏車行
月明影片公司
利豐切紙廠
源成公司
汽車間
Houston Court
73

名稱	地址	電話
通泰運輸公司	新唐家衖一七三衖四號	四三一〇三
通商協記運輸公司	北蘇州路五二〇衖二三三號	四二一〇二
通商運輸公司	北海路二六七衖一〇號	九四八三一
通商運輸汽車公司	東自來火街六〇衖五一號	八四一六六
通達運輸公司	北蘇州路四七六衖九號	四一六〇六
通達運輸公司	寧波路一九〇號	九〇二六七
通裕局	北蘇州路五〇八號	四三七二四
通德貿易公司	平望街一六號	九二七九四
陸文記運輸行	漢口路四五七號	九六八五〇
陸速富運貨汽車行	新開河九號	八〇四七六
陳姜記轉運公司	仁記路一一九號	一六〇九二
陳炳記協號轉運公司	法蘭西外灘六號	八五一四二
陳清記運輸公司	山西路一三三衖一三七號	九〇一九一
陳福記報關運輸公司	廣東路一七號	一九〇三六
凱賜洋行	四川路二九九號	一六四七六
富記轉運公司	北浙江路四二二衖七號	四〇七五九
居恆記郵運聯運號	北河南路三六衖一一號	四二九九〇
復新運輸公司	九江路四一九號	九七三三四
復興運輸公司	老靶子路四七一號	四五二七九
惠大運輸總公司	九江路二五〇號	一九〇八三
惠鑫運貨汽車行	天潼路五五七號	四二〇四四
湘記號	河南路一〇七衖五號	九〇七六四
渡邊洋行	外灘七號甲	一三三〇四
發記運輸公司	北蘇州路六七二號	四五〇〇四
華民運輸行	外灘二四號	一三八四五
華生運輸公司	漢口路一二六號	一六七一三
華茂運輸行	南京路二三三號	一三七五五
華商運輸公司	四川路一二六衖二一號	一二八一二
華通轉運公司	臺灣路二九衖八號	九三一九〇
華富運輸行	漢口路四五五衖五號	九六五四二
華盛義合記運輸公司	北蘇州路五二〇衖三三號	四〇二二九
華盛義記運輸公司	廣東路三二衖一一號	九四四七七
華達運輸公司	福州路八九號	一五八六六
華興昌行	法大馬路一五衖二號	八一八六五
華豐公司	河南路六四號	一八三五三

名稱	地址	電話
鈕炳記	四川路一二六衖六號甲	一〇三〇九
集成海陸運輸公司	北浙江路三〇六衖六號	四五二三〇
順成公記汽車運輸公司	南京路一二〇號	一二二三九
順泰運輸公司	仁記路一一九號	一七八八七
順記公司	老永安街三二號	八五四〇一
順豐運輸公司	四川路一四九號	一五〇二九
匯達公司	界路二四九號	四六七六六
匯達運輸公司	西安路二〇四號	五二五三六
愼餘運輸行	新永安街一二衖二九號	八四六〇七
新大信行	華德路五二二衖六五號	五〇八八四
新通泰轉運公司	廣東路三二二衖二〇號	九一一三六
新發汽車運貨公司	天潼路五五四號	四五一三七
新華汽車公司	倍開爾路四四二衖一七號	五二〇〇六
新華鳳記轉運汽車公司	湖北路二〇三衖一〇號	九六五九四
新裕汽車運輸公司	四川路一一〇號	一四五八四
新豐運貨汽車公司	民國路二〇七號	八二三〇九
源和運輸公司	漢口路四四一號	九五八六三
源源運輸股份有限公司	江西路一一〇號	一四二三三
瑞芝兄弟公司	博物院路一二八號	一五九九四
瑞昶興記蘇滬運輸公司	蘇州路七四三號	九四八七三
瑞達運輸公司	四川路三三號	一七七八九
瑞豐水陸運輸公司	福州路三九五號	九六六七九
瑞豐轉運公司	圓明園路五三號	一六九三三
羣益聯運公司	廣東路三二二衖二〇號	九二八〇九
義成公司	四川路三三號	一三六五一
義昌運輸公司	汕頭路七八號	九四五八〇
義記公司	仁記路一一九號	一五八一二
萬國企業公司	四川路五〇號	一七七九九
萬福汽車運輸公司	新永安街四號	八六四四六
萬豐磚瓦運輸公司	北蘇州路九九六衖五五號	四六九七四
裕泰運輸汽車行	四川路一二六衖三四號	一二〇三二
裕記運輸行	愛多亞路一四七號	八三三五七
裕記輪運公司	北蘇州路一〇一〇號	四一八七二
裕記興運輸行	愛多亞路三四〇弄三二號	九一六六三
裕通公司	仁記路一一九號	一四一九五

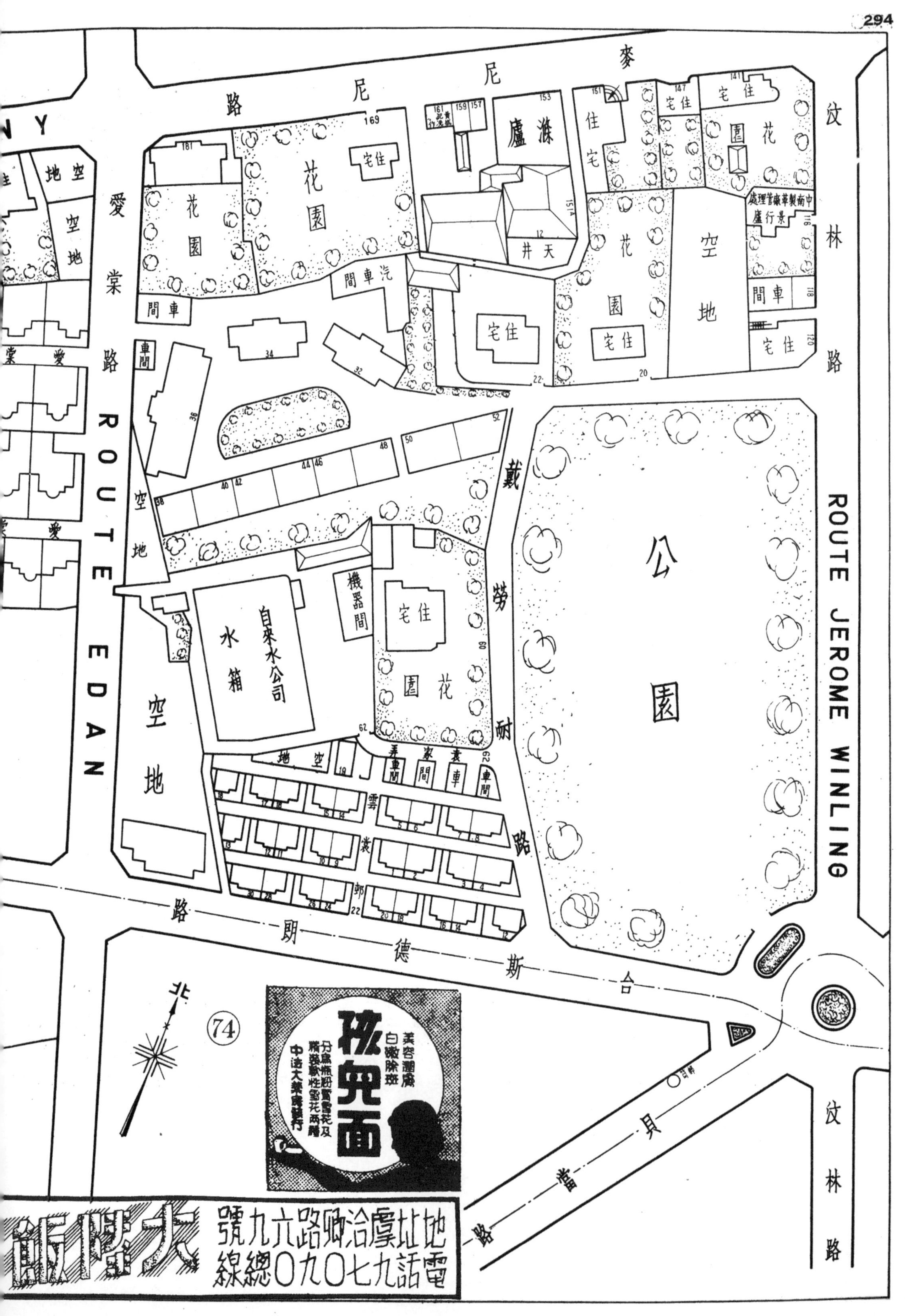

麥尼尼路
愛棠路
ROUTE EDAN
汶林路
ROUTE JEROME WINLING
戴勞耐路
合斯德朗路
貝當路
公園
自來水公司
水箱
機器間
花園
住宅
空地
汽車間
車間
天井
滌廬
中南製革廠管理處
景行廬
雲裳邨
袁家弄
74
北
孩兒面
美容潤膚
白嫩除斑
分扁瓶粉質雪花及精裝軟性雪花兩種
中法大藥房發行
大陸飯店
地址亭洽卿路六九號
電話九七〇九〇總線

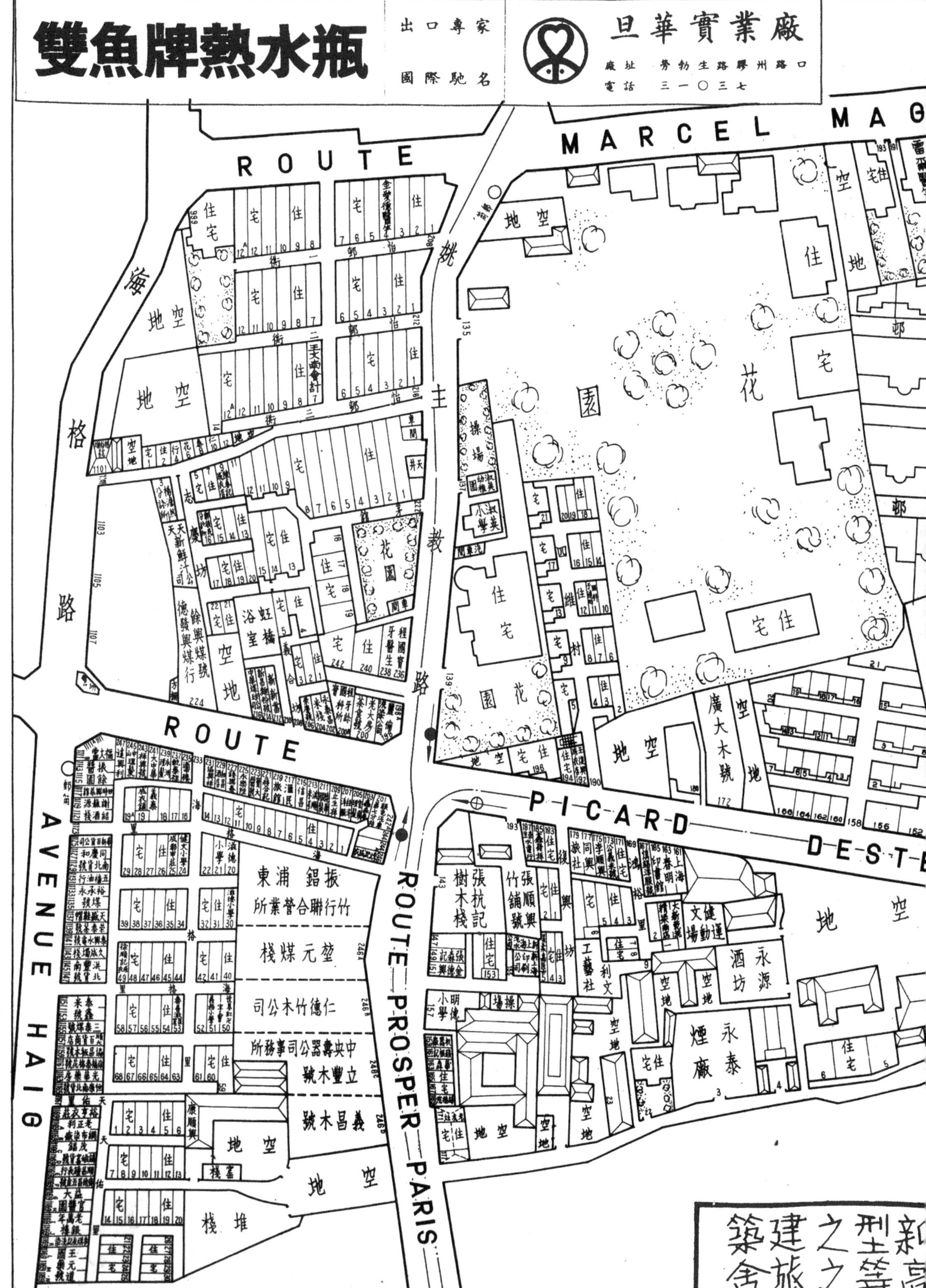

雙魚牌熱水瓶
出口專家
國際馳名
旦華實業廠
廠址 勞勃生路膠州路口
電話 三一〇三七
ROUTE
MARCEL MAG
海格路
AVENUE HAIG
姚主教路
ROUTE
PICARD
DESTE
ROUTE PROSPER PARIS
花園
振錩東浦竹行聯合營業所
元塑煤棧
仁德竹木公司
中央興業公司事務所
立豐木號
義昌木號
堆棧
張杭記樹木棧
張順興竹舖號
永源酒坊
永泰煙廠
健文運動場
廣大木號
新型之建築
高等之旅舍

名稱	地址	電話
賈全記運駁公司	江西路一一四號	一五八六九
道德運輸公司	山東路三四一號	九二七九二
達豐運輸公司	海寧路四六六號	四一一八一
運輸服務所	福州路八九號	一四六三一
運濟運輸公司	廣東路二〇號	一九三五二
鈺林運輸汽車公司	華格臬路四九號	八七〇五一
鼎大公司	廣東路二〇號	一八二三五
鼎記運輸汽車行	張家宅路八九號	三七八八六
鼎新運輸公司	牛莊路六三六號	九三四四五
嘉定運輸公司	漢口路六四七號	九七三六六
嘉泰行	愛多亞路一四七號	八七五二七
榮茂洋行	九江路一五〇號	一一八七四
榮茂運駁公司	九江路一五〇號	一四四七四
榮昌行	廣東路二三七衖一五號	一二〇七八
滎鑫公司	愛多亞路三九號	八五四二五
滬江運輸公司	愛多亞路一二三號	八二〇四六
滬阜轉運公司	九江路二八〇號	九六七三二
滬南公司	平望街八號	九五一二六
福州聯合轉運公司	愛多亞路一四七號	八〇五四七
福利營業股份有限公司運輸部	江西路興業大樓四二一號	一四三〇三
福利運輸公司	九江路二〇號	一八八八八
福記運輸公司	界路二四九號	四五〇〇三
福基運輸總公司	南京路三五三衖一〇號	九二七三二
福新公司	北京路三五六號	九六四二五
福運水陸運輸公司	愛多亞路一一〇號	一八五二五
趙恩記運輸公司	天潼路四七八衖四〇號	四三六七五
趙福記駁運公司	江西路一一四號	一八八一七
遠東合記運輸公司	山西路三一衖二二號	九六二八七
遠東運輸公司	天潼路七二七衖一一九號	四五六二六
遠東運輸公司	北蘇州路一〇〇號	四一二〇七
遠東轉運公司	武定路一九〇衖六五號	三六三三五
劉子記運輸汽車行	華格臬路二三五號	八四一二七
廣大仲記號	寧波路四五七衖五號	九二五五二
廣泰和報關運輸行	四川路二一五號	一〇〇〇六
德利運輸行	河南路一五五號	九六九二五

名稱	址	
德利運輸分行	東熙華德路三八五街一九號	五二六二三
德和運輸公司	九江路四二九號	九六〇七八
德泰運貨卡車行	浙江路二二九街二〇號	九一四八四
德國捷運公司	北蘇州路九九八號	四五六八一
德華公司	江西路一一四號	一九〇〇一
德華航運公司	愛多亞路一六〇號	一九〇六二
德豐航運公司	愛多亞路一四七號	八一九〇九
蔡美記運輸公司	交通路三七號	九〇九八六
赓生運輸公司	直隸路二四號	九七七七四
興業運輸公司	中央大廈一一號	一四七三三
豫安公司	老永安街一三街一三號	八三三一四
穎昌協記駁運公司	老永安街二六號	八一一二七
環球運輸公司	天主堂街二五街一號	八五八三二
聯合水陸運輸總公司	山東路三二九號	九五二〇〇
聯合運輸車行	雲南路四號	九七四四三
聯安運輸車公司	廣西路一九三街八號	九六七三九
聯利運輸公司	漢彌登大廈三一八號	一六六三六
聯邦運通公司	芝罘路三〇街六號	九四九二七
薛鴻記	武定路一一六街五號	三二四六七
鴻昌運輸汽車行	法蘭西外灘三〇號	八七七八一
鴻興運輸公司	愚園路一四二五號	二二五一四
隴海鐵路駐滬材料轉運所	新閘路八八八街一八號	三六二五五
寶康順記轉運公司	北蘇州路四七六街七號	四三八三一
蘇福運輸總公司	天津路五一街一六號	一五八一二
鑫昌合記轉運公司	蘇州路四二三號	九三七〇七
鑫昌海陸運輸公司	廣東路三五二街一一號	九三四六八
鑫記運輸公司	北京路三五六號	九二一八二
鑫順汽車運輸公司	匯山路二三號	五〇三九六

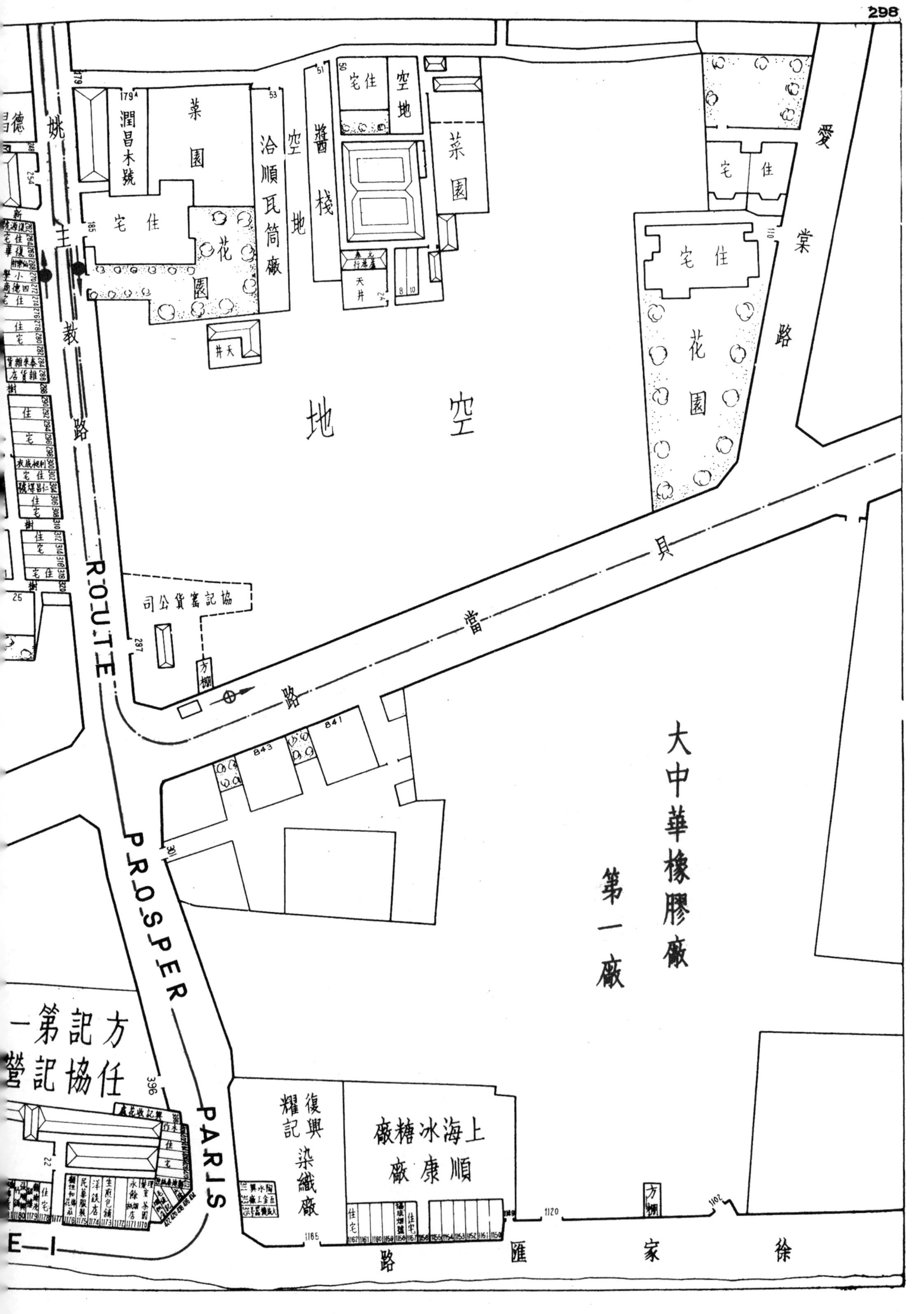
姚主教路
ROUTE PROSPER PARIS
愛棠路
貝當路
徐家滙路
潤昌木號
菜園
洽順瓦筒廠
空地
醬棧
住宅
花園
天井
空地
協記窑貨公司
大中華橡膠廠第一廠
方記第一
任協記營
復興耀記染織廠
上海冰糖廠順康廠
方棚

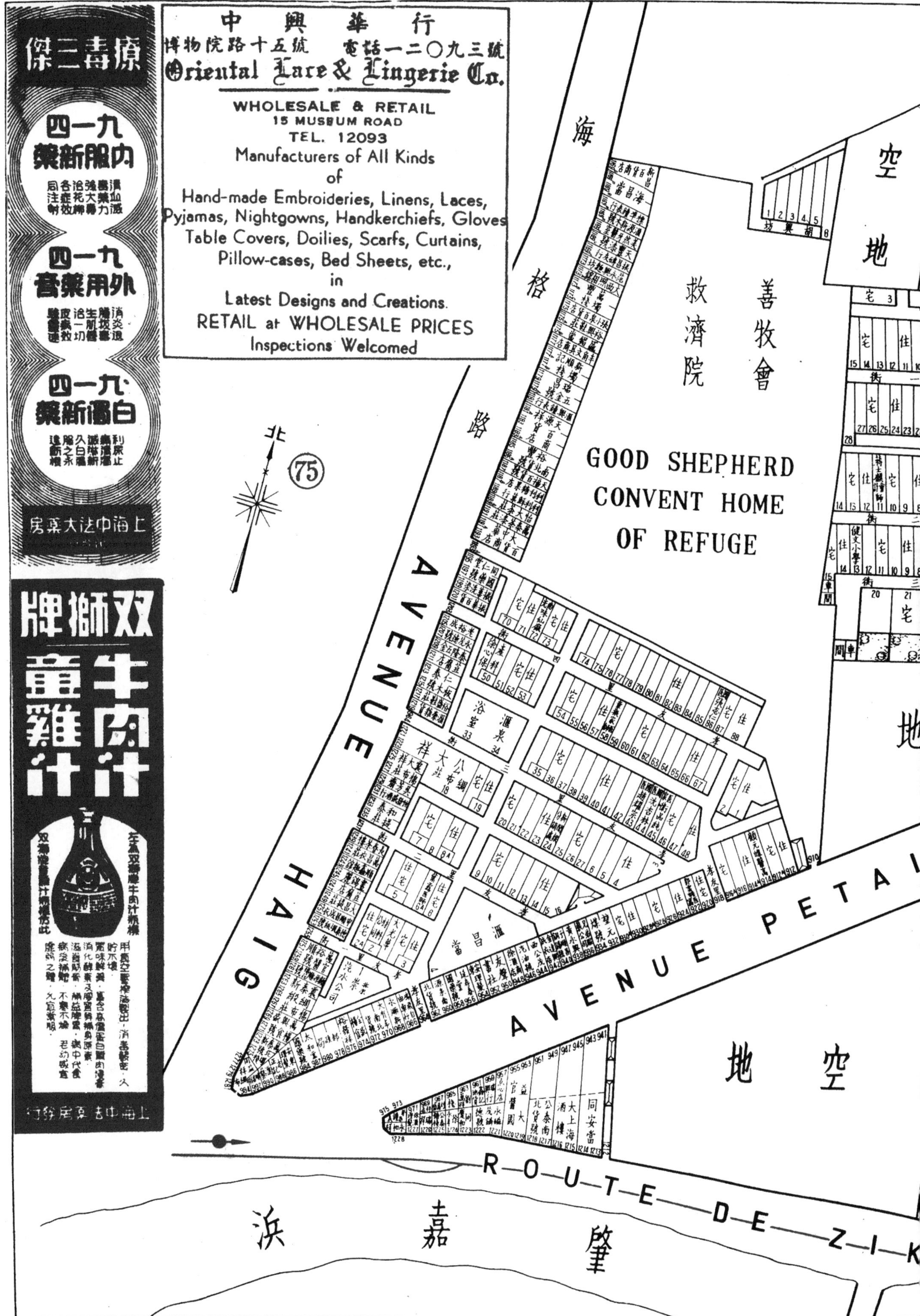
療毒三傑
九一四
內服新藥
九一四
外用藥膏
九一四
白濁新藥
上海中法大藥房
中興華行
博物院路十五號 電話一二〇九三號
Oriental Lace & Lingerie Co.
WHOLESALE & RETAIL
15 MUSEUM ROAD
TEL. 12093
Manufacturers of All Kinds of Hand-made Embroideries, Linens, Laces, Pyjamas, Nightgowns, Handkerchiefs, Gloves Table Covers, Doilies, Scarfs, Curtains, Pillow-cases, Bed Sheets, etc., in Latest Designs and Creations.
RETAIL at WHOLESALE PRICES
Inspections Welcomed
双獅牌
牛肉汁
雞汁
上海中法藥房發行
北
75
海格路
AVENUE HAIG
善牧會救濟院
GOOD SHEPHERD CONVENT HOME OF REFUGE
空地
滙泉浴室
公大祥
滙昌當
AVENUE PETAI
大上海
同安當
ROUTE DE ZIK
肇嘉浜

老牌酵母製劑 BIOZYGEN

胃腸病特效藥
脚氣病治療劑

寶青春

多吃無妨 無往不利

寶青春本能開胃助化。所以儘可多吃。決無妨碍。非比其他藥品之有劑量也。寶青春是家常補品。宜老宜幼。宜男宜女。原料純素。所以對於齋戒茹素。亦屬相宜。

開胃

吾人終日勞作。耗精費力。以及生理上之代謝作用。時時促成衰老。全賴食物營養以調劑。然食物之能營養體素。必經胃部之消化。寶青春最大效用。即是開胃助化

通便

大便通暢有序。則胃腸與血液清潔。不但疾病減少。並且有益健康。寶青春功能整理胃腸。常服則通便潤腸。合於生理。

朝晨

晨間用早點。倘在牛奶咖啡之內。調以寶青春補粉一食匙。營養更加豐富。並可整理胃腸。清除宿食。滋味鮮美。兒童喜服。

中午

午餐之前。取服寶青春五六片。胃口大開。飯量倍增。有益胃納與消化。日久體重便增。

午後

午後長日如年。大抵須進食點心。兒童散學歸家。亦必索食物品。如以寶青春補粉佐以冲作飲料。味美甘香。有益衛生。凡新家庭以及善攝生者。值得提倡也。。

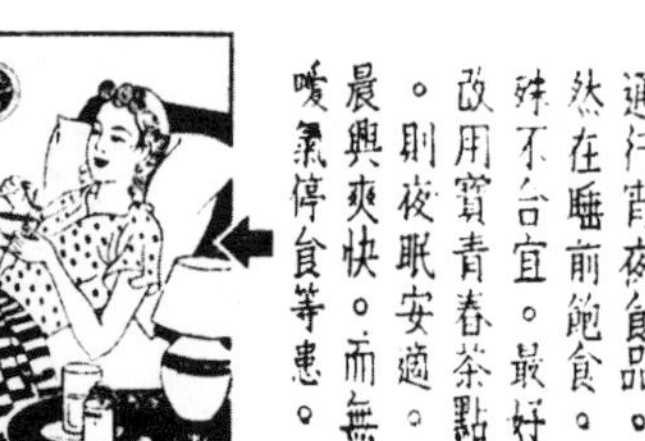

宵夜

終日辛勤。力疲神倦。有賴黃昏時候之休養。而都市生活。晚間睡眠極遲。所以通行宵夜食品。然在睡前飽食。殊不合宜。最好改用寶青春茶點。則夜眠安適。晨興爽快。而無噯氣停食等患。

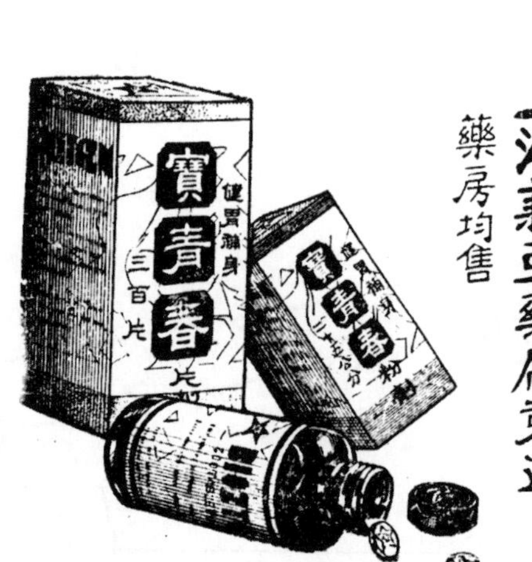

上海新亞藥廠製造

藥房均售

福利營業股份有限公司

營業種類

出版部——編印實用圖書
測繪部——測繪輿地圖形
建築部——承接建築工程
代理部——代辦商業事務
茶葉部——買賣各種茶葉
廣告部——辦理廣告事務
禮品部——出售禮品禮券
運輸部——代辦運輸事務
保險部——代理各種火險
進出口部——辦理進出口事務

營業特色

（一）服務週到　（二）手續簡便
（三）辦事敏捷　（四）取費特廉

中華民國二十九年八月　初版

上海市行號路圖錄

第二編　第二特區

布面精裝一册　實價拾圓　改售拾貳元

（外埠酌加運費匯費）

版權所有　不准翻印

監製人　林康侯

發行人　葛福田

總發行所　福利營業股份有限公司

地址　上海江西路四〇六號興業大樓四二一二號

電話　一四三〇三號

電報掛號　〇八九七號

上海新亞藥廠

THE NEW ASIATIC CHEMICAL WORKS, LTD., SHANGHAI

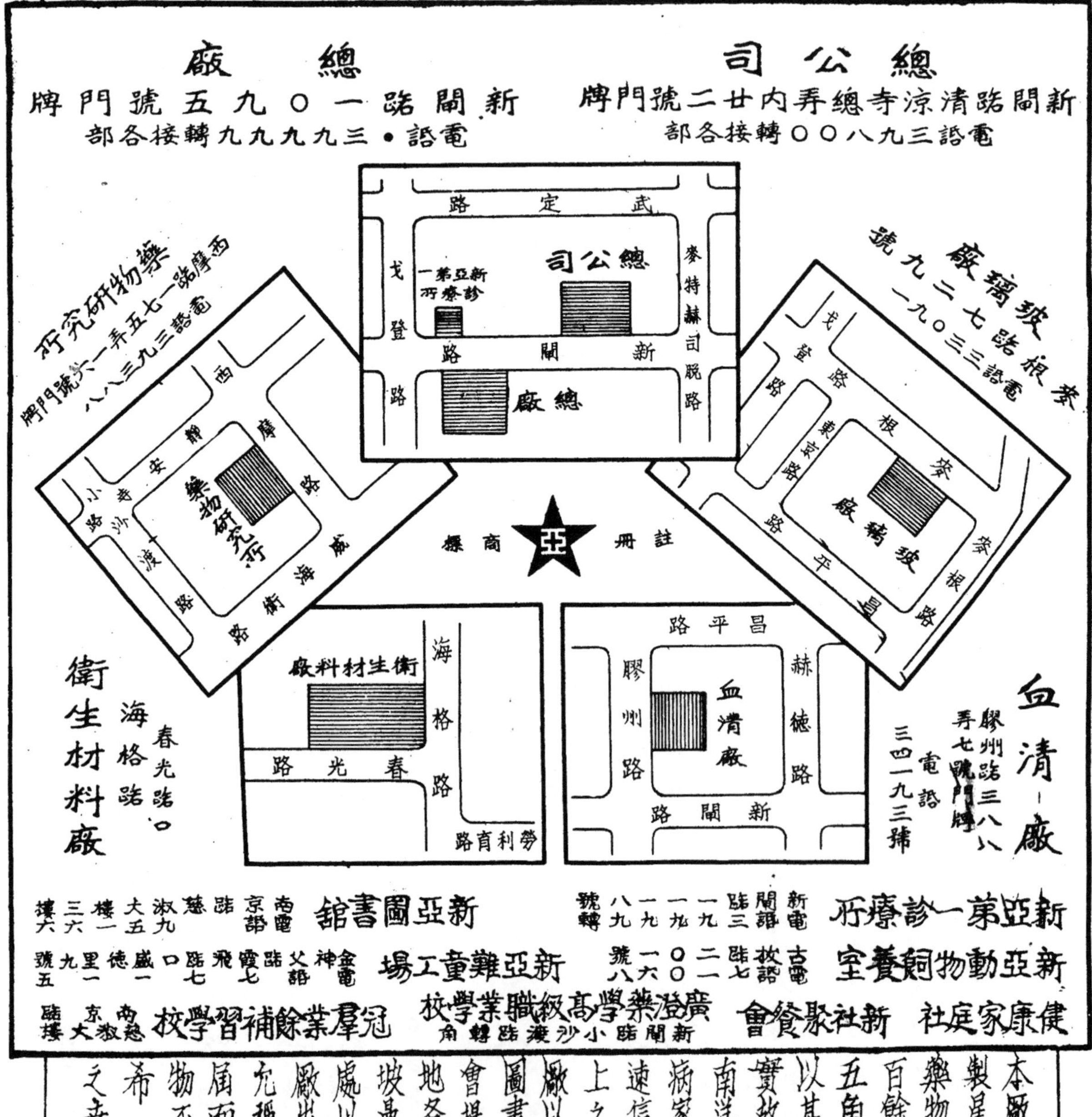

本廠完全國人創辦精製星牌良藥舉凡醫療藥物家用藥品已出四百餘種各種出品皆以五角星内亞字為商標以其製法精究功效確實故能風行全國遠及南洋群島 名醫採用病家購服無不收効靈速信孚卓著而以業務上之關係逐次添設各廠以利製造且復創辦圖書館及學校等為社會提倡文化之一助各地各大都市以及星加坡曼谷等地均有辦事處以推廣營業所以本廠出品不僅暢銷滬濱尤稱深入内地無遠不屆而製造方面無時無物不在精求改進中尚希 各界扶植而提倡之幸甚

唯一百貨大商店

恒義昇襪衫廠 第一支店

上海五馬路石路東首：電話九三八四二

供給社會需要

搜羅時代物品

註冊商標

花蝶牌

實行高貨平價

絲毛線襪　襯衫領帶　新穎童裝　棉毛織物　搪磁用具　呢帽草帽　套鞋陽傘　參觀比較

應時內衣　西裝用品　化粧香品　保暖水瓶　鋼精器皿　鞋料五金　家常用品　不勝歡迎

鞋料批發部：北海路三十四號：電話九一三七二

總店　吳淞路一〇〇號

支店　重慶　昆明　青島　天津

電購部

購貨勿論多少

接電立刻送到

本廠禮券：美觀實惠：稱心如意

送者受者：皆大歡喜

圖書在版編目（CIP）數據

中國近代建築史料匯編. 第三輯, 上海市行號路圖録: 全四册/中國近代建築史料匯編編委會編. -- 上海 : 同濟大學出版社, 2019.10

ISBN 978-7-5608-7166-0

Ⅰ. ①中… Ⅱ. ①中… Ⅲ. ①建築史—史料—匯編—中國—近代 Ⅳ. ①TU-092.5

中國版本圖書館CIP數據核字(2019)第224092號

中國近代建築史料匯編（第三輯）

——上海市行號路圖録（第二册）

中國近代建築史料匯編編委會 編

責任編輯 姚建中 高曉輝

裝幀設計 陳益平

責任校對 李 傑

出版發行 同濟大學出版社 www.tongjipress.com.cn

地　　址 上海市四平路1239號 郵編：200092 電話：（021-65985622）

經　　銷 全國各地新華書店、建築書店、網絡書店

印　　刷 上海安楓印務有限公司

開　　本 889mm×1194 mm 1/16

印　　張 140.25

字　　數 4488 000

版　　次 2019年10月第1版 2019年10月第1次印刷

書　　號 ISBN 978-7-5608-7166-0

定　　價 6800.00元（全四册）